전파 방송/위성 방송/유선 방송
인터넷 방송/동영상 편집기술

방송기술 실무

김수화 저

도서출판 삼보
Sambopublishcompany

머리말

이 책은 처음부터 책을 만들기 위해 원고를 만든 것이 아니고 30여 년간의 방송기술 분야에 몸을 담아 체험하고 터득한 경험을 바탕으로 현업을 떠나 학생들 앞에서 몇 년 동안 강의하면서 방송기술의 실무를 위해 필요한 지식을 방송기술에 관련된 책들을 참고하고 정리하여 사용한 강의 노트로부터 만들어진 산물이다.

급속도로 팽창하는 방송환경 속에서 방송기술에 대한 지식 없이는 방송을 이해할 수 없고 방송의 메커니즘을 이해하고자 하는 바램이 갈수록 더 높아지고 있어 방송 시스템을 중심으로 한 제작기술에 역점을 두어 정리하였다.

또한 많은 분야에서 변화가 진행되고 있는 지금에도 그 기초 이론과 기본원리가 여전히 유효하는 점에서 방송기술에 관한 과거와 현재의 모든 영역을 포괄하였다.
방송은 시스템에서 낮은 주파수인 20Hz의 음향에서부터 6MHz대의 영상, 송수신 기술은 GHz대의 마이크로웨이브 주파수까지 폭넓게 사용되고, 프로그램 제작에서는 카메라촬영, TV조명, 영상편집 등의 다양한 기술적인 분야의 실무적인 감각을 익히는 것이 필요하다.

이 책이 방송기술에 대한 기술적 지식을 얻고자하는 사람이나 방송에 관심을 가진 사람에게, 누구나 쉽게 접하고 있는 방송이 어떻게 만들어지고 보다 정확하게 즐길 수 있는 방법을 알고자하는데 조금이라도 도움을 줄 수 있기를 바라는 마음 간절하다.

이 책을 꾸미기 위해 나름대로 최선을 다했으나 미진한 점이 많을 것으로 생각된다. 아무쪼록 여러분의 많은 지도와 편달을 기대하는 바이다.

저 자

방송기술

제1편 서론

제1장 방송의 개요 17

- 1.1 방송이란 17
- 1.2 방송의 특징 18
- 1.3 방송의 기능 18
- 1.4 방송매체의 종류 19
  - 1.4.1 지상파방송 19
  - 1.4.2 케이블방송 19
  - 1.4.3 위성방송 20
  - 1.4.4 인터넷방송 20
- 1.5 방송기술 21
- 1.6 방송국의 구성 22
  - 1.6.1 방송국 22
  - 1.6.2 중계 방송국 23

제2편 방송의 분류

제2장 전파방송 27

- 2.1 방송전파(電波)의 전파(傳播)(propagation) 27
- 2.2 전파방송의 종류별 특징과 사용주파수 31
  - 2.2.1 중파방송(medium frequency broadcasting:표준방송) 31
  - 2.2.2 단파방송(short wave broadcasting) 33
  - 2.2.3 초단파 방송(very high frequency broadcasting) 34
  - 2.2.4 극초단파 방송(위성방송 : direct broadcasting satellite) 38

차례

2.3 방송방식 ·· 40
2.3.1 음성 방송 방식 ··· 40
2.3.2 텔레비전 방송 방식 ·· 45
2.3.3 다중방송 ··· 69
2.3.4 디지털 방송방식 ··· 87
2.3.5 DMB 방송방식 ·· 88

2.4 방송설비 ·· 91
2.4.1 연주소 설비 ··· 91
2.4.2 송신소 설비 ··· 105

제3장 CATV ·· 131

3.1 개요 ·· 131
3.1.1 CATV의 특성과 특징 ·· 132
3.1.2 CATV 발전 단계 ·· 133
3.1.3 CATV system의 종류 ·· 134

3.2 CATV의 구성 ··· 136
3.2.1 방송 시스템 구성 ··· 137
3.2.2 방송망 구성 ··· 137
3.2.3 채널의 구성 ··· 139

3.3 중계회선 ··· 143
3.3.1 중계용 유선 전송회선 ··· 143
3.3.2 중계용 무선전송 회선 ··· 144

3.4 양방향 CATV ··· 145
3.4.1 양방향 CATV 모델 ··· 145
3.4.2 수지형 양방향 CATV ·· 146
3.4.3 성형 양방향 CATV ··· 147

3.5 정보 서비스 ··· 148
3.5.1 방범, 방재 서비스 ·· 148

3.5.2 비디오텍스 ··· 149
3.5.3 홈뱅킹과 홈쇼핑 ·· 149
3.5.4 FM 음악 방송 ··· 150
3.5.5 VOD ·· 150

3.6 방송설비 ··· 150
3.6.1 제작설비 ·· 150
3.6.2 편집설비 ·· 153
3.6.3 송출설비 ·· 153

3.7 헤드엔드 ··· 154
3.7.1 재송신 신호 처리 부 ·· 155
3.7.2 헤드엔드 변조 부 ··· 156
3.7.3 헤드엔드 수신(복조) 부 ··· 158
3.7.4 헤드엔드 RF 부 ·· 159

3.8 전송계 ··· 160
3.8.1 전송로 ·· 160
3.8.2 중계 증폭기 ·· 165

3.9 가입자 계 ··· 166
3.9.1 CATV 컨버터(CATV convertor) ······································ 167
3.9.2 홈 터미널 장치(home terminal unit) ····························· 167

제4장 위성방송 ·· 169

4.1 위성방송(Direct Broadcast Satellite)의 개요 ········· 169
4.1.1 궤 도 ·· 170
4.1.2 주파수대와 편파 ··· 170
4.1.3 전송 방식 ·· 173
4.1.4 위성의 규모와 구조 ··· 174
4.1.5 위성방송의 장·단점 ··· 175

제5장 인터넷 방송 177

5.1 인터넷 방송의 개요 177
5.1.1 인터넷 방송의 개념 177
5.1.2 인터넷 방송의 특징 178
5.1.3 인터넷 방송 분류 180
5.1.4 인터넷방송의 원리 181

5.2 인터넷 방송의 구현 186
5.2.1 인터넷방송의 제작흐름 186
5.2.2 링크의 클릭에서 사용자에게 동영상이 보여지는 단계 189
5.2.3 인터넷 방송용 서버 192

5.3 인터넷방송 시스템의 구조 194
5.3.1 인터넷방송 시스템 194
5.3.2 인터넷방송국 시스템 195
5.3.3 주문형 방송을 위한 시스템 구성 196
5.3.4 생방송을 위한 시스템 구성 197

제3편 프로그램 제작 기술

제6장 프로그램 제작의 개요 201

6.1 라디오 프로그램 201
6.1.1 라디오 프로그램의 종류 201
6.1.2 프로그램 제작 과정 201
6.1.3 프로그램 제작 스탭 202

6.2 TV 프로그램 202
6.2.1 TV 프로그램 제작의 특징 202
6.2.2 TV 프로그램의 종류 203

방송기술

6.2.3 프로그램 제작 과정 ·· 203
6.2.4 프로그램 제작 스탭 ·· 204

제7장 음향 프로그램 제작 ·· 213

7.1 음향제작 설비 ·· 213
7.1.1 Microphone ··· 213
7.1.2 음향조정 설비 ·· 224
7.1.3 멀티 트랙 믹싱 콘솔(multi track recording mixing console) ··· 237
7.1.4 디지털 콘솔(digital console) ·· 238
7.1.5 녹음 기기 ··· 238

7.2 믹싱 기법 ·· 244
7.2.1 믹싱의 분류 ·· 244
7.2.2 음향의 기초 ·· 245
7.2.3 수음과 믹싱 기술 ··· 247
7.2.4 방송과 수음 기술 ··· 249
7.2.5 목소리의 수음 기법 ·· 250
7.2.6 음악의 수음 방법 ··· 251

제8장 영상 프로그램 제작 ·· 253

8.1 영상 제작 설비 ·· 253
8.1.1 TV카메라 ··· 253
8.1.2 영상조정설비 ·· 281
8.1.3 특수 효과 기기 ·· 288
8.1.4 영상신호 감시와 측정 ··· 291

8.2 카메라 워크 ·· 304
8.2.1 카메라 워크의 목적 ·· 304
8.2.2 촬영 설계 ··· 305
8.2.3 카메라 촬영 테크닉에 관련된 요소 ··· 305

8.2.4 카메라 기능 조작의 기본 …………………………………… 305
8.2.5 카메라 촬영 조작의 종류 …………………………………… 319
8.2.6 shot의 크기에 따른 영상표현 ……………………………… 329
8.2.7 카메라 포지션 ………………………………………………… 334
8.2.8 카메라 앵글 …………………………………………………… 338
8.2.9 구도와 화면 구성 …………………………………………… 339

제9장 조 명 …………………………………………… 345

9.1 조명의 필요성 …………………………………………… 345
9.2 조명의 역할과 기능 ……………………………………… 346
9.2.1 조명의 역할 …………………………………………………… 346
9.2.2 조명의 기능 …………………………………………………… 347

9.3 조명의 종류 ……………………………………………… 348
9.3.1 일반 조명 ……………………………………………………… 348
9.3.2 연출 조명 ……………………………………………………… 348

9.4 조명의 기초 ……………………………………………… 349
9.4.1 광의 단위 ……………………………………………………… 349
9.4.2 색과 광의 관계 ……………………………………………… 350
9.4.3 색과 감정의 관계 …………………………………………… 352

9.5 조명 기술의 요소 ………………………………………… 352
9.5.1 기술적인 요소 ………………………………………………… 353
9.5.2 미술적, 심리적, 예술적 요소 ……………………………… 353
9.5.3 기술적 제약(制約) …………………………………………… 353

9.6 조명의 기본적인 조건 …………………………………… 353
9.6.1 조 도(照度) …………………………………………………… 353
9.6.2 그림자(음영 : 陰影) ………………………………………… 354
9.6.3 빛의 방향 ……………………………………………………… 354
9.6.4 빛의 배분(配分) ……………………………………………… 354
9.6.5 화면의 톤 분류(tone : 명암의 대비) ……………………… 354
9.6.6 색채(色彩) ……………………………………………………… 356

Contents

9.7 광선의 특성 ·· 356
9.7.1 광선의 질 ·· 356
9.7.2 광선의 방향 ··· 357

9.8 조명 설비 ·· 357
9.8.1 광원 ·· 358
9.8.2 조명기구 ·· 360
9.8.3 등기구 부착 설비(hanger system) ······································ 361
9.8.4 조광(調光) 설비(dimmer system) ······································· 362

9.9 조명의 분류 ·· 363
9.9.1 광원에 의한 조명의 분류 ·· 363
9.9.2 입사 방향에 의한 조명의 분류(빛의 방향성) ······················ 364
9.9.3 용도에 따른 조명의 분류(라이팅 기법에 의한 분류) ········ 367

9.10 인물 조명의 실제 ··· 370
9.10.1 인물 1인의 조명 ·· 370
9.10.2 인물 2인 이상의 조명 ·· 371

9.11 컬러 조명 ·· 371
9.11.1 컬러 조명의 특징 ··· 371
9.11.2 광원과 색 온도 ··· 372
9.11.3 색 온도 변환 필터 ·· 372

제4편 동영상 편집

제10장 편집기술 ·· 377

10.1 편집의 개요 ·· 377
10.1.1 편집의 의미 ··· 377
10.1.2 편집의 필요성 ·· 378

차례

- 10.1.3 편집의 목적과 효과 ········· 378
- 10.1.4 편집의 4요소 ········· 379
- 10.1.5 shot의 배열 방법과 스토리 ········· 380
- 10.1.6 연결의 기본원칙 ········· 381

10.2 접속 방법과 효과 ········· 382
- 10.2.1 접속방법에 따른 효과와 표현의도 ········· 382
- 10.2.2 화면 전환의 리듬 ········· 388
- 10.2.3 화면 전환 타이밍(timing)과 길이 ········· 388

10.3 영상 음향 모니터링 ········· 391
- 10.3.1 영상 모니터 ········· 391
- 10.3.2 음향 모니터 ········· 392

10.4 편집의 종류와 방법 ········· 393
- 10.4.1 편집의 종류 ········· 393

10.5 VTR 편집 ········· 396
- 10.5.1 VTR 기술의 기초 ········· 396
- 10.5.2 VTR의 편집 방법 ········· 405
- 10.5.3 VTR의 편집모드 ········· 407
- 10.5.4 편집 점의 지정과 모드 ········· 413
- 10.5.5 편집의 동작 ········· 417
- 10.5.6 워크 카피(work copy) 작업 ········· 418
- 10.5.7 오프라인 편집 ········· 420
- 10.5.8 온라인 편집 ········· 423

10.6 비선형(넌 리니어 : non linear) 편집 ········· 425
- 10.6.1 편집 시스템의 사양 ········· 426
- 10.6.2 프리미어의 실행 ········· 427
- 10.6.3 기본적인 환경설정(Project Settings) ········· 428
- 10.6.4 편집에 필요한 작업창과 기능 ········· 433
- 10.6.5 프로젝트의 수행 ········· 436
- 10.6.6 타임라인의 툴 팔레트의 이해 ········· 439
- 10.6.7 컷 편집 ········· 441
- 10.6.8 A/B롤 편집 ········· 441
- 10.6.9 오디오 작업 ········· 443

10.6.10 특수효과에 의한 영상효과 ·· 445
10.6.11 영상의 재생속도 변화 ·· 445
10.6.12 자막 넣기 ·· 446
10.6.13 영상물 출력 ·· 450

10.7 프로그램 종류별 편집의 특징 ·································· 455

10.7.1 뉴스의 편집 ·· 455
10.7.2 드라마 프로그램의 편집 ·· 455
10.7.3 다큐멘터리 프로그램의 편집 ··· 456
10.7.4 예능 프로그램의 편집 ··· 457
10.7.5 스포츠 프로그램의 편집 ·· 458
10.7.6 CM(commercial message)의 편집 ································· 458

참고문헌 ·· 461

제1편

서 론

제1장 방송의 개요 • 17

CHAPTER 1

방송의 개요

1.1 방송이란

방송은 영어로 'broadcasting'이라고 하는데, '널리(broad) 보낸다(cast)'라는 말의 합성어로 전파를 통해서 정보를 멀리 보내고 전달한다는 뜻을 가지고 있다.

지상파 방송시대에서의 방송은 정치, 경제, 사회, 문화, 시사 등에 관한 보도, 논평, 교양, 음악, 연예 등을 "일반 대중에게 전파함을 목적으로 하는 무선 통신의 송신을 말한다."로 정의하였으나 최근 종합 유선방송과 위성방송의 등장으로 "방송 프로그램을 기획, 편성 또는 제작하고 이를 공중에게 전기통신설비에 의하여 송신하는 것"으로 정의하고 있다.

- 지상파 방송 : 방송을 목적으로 지상의 무선국을 이용하여 행하는 방송.
- 위성방송 : 인공위성의 무선국을 이용하여 행하는 방송.
- 종합 유선방송 : 전송 선로설비를 이용하여 행하는 다 채널방송.

1.2 방송의 특징

방송은 다른 매스 미디어나 일반적인 전기 통신에 비해

- 다수의 대상에게(대중에게)
- 같은 시간에(동시적으로)
- 즉시 적으로(신속하게)
- 대량의 메시지나 정보를 전달할 수 있는 특징을 가지고 있다.

1.3 방송의 기능

방송에는 우리가 평소에 깊이 생각지 못했던 여러 기능과 특징이 있는데, 이들을 살펴보면 다음과 같다.

1. 방송은 대중문화를 이끌어 가고 주도해 나가는 문화적 기능을 한다. 방송의 문화적 기능은 오락 기능과 부합하는 것으로 풍속, 관습, 교양 등에 주도적 영향을 미치면서 대중문화를 확산시키는 것을 말한다.
   방송을 통해 수용자 개인은 오락과 위안을 동시에 제공받으며 생활 속의 휴식을 얻게 되며, 사회적으로 볼 때 방송은 분산된 문화를 종합시키고 대중문화로 결합시키는 기능을 수행한다.
2. 방송의 보도기능은 사회의 중요한 사건이나 사실을 국민들에게 정확하게 전달하는 기능을 말한다. 방송보도는 속보성이 신문보도에 비해 큰 장점이라 할 수 있으며, 현장중계는 방송보도만이 가지는 특징이다.
3. 방송은 교육적 기능을 수행한다. 예로서 공익광고나 연중캠페인을 통해 국민들을 과소비나 사치를 줄이고 올바른 방향으로 계도하는 역할을 한다.
4. 방송은 정치 사회적 기능도 가진다. 이는 방송이 여론을 수렴하고 반영하며 TV토론회, 청문회 등의 정치적 도구로도 이용될 수 있기 때문이다.
   방송은 점차 민주주의를 발전시키는 중요한 수단으로 역할을 하고 있다.
5. 방송은 광고를 통해서 소비자와 생산자를 연결해주는 경제적 기능을 통해 시청자들의 경제생활을 윤택하게 해주고 활성화시켜 주기도 한다.

새로운 상품에 대한 지식과 정보를 제공하여 사람들의 생활을 풍요롭게 하는데 공헌한다.

1.4 방송매체의 종류

1.4.1 지상파방송

지상파 방송은 지표면으로 전파를 통해서 프로그램을 송신하는 방송을 말한다. 일반적으로 공중파라고도 하지만 정확한 명칭은 지상파이다.

프로그램을 만들어 전파로 보낼 수 있는 신호로 바꾸어 대기 중으로 쏘면 각 가정의 안테나에서 수신하여 복조시킨 후 TV수상기에서 시청할 수 있는 형태의 방송을 말한다.

1.4.2 케이블방송

케이블 방송은 프로그램을 제작하여 유선(케이블)을 통해서 각 가정으로 보내주는 방송을 말한다. 케이블TV는 지상파 방송에 비해 조금 복잡하게 시스템이 이루어져 있다.

우리나라의 경우 크게 3종류의 사업자가 있는데, 기본적이고 중심이 되는 케이블망을 깔아주는 NO(Network Operator : 전송망사업자), 프로그램을 제작하여 공급하는 PP(Program Provider : 프로그램 공급업자), 개별 가정마다 케이블과 컨버터(convertor)를 설치해주고 시청료를 징수하는 SO(System Operator : 지역종합유선방송국)로 이루어져 있다.

케이블 방송의 기본 산업구조는 다수의 프로그램 공급자가 뉴스, 영화, 스포츠, 오락 등 다양한 프로그램을 가입자에게 제공하는 형태로 되어 있다. 가입자는 기존의 텔레비전으로 나 채널 서비스를 시청하는 대신 케이블 방송 3분할 사업자의 투자비용과 프로그램 제작, 관리비용 등을 시청료의 형태로 지불한다.

1.4.3 위성방송

위성방송은 방송채널 사업자가 위성체로 전파를 송출한(uplink) 것을 위성방송 가입자가 개별 안테나를 통해 수신하여(downlink) 다양한 채널을 시청하는 것을 말한다. DBS(Direct Broadcasting by Satellite), 혹은 DTH(Direct To Home)라고 부르는데, 적도 상공 36,000km의 정지 궤도 위성을 경유하여 지상의 전파를 중계하고 직접 가정에서 수신할 수 있다.

위성방송 가입자는 안테나 구입비와 수신장치 이용료, 그리고 채널 시청료를 부담한다. 위성체 사업자는 전파를 전송해주는 대가로 위성사용료를 받는다. 위성채널은 프로그램을 제작 또는 구입하여 편성한 채널을 위성을 통해 공급하게 되는데, 가입자로부터 받은 시청료 또는 광고수입을 기반으로 위성 사용료와 프로그램 제작, 구매 비용을 지출한다.

위성방송은 전파범위가 넓어 난시청 지역을 완전히 커버할 수 있는 장점이 있지만, 외국 위성의 전파침투(Spillover)로 인한 문화적 피해가 심각한 사회문제로 대두되기도 한다.

1.4.4 인터넷방송

인터넷방송이란 인터넷이라는 거대한 통신망을 이용하는 방송을 말한다. 기본적으로는 유선을 통해 송수신되나 케이블과는 개념이 다르다. 간단히 말해서 케이블은 지역을 대상으로 하나, 인터넷방송은 전 세계를 대상으로 프로그램을 송출할 수 있다. 또 기존의 방송신호를 디지털화하여 보낼 수도 있고, 개인이 직접 찍은 디지털 카메라의 영상과 오디오를 특수장치를 통해 압축하여 전 세계에 송신할 수 있다. 이렇게 1인 1개의 방송국 시대가 실현되는 것이 바로 인터넷방송이라 할 수 있다. 인터넷방송은 디지털화되어 있기 때문에 저장하거나 편집할 수 있고, 언제든지 접속하여 볼 수 있는 차세대 방송 시스템이라고 할 수 있다.

1.5 방송기술

방송은 많은 사람들이 듣도록 하고 많은 사람이 보도록 해야 하기 때문에 육성만으로는 그 목적을 달성할 수가 없다. 사람이 들을 수 있는 소리는 아무리 크게 하더라도 멀리가지 못하므로 확성 장치를 쓴다 해도 일정한 범위를 넘지 못한다. 영상도 마찬가지다. 그러므로 특별한 기술이 필요하며 방송을 위해 사용되는 기술을 방송기술이라 한다.

방송기술은 방송의 프로그램 제작에서 운행, 송신, 수신에 이르는 폭넓은 기술을 종합한 시스템기술이다.

즉
- 프로그램을 만드는 기술,
- 순서대로 내보내는 기술,
- 송신소에서 전파를 내보내는 송신기술 은 물론
- 수신 또는 수상하는 기술까지도 모두 넓은 의미에서 방송기술이라 할 수 있다

한편, 방송기술은 컴퓨터기술을 일찍부터 운행의 자동화에 도입했고, 우주기술을 위성방송에 이용했으며, 반도체기술 혹은 디지털 기술의 진보를 다중방송, 디지털 방송의 실용화에 활용하는 등 첨단기술을 하나씩 이용해서 스스로의 진보를 도모하고 대중의 수요에 호응해 왔다. 이런 의미로 방송기술은 바로 대중기술이라 할 수 있다.

전파방송 기술은 천연자원이라 할 수 있는 전파를 이용하는 기술이다. 우리는 이 전파방송 기술을 토대로 여러 형태의 방송을 실시하고 있다. 사용하는 주파수대 및 변조의 형식에 따라 ① 중파방송(AM), ② 단파방송(SW), ③ 초단파방송(FM, TV), ④ 극초단파방송(D.B.S) 등이 있으며 여기에는 ㉮ 음향만 방송하는 음향방송과 ㉯ 음향과 영상을 동시에 방송하는 television방송이 있다.

또한 영상 및 음성, 음향 등을 유선 통신시설을 이용하여 정보를 가입자에게 송신하는 다 채널 방송으로 시청자가 다양한 정보를 임의로 선택할 수 있는 일정한 지역의 시청자들을 위한 전문적인 지역정보 방송인 유선방송(cable television)도 있다.

1.6 방송국의 구성

1.6.1 방송국

방송국은 연주소와 송신소로 구성된다.

연주소는 프로그램 제작과 프로그램을 송신소와 다른 방송국, 방송위성국 등으로 송출하는 곳이며 연주설비가 있고 송신소는 연주소로부터 프로그램을 전송받아 일반 수신자에게 방송전파를 송신하는 곳으로 송신설비가 있다.

1) 연주설비

방송프로그램을 제작하고 송출하는 설비로 보도, 교양, 오락 등 폭넓은 시청자의 요청에 호응할 수 있도록 복잡한 기능을 갖추고 있다.

즉시성이 있는 뉴스나 보도에는 스튜디오 방송 외에 현장에서의 중계도 적절하게 구사해서 보다 효과를 높이고 있다. 현장에서의 중계에는 소형 비디오 설비나 중계차, 통신위성 등의 활용에 의해 폭넓은 정보가 즉시 안방에 전달되고 있다. 또 즉시성을 필요로 하지 않는 오락, 교양, 등의 프로그램은 VTR 테이프나 필름, 컴퓨터저장장치 등에 수록·편집되고 있다.

이들 프로그램은 모두 전기신호로 바꾸어 주조정실로 보내어진다. 주조정실에서 는 정해진 프로그램에 따라 이들 프로그램을 적절하게 스위칭해서 송신설비 또는 타 방송국으로 송출한다. 또한, 방송프로그램의 송출에는 컴퓨터시스템이 도입되어 있어 복잡한 송출업무를 자동적으로 진행시키기도 한다.

2) 송신설비

송신설비는 연주설비로부터 보내온 전기신호를 받아 이 신호로 방송 반송파를 변조해서 송신안테나로 전파를 발사하는 설비이다.

송신 설비는 일반적인 전기통신과 달라 대량의 대상에 되도록 값싼 수신 설비로 수신할 수 있도록 최대의 고안을 한다. 즉, 송신 장소는 서비스구역에 대해 전파의 퍼짐에 지장이 없고 효율적으로 할 수 있는 곳이 선정된다. 또 송신출력이나 송신안테나의 지상 높이 등은 되도록 전파를 효율적으로 이용한다는 관점에서 채널계획이 정해지며 공평하고 효율적인 전파이용이 시행된다. 방송시설의 성능은 전파법관계의 설비규칙을 만족시킬 필요가 있다.

또한 연주설비와 송신설비의 배치는 한 곳에 두는 집중방식과 다른 곳에 두는 분리 방식이 있으나 어느 쪽을 선정하느냐는 전파서비스상의 입지조건에 지배되는 경우가 많다. 분리방식의 경우에는 이들 사이의 프로그램 전송을 하는 유선회선 및 무선통신회선을 필요로 한다. 전파의 퍼짐은 공간이기 때문에 그의 퍼지는 상황이나 잡음레벨은 중파, 단파, 초단파, 극초단파 별로 차이가 있으므로 방송망은 각각의 특징을 살려서 구성을 한다.

1.6.2 중계 방송국

중계 방송국은 방송국의 전파가 직접 수신되지 않는 난시청 지역을 서비스하기 위해 방송국의 전파를 받아 중계 송신하여 난시청 지역에 방송프로그램을 서비스하는 곳으로서 중계소라고도 한다.

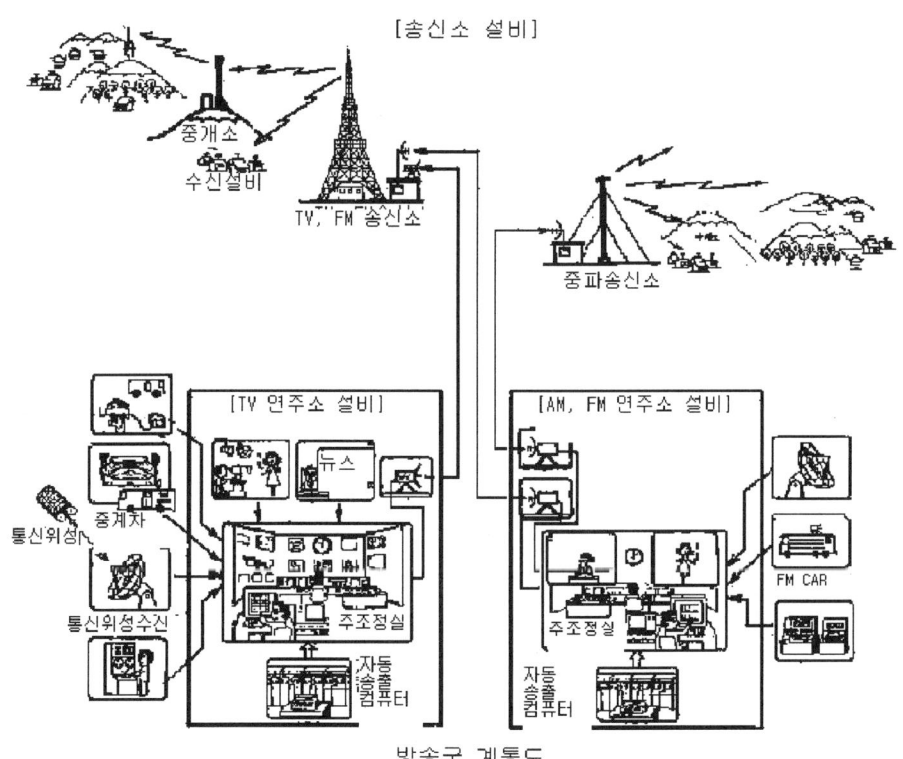

방송국 계통도

제2편

방송의 분류

제2장 전파 방송 • 27
제3장 CATV • 131
제4장 위성 방송 • 169
제5장 인터넷 방송 • 177

CHAPTER 2

전파방송

방송의 종류

- 주파수에 의한 분류 : 중파방송, 단파방송, 초단파방송, 극초단파방송(위성방송)
- 변조방법에 의한 분류 : AM방송, FM방송, 디지털방송
- 방송수단에 의한 분류 : 라디오 방송, TV방송, 정지화 방송 등이 있고

방송 서비스 지역에 따라 국내방송, 해외방송, 국제방송 등으로 분류할 수 있다.

2.1 방송전파(電波)의 전파(傳播)(PROPAGATION)

전파(電波) 전파(傳播)란 전파(電波)가 전달되는 방법을 말하며 전파(電波)란 도선 없이 공간을 빛의 속도($3 \times 10^8 \, m/s$)로 퍼져나가는 전기적인 세력의 전달이다. 안테나로부터 나온 전파(電波)는 지상파와, 공간파로 전파(傳播)된다.

1) 지상파(ground wave)

송신점에서 수신점에 직접 도달하는 직접파, 대지와 건물 등에서 반사하여 수신점에 도달하는 반사파, 지구 표면을 전파해 가는 지표파 등이 지상파에 속하며, 지상파는 송신소로부터 거리의 2승에 반비례해서 감소하고 파장이 짧아질수록 감소는 크다.

2) 공간파(space wave)

상공의 전리층에서 반사되어 지면으로 되돌아와서 수신되는 전파로서

- 파장이 긴 장파의 공간 파는 전리층 E층에서 흡수되어 지상에 반사되지 않는다.
- 중파는 주간에 전리층 D층이 두꺼워 흡수되어 지상에 돌아오는 전파가 적으나 야간이 되면 전리층이 얇아지면서 흡수가 적어지고 더 상공의 전리층 E층에서 반사되어 강한 전파가 지상에 되돌아온다. 따라서 중파 라디오 방송에는 야간 공간 파에 의해 2차 서비스 지역이 생겨 수백 km 떨어진 지역에서 수신이 가능하게 된다. (중파방송)
- 단파는 전리층 E층, F층에서의 반사에 의해 공간 파가 원거리까지 도달한다. 또한 공간파는 전리층의 상태에 따라 페이딩 현상이 생긴다. (단파방송)
- 파장이 짧은 초단파나 마이크로 파의 공간 파는 전리층을 통과하므로 반사는 적게 되고 직접 파가 이용된다. (FM, TV, 위성방송).

참고

❖ 전리층

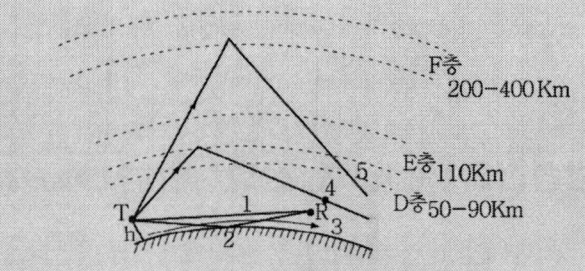

1. 직접파 2. 대지반사파 3. 지표파 4. E층 반사파 5. F층 반사파

전리층(ionosphere)은 태양에서 복사되는 자외선이나 중성자 혹은 미립자가 지구상부 층의 대기를 전리하여 생긴 전자나 이온층으로 높이나 성질은 주간, 야간 계절, 위도에 따라 변한다. 비교적 대기압이 낮은 50~400(km) 범위의 공간에 존재한다.
- D층 : 지상 약 50~90 km에 존재하는 층으로 높이가 가장 낮다.
- E층 : 지상 약110(km) 부근에 존재하는 층으로 중파대는 반사되나 단파 이상은 통과한다.
- F층 : 지상 약 200~400km 높이에 존재하는 층으로 초단파 이상은 통과한다(F1 F2)
- 스포라딕 E층(sporadic E) : E층 부근인 약 100(km) 영역에 나타나는 전자 밀도가 특히 큰 전리층으로 출현시간이 불규칙하다.

주파수대 분류

주파수대의 주파수범위	주파수대 번호	주파수대 명칭	미터에 의한 구분
3kHz를 초과 30kHz 이하	4	VLF(very low frequency)	밀리아미터파
30kHz를 초과 300kHz 이하	5	LF(low frequency)	킬로미터파
300kHz를 초과 3,000kHz 이하	6	MF(medium frequency)	헥터미터파
3MHz를 초과 30MHz 이하	7	HF(high frequency)	데카미터파
30MHz를 초과 300MHz 이하	8	VHF(very high frequency)	미터파
300MHz를 초과 3,000MHz 이하	9	UHF(ultra high frequency)	데시미터파
3GHz를 초과 30GHz 이하	10	SHF(super high frequency)	센치미터파
30GHz를 초과 300GHz 이하	11	EHF(extremery high frequency)	밀리미터파
300GHz를 초과 3,000GHz 이하	12		데시밀리미터파

전파의 분류에 따른 용도

명 칭		주파수 대역	용 도
장파(LF : Low Frequency)		30kHz~300kHz	선박통신
중파(MF : Medium Frequency)		300kHz~3MHz	국내 방송
단파(HF : High Frequency)		3MHz~30MHz	원거리 통신 · 단파방송
초단파(VHF : Very High Frequency)		30MH~300MHz	근거리통신 · TV, FM 방송
극초단파(UHF : Ultra High Frequency)		300MHz~3GHz	레이더, 이동통신, TV방송
마이크로 주파	(SHF : Super High Frequency)	3GHz~30GHz	레이더, 위성통신, 위성방송
	(EHF : Extremely High Frequency)	30GHz~300GHz	특수통신, 초고속무선통신

2.2 전파방송의 종류별 특징과 사용주파수

2.2.1 중파방송(medium frequency broadcasting : 표준방송)

중파방송은 526.5KHz~1606.5KHz까지의 중파대 주파수를 사용하는 양측파대(DSB) 진폭변조(AM)에 의한 음성방송이다. 이 방식은 간단한 검파 방식을 채용하기 때문에 수신기가 저렴하게 된다.

또, FM방송에 비해 전파의 점유대역이 좁고(신호대역의 2배). 외래잡음이 작을 경우 약 전계에서도 수신할 수 있는 장점을 가지나, 외래잡음에 약하고, 다이나믹렌지가 좁고, 100 %이상의 변조에서는 찌그러짐이 급증하는 등의 결점을 가지고 있다.

그러나 수신기의 방식은 안정되고 또한 충분한 증폭도가 얻어지고, 선택 특성이 좋은 super heterodyne 방식이며 수신안테나는 소형으로 수신기내에 내장할 수 있다.

주파수가 낮기 때문에 공전 등의 자연잡음 및 인공잡음 혼입이 많고, 진폭변조 방식이기에 이 잡음을 개선하는 것은 어려운 결점은 있다, 그러나 이 주파수대의 퍼짐이 지표파가 주이기 때문에 광범위한 서비스 구역에서 안정된 전파를 수신할 수 있다. 건조물에 의한 다중 반사에 의한 찌그러짐 등이 없고, 자동차 라디오 등 이동하는 수신에 대해서 효과적인 것 등의 많은 이점이 있고, 중파의 퍼짐은 지표파와 야간의 전리층에서 반사하는 공간 파가 있다. 지표 파의 퍼짐은 주파수와 전파로의 도전율에 관계하나 주, 야간 모두 안정되게 퍼진다. 공간 파는 야간에는 중파 대를 잘 반사하는 전리층에 의해 원거리까지 퍼지기 때문에 대 전력을 사용해서 보다 광범위한 서비스가 가능하게 된다.

그러나 지표 파와 공간 파의 강도가 같을 정도가 되는 지점에서는 상호 간섭에 의해 찌그러지거나 음질의 저하가 생김과 아울러 외국 등의 원거리 송신소로부터의 전파에 의한 혼신을 받을 수 있다.

수신기도 휴대에 편리한 점으로 카 라디오나 개인라디오가 급속히 보급이 됐다.

◈ 주파수 할당

주파수 526.5KHz~1606.5KHz사이의 폭 1080KHz를 한 개의 방송국이 사용하는 점유 주파수폭 9KHz 마다 구분한 120개 채널을 방송국의 할당 채널로 사용하고 있다.

표준방송 사용 주파수

채널 번호	할당주파수(kHz)	채널 번호	할당주파수(kHz)	채널 번호	할당주파수(kHz)	채널 번호	할당주파수(kHz)
1	531	31	801	61	1071	91	1341
2	540	32	810	62	1080	92	1350
3	549	33	819	63	1089	93	1359
4	558	34	828	64	1098	94	1368
5	567	35	837	65	1107	95	1377
6	576	36	846	66	1116	96	1386
7	585	37	855	67	1125	97	1395
8	594	38	864	68	1134	98	1404
9	603	39	873	69	1143	99	1413
10	612	40	882	70	1152	100	1422
11	621	41	891	71	1161	101	1431
12	630	42	900	72	1170	102	1440
13	639	43	909	73	1179	103	1449
14	648	44	918	74	1188	104	1458
15	657	45	927	75	1197	105	1467
16	666	46	936	76	1206	106	1476
17	675	47	945	77	1215	107	1485
18	684	48	954	78	1224	108	1494
19	693	49	963	79	1233	109	1503
20	702	50	972	80	1242	110	1512
21	711	51	981	81	1251	111	1521
22	720	52	990	82	1260	112	1530
23	729	53	999	83	1269	113	1539
24	738	54	1008	84	1278	114	1548
25	747	55	1017	85	1287	115	1557
26	756	56	1026	86	1296	116	1566
27	765	57	1035	87	1305	117	1575
28	774	58	1044	88	1314	118	1584
29	783	59	1053	89	1323	119	1593
30	792	60	1062	90	1332	120	1602

2.2.2 단파방송(short wave broadcasting)

단파방송은 중파대의 중파방송, VHF대의 FM방송과 같은 음성방송의 한 형태이나 양 측파대 진폭변조(DSB-AM), 또는 단 측파대 진폭변조(SSB-AM)를 사용하고 있다.

단파 대를 사용하기 때문에 E층, F층 등의 전리층의 반사에 의해 원거리까지 퍼지는 특성을 살려서 세계 각국을 향해 국제방송, 해외방송을 하고 있다. 전리층은 태양 흑점의 증감이나 계절의 변화에 의해 또, 하루에도 태양의 고도에 따라서 전리층의 높이나 밀도가 변하고 있다. 따라서 일반대상 방송과 같이 전시간 동일 지역을 향한 방송에서도 전파가 수신지역에 능률 좋게 도달하도록 방송시간을 선택하거나, 시간에 따라 전파를 보내는 방향을 바꾸거나, 하루에도 여러 번 주파수를 교체해서 방송을 하고 있다. 또, 계절에 따른 주파수 교체도하고 있다.

국제방송에서는 단파방송 전용으로 할당되는 6 ~ 30MHz를 사용하는 것이 국제조약으로 정해지고, 각국은 모두 이에 따라 방송하고 있다. 현재, 단파방송은 한 주파수에 여러 방송국이 겹치는 과밀한 상태이고, 서로 다른 방송 파의 방해를 피하기 위해 대 전력화로 나가는 결과가 되며 이것이 더욱 혼신문제를 악화시키고 있다.

현행의 양 측파대 방송방식(DSB)에서 단 측파대 방송방식(SSB)의 도입을 고려한 기술기준을 책정하기로 되었다. SSB 방식의 특징으로는 ① 송신기의 복사 전력이 적어도 된다. ② 인접 혼신보호비가 개선된다. ③ 동기 검파 방식의 채용에 의해 선택성 페이딩에 의한 비 직선 찌그러짐을 크게 저감 시킨다 등이 있으나 세계의 수 억대에 달하는 수신기를 어떻게 SSB 방식으로 바꾸느냐가 열쇠라고 한다.

◈ 주파수 할당

3.9MHz ~ 26.1MHz까지의 주파수 대역 내에서 단파방송용으로 할당된 주파수의 전파를 이용하는 방송으로 6, 7, 9, 11, 13, 15, 17, 21, 25MHz 주파수대의 총3130KHz 폭을 한 개의 방송국이 사용하는 점유 주파수폭 5KHz 마다 구분한

617채널이 세계 각 지역의 단파방송국에서 사용된다.
(3.9MHz ~ 3.95MHz 항공 이동방송용)

단파방송 사용 주파수

주파수대(MHz)	주파수(MHz)	대역폭(MHz)	채널수(5KHz간격)
6	5,950 ~ 6,200	250	49
7	7,100 ~ 7,300	200	39
9	9,500 ~ 9,900	400	79
11	11,650 ~ 12,050	400	79
13	13,600 ~ 13,800	200	39
15	15,100 ~ 15,600	500	99
17	17,550 ~ 17,900	350	69
21	21,450 ~ 21,850	400	79
25	25,670 ~ 26,100	430	85
계		3,130	617

2.2.3 초단파 방송(very high frequency broadcasting)

1) FM방송(frequency modulation broadcasting)

30MHz를 초과하는 주파수의 전파를 이용하여 음성 기타음향을 보내는 방송으로 FM방송은 초단파대의 주파수 변조에 의한 광 대역이며 잡음이 적은 특성을 살려 음악애호가들의 기대로 스테레오방송 등의 양질의 음향을 방송하고 있다. FM방식은 외래잡음에 강한 것 외에 소 전력 단에서의 변조가 가능하기 때문에 찌그러짐이 적고, 다이나믹렌지(AM의 20배 이상)를 크게 잡으며, 100% 변조 이상의 경우에도 주파수 편이가 크게 될 뿐이며 AM방식과 같이 찌그러짐이 생기지 않고, 진폭이 일정하기 때문에 정보전달의 전력 효율이 높은 것 등의 특징도 있다.

또, VHF대를 사용하고 있기 때문에 주로 직접 파에 의한 전파이고 산악 등에 의한 감쇠가 크나 중파방송과 같은 야간 혼신은 없고, 많은 다른 지역에서의 동일 주파수의 사용이 가능하며 전파의 이용도가 높은 것과, 전송 주파수대를 넓게 잡아 하이파이(Hi-Fi) 방송이 되는 등의 장점이 있다.

반면에 산꼭대기 같은 고지에 송신소를 설치해야 하고, 산악이나 빌딩에 의한 다중반사 찌그러짐이 생기기 쉬운 것과, 방송설비나 중계 회선은 양질의 규격이 요구되며, 스테레오 수신기는 비교적 값이 비싸다는 결점도 있다.

FM방송 사용주파수

채널	주파수(HMz)	채널	주파수(HMz)	채널	주파수(HMz)	채널	주파수(HMz)
1	88.1	26	93.1	51	98.1	76	103.1
2	88.3	27	93.3	52	98.3	77	103.3
3	88.5	28	93.5	53	98.5	78	103.5
4	88.7	29	93.7	54	98.7	79	103.7
5	88.9	30	93.9	55	98.9	80	103.9
6	89.1	31	94.1	56	99.1	81	104.1
7	89.3	32	94.3	57	99.3	82	104.3
8	89.5	33	94.5	58	99.5	83	104.5
9	89.7	34	94.7	59	99.7	84	104.7
10	89.9	35	94.9	60	99.9	85	104.9
11	90.1	36	95.1	61	100.1	86	105.1
12	90.3	37	95.3	62	100.3	87	105.3
13	90.5	38	95.5	63	100.5	88	105.5
14	90.7	39	95.7	64	100.7	89	105.7
15	90.9	40	95.9	65	100.9	90	105.9
16	91.1	41	96.1	66	101.1	91	106.1
17	91.3	42	96.3	67	101.3	92	106.3
18	91.5	43	96.5	68	101.5	93	106.5
19	91.7	44	96.7	69	101.7	94	106.7
20	91.9	45	96.9	70	101.9	95	106.9
21	92.1	46	97.1	71	102.1	96	107.1
22	92.3	47	97.3	72	102.3	97	107.3
23	92.5	48	97.5	73	102.5	98	107.5
14	92.7	49	97.7	74	102.7	99	107.7
25	92.9	50	97.9	75	102.9	100	107.9

◆ 주파수 할당

우리나라는 주파수 88MHz ~ 108MHz사이의 폭 20MHz를 사용하고 한 개의 방송국이 사용하는 점유 주파수폭 200KHz마다 구분한 100개 채널이 할당된다.
(일본 76.1MHz ~ 89.9MHz)

2) TV방송(television broadcasting)

30MHz를 초과하는 주파수의 전파를 이용하여 정지 또는 이동하는 사물의 순간적인 영상과 이에 따르는 음성 기타음향을 보내는 방송으로 VHF, UHF대를 사용하므로 전파의 퍼짐은 직접파가 이용되고 영상은 잔류측파대 진폭변조(VSB-AM), 음향은 FM변조가 사용되며 TV방송은 영상과 소리를 동시에 전송하므로 보도, 오락, 교양 면에서 시청효과가 아주 크다.

전파의 퍼짐이 VHF, UHF 대의 직접파이므로 FM방송과 같이 산꼭대기 같은 고지에 송신소를 설치해야하고 직접파에 의한 전파이므로 산악이나 빌딩에 의한 다중반사로 고스트(ghost)가 생길 수 있고 산악에 의한 난시청지역이 생긴다.

◆ 주파수 할당

VHF 54MHz ~ 216MHz, UHF 470MHz ~ 890MHz의 주파수를 사용하며 VHF 대(54MHz ~ 216MHz)에서 12채널과 UHF대(470MHz ~ 890MHz)에서 70채널이 할당되며 총 82채널로 1채널의 점유 주파수 폭은 6MHz이다.
(일본 VHF 90 ~ 222MHz, UHF 470 ~ 770MHz)

TV방송 채널별 사용 주파수

BAND	채널	주파수 (MHz)	video	sound	BAND	채널	주파수 (MHz)	video	sound
low band	2	54-60	55.25	59.75	low band	3	60-66	61.25	65.75
	4	66-72	67.25	71.75		5	76-82	77.25	81.75
	6	82-88	83.25	87.75					
high band	7	174-180	175.25	179.75	high band	8	180-186	181.25	185.75
	9	186-192	187.25	191.75		10	192-198	193.25	197.75
	11	198-204	199.25	203.75		12	204-210	205.25	209.75
	13	210-216	211.25	215.75					
UHF	14	470-476	471.25	475.75	UHF	15	476-482	477.25	481.75
	16	482-488	483.25	487.75		17	488-494	489.25	493.75
	18	494-500	495.25	499.75		19	500-506	501.25	505.75
	20	506-512	507.25	511.75		21	512-518	513.25	517.15
	22	518-524	519.25	523.75		23	524-530	525.25	529.75
	24	530-536	531.25	535.75		25	536-542	537.25	541.75
	26	542-548	543.25	547.75		27	548-554	549.25	553.75
	28	554-560	555.25	559.75		29	560-566	561.25	565.75
	30	566-572	567.25	571.75		31	572-578	573.25	577.75
	32	578-584	579.25	583.75		33	584-590	585.25	589.75
	34	590-596	591.25	595.75		35	596-602	597.25	601.75
	36	602-608	603.25	607.75		38	608-614	609.25	613.75
	38	614-620	615.25	619.75		39	620-626	621.25	625.75
	40	626-632	627.25	631.75		41	632-638	633.25	637.75
	42	638-644	639.25	643.75		43	644-650	645.25	649.75
	44	650-656	651.25	655.75		45	656-662	657.25	661.75
	46	662-668	663.25	667.75		47	668-674	669.25	673.75
	48	674-680	675.25	679.75		49	680-686	681.25	685.75
	50	686-692	687.25	691.75		51	692-698	693.25	697.75
	52	698-704	699.25	703.75		53	704-710	705.25	709.75
	54	710-716	711.25	715.75		55	716-722	717.25	721.75
	56	722-728	723.25	727.75		57	728-734	729.25	733.75
	58	734-740	735.25	739.75		59	740-746	741.25	745.75
	60	746-752	747.25	751.75		61	752-758	753.25	757.75
	62	758-764	759.25	763.75		63	764-770	765.25	769.75
	64	770-776	771.25	775.75		66	776-782	777.25	781.75
	66	782-788	783.25	787.75		67	788-794	789.25	793.75
	68	794-800	795.25	799.75		69	800-806	801.25	805.75
	70	806-812	807.25	811.75		71	812-818	813.25	817.75
	72	818-824	819.25	823.75		73	824-830	825.25	829.75
	74	830-836	831.25	835.75		75	836-842	837.25	841.75
	76	842-848	843.25	847.75		77	848-854	849.25	853.75
	78	854-860	855.25	859.75		79	860-866	861.25	865.75
	80	866-872	867.25	871.75		81	872-878	873.25	877.75
	82	878-884	879.25	883.75		83	884-890	885.25	889.75

2.2.4 극초단파 방송(위성방송 : direct broadcasting satellite)

새롭고 보다 풍요로운 방송을 목표로 연구 개발이 적극적으로 진행되어 지금까지의 지상방송과는 성격을 달리하는 위성방송은 정지위성 궤도상에 띄운 인공위성을 이용하여 일반 공중에 직접 수신 되도록 하는 것을 목적으로 하는 방송으로 위성방송은 스튜디오에서 제작된 프로그램을 지구국을 경유해서 정지위성에 보내고, 여기에서 주파수 변환·증폭을 하여 지상으로 방사된다. 지상에서는 개별 수신 또는 공동 수신의 형식으로 직접 일반가정에서 수신하는 방송시스템이다. 현행 TV방송을 12GHz대의 위성으로 할 경우 AM변조 방식에 비해 같은 수신감도를 얻는데 송신 출력이 약 20dB 이득이 되는 FM 변조방식이 취해진다. 음성 신호는 시분할 다중 하는 방법과 PCM 음성 방법이 있다.

◈ **주파수 할당**

1.452GHz ~ 1.492GHz, 2.52GHz ~ 2.67GHz, 11.7GHz ~ 12.75GHz (제2지역 17.3~17.8GHz 추가), 21.4GHz ~ 22GHz (제2지역 제외), 40.5GHz ~ 42.5GHz, 84GHz ~ 86GHz의 전파가 할당된다.

방송 위성용 주파수 분배

주파수대 \ 지역별	제1지역 유럽, 아프리카, 러시아	제2지역 남미, 북미, 그린란드	제3지역 아시아, 호주
1.452GHz ~ 1.492GHz	고정. 이동(항공이동제외). 방송. 방송위성.		
2.52GHz ~ 2.67GHz	고정. 이동(항공이동제외) 방송위성.	고정. 고정위성(2.535GHz~2.655GHz 제외) 방송위성.	
11.7GHz ~ 12.75GHz	11.7GHz~12.75GHz 고정. 방송. 이동(항공이동제외) 방송위성	12.2GHz~12.7GHz 고정. 방송. 이동(항공이동제외) 방송위성	11.7GHz~12.2GHz 고정. 방송. 이동(항공이동제외) 방송위성 12.5GHz ~ 12.75GHz 고정. 고정위성 이동(항공 이동 제외) 방송위성
17.3GHz ~ 17.8GHz	(제외)	고정. 이동 방송위성	(제외)
21.4GHz ~ 22GHz	고정. 이동 방송위성	(제외)	고정. 이동 방송위성
40.5GHz ~ 42.5GHz	고정. 이동. 방송. 방송위성		
84GHz ~ 86GHz	고정. 이동. 방송. 방송위성		

12GHz대 사용 주파수

- **제1지역(유럽, 아프리카, 소련)**
  11.7GHz ~ 12.5GHz(11,727.48GHz ~ 12,475.50GHz)
  대역폭 0.8GHz,   채널 폭27MHz,   채널간격19.18MHz,   40채널

- **제2지역(남 북아메리카)**
  12.2GHz ~ 12.7GHz(12,224.00GHz ~ 12,675.98GHz)
  대역폭 0.5GHz,   채널 폭24MHz,   채널간격14.58MHz,   32채널

- **제3지역(아시아, 오세아니아)**
  11.7GHz ~ 12.2GHz(11,727.48GHz ~ 12,168.62GHz)
  대역폭 0.5GHz,   채널 폭27MHz,   채널간격19.18MHz,   24채널

위성방송 채널별 사용 주파수

채널	중심주파수(MHz)	채널	중심주파수(MHz)	채널	중심주파수(MHz)	채널	중심주파수(MHz)
1	11727.48	21	12111.08	1	12224.00	17	12457.28
2	11746.66	22	12130.26	2	12238.58	18	12471.86
3	11765.84	23	12149.44	3	12253.16	19	12486.44
4	11785.02	24	12168.62	4	12267.74	20	12501.02
5	11804.20	25	12187.80	5	12282.32	21	12515.60
6	11823.38	26	12206.98	6	12296.90	22	12530.18
7	11842.56	27	12226.16	7	12311.48	23	12544.76
8	11861.74	28	12245.34	8	12326.06	24	12559.34
9	11880.92	29	12264.52	9	12340.64	25	12573.92
10	11900.10	30	12283.70	10	12355.22	26	12588.50
11	11919.28	31	12302.88	11	12369.80	27	12603.08
12	11938.46	32	12322.06	12	12384.38	28	12617.66
13	11957.64	33	12341.24	13	12398.96	29	12632.24
14	11976.82	34	12360.42	14	12413.54	30	12646.82
15	11996.00	35	12379.60	15	12428.12	31	12661.40
16	12015.18	36	12398.78	16	12442.70	32	12675.98
17	12034.36	37	12417.96				
18	12053.54	38	12437.14				
19	12072.72	39	12456.32				
20	12091.90	40	12475.50				

위성방송의 장점은 한 개의 위성으로 지구의 3분의 1을 커버할 수 있는 광역성과 산간벽지나 도서지역을 포함하는 서비스구역 전역에 거의 균일한 화질이나 음질이 얻어진다. 또한 각 국마다 채널, 궤도위치, 편파면의 할당과 기술기준이 제정되어 있다.

2.3 방송방식

방송은 제작한 프로그램을 그 특성에 맞게 변형 없이 시청자에게 잘 전달해야 하므로 프로그램을 선택된 전파에 실어 보내야하는데 실어 보내는 과정을 변조라 하고 시 청취자가 수신된 전파에서 필요한 프로그램만을 얻어내는 과정을 복조라 하며 복조는 변조의 과정을 역으로 하는 형태를 말하며 프로그램에는 음향, 정지영상, 동영상 등이 있을 수 있고 이러한 소재들을 효율적으로 전송하고 수신하기 위해 여러 가지 형태의 변, 복조 방식들을 사용하고 있다.

방송 방식에는 아날로그(analog) 신호로 변조하는 아날로그 변조방식, 펄스를 사용하는 펄스변조방식, 디지털(digital) 신호로 변조하는 디지털 변조방식이 있다.

2.3.1 음성 방송 방식

아날로그 변조방식에는 진폭변조방식과 주파수 변조방식으로 대별된다.

1) 진폭변조방식(Amplitude Modulation)

반송파의 진폭을 신호음의 진폭에 따라 변화시키는 변조방식을 말한다.

AM 방식에서 가장 많이 사용되는 방식으로 양측파대 진폭변조(DSB-AM : double side band - amplitude modulation) 방식과 단 측파대 진폭변조(SSB-AM : single side band - amplitude modulation) 방식이 있다.

중파방송과 단파방송의 음성 방송과 지상파 텔레비전방송의 영상신호는 이 방식이 사용되고 있다.

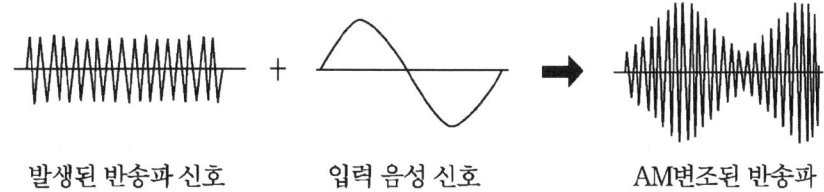

발생된 반송파 신호   입력 음성 신호   AM변조된 반송파

(1) DSB-AM 방식

DSB-AM 방식은 반송파 성분에 음성 신호로 변조한 상하의 양 측파대를 전송하는 방식으로 FM 변조방식에 비교하여

- 전파의 점유 대역폭이 좁으므로 주파수 이용률이 좋다.
- FM 변조방식보다 음질이 못하며 잡음의 영향을 받는다.
- 다이나믹 렌지가 좁고, 100%이상의 변조에서는 찌그러짐이 급증한다.

(2) SSB-AM 방식

SSB-AM 방식은 DSB-AM 방식의 상 하 측파대 성분 중에서 한쪽의 측파대만 전송하는 방식으로

- 주파수 이용률이 가장 좋으나 신호의 복조에는 수신 측에서 반송파를 발생시켜 동기 검파할 필요가 있다.

2) 주파수 변조방식(frequency modulation)

반송파의 주파수를 신호음의 파형에 따라 변화시키는 변조방식을 말한다. 음질이 AM에 비해 우수하기 때문에 주로 음악 방송에 사용되며 주파수 변조방식은 넓은 주파수 대역을 필요로 하기 때문에 VHF대 이상에서 사용되고 있다. 반송파의 주파수가 초단파 대 이므로 전파의 도달거리가 짧아지고 송신기나 수신기의 구조가 복잡하다.

- 100% 이상의 변조에도 주파수 편이가 크게 될 뿐이며 AM방식과 같이 찌그러짐이 생기지 않고,
- 진폭이 일정하기 때문에 정보전달의 전력 효율이 높은 특징이 있다.

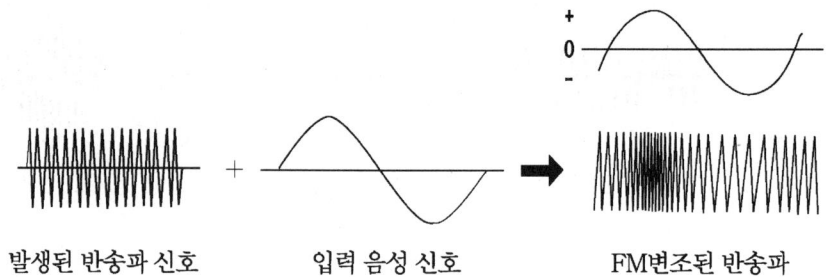

발생된 반송파 신호   입력 음성 신호   FM변조된 반송파

(1) monophonic 방식

- 한 종류의 음성신호를 FM 방식에 의해 전송하는 방식으로
- 반송파의 최대 주파수 편이(±75KHz)를 충분히 크게 하여 큰 신호 대 잡음비가 얻어 진다.
- 모노 포닉 방송을 하는 경우에는 음성신호로서 주 반송파를 변조한다.

(2) stereo 방식

- 주 채널 신호와 부 채널 신호 및 파일럿 신호로서 주 반송파를 변조하는 방식
- 모노 포닉 방송 방식에 대하여 양립성이 있고
- 스테레오 수신기에 큰 신호 대 잡음비가 얻어지는 파일럿 톤(Pilot-tone) 방식을 채용하여 스테레오 방송 시 수신기에서 차 신호의 복조를 위해 사용된다.

① 주 채널 신호는 좌측신호와 우측신호의 합의 신호이고
② 부 채널 신호는 좌측신호와 우측신호의 차의 신호이며
③ 파일럿 신호는 스테레오 phonic 방송의 수신에 보조적 역할을 하도록 전송하는 신호이다.
④ 주 반송파의 변조 형식은 주파수 변조, 최대 주파수 편이는 ±75KHz로 한다.
⑤ 음성 신호의 최고 주파수는 15,000Hz로 한다.

스테레오 포닉 방송을 하는 경우 모노 포닉 방송의 경우와 양립성을 갖도록 하기 위한 조건

① 주, 부 채널 신호 및 파일럿 신호로서 주 반송파를 변조한다.
② 부 반송파는 진폭변조 하고 억압한다. (DSB-SC : suppressed carrier)
③ 주 반송파의 주파수편이는 최대치가 ±75KHz의 45%를 넘지 않도록 한다.

④ 파일럿 신호에 의한 주 반송파의 주파수편이는 최대 주파수 편이(±75KHz)의 8% 내지 10% 이어야 한다.

⑤ 파일럿 신호의 주파수는 19KHz, 부 반송파의 주파수는 38KHz로 하고 서로 저조파 고조파의 관계가 되는 것으로 한다.

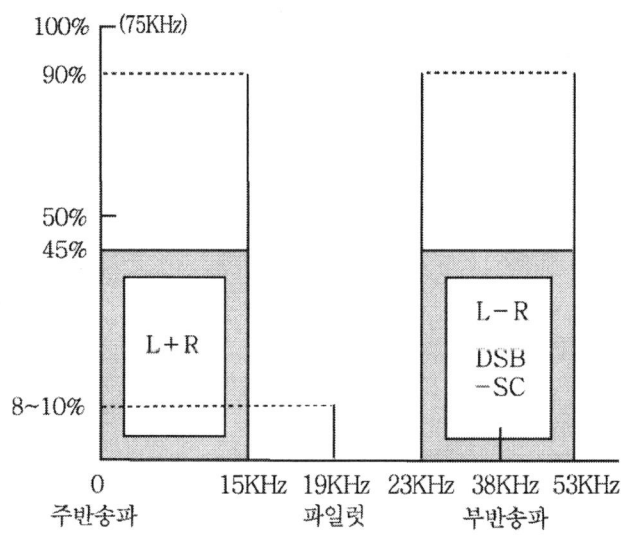

FM 스테레오의 변조 주파수 및 최대변이

3) 펄스 변조방식

반송파로 정형파를 사용하지 않고 계속 반복되는 펄스를 사용하는 변조방식

연속레벨 변조(아날로그)에는 펄스진폭 변조(PAM), 펄스폭 변조(PWM), 펄스위치 변조(PPM)가 있고 불연속 레벨 변조(디지털)에는 펄스부호 변조(PCM), 펄스수 변조(PNM)가 있다.

(1) PAM(pulse amplitude modulation)

입력 음성 신호파 세력의 크기가 펄스의 높이로 결정되어 변조되는 방식

(2) PWM/PDM(pulse width modulation/pulse duration modulation)

입력 음성 신호파 세력의 크기가 펄스의 폭으로 결정되어 변조되는 방식

(3) PPM(pulse position modulation)

입력 음성 신호파 세력의 크기가 펄스의 위치를 결정하여 변조하는 방식

(4) PCM(pulse code modulation)

음성 신호파의 진폭을 양자화하고 양자화 된 신호를 2진법으로 표시하여 2진 부호에 따라 펄스를 발생시켜 변조하는 방식

(5) PNM(pulse number modulation)

신호파의 크기에 따라 일정 시간 내 펄스의 수를 바꾸는 변조방식

(6) PSM(pulse step modulation)

음성 신호 파의 크기에 따라 일정한 전압의 펄스를 조합시켜 변조에 필요한 전압을 가변 하는 방식

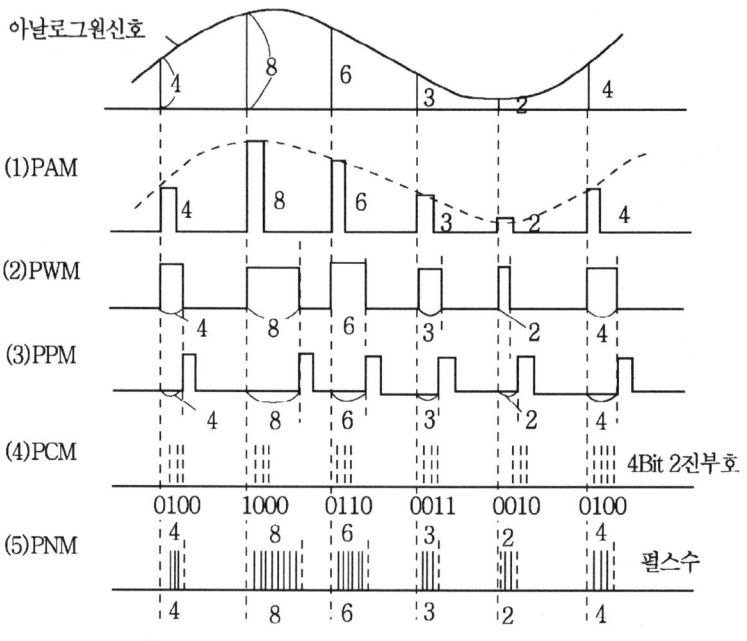

각종 펄스 변조 방식

2.3.2 텔레비전 방송 방식

1) 텔레비전 화면 구성

- 하나의 화면 frame자체는 서로 다른 명암을 갖는 조그마한 조각들로 이루어지며, frame은 수평과 수직 주사로 형성되고 서로 다른 명암을 갖는 작은 점들은 비디오 신호에서 화면 정보들이 된다.
- 약간씩 변경되는 정지 화면을 착시 현상을 일으킬 만큼 충분히 빠른 속도로 한 장 한 장 바꾸어 주면 움직이는 화면으로 보이게 된다. 이러한 효과를 이용한다.
- 컬러 비디오 신호는 두 종류의 신호로 밝기 신호인 루미넌스(luminance signal) 신호와 컬러 신호인 크로미넌스(chrominance signal) 신호가 전송되며 TV 수상기에서 원래의 적, 록, 청색의 신호를 재현하기 위해 컬러 신호는 루미넌스 신호와 합성된다.

> ❖ luminance signal
> 화상 정보 중 윤곽 성분을 포함한 흑백 신호로 명암 변화만을 포함한다.
> ❖ chrominance signal
> 색 정보를 포함하고 있으며 부 반송파(3.579545MHz)에 변조되어 전송된다.

(1) 화소(picture elements)

- 정지 화면은 수많은 조각들을 배열해 놓은 것이며 명암을 가진 각각의 미세한 조각(면적)을 화소(picture elements = pixel)라 한다.
- 화소는 특정한 색상 또는 밝기를 가지며 모든 화소가 모여 화면내의 영상정보를 형성하게 된다.
- 이 화소들은 전송된 후 적절한 위치에 원래의 상태와 동일한 명암으로 조립되어 화면이 재현된다.

(2) 화 질

재현된 화면은

- 휘도(brightness)가 맞아야 하고
- 콘트라스트(contraste)인 흑·백 비도 맞아야 하며
- 해상도가 높고(detail, resolution)
- 아울러 컬러화면은 정확한 컬러 포화도(color level), 색상(hue)도 맞아야 한다.
- 종횡 비도 정확해야 한다.(aspect ratio)

(가) 휘 도(brightness)

- 휘도란 전체적 또는 평균적 조명의 강도로써 화면에서 배경의 밝기를 결정한다.
- 각 화소들은 평균적인 밝기를 기준으로 밝고 어둡게 변할 수 있다.

(나) 콘트라스트(contrast)

- 콘트라스트는 재현된 화면의 검은 부분과 흰 부분 사이의 강도 차를 의미한다. 즉 흑백의 對比를 말한다.
- 범위는 눈부신 흰색과 어두운 검정 색의 강렬한 화면을 충분히 만들 수 있을 정도로 넓어야 한다.

(다) 해상도(resolution)(detail ; 정세도)

- 정세한 정도를 해상도(resolution)라하며 화면에서 화소수가 수평방향과 수직방향으로 몇 개 존재하는 가로 판별하는데 수평 해상도는 백색의 세로 선을 1H 기간 내에 몇 개를 표시할 수 있는가를 개수로 표시하고 수직 해상도는 화면의 비가 3 : 4이므로 수평 해상도에 3/4을 곱해서 계산할 수 있다. 실제로는 해상도 패턴의 테스트 화면을 촬영해서 해상도 수를 눈금으로 읽어 해상도를 측정해보면 이론 값 보다 훨씬 적게 보인다.
- 훌륭한 해상도의 화면을 재현하기 위해서는 가능한 한 많은 화소들이 필요하다. 그렇게 되면 물체들의 윤곽이 선명하게 나타나고 배경화면의 원근감도 명확해 진다.
- 텔레비전 화면의 최대 해상도는 주사선의 수와 채널의 대역폭과 관련된다.

(라) 종횡 비(aspect ratio)

- 화면의 프레임 폭과 높이 비를 말하며 4 : 3 (16 : 9)으로 표준화 돼있고 수상관 스크린의 폭에 꽉 차도록 수평주사 크기를 맞추고 높이에 꽉 차도록 수직주사 크기를 맞추면 정확한 종횡 비를 유지하게 된다.
- 비율이 맞지 않으면 너무 길게 또는 너무 뚱뚱하게 보인다.

(마) 시계 거리 혹은 적시 거리(viewing distance)

TV스크린을 가까운 거리에서 보면 조그만 점들과 주사선들까지 볼 수 있다. 그리고 재현된 화상의 미세한 입자들까지 볼 수 있다. 이들은 비디오 신호에서 노이즈로 재현된다. 이러한 노이즈를 구분할 수 없을 정도의 거리를 시계거리라 하며 적당한 시계거리는 화면 대각선 길이의 3~5배 정도다.

2) 주사(走査 : Scanning)

2차원 화상을 1차원의 전기 신호로서 전송하기 위해 2차원 화상을 1차원 화상으로 재배열하여 화상의 화소를 순차적으로 전송해 가는 과정을 주사라 한다. 주사 동작에 의해 전체 화면을 구성하는 모든 화소들이 포함된 영상 신호가 만들어진다. 주사는 화면의 왼쪽에서 오른쪽, 위쪽에서 아래쪽으로 한 줄씩 순차적으로 모든 화소들이 주사된다.

(1) 수평과 수직 주사

흑백 TV에서는 휘도, 컬러 TV에서는 휘도와 색의 정보를 순차적으로 전기신호로 바꾸어 전송하는 역할을 하고 수신 측에서는 전송돼온 전기신호를 브라운관에 조립하여 화면을 재구성하는 역할을 하며 주사는 수평주사와 수직주사를 곁들여 행하게 된다.

(가) 수평주사(horizontal scanning)

화면의 상단 왼편에서 시작하여 오른쪽으로 수평으로 하는 주사를 말하며 화면을 구성하는 화소 정보를 화면의 수평 방향으로 순차적으로 추출 또는 기록, 표시하는 것을 말한다.

(나) 수직 주사(vertical scanning)

수평주사에서 빔이 화면의 왼쪽으로 돌아갈 때 수직위치를 약간 아래쪽으로 하여 다음 주사선의 빔이 똑같은 주사선에 반복되는 것을 피하게 하여 수평 주사를 일정 간격씩 위에서 아래로 주사하는 것을 수직주사라 한다.

(2) 주사 방식

주사에는 순차주사(non-interlace scanning)와 비월주사(interlace scanning) 방식이 있다.

(가) 순차주사(順次走査 : non-interlace scanning)

1차원의 전기신호로 분해된 한 화면(1 frame)의 수평주사를 순번대로 한번에 모두 주사하는 방식을 순차주사라 한다. 매초 30회(30 frame) 이루어진다.

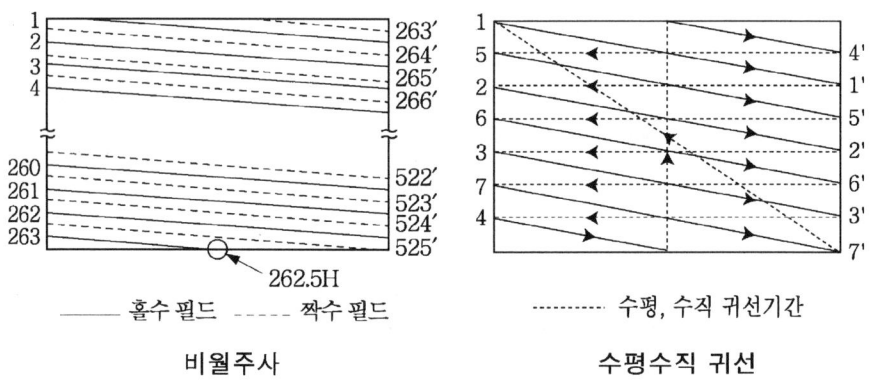

비월주사   수평수직 귀선

(나) 비월주사(飛越走査 : interlace scanning)

수평 주사를 한 줄씩 건너뛰어 주사한 다음 그 주사선 사이를 재 주사해서 두 장의 주사 화면을 합쳐 한 장의 화면을 완성시키는 주사 방식이다.

제1 field(기수필드)와 제2 field(우수필드)의 2 field로 1 frame의 화면을 만든다. 이 방법은 눈에 대한 플리커(flicker)를 줄이기 위해 매초 30 frame의 2 : 1 비월주사로 수직주사가 매초 60회 이루어지게 되기 때문에 Flicker 방해를 줄일 수 있다.

(3) 귀 선(retrace flyback line)

각 주사선이 끝나는 점에서 빔은 다음 주사를 위해 매우 신속하게 화면의 왼쪽으로 약간 아래쪽으로 되돌아간다. 이 과정을 수평 귀선이라 하고 빔이 화면의 하단에 도달했을 때 다음 주사를 위해 화면의 상단으로 되돌아가는 과정을 수직 귀선 이라 한다. 이 시간 동안에는 모두 공백 상태가 되기 때문에 화상 정보가 주사되지 않는다.

(4) 수평과 수직 블랭킹 신호(blanking signal)

비디오 신호의 일부로서 목적은 주사과정에서 귀선 동작을 화면에서 보이지 않게 하기 위한 것으로 수평 귀선 시와 수직 귀선 시에 블랭킹 전압을 검정색 레벨과 동일하게 하여 귀선 동작이 모두 화면상에 나타나지 않게 한다.

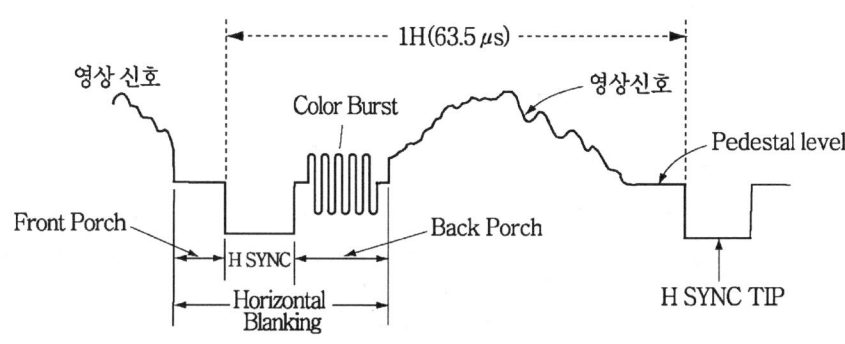

수평귀선 소거기간

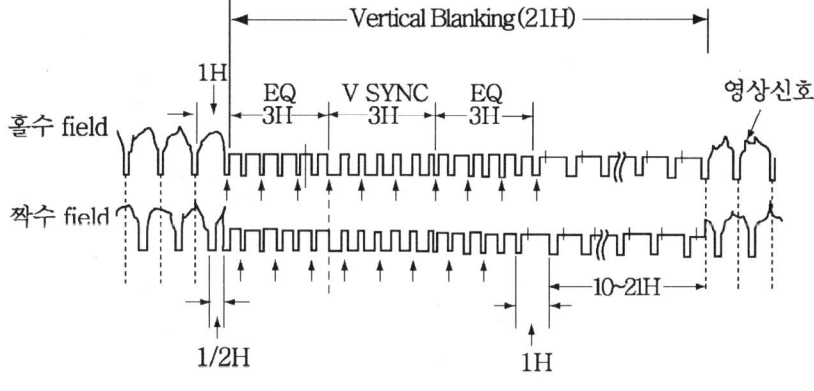

수직귀선 소거기간

(5) field와 frame

- 텔레비전의 화면은 한 줄 한 줄씩, 한 field 한 field 그리고 한 frame 한 frame씩 재조립된다.
- 성긴 주사 화면을 field라하고 2 field 주사로 만들어진 완성된 주사화면을 1 frame이라 한다.

3) 동기 신호

TV에서는 주사에 의하여 화상의 분해와 합성을 하고 있기 때문에 송신 측과 수신 측에서 주사를 올바르게 동기 시킬 필요가 있다. 이 역할을 하는 것이 **동기신호**이다. 수평 주사선이 시작되는 것을 결정하는 **수평 동기 신호**와 field가 시작되는 것을 결정하는 **수직 동기 신호**가 있다 이들은 모두 영상신호의 귀선 소거 기간을 이용하여 pedestal level 이하로 전송되며 이 신호들은 동기신호 발생기에서 만들어진다.

> ❖ **동기 신호 발생기**(S. P. G. : synchronizing pulse generator)
> 영상 신호 발생장치들에 전기적인 구동신호를 제공하고 영상신호에 첨가될 각종 동기신호들을 제공해 주는 장치로 수평 drive, 수직 drive, 수평 수직 blanking, 수평 수직 sync, color subcarrier를 제공한다.
>
> ❖ **pedestal**
> 영상신호의 black level을 말한다.

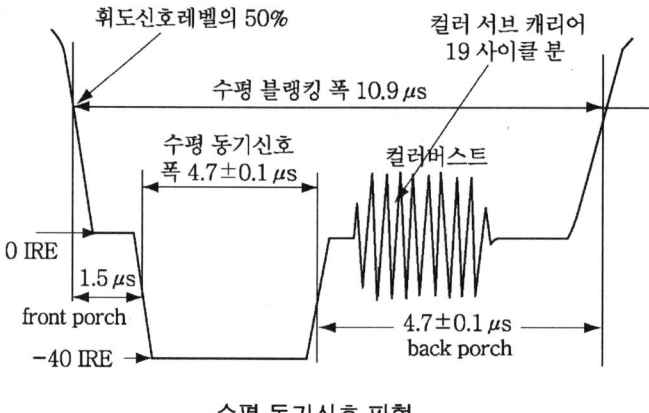

수평 동기신호 파형

전파방송

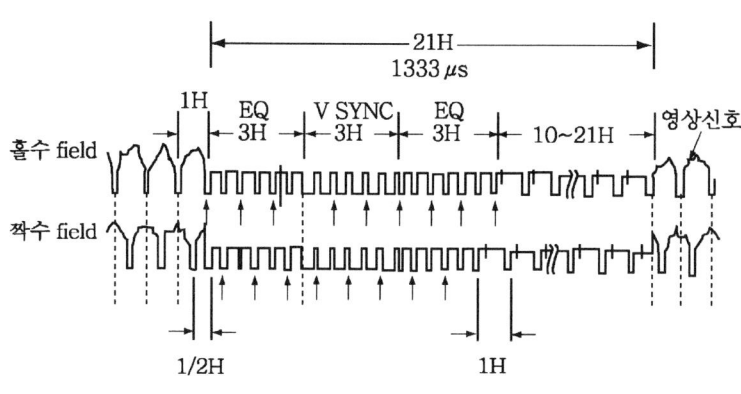

수직 동기신호 파형

(1) NTSC 흑백 방식의 동기신호 수평과 수직 주사 시간과 주파수

525 line, 30 frame 또는 262.5 line, 60 field이므로

- 수평 주사 주파수는 60×262.5 = 15750 Hz가 되며
- 수평 주사시간은 1/15750초 = 63.5μs이다.
- 수평 blanking 시간은 10.9μs ± 0.2μs (①+②+③)가 된다.

  ① 동기 pulse = 4.7μs ± 0.1μs
  ② front porch = 1.5μs ± 0.1μs
  ③ back porch = 4.7μs ± 0.1μs

따라서 영상이 주사되는 시간은 63.5 − 10.9 = 52.6 μs 이다.

- 수직 주사 주파수는 60Hz 다. (2/525×15750 = 60 Hz)
- 수직 주사 시간은 1/60초이므로 16666μs가 되고
- 수직 blanking 시간은 수직 필드의 약 8%(16666×0.08)로서 1333μs이다.
  1333 μs÷63.5 μs = 21 H(1 field 마다 21 H) (①+②+③+④)

  ① 전치 등화 pulse 3 H(6개 pulse)
  ② 수직 동기 신호, 3 H(6개 pulse)
  ③ 후치 등화 pulse 3 H(6개 pulse)
  ④ video가 없는 pulse 12 H

(2) NTSC 컬러 TV방식의 동기신호 수평과 수직 주사 주파수

음성신호 전송과 컬러 신호의 간섭을 고려하여 수평 주파수와 수직 주파수가 결정된다. I, Q 신호로 변조된 색 부 반송파는 반송 색 신호라 부르는데 흑백 TV로 수신할 때는 색 반송 신호도 휘도 신호와 함께 화면상에 표시되므로 이것이 흑백 TV 화상에 방해가 되지 않도록 색 부 반송파 주파수를 정한다.

- 수평 주파수 $f_H = 4.5\,\text{MHz}/286 = 15.73426\,\text{KHz}$
- 수직 주파수 $f_V = (2/525) \times f_H = 59.94\,\text{Hz}$
- 색 부반송파 $f_{SC} = f_H/2 \times (2n+1) = 455/2 \times f_H = 3.579545\,\text{MHz}$

4) 영상 신호

TV 카메라에 촬상된 광학상이 전기 신호로 변환되어 TV 카메라의 출력으로 나타나는 전기 신호를 말하며 영상 신호는 화면에 따라 직류에서부터 수 MHz에 이르기까지 높은 주파수 성분을 포함하고 있으며 상한의 주파수가 높을수록 화면은 세밀하게 보인다.

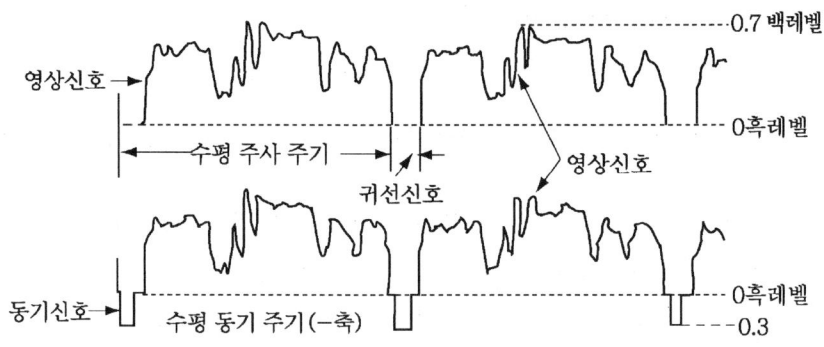

영상신호와 동기신호

◆ 영상의 최고 주파수

NTSC의 주사선 수는 525개이지만 유효 화상기간($262.5H - 21H \times 2 = 483H$)은 약 483개로 인간의 눈으로 식별할 수 있는 수직 해상도(가로선)는 340(483×0.7)

개 정도가 된다. 수평 해상도는 화면의 종 횡 비가 3 : 4 이므로 340×4/3 = 453개가 된다.

따라서 총 화소 수는 340×453=154,020개가 된다.

154,020개의 화소를 전송하려면 필요한 주파수 대역폭은 4.3MHz가 된다.

$f(\max) = 1/2 \times K \times N^2 \times f_P \times b/h \times y/x ≒ 4.3\text{MHz}$

K : Kell 계수 0.7, N : 주사선 수, f_p : 프레임 주파수,

b/h : 화면의 횡과 종의 비, $y, x.$: 수직, 수평 주사 유효율

N= 525 선, b/h = 4/3. f_p = 30, y = 0.95, x = 0.84,

5) 컬러텔레비전

컬러텔레비전은 빛의 3원색 red, green, blue 를 사용하고 가법혼합 방법을 이용하고 있다.

(1) 색의 성질

색을 나타내는 것에 명도(brightness), 색상(hue), 채도(saturation)의 3요소로 생각할 수 있다. 명도는 색채를 동반하지 않은 흑에서 백의 밝기의 단계를 표시하는 흑백텔레비전의 신호에 해당되고 색상과 채도가 색에 관한 정보로 된다. 텔레비전에는 휘도를 명도신호(luminance signal), 색상과 채도를 색도 신호(chrominance signal)라고 하며 2가지 신호를 사용하고 있다

- 복수의 색을 스크린에 투영했을 때에 각각의 색에 겹쳐져서 가산되어 다른 색으로 변화한다. 이와 같은 색을 혼합하는 방법을 가법혼합 이라 말하며 컬러 TV에 이용되는 것은 이 방법이다.
- 가법 혼합의 3원색은 청색(435.8nm), 녹색(546.1nm), 적색(700.0nm)이다.
- 컬러텔레비전에서는 흑백 TV방식에서 전송하고 있는 휘도 신호에 다시 색신호를 부가한다.

(가) 컬러 레벨(색 농도)

- 색 농도(색의 포화도)는 3.58 MHz 색 부 반송파신호의 크기에 따라 결정된다.

- 컬러 TV수상기에는 chroma(color density 또는 saturation)라는 기능이 있다. 이것을 조정하면 무 색, 연한 색, 강한 색 등 다양한 색 농도를 나타낼 수 있다.

(나) 색 상

- 색상은 3.58 MHz 색 부 반송파 신호의 위상각에 따라 결정되므로 위상을 변하게 하면 색상은 변하게 된다.
- 컬러 TV수상기에는 Hue(tint)라는 기능이 있다.
- 또한 컬러동기가 적절한 위상을 계속 유지하고 있기 때문에 이미 알고 있는 색(파란 색, 푸른 잔디, 살색)을 정확한 색상을 갖도록 조정하면 나머지 모든 색은 당연히 정확한 색상을 갖게 된다.

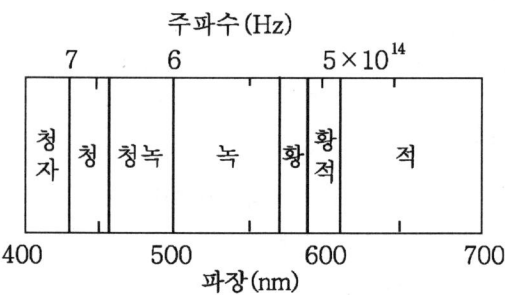

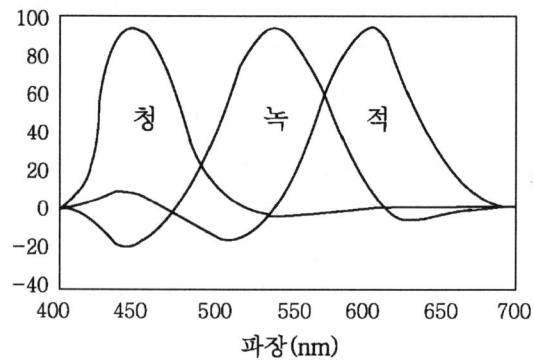

가시광선의 스팩트럼

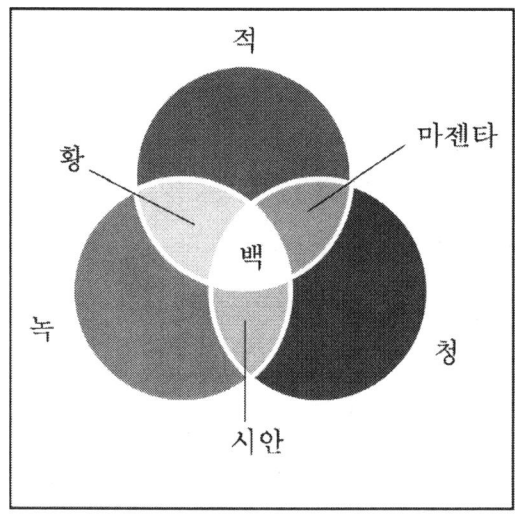

빛의 3원색과 가법합성

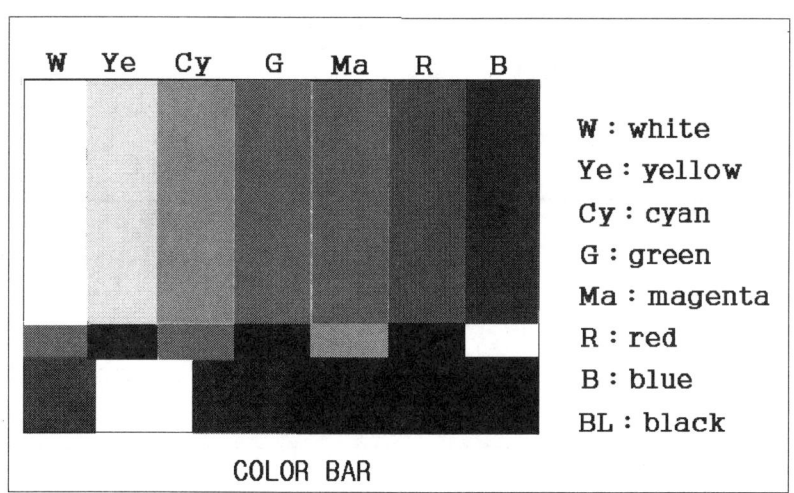

COLOR BAR

W : white
Ye : yellow
Cy : cyan
G : green
Ma : magenta
R : red
B : blue
BL : black

(2) 흑백 TV와의 양립성

컬러 TV가 개발됐을 때는 이미 흑백 TV방식이 실용화되어 있었고 많은 흑백 수상기가 보급됐다. 그래서 컬러 TV방식을 검토함에 있어서는 기존의 흑백 방식의 수상기에도 지장 없이 컬러TV방송이 수신된다는 양립성에 대한 고려가 필요했다.

- 컬러TV 방송은 흑백 TV의 수상기로 수신 가능해야 하고
- 흑백TV방송을 컬러 TV수상기로 수신할 경우 흑백화상으로 수신되어야 하고
- 화질, 명도, 콘트라스트, 해상도가 흑백 시스템과 동일한 수준이어야 하며
- 흑백 수상기에서 수상기 개조 없이 고화질 재생이 되어야한다.
- 기존 주파수 채널에서 칼라 영상을 전달하려면 많은 정보를 전달해야하나 기존 대역에서 전달 가능해야 한다.

6) 컬러텔레비전의 방식

컬러텔레비전의 방식에는 많은 제안이 있었지만 적, 녹, 청의 컬러텔레비전 신호를 흑백수상기로 수상하면 흑백의 화상이 재현되고 흑백 신호를 컬러텔레비전 수상기로도 재현 가능한 양립성을 만족하는 문제를 해결하여

- 미국에서 제안한 NTSC(National Television System Committee)방식
- 독일이 제안한 PAL(Phase Alternation by Line) 방식
- 프랑스에서 제안한 SECAM(Sequential Color a memory)방식

들이 전 세계에서 사용되고 있다.

TV표준방식의 주요 제원

	SYSTEM									
	A	M	N	C	B	G	H	I	D,K	K'	L
주사선수(개) Frame	405	525	625								
Frame 주파수(KHz)	50	60 (59.940)	50								
Line 주파수(KHz)	10.125	15750 (15.734254)	15.625								
채널폭(MHz)	-	6	7	8							
음성 반송 주파수(MHz)	-3.5	+4.5	-5.5	+5.9996 ±0.0005	+6.5						
공칭 신호 대역폭(MHz)	3	4.2	5	5.5	6						
영상 변조형식 극성	AM정	AM부	AM정	AM부	AM정						
음성의 변조형식	AM	FM	AM	FM	AM						
음성의 주파수편의(KHz)	-	±25	-	±50	-						
실행복사 전력비 (영상/음성)	4/1	10/1~5/1	10/~5/1	4/1	10/1	10/1~5/1	5/1	10/1~5/1	10/1		

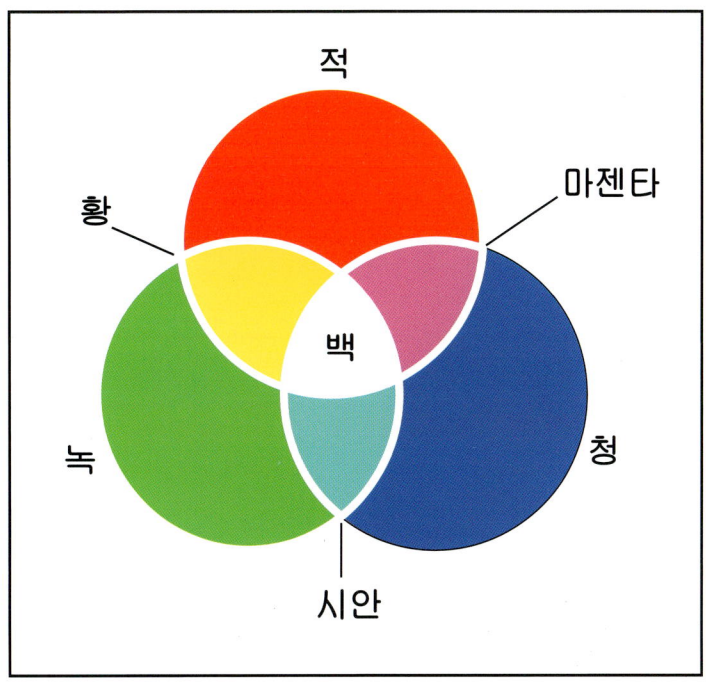

빛의 3원색과 가법합성

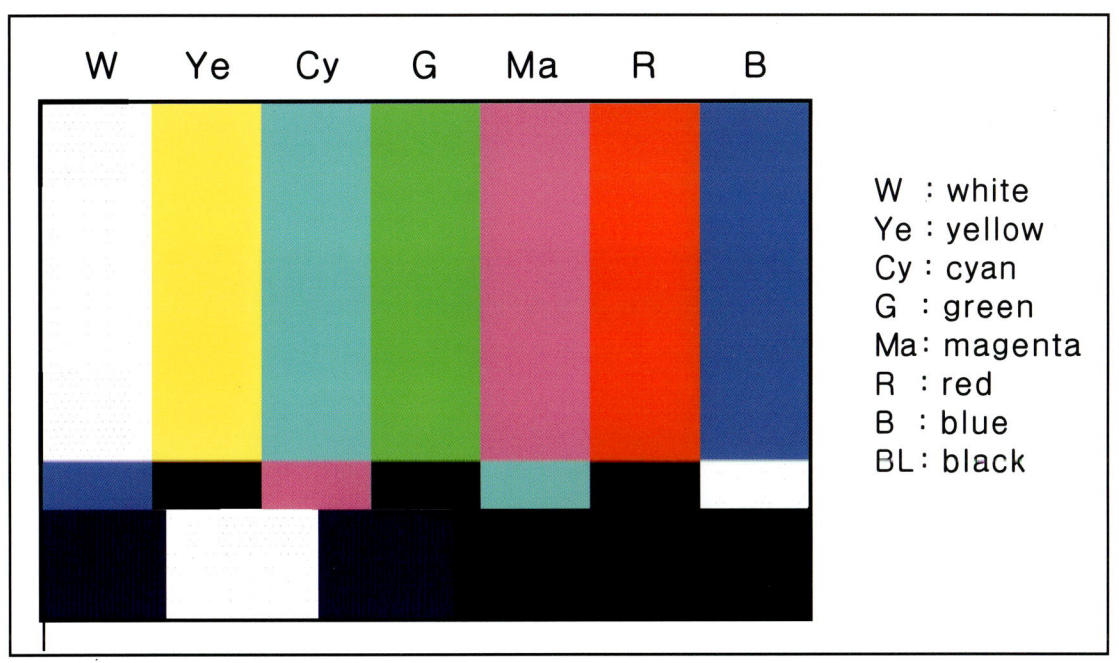

COLOR BAR

전파방송

TV 지상파 방송 전송방식에는 동기신호의 특성에 따라 M, B/K, D/K, I, L 등으로 분류된다.

각 방식의 채용 국가

M/NTSC	한국, 미국, 일본, 캐나다, 멕시코, 필리핀
BG/PAL	독일, 네덜란드, 스위스, 이탈리아, 오스트리아, 유고,
BH/PAL	벨기에
B/PAL	호주, 뉴질랜드, 싱가포르, 노르웨이, 인도, 태국, 인도네시아, 말레이시아
I/PAL	영국, 홍콩
D/PAL	중국, 북한
M/PAL	브라질
L/SECAM	프랑스
D.K/SECAM	소련, 폴란드, 체코슬로바키아, 헝가리
B/SECAM	이집트, 이란, 이라크

(1) NTSC(National Television System Committee) 방식

2개의 색차 신호성분 EI와 EQ가 직각 위상($\pi/2$)으로 3.579545MHz의 색 부 반송파를 진폭 변조하여 이 색 부 반송파가 휘도 신호에 중첩되어 전송되는 방식이다. (직교, 위상 및 진폭 변조)

- 미국의 NTSC가 흑백텔레비전과 양립성을 목표로 개발한 컬러 방식으로 피사체를 적, 녹, 청의 3색 신호로 분해 한 후 흑백 수상기에서도 수상이 가능하도록 휘도 신호 Y, 2개의 색차 신호 I, Q 신호로 변환하여 색차 신호를 휘도 신호에 다중 전송하는 방법으로
- 색 부 반송파의 주파수와 수평주사 주파수 사이에는 $f_{sc} = f_{hc} \times 455/2$ (1/2의 기수 배)로서 수신된 화면의 색 부 반송파의 방해는 인접한 주사선과 역 위상이 되고 프레임마다 역 위상이 되어 눈에 띄지 않게 한다.
- 음성 반송파와 색 부 반송파의 beat에 의한 방해도 적게 되도록 주파수를 선택하고 있다.

$$f_{hc}/2 \times 572배 = 4.5 \text{ MHz (음성 주파수)}$$

$$f_{hc}/2 \times 455\text{배} = 3.579545 \text{ MHz (색 부 반송파 주파수)}$$

- 인간의 시각특성을 충분히 고려하여 설계되었고 대역절감에 대한 화질 열화를 적게 한다.
- 휘도 신호와 색차 신호의 분리로 고해상도를 얻을 수 있는 반면 색의 일그러짐이 생긴다.
- 주사선수는 525 line, field수는 60 field, 전송대역은 6 MHz이다.

(가) 3원색 신호를 아래와 같이 전송함으로써 대역 절감을 꾀하고 있다.

① **루미넌스 신호(luminance signal)**

루미넌스 신호는 화상 정보 중 윤곽 성분을 포함한 흑백 신호로 명암 변화만을 포함하고 화상을 재현하는데 사용되며 일반적으로 Y 신호라고 표기한다.

- Y휘도 신호 EY = 0.3ER + 0.59EG + 0.11EB 대역 0~4.3 MHz

② **크로미넌스 신호(chrominance signal)**

색 정보를 포함하고 있으며 부 반송파에 변조되어 전송된다. 이 신호는 컬러수상관에 컬러 화상을 재현하는데 사용한다.

- I색차 신호 EI = 0.74(ER−EY) − 0.27(EB−EY) 대역 0~1.5MHz
  (In-phase sub carrier)
- Q색차 신호 EQ = 0.48(ER−EY) + 0.41(EB−EY) 대역 0~0.5MHz
  (Quadrature sub carrier)

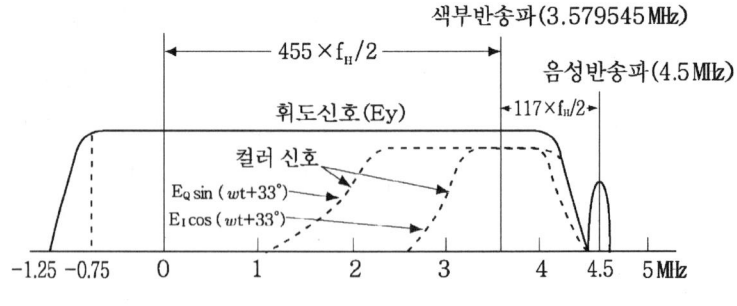

NTSC 컬러신호 스펙트럼

Chapter 2 전파방송

참고

✱ I, Q 축과 인간의 시각

사람 눈의 색에 대한 해상도는 오렌지와 시안 계(I축) 방향의 색상에 대해서는 우수하고 녹과 마젠타 계(Q축) 방향의 색상에 대해서는 열등하다.
따라서 NTSC 방식에서는 오렌지와 시안 계는 광대역(1.5MHz)으로 섬세한 부분까지 전송하고 녹과 마젠타 계는 대역폭(0.5MHz)을 제한해서 전송하고 있다.

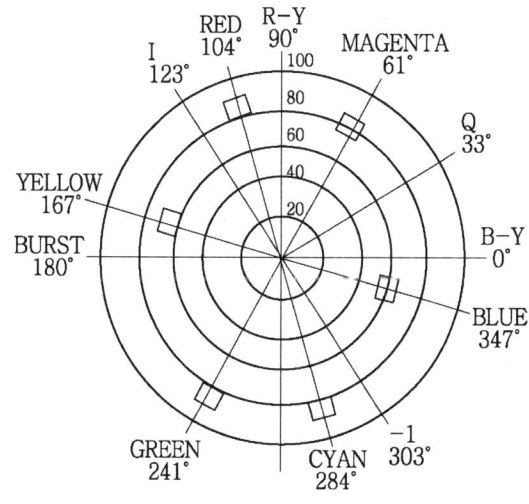

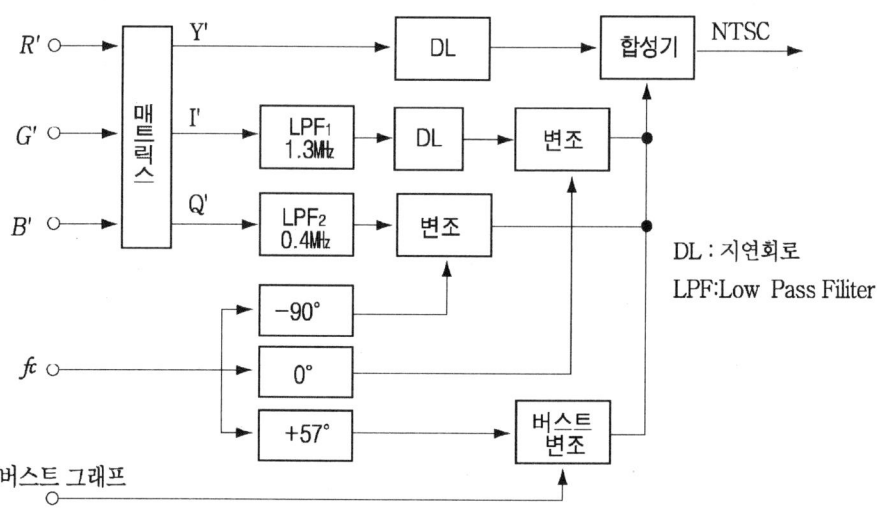

DL : 지연회로
LPF : Low Pass Filiter

송신측 엔코더의 기능도

· 제2편 · 방송의 분류 59

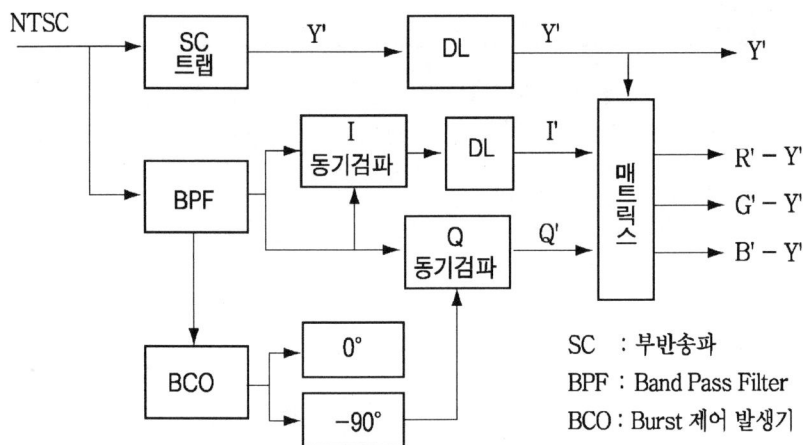

수신측 디코더의 기능도

(2) PAL(Phase Alternation by Line) 방식

NTSC와 마찬가지로 2개의 색차 신호로 색 부 반송파를 진폭변조하고 휘도 신호에 중첩하고 있다. 다른 점은 R-Y, B-Y 색차 신호 중 1개(R-Y) 신호를 주사선마다 색 부 반송파의 극성을 반전시켜 직교($\pi/2$) 위상 변조하여 4.433618MHz의 색 부 반송파를 진폭 변조하여 전송하는 방식이다.

- 서독의 Telefunken 사에서 제안된 방식으로 NTSC방식을 조금 변형한 것으로 송수신시 색 부 반송파가 겪는 미세한 위상 오차의 영향을 줄이고자 개발했다.
- 두개의 색차 신호 중 1개(ER-EY)의 극성을(위상) 주사선마다 반전(180°)하여 전송하고 수신 측에서 1 Line지연선(약 64μs)을 사용하여 색 부 반송파 (4.433618MHz) 성분을 시간적으로 연달아 2선의 주사선에 대하여 평균하여 하나의 색 신호가 만들어진다.
- 전송계에서 생기는 색 부 반송파의 위상 일그러짐이 상쇄되어 감소하므로 색상 변화가 없다.
- 색 부 반송파가 연달아 2 line에 걸쳐 평균되기 때문에 색의 수직 방향 해상도가 저하된다.
- 주사선수는 625line, field수는 50field, 전송대역폭은 6~8 MHz이다.

휘도 신호 EY = 0.30ER + 0.59EG + 0.11EB   대역 5~6MHz
색차 신호 EU = 0.493(EB − EY)   대역 1.3MHz
색차 신호 EV = 0.877(ER − EY)   대역 1.3MHz

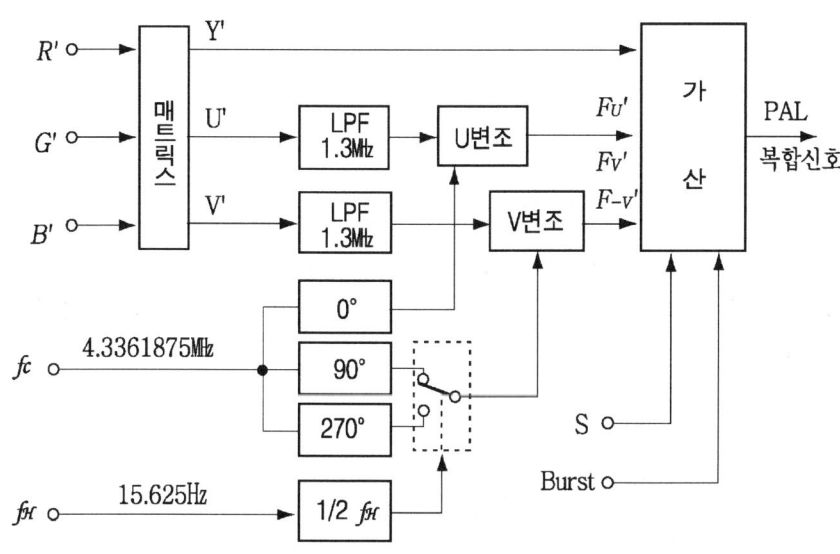

PAL방식 엔코더계의 기능도

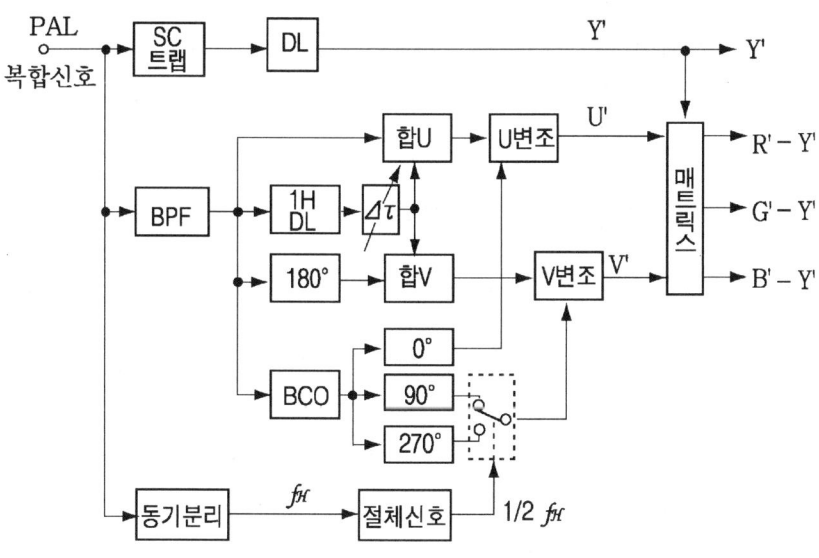

PAL방식 수상기 컬러 디코드 기능도

(3) SECAM(Sequential Color a memory)방식

R-Y, B-Y 색차 신호를 2개의 서로 다른 색 부 반송파 f_{DR}= 4.40625㎒, f_{DB}= 4.25㎒로 주파수 변조하여 선 순차(라인마다 신호를 교체) 방식으로 전송하는 방식

- 프랑스의 Henri de Franc가 제안한 것으로 색 신호를 라인 순차로 전송하여 메모리 기술로 복원하는 방식
- NTSC나 PAL 방식과는 달리 색차 신호는 색 부 반송파(f_{DR} = 4.4065 MHz, f_{DB}= 4.250㎒)로 FM변조에 의해 전송된다(주파수 변조를 사용하기 때문에 미세 위상왜곡과 미세 이득보호를 제공하므로 전송 계 특성저하에 강하다).
- R-Y 전송 시 B-Y 정보는 무시되고 다음은 반대로 색차 신호를 한 라인씩 걸러서 교대로 독립적으로 전송한다.
- 수신 측에서는 1line 메모리를 사용하여 동시신호로 변환한다.
- 전송 계에서 색차 신호 간에 간섭이 없어 색상이 변화지 않고 수상기의 색 조정이 필요 없다.(색 재현성이 좋다)
- 무채색에 대해서도 색 부 반송파의 진폭이 0이 되지 않기 때문에 색 부 반송파에 의한 방해가 눈에 띄기 쉽다.
- 수직 해상도 감소는 PAL 방식과 동일하다.
- 주사선수는 625 line, field수는 50 field, 전송대역폭은 7~8 MHz이다.

   휘도 신호 EY = 0.30ER + 0.59EG + 0.11EB   대역 5~6MHz
   색차 신호 DR = -1.9(ER - EY)   대역 1.3MHz
   색차 신호 DB = 1.5(EB - EY)   대역 1.3MHz

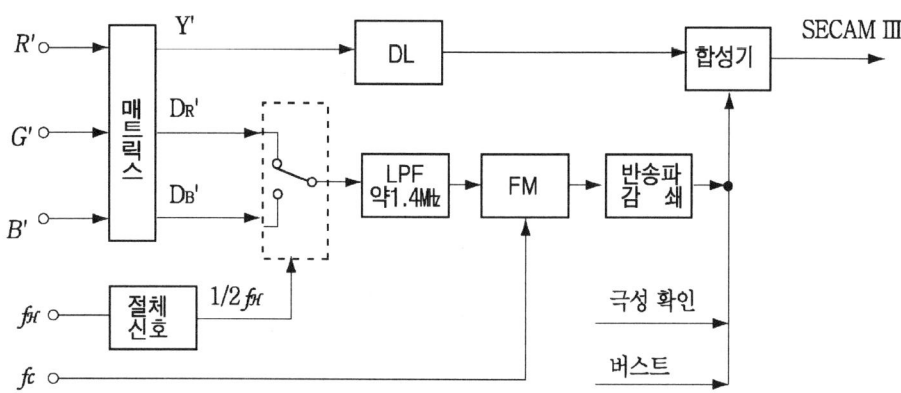

송상측 엔코더의 기능도

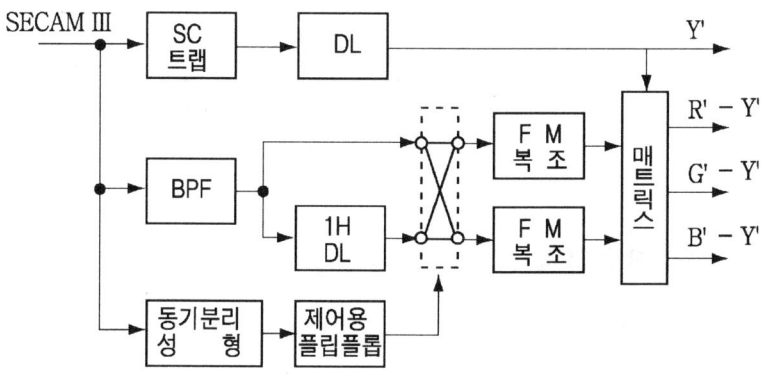

수상측 디코더의 기능도

세계의 표준방식

특성 \ 방식	NTSC	PAL	SECAM
주사선수(H)	525	625	625
수평주파수(KHz)	15.734	153.625	15.625
수직주파수(Hz)	59.94	50	50
매초 화상(장)	29.97	25	25
비월주사	2 : 1	2 : 1	2 : 1
화면의 가로세로비	4 : 3	4 : 3	4 : 3
영상변조	AM 부	AM 부	AM 정
음성변조(KHz)	FM ±25	FM ±50	AM 60%
영상대역(MHz)	4.2	5	6
음성반송파	4.5	5.5	6.5
채널대역(MHz)	6	7	8
색부반송파(MHz)	3.579545	4.433618	f_{DR}= 4.40625 f_{DB}= 4.25
사용국	미국, 일본, 한국	독일, 서유럽, 중국	프랑스, 동유럽, 독립국연합
표준규격	FCC	CCIR	

7) TV 신호 변조방식

- 영상 신호와 같이 넓은 대역을 갖는 신호의 전송에는 높은 주파수(V.H.F, U.H.F, S.H.F)의 전파가 적합하고 지상 방송에서는 송신 전력을 크게 할 수 있으므로 주파수가 유효하게 이용될 수 있는 잔류 측파대 진폭변조(VSB—AM) 방식에 부변조 방식을 쓴다. 잔류 측파대 방식은 전송대역을 줄일 수 있고 AM 방식은 다중 수신 경로로 통해 나타나는 고스트 현상이 훨씬 감소된다.

- TV음향은 저 잡음 낮은 간섭이 장점인 FM신호로 전송되고 음성 반송파는 inter carrier sound,로 하여 영상 반송파와 구분하여 4.5MHz 떨어져서 나가며 음성을 동조시키기 훨씬 쉽게 만든다.

전파방송

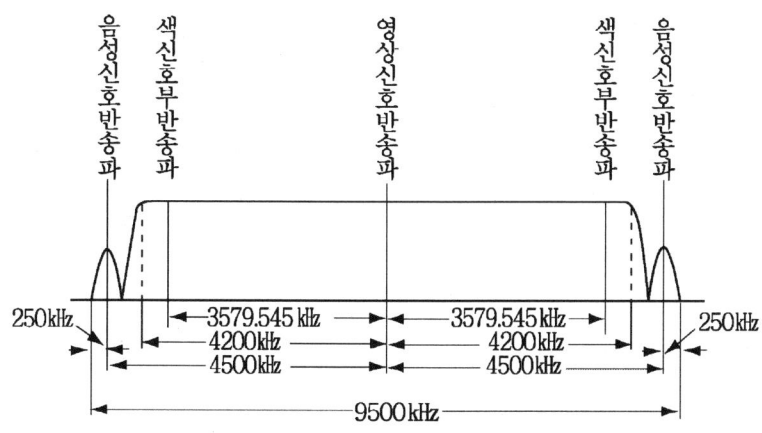

잔류측파대 변조를 하지않을 때의 대역폭

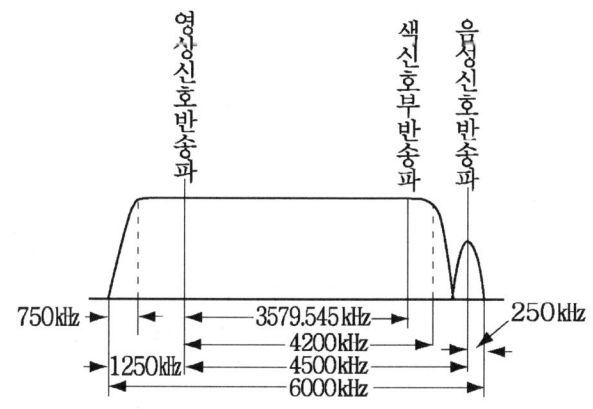

TV방송전파의 잔류측파대 특성

> ✤ **잔류 측파대(VSB : vestigial side band) 전송**
> 지상파 방송의 영상 신호 전송은 진폭 변조의 일종인 VSB-AM 방식을 대부분 이용하고 있다. VSB-AM 방식은 텔레비전 방송에서 영상 신호의 전송 대역폭을 줄이기 위해 영상신호의 진폭 변조 파의 하측 대역의 변조신호 고역성분을 감쇠 시켜 전송하고 있다. 즉 한쪽 측파대 대부분과 다른 쪽 측파대의 일부(vestige)를 송신하는 잔류 측파대 방식으로 영상 변조파를 그대로 전송하면 양 측파대가 되어 약 9 MHz 이상 필요하지만 VSB를 사용하면 약 5.5MHz가 되어 음성 신호를 포함해서 6 MHz 대역폭으로 전송이 가능하여 점유 대폭을 절약하게 된다. 그러나 특수한 잔류 측파대용 필터가 필요하다.

· 제2편 · 방송의 분류　**65**

8) 디지털 변조 방식

디지털 변조는 데이터 비트 값에 따라 반송파의 진폭, 주파수, 위상 등을 변화시키는 변조로서 대표적으로 ASK, FSK, PSK 등이 있다.
아날로그 변조보다 잡음에 강하고, 채널 손상에도 강하며, 멀티미디어 데이터에 대하여 다중화가 쉽고, 보안성이 있는 방식이나 복잡한 특징을 가지고 있다.

(1) 진폭편이변조(ASK : Amplitude Shift Keying)

반송파로 사용하는 정현파의 진폭에 정보를 싣는 변조 방식으로 데이터 신호의 "1", "0"에 대응하여 반송파 진폭을 변화시키는 것으로 일정 주파수의 정현파의 진폭을 두 가지 혹은 네 가지 등으로 정하여 데이터가 "1" 혹은 "0"의 상태로 만들어 주는 변조 방식

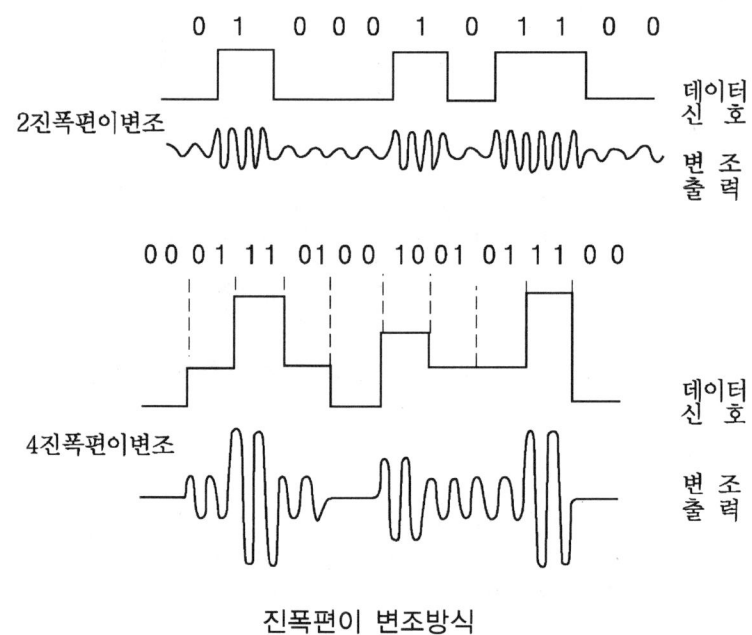

진폭편이 변조방식

(2) 주파수 편이변조(FSK : Frequency Shift Keying)

반송파로 사용하는 정현파의 주파수에 정보를 싣는 변조 방식으로 데이터 신호의 "1", "0"에 대응하여 반송 주파수를 변화시키는 것으로 일정 진폭의 정

현파의 주파수를 두 가지로 정하여 데이터가 "1" 혹은 "0"으로 변함에 따라 두 개의 주파수 중 할당된 주파수를 상대측에 보내주는 변조 방식.

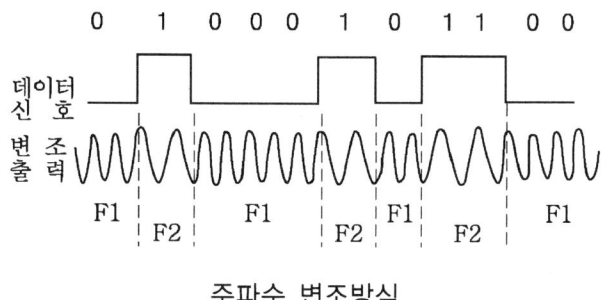

주파수 변조방식

(3) 위상편이변조(PSK : Phase Shift Keying)

반송파로 사용하는 정현파의 위상에 정보를 싣는 변조 방식으로 데이터 신호의 "1", "0"에 대응하여 반송파의 위상을 변화시키는 것으로 일정 주파수, 일정 진폭의 정현파 위상을 2등분, 4등분, 8등분(각각 90°, 180°, 270°)등으로 나누어 각각 다른 위상에 "1" 혹은 0 을 할당하여 상대측에 보내는 변조 방식.

(가) 2진 위상 편이변조(BPSK : BINARY phase shift keying)

가장 기본이 되는 PSK로 전송되는 2값(0 또는 1)의 디지털 신호를 반송파의 동상과 역상에 대응시켜 전송하는 방식이다.

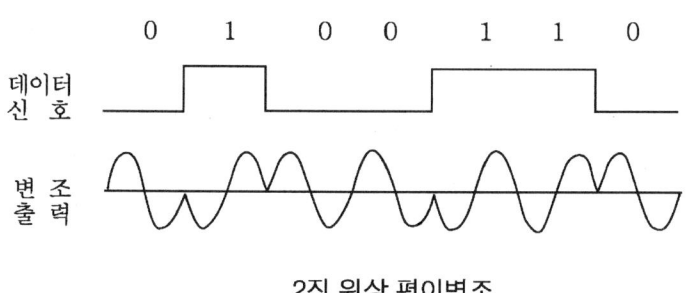

2진 위상 편이변조

(나) 4상 위상 편이변조(QPSK : quadrature phase shift keying)

직교하고 있는 2개의 반송파에 BPSK(binary PSK)를 하여 2개의 반송파(4개 위상 상태 사이의 반송파 편이)를 벡터 합성하는 방식으로 (4PSK라고도 한다) 2비트 병렬 전송이 가능하다.

QPSK에서 데이터에 대응하는 반송파의 위상을 45도 간격으로 배치하면 3비트 병렬 전송이 가능하므로 8PSK를 얻을 수 있다.

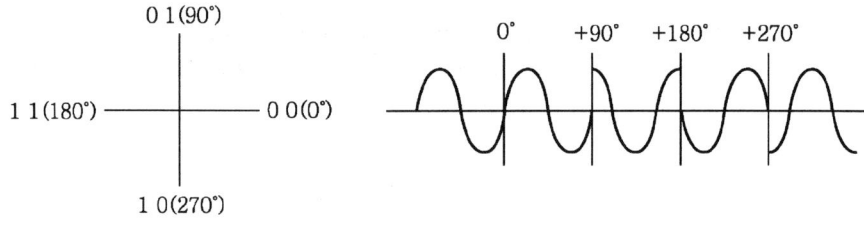

4위상 편이변조

(4) 직교 진폭 변조(QAM : quadrature amplitude modulation)

제한된 전송대역을 이용한 데이터의 전송효율을 향상시키기 위해 반송파의 진폭과 위상을 동시에 변조하는 방식으로 직교(quadrature)한 2개의 반송파를 2개의 변조신호로 진폭 변조(APK)하여 합성하며 잡음과 위상 변화에 우수한 특성을 갖는다. QAM계의 변조 방식으로 16 QAM은 16 QAM파를 발생하기 위해 2비트 4단계의 레벨을 가지고 합성된 단계에서 4×4=16 의 신호 위치 심볼이 발생한다.

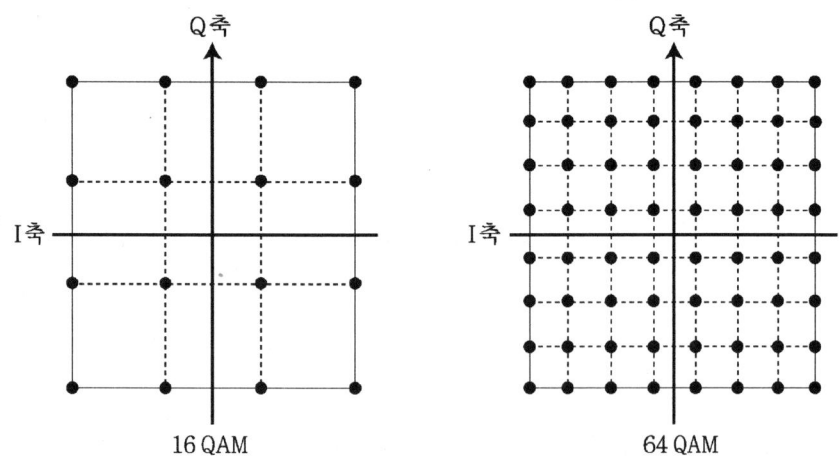

(5) 다치(多値) VSB 변조

4치 VSB는 디지털화한 신호의 진폭방향을 4치의 심벌신호로 변환해 잔류 측파대를 갖는 반송파를 진폭변조 하는 것이며 8치 VSB로 디지털 정보를 방송 주파수의 위상(하측파대를 제거하기 때문에)이 아닌 진폭에만 실어 보낸다.

위상이 직교하는 2개의 반송파를 사용하는 16치 QAM(Quadrature Amplitude Modulation) 방식에 비교해 복조시의 검파가 쉬우며 특히 채널간 간섭에 강하다.

(6) 멀티 캐리어 변조(OFDM : orthogonal frequency division multiplexing)

QAM, PSK와 같은 단일 반송파에 의한 전송이 아니고 서로 직교관계에 있는 많은 반송파를 이용하여 디지털 전송을 행하는 다수 반송파 변조방식의 일종으로 고속 디지털 데이터를 다수의 반송파에 분산시켜 전송하므로 이동 전송시 발생하는 다중경로 페이딩에 우수한 특성을 가진 변조방식이다.

보통 OFDM의 각 반송파는 QAM 또는 QPSK로 변조해서 사용하기 때문에 COFDM(부호화 직교주파수분할다중)이라고 부르기도 한다.

2.3.3 다중방송

다중방송은 개발 당시의 기술을 기초로 한 방식을 지금 까지 사용하여 왔기 때문에

① 품질 면에서 한계가 됐고
② 정시성, 일과성, 제약이 있고
③ 공통으로 평균적인 정보전달이기 때문에

전문분야의 정보나 개별적인 분야 정보 서비스에 한계가 있어 현행 방송의 제약이나 한계를 보완하고 정보 취득의 수시성, 다양성, 선택성이 풍부한 새로운 방송 방식으로 우리가 이미 사용하고 있는 채널에다 정보를 동시 발송하여 선택할 수 있게 하는 것으로 다중 방송의 장점은 이미 보유하고 있는 주파수대폭을 이용(주파수대폭을 더 이상 사용하지 않음) 추가정보를 전달하는 방식이다.

◆ 다중 방송의 종류

① AM스테레오 방송
② FM음성다중 방송
③ FM문자다중 방송
④ TV음성다중 방송
⑤ TV문자다중 방송 등이 있으며

◆ 다중 전송 방식

다중 화하는 부 신호는 아날로그 신호와 디지털 신호 방식이 있으며 주 신호에 다중 화하는 방식으로 주파수 분할 다중 방식, 시분할 다중 방식, 복합방식 등이 있다.

① **주파수 분할 다중(FDM : frequency division multiplex)방식**

주로 음성 반송파를 이용하는 다중 방식이며 다수 채널의 신호를 각각 다른 반송파로 변조하여 하나의 전송로로 보내는 방식이다.

② **시분할 다중(TDM : time division multiplex)방식은**

주로 TV영상 신호 방송파를 이용하는 다중방식이며 다수 채널의 신호를 각각 할당 시간 동안 변조하여 하나의 전송로로 보내는 방식이다.

1) AM스테레오 방송

스테레오 신호를 전송하기 위해서는 왼쪽(L)신호와 오른쪽(R)신호의 두 종류의 신호를 전송해야한다. 그래서 FM스테레오 방송에서는 부 반송파를 사용하지만 AM방송에서는 부 반송파를 사용할 수 있는 스펙트럼의 여유가 없기 때문에 진폭 변조된 반송파에 또 위상 변조를 가하는 방법으로 반송파를 직접적으로 다중변조 한다.

그리고 AM방송의 mono방송과 스테레오 방송방식의 양립성 조건으로 현용 송신기에 비교적 저렴한 가격의 부가장치 부착으로 AM스테레오 방송을 할 수 있는 양립성과 스테레오 방송이 현재의 모노 수신기의 특성에 영향을 주어서는 안 되는 mono(현용) 수신기와의 양립성이 있어야 한다.

AM 방송의 stereo방송이 VHF 대의 FM방송의 stereo방송보다 나은 점은

① 서비스 범위가 넓고
② 반사 찌그러짐에 따르는 음질의 저하가 적으며
③ 이동 수신시의 전계 변동이 적다.

(1) AM스테레오 방식의 기본원리

(가) 직각변조방식(AM/AM)

동일 주파수로 L+R 신호를 평형 변조하고 L-R 신호를 직각(90°) 평형 변조하여 합성한 반송파를 L+R 신호로 재차 진폭변조하는 AM/AM 방식으로 Motorola와 Harris가 이 방식에 속한다.

(나) 진폭 각도변조방식

L-R 신호로 반송파를 위상 변조(또는 주파수 변조)하고 위상 변조(또는 주파수 변조)된 반송파를 L+R 신호로 재차 진폭 변조하는 AM/PM(Magnavox) 방식과 AM/FM(Belar) 방식이 진폭 각도변조 방식에 속한다.

(다) 독립 측파대 방식(independent side band)

L신호와 R신호를 각각 상 측파대와 하 측파대로 분리 변조하는 것으로 2대의 수신기를 사용하여 반송파의 상·하의 중심주파수에 각각 동조시켜 스테레오 특성을 얻을 수 있는 방식으로 Kahm 방식이 이와 유사하다.

(2) AM스테레오 방식의 종류

① Motorola 방식(AM/AM)   직각변조 방식
② Harris 방식(AM/AM)   직각변조 방식
③ Magnavox 방식(AM/PM)   진폭각도변조 방식
④ Belar 방식(AM/FM)   진폭각도변조 방식
⑤ Kahn 방식(AM/PM)   독립 측파대 방식

(가) Motorola 방식(변형 AM/AM)

두 개의 평형 변조기를 써 L+R에 의한 평형 변조출력과 L−R에 의한 직교 평형 변조 출력을 합성하여 Limiter로 진폭 변조 분을 제거하고 남은 위상 변조분을 포함한 반송파를 재차 L+R신호를 진폭 변조하는 방식.

모토로라방식은 C−QUAM(compatible quadrature amplitude modulation)방식이라 부른다.

성능은

- 주파수 100Hz~5KHz에서 40dB, 50Hz~10KHz에서 30dB 넘는 분리도로서 NSRC(The National stereophonic Radio Committee)의 한계치이며
- Distortion 1% 이하이고
- RF 스펙트럼은 FCC에 채택된 점유주파수대내에 조정할 수 있고
- C−QUAM시스템은 방송국의 모노 방송시의 수신영역을 감소시키지 않으며
- 스테레오 성분은 모노 수신기로 검출되지 않고
- 1.5~3db의 S/N비 약화를 가져오나 거의 감지할 수 없다.

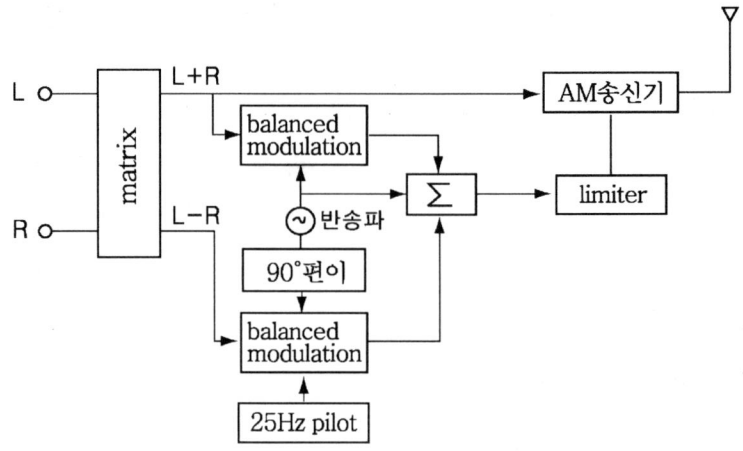

Motorola방식의 블록다이어 그램

(나) Harris 방식(AM/AM)

L+R신호에 의한 진폭변조 출력과 L-R 신호로 평형변조기를 써서 얻은 직교 변조 출력을 합성한다. 이렇게 합성한 신호로 현행 송신기를 사용하기 위해 limiter를 거쳐 진폭 변화 분을 제거하여 반송파로 하고 동시에 포락선 검파한 신호로 재차 진폭 변조하는 방식.

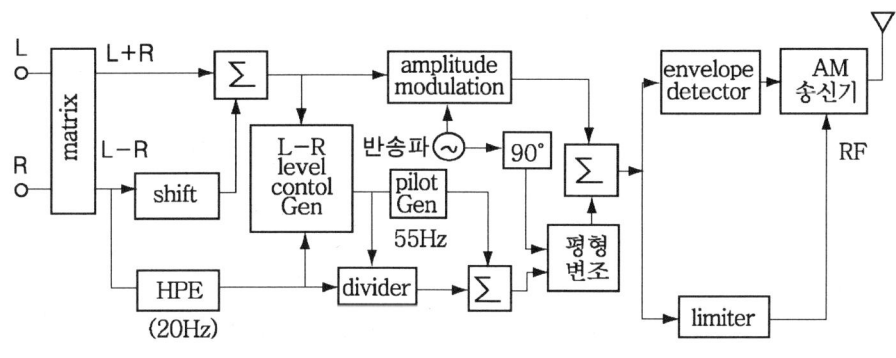

Harris방식의 블록 다이어그램

(다) Magnavox 방식(AM/PM)

L-R신호로 반송파를 위상변조하고 위상 변조된 반송파를 L+R 신호로 진폭변조시키는 방식, 이 방식은 송·수신기 등에 적용하기 가장 쉬운 방식이고 경제적으로 저렴하나 현 송신기가 진폭 변조 시 야기될 수 있는 PM 성분이 가장 문제가 된다.

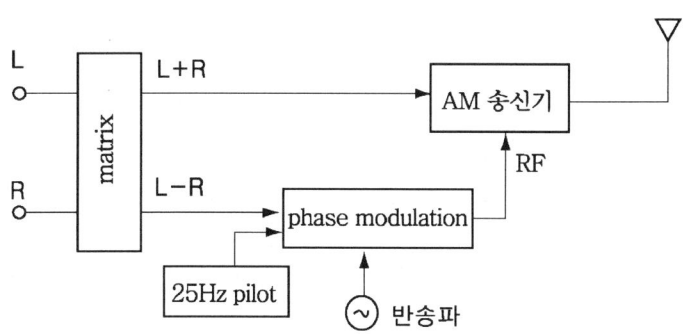

Magnavox방식의 블록 다이어 그램

(라) Belar 방식(AM/FM)

400μs 프리엠퍼시스 한 L-R신호로 반송파를 주파수 변조하고 주파수 변조된 반송파를 L+R신호로 진폭변조 시키는 방식

Belar system은 이를 채택하는 방송국이 없어 경쟁을 포기했다.

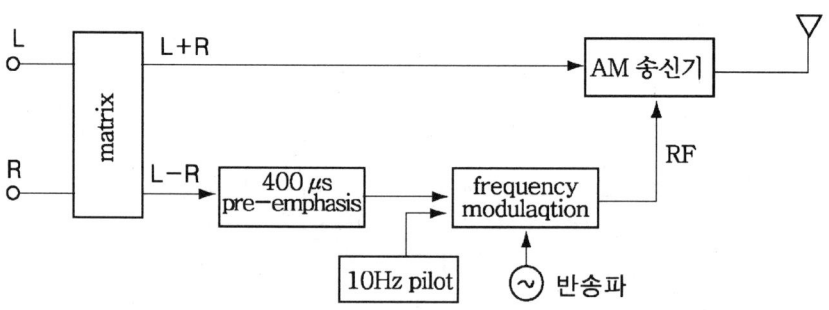

Belar방식의 블록 다이어그램

(마) Kahn 방식(AM/PM)

L+R 신호는 진폭변조를 하고 L-R 신호는 위상 변조하는 방식이다. 또 L+R와 L-R 신호간에 90° 위상차를 두어 피변조파의 스팩트럼 중 하 측파대는 L신호 성분, 상 측파대는 R 신호 성분으로 나눈다. 즉 독립측파대(ISB : independent side band)에 가까운 피 변조파가 된다. 특별히 AM스테레오 수신기를 준비하지 않더라도 모노 수신기 2대로 상·하 측파대를 따로따로 수신하여 듣게 되면 스테레오를 들을 수 있다.

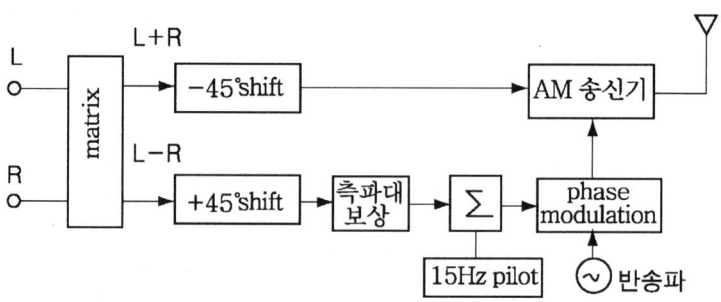

Kahn방식의 블록 다이어그램

현재 AM stereo 방식은 국제적으로 확실히 통일된 방식을 정하지 못하고 있으며 지금까지의 추세로 보아 Motorola와 Harris만이 가장 유력하고 관심이 있는 방식이다.

stereo 각 방식의 장단점 비교

방식명	다중방식	pilot 신호 주파수	장 점	단 점
Belar	AM-FM	10Hz	· 복조가 간단하다 · 복조에 의한 찌그러짐과 분리도의 열화가 적다.	· 합 신호의 level이 클 때 S/N비 저하한다. · pilot신호의 검출이 늦다. · 입력 level변동으로 분리도가 나빠진다.
Magnavox	AM-PM	25Hz		
Harris	AM-AM	55Hz	· mono와 같은 대역폭 · 협대역 필터에 의한 분리도 열화가 적다. · 동기검파 수신에 대해 양립성이 있다. · 입력 level변동에 의한 분리도 열화 없다.	· envelope 검파에서의 본질적인 찌그러짐이 있다. · stereo시의 S/N비가 낮다 (다른 깃보다 10dB). · pilot신호 찌그러짐의 가청대 혼입이 크다. · 동조 잘못에 의한 분리도 열화가 크다.
Motorola	AM-AM C-QUAM	25Hz	· 전반적인 성능 양호 · 입력 level 변동에 의한 분리도 열화가 없다. · pilot신호의 주파수 적당	· 복조기가 복잡함 · carrier 재생부의 PLL 위상오차로 분리도가 열화
Kahn	AM-PM ISB	15Hz	· 2개의 모노 수신기로 의사 stereo 가능 · 동조 잘못에 의한 분리도 열화가 적다.	· 완전한 복조 방법이 불명확 · 본질적인 혼변조 찌그러짐이 있다. · 복조기가 복잡하다

Motorola 방식은 기존 수신기와 양립성을 중요시하였고 Harris방식은 Distortion, Response에 역점을 두어 기존 수신기에는 약간 양립성이 결여되어 있으나 성능의 차이는 대단치 않은 것으로 알려져 있다.

2) FM 다중 방송

음성 다중으로 SCA(subsidiary communications authorization)와 4채널, 문자 다중으로 RDS(radio data system), DARC(Data Radio Channel) 등이 있다.

(1) FM음성다중방송

(가) S.C.A(Subsidiary Communication Authorization) 방식

FM 스테레오 방송에 독립된 음성신호를 다중 하는 방식(보조통신업무)으로 67KHz의 부 반송파를 이용하며 1955년 미국에서 개시 실용화했다.

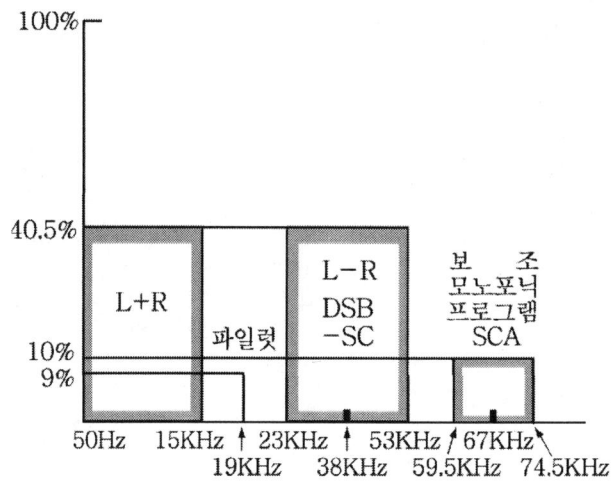

SCA방송을 포함한 FM 스테레오 스펙트럼

스테레오 음향 방송에 추가하여 동시에 보조 음향 프로그램을 전송할 때 다음 조건에 적합해야 한다.

- 주파수 변조된 보조 부 반송파 신호로 주 반송파를 변조한다.
- 주파수 변조된 보조 부 반송파의 순시 주파수는 59KHz ~ 75KHz의 범위 내에 있어야 한다.(보조 부 반송파 67KHz)
- 스테레오 음향 다중신호 최대 주파수 편이(±75KHz)의 90% 한도 내에서 주 반송파를 편이 시켜야 하며 보조 부 반송파에 의한 주 반송파의 변조는 10%를 초과할 수 없다.

(나) 4채널 스테레오 방송 방식

4채널 Stereo 방송에는 좌전(LF), 좌후(LB), 우전(RF), 우후(RB)의 각 신호를 보낼 필요가 있다.

현행 FM 스테레오 방송의 좌 신호(L)와 우 신호(R)를 각각 좌전 신호(LF), 좌후 신호(LB), 우전 신호(RF), 우후 신호(RB)로 분리 전송하여 재생하는 것으로 한층 임장감이 풍부한 음장이 재생될 수 있다.

2가지 방식이 있다.

① **matrix 방식**

현행 스테레오 방송의 두 채널을 그대로 이용하는 방법으로 전후좌우의 네 음향신호를 Encoder matrix 회로에 의해 2채널 신호로 변환하여 전송하고 수신 측에서 Decoder matrix회로에 의해 4채널 신호로 복원하는 방법이며 4-2-4 방식이라고도 부른다.

영국에서 연구개발하고 있으며 전송로가 2채널이기 때문에 현행의 FM 스테레오 방송과 완전한 양립성을 가지고 있다.

단 각 음성채널 간에 cross talk가 발생한다.

② **discrete 방식(separate)**

4채널의 음성신호로 전송하기 위해 Base band 신호 속에 다시 두 개의 채널을 다중 하는 방법으로 4-4-4 방식으로 불러져 다중의 방법에 관하여 여러 가지 방식이 제안되고 있다.

미국에서 연구 개발하고 있으며 NQRC(National Quadraphonic Radio Committee)에 다섯 방식이 거론되어 실험중이다.

음성신호의 수와 채널수가 같기 때문에 cross talk가 생기지 않는다.

좌전(LF), 좌후(LB), 우전(RF), 우후(RB)의 신호들로

  네 신호의 합 신호 M (4M = LF+LB+RF+RB)
  좌우 차 신호   Y (4Y = LF+LB−RF−RB)
  전후 차 신호   X (4X = LF−LB+RF−RB)
  대각 차 신호   U (4U = LF−LB−RF+RB)

4개의 신호를 만들어 합 신호는 주 채널, 좌우 차 신호는 제1부 채널로 전송하고 현행과 양립성을 유지하면서 전후 차 신호와 대각 차 신호는 새로이 다중 하는 제2부 채널(제3전송로), 제3부 채널(제4전송로)에 의해 전송한다.

ⓐ **QSI 방식**

제3전송로 : 38 KHz의 제1부 반송파와 90° 다른 제2부 반송파를 전후차 신호로 반송파 억압 진폭변조 한다.

제4전송로 : 76 KHz의 제3부 반송파를 대각 차 신호로 반송파 억압 진폭 변조한다.

- 주 채널 : 합 신호
- 제1부 채널 : 좌우차 신호 38 KHz
- 제2부 채널 : 전후차 신호 38 KHz 90° 편이
- 제3부 채널 : 대각차 신호 76 KHz

ⓑ **RCA 방식**

- QSI 방식과 거의 같은 방식이며 4-3-4 방식을 고려하고 있다.
- 제3부 채널을 쓰지 않기 때문에 전송채널이 셋밖에 없어 각 신호간에 9.5dB의 cross talk가 발생한다.
- 그러나 S/N비가 4-4-4 방식보다 좋아진다는 것을 겨냥하고 있다.

ⓒ **Cooper-UMX방식**

각 채널의 신호를 45°만큼 앞서게 하거나 뒤지게 하여 좌우 차 신호와 전후차 신호 만들고 있다.

- 주 채널 : 합 신호
- 제1부 채널 : 대각차 신호 38 KHz
- 제2부 채널 : 좌우차 신호 +45° 편이 38 KHz
- 제3부 채널 : 전후차 신호 -45° 편이 76 KHz

ⓓ **GE방식**

대각 차 신호로 제 2 반송파를 변조하고 전후 차 신호로 76 KHz 제 3 부 반송파를 잔류 측파대 진폭변조 해서 하 측파대를 사용한다.

- 주 채널 : 합 신호
- 제1부 채널 : 좌우차 신호 38 KHz
- 제2부 채널 : 대각차 신호 38 KHz 90° 편이
- 제3부 채널 : 전후차 신호 76 KHz

ⓔ Zenith 방식

제3부 반송파를 95 KHz로 하여 GE 방식과 같은 변조를 한다. S/N 비의 개선을 겨냥한 방법도 내포하고 있다. GE 방식과 같으나 제3부 채널의 전후차 신호 반송파를 95 KHz 사용한다.

(2) FM 문자 다중방송

기존 FM 방송에 부 반송파를 사용해 제어코드나 디지털 데이터 신호를 다중 전송하는 방식으로 기존 FM 방송의 스펙트럼 여유 부분(53KHz~100KHz) 중에 부 반송파의 주파수를 pilot 주파수(19KHz)의 3배(57KHz) 또는 4배(76KHz)를 사용하여 다양한 서비스를 제공하는 방식이다.

(가) R.D.S(Radio Data System)

57KHz의 부 반송파를 사용 16가지 이상의 코드를 PSK 평행변조로 다중하여 자동동조, 교통정보, 문자방송, 시간정보, 무선호출 등 다양한 서비스를 제공하는 방식이다.

- 자동 채널 조정(방송국별)
- 프로그램 자동선택(뉴스, 음악, 드라마 등)
- 특정 프로그램 선택(시간에 맞추지 못할 때)
- 교통정보 서비스
- 문자방송
- 데이터 중계
- 무선 호출 서비스 등 제공한다.

(나) DARC(Data Radio Channel)

76KHz의 부 반송파를 사용하며 RDS에 비해 10배 이상 전송량(16Kbps)으로

- 스테레오 음성 방송과 프로그램에 관련된 문자 도형 정보
- 뉴스나 일기 예보, 비즈니스, 스포츠 등 문자 정보 서비스
- 자동차를 위한 도로 교통 정보를 서비스
- D-GPS 서비스(differential global positioning system)

RDS의 코드 종류와 용도

기 능	코 드 종 류	용 도
자동동조	AF(Alternative Frequencies) PI(Program Identification) PS(Program Service name) PTY(Program Type) TA(Traffic Announcement) TP(Traffic Program)	동일 프로 방송국의 주파수 리스트 프로그램 식별, 국명 프로 표시 방송국명 표시 프로그램종류를 32가지로 분류 교통정보방송 중의 식별 교통정보방송국의 식별
자동전환	DI(Decoder Identification) MS(Music/Speech Switch) PIN(Program Item Number) RT(Radio text)	모노, 스테레오 등 16가지 수신모드 음악과 음성을 구별하여 소리의 크기 제어 방송예정시간을 전송하여 예약수신 문자정보전송
기타응용	CT(Clock Time) EON(Enhanced Other Networks) IH(In House Applications) ON(Other Networks) RP(Radio Paging) TDC(Transparent Data Channel) TMC(Traffic Message Channel)	분 단위의 시간정도 다른 방송에 대한 정보 방송국 내의 정보로 신호품질의 모니터 용 다른 방송에 대한 정보(AF, PI, TA, TP) 무선호출 Mosaic Graphics, 컴퓨터 프로그램 등 임의의 데이터 전송 교통지도 표시, 음성합성 등에 사용

3) TV 다중 방송

TV의 음성 방송파의 제2부 채널을 사용하는 음성다중과 영상신호의 수직 귀선 기간(VBL)에 중첩하는 문자 다중이 있다.

(1) TV음성 다중 방송

TV 음성다중이란 TV 1개의 채널에 영상신호와 음성신호 외에 다른 음성신호를 추가함으로써 스테레오 방송이나 2개 국어(Bilingual)를 함께 전송하는 방식을 말하며 음성다중 방식에는 기존의 음성 반송파 외에 제 2 음성 반송파를 사용하는 dual carrier system과 부 음성으로 변조된 부 반송파를 기존의 음성반송파에 다중 변조하는 방식으로 sub carrier system으로 나눌 수 있다.

① dual carrier system의 2 carrier 방식.
② subcarrier system으로 AM-FM 방식과 FM-FM 방식.

(가) 2 carrier 방식(한국에서 사용하는 방식)

기존의 반송파 4.5MHz에 L+R 신호를, 제 2반송파 4.7242MHz에 L-R 신호를 변조하고 있다. 두 반송파의 변조 방식은 모두 FM 변조 방식을 채택하고 있다. 스테레오와 2개 국어를 선택하는 제어신호는 55.07KHz(3.5_{fh})의 부 반송파를 stereo는 149.9Hz로, 2개 국어는 276.04Hz로 AM변조하여 제2 음성채널 신호에 함께 더하여 전송된다.

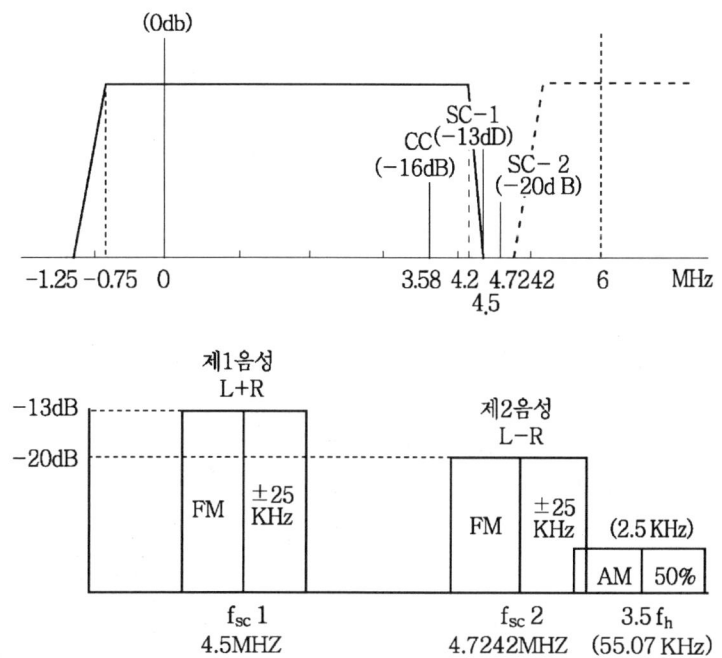

2 carrier 방식 주파수 스펙트럼

음성 신호를 검출하는 방법은 두개의 반송파가 존재하므로 각각 FM 복조 한 후 스테레오의 경우 매트릭스 회로를 거쳐 L과 R을 분리하고 2개 국어의 경우는 매트릭스 방식을 취하지 않고 독립방식을 취한다.
이 방식은 분리도, 2개 국어 cross talk, S/N 비가 우수하다.

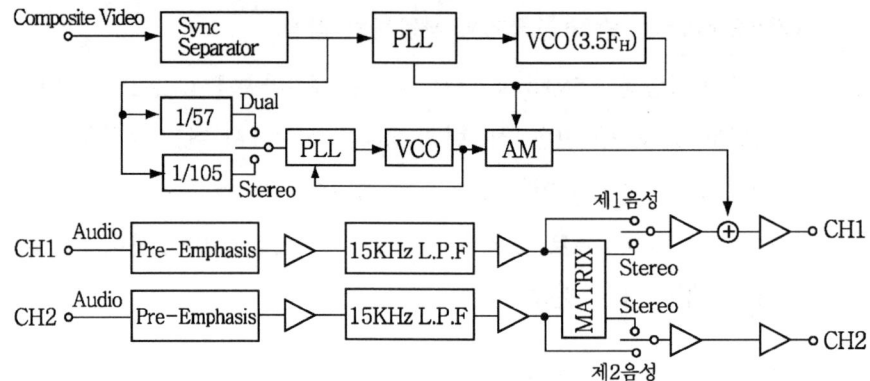

2 Carrier 방식 encoder 블록도

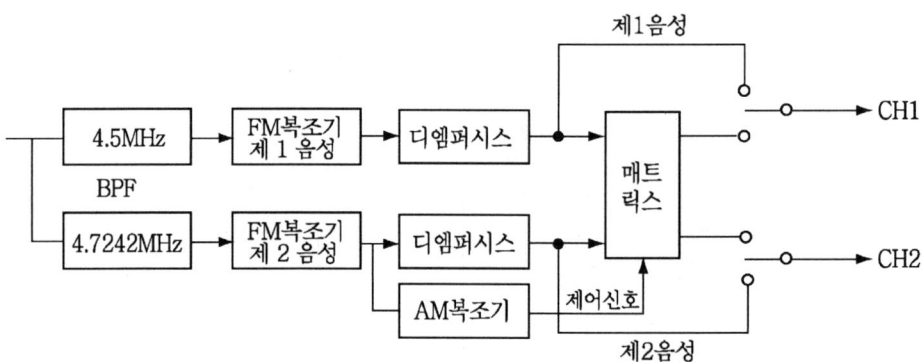

2 carrier 방식 decoder 블록도

2 carrier 방식의 특성

특성		방식	KOREA (M)		GERMANY (B/G)	
			CH1	CH2	CH1	CH2
R F	Sound Carrier		4.5M	4.724213M	5.5 M	5.7421875 M
	Sound IF		34.4M	34.175787M	33.4 M	33.1578125M
	V/S Power Ratio		13dB	20dB	13dB	20dB
	Modulation	MONO	± 25K	± 25K	± 50K	± 50K
		MPX	± 50K	± 50K	± 30K	± 30K
	Pre-emphasis		75 μs	75 μs	50 μs	50 μs
	Sound Bandwidth		50~15000Hz	50~15000Hz	40~15000Hz	40~15000Hz
A F	Monaural		L	L	L	L
	Stereo		L + R	L - R	(L + R)/2	R
	Dual Sound		L	R	L	R
P I L O T	Carrier(3.5$_{fh}$)		-	55.0699K	-	54.6875K
	Modulation(AM)		-	50%	-	50%
	Monaural		-	0	-	0
	Stereo		-	149.9Hz	-	117.5Hz
	Dual Sound		-	276.0Hz	-	274.1Hz
	RF Carrier Mod.		-	± 2.5K	-	± 2.5K

(나) AM-FM 방식(미국에서 사용하는 방식)

이 방식은 L-R 신호를 31.4 KHz(2_{fh})로 먼저 DSB-SC로 AM변조 한 DSB-SC 신호의 복조를 간단히 할 수 있도록 DSB-SC 반송파의 1/2 주파수 인 15.7KHz를 pilot(기준)신호로 하여 L+R신호와 모두 더해진 신호를 다시 FM 변조하여 영상 신호와 합하여 전송한다. 외국어 방송은 78.6 KHz(5_{fh})의 주파수에 FM 변조한 후 추가하여 이를 FM 변조한다.

참고

♣ DSC
반송파 억압 양 측파대(double sideband suppressed carrier)

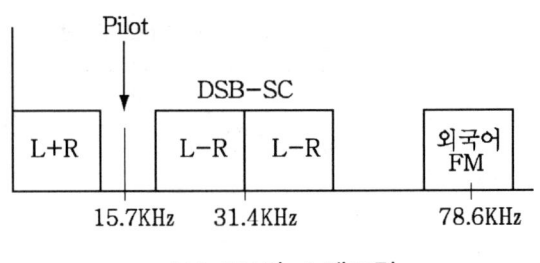

AM-FM의 스펙트럼

AM-FM 신호의 복조는 먼저 FM 복조 부에서 복조 하여 LPF를 사용, L+R 신호를 추출하여 매트릭스 회로에 입력하고 L-R 신호는 BPF를 통하여 L-R 신호를 추출하여 AM 복조 한 후 매트릭스 회로에 가하여 L 과 R의 스테레오 신호로 분리한다.

외국어 신호를 검출하는 방법은 5_{fh} FM변조된 신호를 BPF를 통해 다른 신호는 제거하고 외국어 FM 변조 신호만 통과시킨 후 FM 복조 부에서 FM 검파한다. (LPF : low pass filter, BPF : band pass filter).

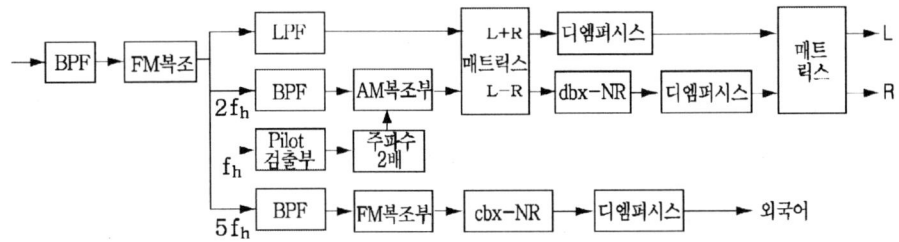

AM-FM 신호의 복조 블록

(다) FM-FM 방식(일본에서 사용하는 방식)

주 채널 신호에 mono와 stereo의 L+R, 부 채널 신호에 stereo의 L-R 과 2개 국어(bilingual)와 pilot 신호로 구성된다.

변조 방법은 L-R 신호를 31.4KHz(2_{fh})로 FM 변조한 후 이 신호와 L+R 신호를 더하여 다시 FM변조한다. 스테레오인 경우 L-R, L+R로 전송하고 2개 국어 경우 L 과 R을 분리해야하는 제어신호는 55.07KHz(3.5_{fh})의 부 반송파를

stereo는 982.5Hz로 2개 국어는 922.5Hz로 AM 변조하여 L+R과 변조된 L-R 신호와 함께 더하여 진다.

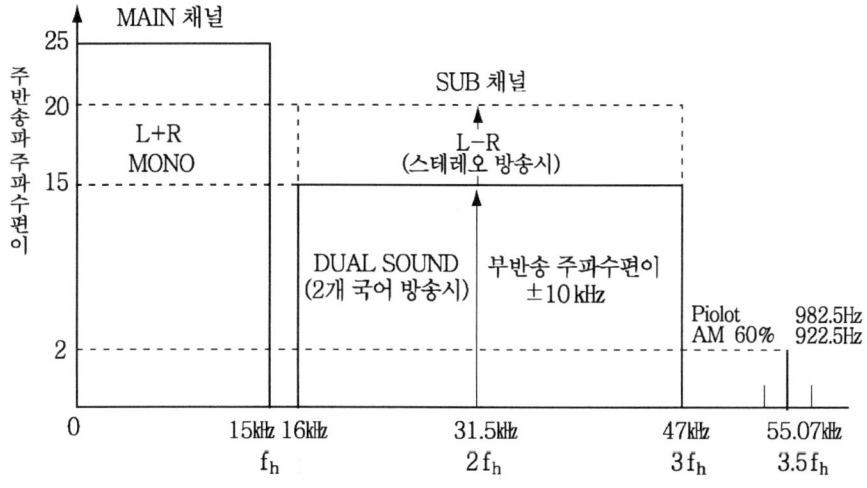

FM-FM 방식 주파수 스펙트럼

FM-FM 신호의 복조는 먼저 FM 검파하여 검파된 신호를 LPF를 거치면 L+R 신호가 출력되고 BPF를 거쳐 L-R FM 변조 신호만 통과한 후 다시 FM검파 하면 L-R 신호가 출력된다. 이 신호들은 매트릭스 회로를 통하여 출력된다. 한편 AM 변조된 제어신호를 검출하기 위해 BPF를 거쳐 AM 검파한다. 이 신호로 매트릭스 회로를 거칠 것인가 직접 출력될 것인지가 결정된다.

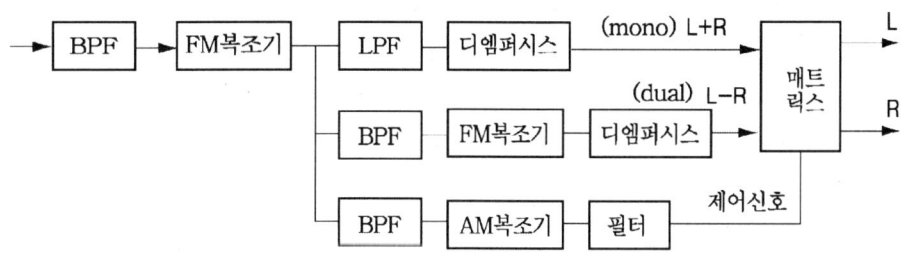

FM-FM의 신호 복조 과정

(2) TV 문자 다중 방송(Teletext)

문자나 도형으로 구성된 정지 화상 정보를 부호화 한 신호의 형태로 TV신호의 수직 귀선 기간 10H~21H중에 다중 화하여 전송하는 방식으로 수상기의 문자 다중 방송용 어댑터나 디코더에 내장된 문자발생기로 정보 화상을 재현하여 뉴스, 일기예보, 주식, 오락, 쇼핑 등 각종 서비스 정보를 수신하는 시스템이며 보완적 이용으로 청각 장애자를 대상으로 하는 자막 방송이 있다.

전송 방법은 수직 귀선 기간 중에 주로 제14~16과 21번째의 주사선에 문자 신호를 다중하고 있다.

전송 화면은 300~400 page로 대략 40초 걸린다.

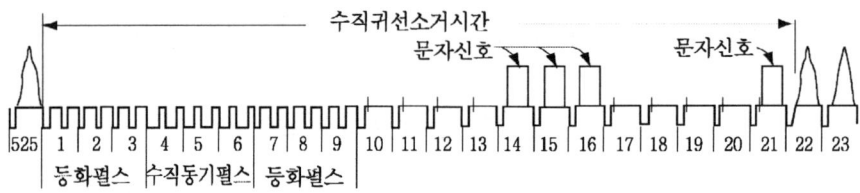

TV신호의 수직 귀선 소거기간에 다중된 문자신호

(가) 전송 방식 종류

① 패턴 방식(pattern)

수신 측에 문자 발생기를 갖지 않고 문자와 도형 정보를 화소단위로 분해하여 전송하는 방식으로 문자와 도형 정보를 있는 그대로 표현할 수 있어 화면의 화질을 상당히 높일 수 있다.

특히 복잡한 한문 표현과 도형 표현에 적합한 반면 단위 시간당 전송되는 문자와 도형 정보량이 적은 단점이 있다.

② 코드 방식(code)

수신 측에 문자 발생기를 구비하고 기본적인 문자에 대해 부호로 전송하는 방식으로 문자에 대응되는 부호를 수신기 측에 기억시켜놓고 송신 측에서는 문자를 지정하는 부호를 전송하면 수신기에서 각 부호에 해당하는 문자를 문자 발생기를 이용 표시하는 방식이며 도형 표현 방식은 정해진 명령어를 사용 표현하는 방식이다. 전송속도가 빠른 장점이 있다.

③ **하이브리드 방식(hybrid)**

패턴 방식과 코드 방식의 장점을 살린 방식으로 문자 표현은 코드 방식 도형 표현은 패턴 방식을 동시에 취한 방식이다.

문자 발생기에 없는 문자는 패턴 방식으로 복잡한 도형도 패턴 방식으로 전송하여 사진과 같이 상세하게 표현할 수 있다.

2.3.4 디지털 방송방식

방송기술은 반도체기술, 디지털 기술 등을 활용 첨단기술을 하나씩 이용해서 방송 전파의 디지털화, 디지털 방송의 실현을 위해 세계 각국에서 디지털 텔레비전 지상방송(DTTB), 디지털 위성방송(DBS), 디지털 음성방송(DAB), 종합 디지털 방송(ISDB), 디지털 CATV(D-CATV) 등 매체별로 여러 종류의 디지털 방송 시스템이 실용화되어가고 있다

전 세계적으로 기본 영상포맷에는 525 line/59.94 field와 625 line/50 field 모두 2:1 비월주사의 2방식이 있다. 다음세대의 영상 포맷을 결정하는 요소는 기존 시스템과의 양립성, 기술적인 문제, 정책 등이 된다고 볼 수 있다. 이렇듯 디지털 영상 포맷을 전 세계가 단일화 하는 것은 상당히 어려운 일이다. 현재 디지털 영상, 음성, 신호 포맷을 발전 시켜온 두 그룹은 미국의 ATSC(Advanced Television Systems Committee)와 유럽의 DVB(Digital Video Broadcasting)이다.

ATSC 디지털TV 표준은 6MHz 채널대역에 고화질의 영상 음향신호 및 부가데이터를 전송하기 위한 시스템이다. 이 시스템은 6MHz 채널대역의 지상파방송에서는 19Mbps의 데이터를 전송할 수 있다. 그러나 디지털TV는 종래의 아날로그 NTSC보다 5배 높은 해상도를 가진 영상소재를 부호화해야 하므로 약 50배 혹은 그 이상으로 비트율로 압축시켜야 한다. 이와 같이 비트율을 감축시키기 위하여 복잡한 영상·음향 압축 기술을 이용하여 주어진 채널용량을 효율적으로 사용한다.

무선에 의한 방송시대가 시작된 이래 방송서비스지역의 중첩으로 혼신을 일으

키는 일이 많았는데 혼신의 주된 원인이 송신서비스지역의 중첩만은 아니었다. 지상파 채널은 복잡한 전파경로로 인해 반사파를 발생시킬 뿐만 아니라 이동 중에는 도플러효과 때문에 전파를 수신하기가 어렵다. 1980년대 초 들어 프랑스 통신연구기관(CCETT)은 무선주파수대역을 효과적으로 절약할 수 있는 획기적인 디지털변조방식을 연구하게 되었는데 이것이 바로 부호화직교 주파수분할다중(COFDM) 방식이다. 그 연구결과는 두 가지의 표준방식을 제공하였다. 하나는 디지털오디오방송(DAB) 방식이고 다른 하나는 지상파 디지털영상방송(DVB-T) 방식이다.

일본의 디지털방송은 전기통신기술심의회(TTC)의 자문을 바탕으로 유럽이나 미국방식과는 달리 정해진 대역폭을 자유롭게 사용할 수 있는 유럽방식 변형인 BST-OFDM, 즉 종합디지털방송(ISDB)이라는 독자방식을 채택하였다.

이 시스템은 다른 디지털방송시스템과의 호환성을 유지하면서 이동 중 SDTV까지 수신 가능한 시스템으로 TV와 사운드(오디오+데이터)를 동시에 수신 가능한 통합디지털방송에 적합한 시스템으로 평가받고 있다.

현행 지상TV방송주파수 대역인 초단파 및 극 초단파대를 사용하는 ISDB-T 표준은 하나의 채널로 디지털TV와 디지털라디오방송(DRB)은 물론 데이터방송까지 한다는 이른바 종합디지털방송 도입을 전제한 것이다.

2.3.5 DMB 방송방식

1) DMB 개요

DMB(Digital Multimedia broadcasting : 디지털 멀티미디어 방송)는 차량 또는 보행으로 이동 중인 사용자에게 오디오, 비디오, 데이터 등의 다양한 멀티미디어 서비스를 제공할 수 있으며 서비스가 활성화 되면 CD(Compact Disc) 수준의 음향과 7인치 이하의 소형 TV, PDA(Personal Digital Assistant), 휴대폰 등을 통해 디지털 오디오 서비스는 물론 증권, 날씨, 교통정보 등의 데이터 방송 서비스를 제공받을 수 있고 또한 이동 TV 서비스가 가능하다.

DMB는 라디오의 디지털화를 추구하는 유럽의 DAB(Digital Audio Broadcasting)에

비디오를 추가하여 전송하게 한 것을 DMB라고 한다.

DMB는 지상파DMB(T-DMB)와 위성DMB(S-DMB)로 나누는데 우리나라는 DTV방식을 미국식으로 결정하는 과정에서 이동 수신의 단점을 보완하기 위해 도입을 결정했다.

세계의 지상파 디지털 TV 방식 비교

구분		ATSC(미국, 한국)	DVB-T(유럽)	ISDB-T(일본)
압축 방식	비디오	MPEG-2 video	MPEG-2 video	MPEG-2 video
	오디오	Dolby AC-3	MPEG-2 BC	MPEG-2 AAC
다중화방식		MPEG-2 System	MPEG-2 System	MPEG-2 AAC System
전송용량 Mbps		19.39	~23.5	~23.42
변조스펙트럼		6 MHz Bandwidth Single Carrier	7, 8 MHz Bandwidth Multi Carrier COFDM	6 MHz Bandwidth Multi Carrier CFDM 13 Segments(432MHz×13)=6MHz
변조방식		8VSB	COFDM/QPSK, 16QAM, 64QAM 등에서 선택	BST-OFDM/DQPSK, QPSK, 16QAM 등에서 선택
반송파형식		단일반송파	다수반송파 OFDM	다수반송파 OFDM
수신방법		고정수신	고정, 이동수신	고정, 이동수신
채널대역폭 MHz		6	7 또는 8	6
채널부호화기		R-S/Trellis	R-S/Convolution	
장점		• HDTV/SDTV 공유 • 수신기 저렴 • 중계기 설치 용이	• 다중경로에 강하다. • 이동체 수신에 유리 • SFN 구성으로 주파수 효율 극대화	

QPSK : Quadrature Phase Shift Keying
QAM : Quadrature Amplitude Modulation
SFN : Single Frequency Network

DMB는 오디오를 중심으로 하였기에 MPEG-1 Audio Layer 2 표준(일명 Musicam)을 중심으로 오디오와 관련된 데이터 서비스 및 별도의 스트림이나

패킷형태의 데이터 서비스가 가능하도록 구성되어 있으며, 데이터 서비스 모드에 스트림 모드를 통하여 비디오 서비스를 부가적으로 제공하는 것이다.

DMB의 비디오 압축과 코딩은 MPEG-4 AVC(Advanced Video Coding) 엔코더로 하고, 비디오에 포함된 오디오는 MPEG-4 BSAC(Bit Slicing Arithmetic Coding)으로 처리하며 이를 멀티플렉싱 하는 앙상블MUX를 추가함으로써 휴대 단말기를 통해 SD급의 영상서비스와 CD 수준의 오디오 서비스 및 다양한 데이터 서비스를 즐길 수 있는 고품질 디지털 멀티미디어 방송이다.

2) DMB의 기술적 사양

Audio Service : Musicam(MPEG-1 Layer 2)

(1) Multimedia Service

- Video : MPEG-4 Part 10 AVC(H.264)
- Audio : MPEG-4 Part 3 BSAC(Bit Slicing Arithmetic Coding)
- Data : MPEG-4 BIFS(Bit Information for Scence)
- Muxing : MPEG-4 SL(Sync Layer)로 변환 후
  MPEG-2 TS(Transport Stream)로 전송
- Channel Coding : RS(204,188) (Reed Solomon Code)
- 유효 전송속도 : 0.8-1.7Mbps

(2) Data Service

- PAD : Program Associated Data
- NPAD : Non-PAD
- MOT : Multimedia Object Transport
- BWS : Broadcasting Web Site
- Still Image로 요약할 수 있다.

3) DMB의 채널 구성

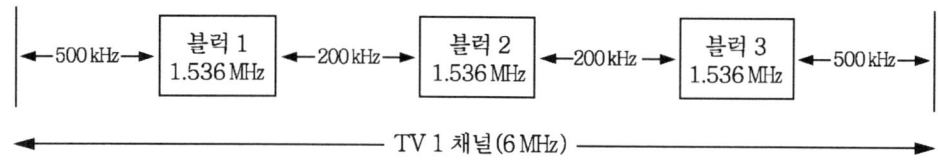

VHF 7CH~12CH(174MHz~216MHz) 중에서 사용
지상파 DMB 점유대역폭 구성형태

한 개의 블럭 1.536MHz 대역 안에

- 비디오 AVC   384Kbps(or 512, 768Kbps)×1
- 임베디드오디오BASC   64Kbps(or 96Kbps)×1
- 오디오 MUSICAM   128Kbps(or 196Kbps)×3
- 데이터   32Kbps×3 으로 구성되며
- 전송방식   COFDM
- 변조방식 $\pi/4$ DQPSK이다.

4) T-DMB와 S-DMB 서비스 용량

T-DMB(지상파-DMB)는 하나의 TV채널(6MHz)에 비디오3개, 오디오9개, 데이터3개를 서비스 할 수 있고

S-DMB(위성-DMB)는 25MHz 대역 안에 비디오 11채널, 오디오 25채널, 데이터 3채널로 서비스할 수 있다.

2.4 방송설비

방송설비는 연주소 설비와 송신소 설비로 나눈다.

2.4.1 연주소 설비

연주소 설비는 방송프로그램을 제작하고 제작된 프로그램을 송신소 또는 다른

방송국으로 송출하는 설비로

설비의 구성은　① 프로그램 제작 설비

　　　　　　　　② 프로그램 운행, 송출 설비

　　　　　　　　③ 지원 설비로 대별된다.

이러한 설비가 유기적으로 결합되어 연주소 기능이 발휘된다.

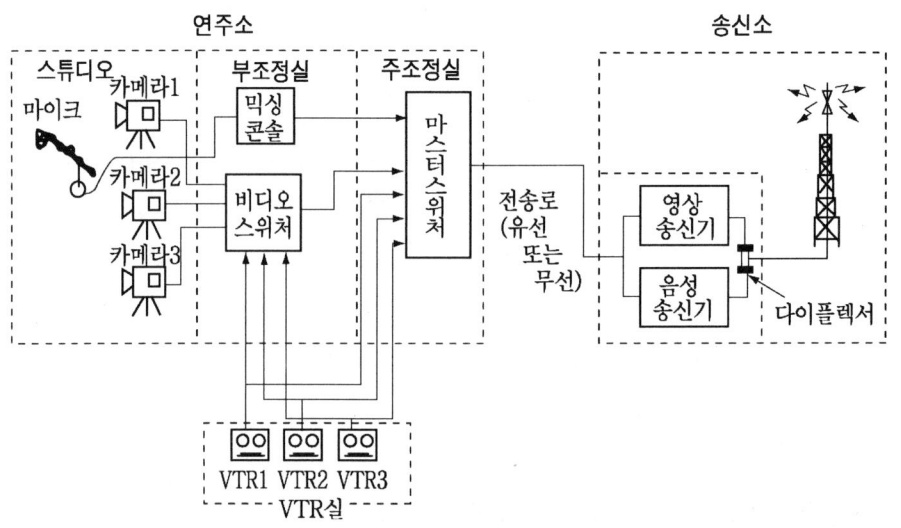

TV방송 계통도

그리고 연주소 설비에는

① 음향설비　　② 영상설비　　③ 녹음녹화설비
④ 특수효과설비　⑤ 편집설비　　⑥ 조명설비 등이 있다.

1) 프로그램 제작설비

프로그램 제작설비에는

① 연주소 내의 스튜디오를 사용하여 프로그램을 제작하는 스튜디오 제작설비와
② 옥외에서 프로그램을 제작하는 야외프로그램제작 또는 중계설비
③ 옥외의 소재를 기초로 하여 스튜디오에서 프로그램을 구성하는 뉴스제작 설비
④ 공통적으로 사용하는 녹음, 녹화, 편집 설비로 구성된다.

(1) 스튜디오 제작설비

스튜디오 제작설비는 스튜디오 용도나 프로그램의 규모와 종류에 따라 설비 내용이 다르며 기본적으로 음향 특성을 고려하여 만든 스튜디오 공간과 각종 기기를 조정하는 부조정실(sub control room)로 구성되며 음향만을 제작하는 라디오 제작설비와 음향과 영상을 제작하는 TV 제작설비가 있다.

(가) 라디오 제작설비

스튜디오 설비와 조정설비로 구분되며 음향설비만으로 구성된다.

- 스튜디오 설비 : 스튜디오와 마이크
- 부 조정 설비 : 음향 혼합기(AMU : Audio Mixing Unit)
  테이프녹음기(Tape Recorder)
  DAT(digital audio tape recorder)
  원반재생기(Turn Table)
  CDP(compact disk player)
  audio file
  음향 모니터 등이 있다.

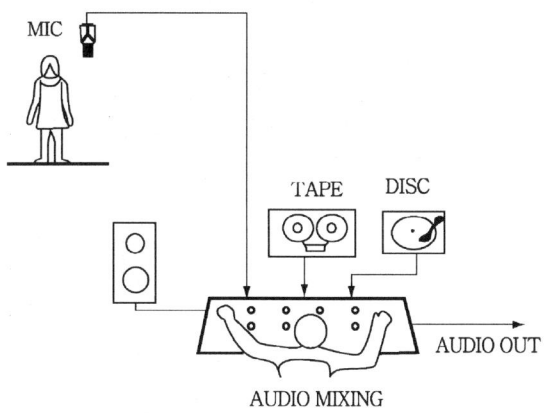

라디오 제작실비

(나) TV제작 설비

TV제작 설비도 스튜디오 설비와 조정설비로 구분되며 음향설비, 영상설비, 조명설비로 구성된다.

① 스튜디오 설비 : 스튜디오, 마이크, TV카메라, 조명기구
② 부 조정 설비
- 음향 : 음향 혼합기(AMU : Audio Mixing Unit),
  테이프녹음기, 원반재생기, DAT, CDP, 음향 모니터,
- 영상 : 영상 혼합기(VMU : Video Mixing Unit), 영상 모니터.
  VTR,(video tape recorder), FSS(flying spot scanner),
  DVE(digital video effect), CG(character generator),
  CG(computer graphics)
- 조명 : 조명기구, 조명조정설비 등의 설비가 있다.

❖ **음향 혼합기(AMU)**
오디오 믹서, audio mixing console이라고도 하며 음향, 기타 효과음들을 받아 mixing하여 음향 프로그램을 제작하는 기기

❖ **영상 혼합기(VMU)**
video switcher라고도 하며 카메라와 다른 기기들로부터 오는 화면을 받아 커팅, 합성, 문자 삽입, 특수효과 처리 등을 하여 영상 프로그램을 제작하는 기기

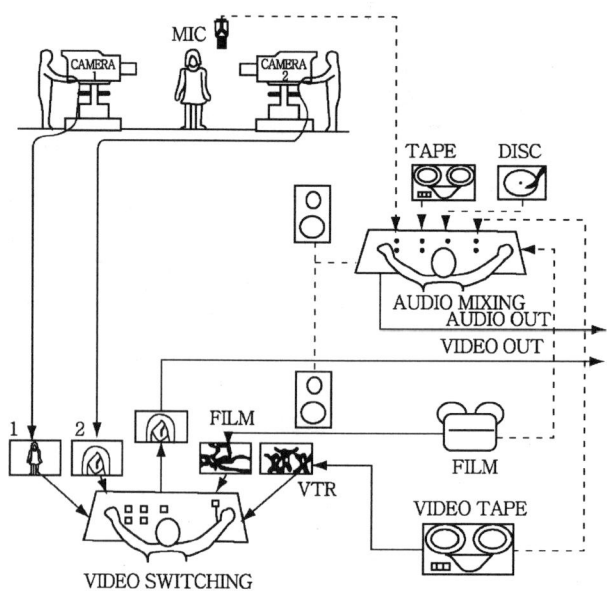

TV 제작설비

(다) 스튜디오에 부속되는 설비

세트용 대도구 창고, 소도구 창고, 셋트 제작실, 출연자를 위한 의상실, 분장실, 대기실, 락카룸, 카메라, 오디오, 조명용 기기 보관실 등이 있다.

(2) 야외 프로그램 제작 또는 중계설비 (OB Van : Outside Broadcasting Van)

드라마, 다큐멘터리 프로그램용 로케이션과 야외에서의 프로그램 제작이나 스포츠 현장중계, 뉴스취재 등을 위한 설비로서 제작 형태에 따라 규모가 다르다.

◈ 녹음, 녹화
- 현장녹음, 녹화 : 현장 프로그램을 현장에서 녹음, 녹화하는 것을 말함.
- 중계녹음, 녹화 : 현장 프로그램을 방송국에서 녹음, 녹화하는 것을 말함.

◈ 중계방송
- 스포츠 중계, 긴급 뉴스 중계와 같이 현장 프로그램을 방송국을 경유 그대로 송신하는 것을 생 중계방송이라 하며 공간을 초월한 동시성이 있다.
- 현장에서 녹화한 테이프를 방송시간에 맞도록 편집 제작하여 방송하는 것을 녹화 중계방송이라 한다.

(가) 라디오 제작, 중계 설비(AM, FM)

① 중계용 마이크
- 접화 마이크·방수마이크·수중마이크·초 지향성 마이크·high level 마이크·wireless마이크 등이 필요하고
- 야외는 바람, 눈, 비에 대비한 wind screen 필요하며
- 마이크의 출력을 방송 계통과 확성 계통으로 분배하여 각각 운용하기 위해 mic splitter가 필요하다.

② Audio Mixing Unit

③ tape recorder

④ 확성 장치로서 관객에게 들려주는 확성 장치(PA : public address)와 연주자

에게 필요한 음만 들려주는 확성(Fold back) 장치가 필요하며
⑤ 연주소까지의 전송 장치로서는
- 유선전송으로 한국통신의 AM방송 회선(대역 10KHz), 음성 전송 회선 (3.4 KHz) 또는 광 cable을 사용하며
- 무선전송으로 VHF, UHF 대의 송수신 장비가 필요하다.
⑥ 유선 또는 무선 연락 장치(order wire)와
⑦ Van(중계차)이 있어야 한다.

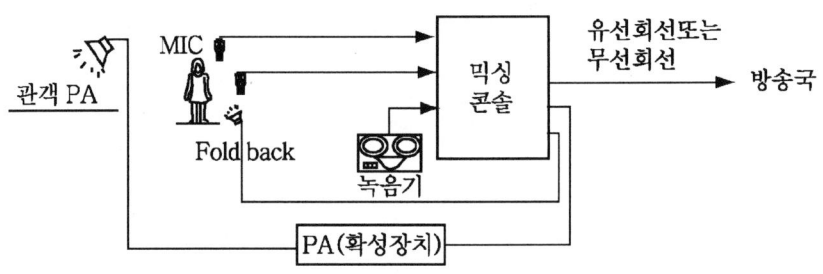

공개 방송의 음성중계

(나) TV 제작, 중계 설비

- 소형 중계차는 뉴스보도 취재와 프로그램의 중계, 스튜디오 프로그램의 비디오 로케이션에 사용되고
- 중형, 대형 중계차는 보다 규모가 큰 프로그램, 쇼 제작, 중계 또는 스포츠 중계용으로 사용된다.
- 중계설비에 사용되는 기자재는
    - 소형, 경량의 기동성과 견고성,
    - 온도, 환경변화에 강하고
    - 내구성, 안정도가 우수하고,
    - 조작이 용이하고
    - 저소비 전력이 요구된다.

기본 설비는
　　① 마이크와 TV카메라

② 음향, 영상 혼합기
③ 연주소로의 전송 장치(FPU : field pick-up unit)
④ PA장치 : (public address)
⑤ 연주소등과 연락을 위한 연락 장치(order wire)
⑥ Van(중계차)

① 소형 중계차

  ⓐ **News pick up VAN**

    뉴스소재의 녹화, 전송, 현장 중계 방송용으로 사용되며
- 소형의 음향 혼합기(AMU), 영상 혼합기(VMU) 등의 기본설비와
- MIC와 1~2대의 소형카메라
- 소형 VTR
- 소형 FPU와 연락장치 등이 탑재된 소형차로 구성된다.

  ⓑ **EFP(Electronic Field Production) VAN**

    소규모 현장 중계, 드라마 등의 비디오 로케이션용으로 사용되며
- 중·소형 기본설비와
- 이동카메라
- VTR, 음향기자재, 조명기자재
- 자가 발전기 등이 탑재된다.

소형 중계차의 프로그램 중계

② 중형·대형 중계차

스포츠 경기, 공개방송, 현장에서 중계방송이나 녹화용으로 사용되며 대형 기본설비와 긴 케이블을 사용할 수 있는 중계용 카메라에 넓은 장소(경기장)나 좁은 장소(안방)에서 사용 가능한 높은 줌 비율의 중계용 렌즈와 장시간 연속 녹화 가능하게 2대 이상의 VTR 적재하고, slow motion 전용 VTR을 탑재 사용한다.(기존 VTR을 slow motion용으로 사용하기도 한다) 특수 효과용 DVE와 CG를 탑재하여 현장에서 경기 스코어나 선수 명단을 합성(superimpose)할 수 있고 외부 인입 신호를 동기 시키기 위해 FS(frame synchronizer)를 탑재하고, 기기용과 기본조명용 자가 발전기와 대형 프로그램을 위한 조명 기구와 전원 차(발전 차)로 구비된다.

> ✤ **프레임 싱크로나이저(frame synchronizer)**
> 원격에서 도달한 영상신호를 자기 영상신호에 동기 시키기 위해 비동기 영상신호를 기준 동기의 위상으로 변환시키는 동기 변환 장치로서 동기 시키는 방법은 비동기 영상신호를 디지털 메모리에 저장시킨 후 이것을 다시 기준 동기를 토대로 읽어내어 동기를 일치시킨다.

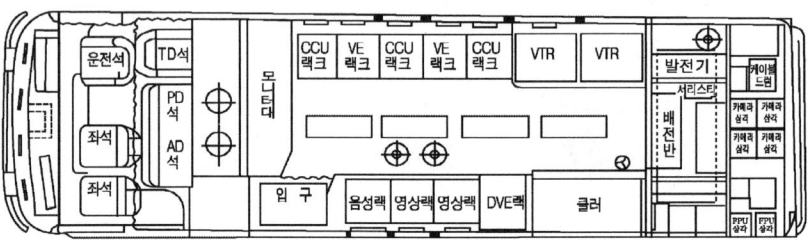

표준 중계차의 차내 기기 배치도

소형 중계차의 차내 기기 배치

(다) 중계용 무선설비(FPU : field pick up unit)

중계 현장에서 영상, 음향, 신호를 방송국까지 무선 전송하는 micro wave 전송 장치로서 소형, 경량, 내 진동성, 내 충격성, 방수, 고·저온 등 악조건에 강해야 한다.

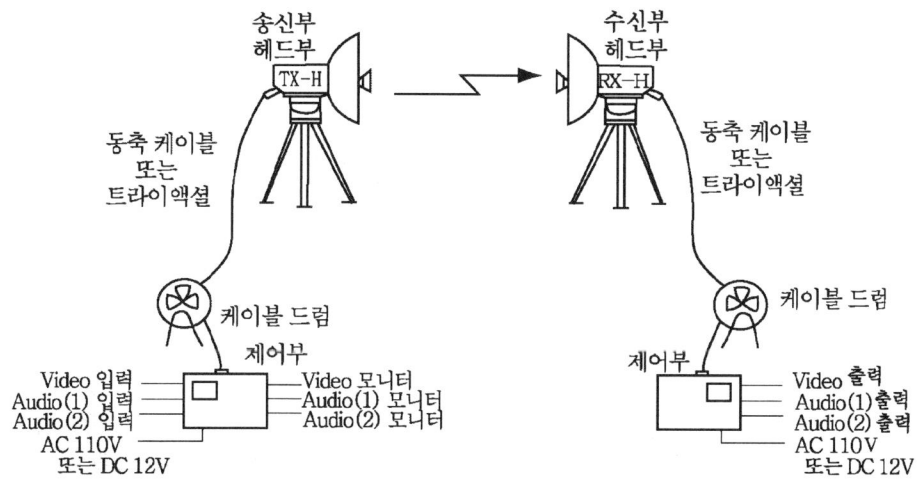

FPU 구성도

(라) 중계 방식

① 지상 중계망을 이용한 중계

FPU를 사용하므로 microwave의 특성상 현장에서 바로 연주소까지 직접 연결이 안 될 때 높은 곳을 경유 2단 이상의 전송 중계를 한다.

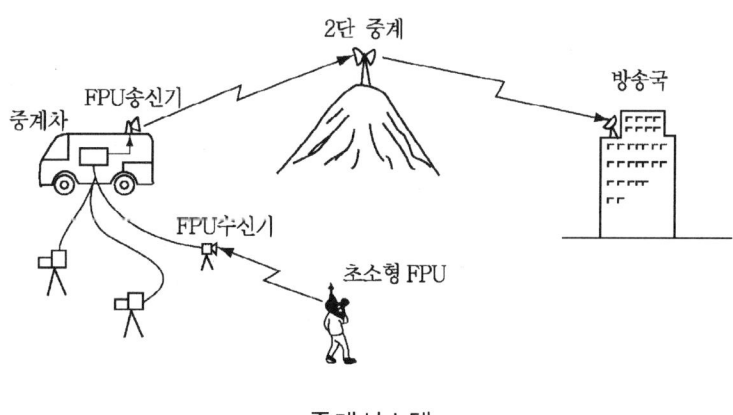

중계시스템

② **헬리콥터를 이용한 중계**

마라톤 중계처럼 이동중계가 필요할 때에 육상(중계차)과 상공(헬리콥터)을 FPU로 연결하여 중계를 한다.

송수신기 간에 무선회선 안정유지 기능이 필요하고 중요한 것은 송신 point와 수신point간에 서로 안테나가 정확하게 마주보도록 하는 시스템 구축이다. 이를 위해 자동추적장치(automatic tracking system)와 수동추적방식이 이용된다.

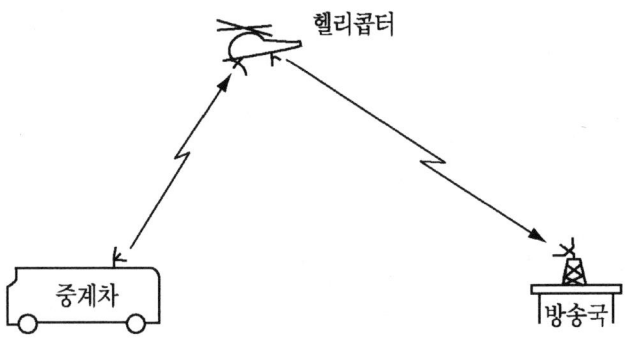

헬리곱터를 이용한 중계

③ **SNG(satellite news gathering)를 이용한 중계**

원거리 중계를 위성을 이용하여 중계하는 장치로 SNG는 차량 탑재용과 휴대용이 있다.

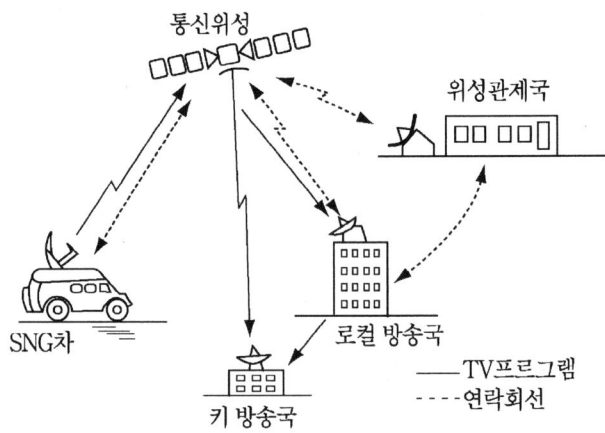

S.N.G 시스템

- 국제간 위성 중계는 인텔샛(INTELSAT : international telecommunication satellite organization)의 통신 위성을 이용하며 인텔샛 위성은 태평양, 인도양, 대서양 상공에 거의 120도 간격으로 배치하여 글로벌 네트워크를 구성하고 있다.
- 국내 위성 중계는 무궁화 위성을 이용하고 있다.

(3) 뉴스 제작 설비

뉴스보도 프로그램은 동시성, 속보성의 특징을 효과적으로 발휘할 수 있도록 일반 프로그램 제작 설비와는 독립적으로 설비되어있고 취재설비와 송출설비로 나누어진다.

(가) 뉴스 취재 설비

돌발적인 상황에 적응하고 잡다한 정보를 편집, 신속 방송할 수 있어야 하므로 정보수집 장치로 위성수신 장치, 팩시밀리, 무선연락장치, 각 부처에 전용회선과

- ENG(Electronic News Gathering)카메라
- EFP(Electronic Field production) 또는 SNG(Satellite News Gathering) 소형 중계차,
- 뉴스편집실 등이 구비되어야 한다.

(나) 뉴스 송출 설비

취재 편집된 소재를 live 송출해야 하므로 송출용 기본설비와

- 뉴스전용 스튜디오와 조정실
- 프롬프터(prompter)
- 특수효과장치(DVE : digital video effect)
- VTR, FSS, CG,
- 국외 입력설비(기상위성. 타국입력회선)
- 전화방송 장치
- VTR 등이 구비되어야 한다.

 참고

❖ 프롬프터(prompter)
카메라나 별도 스탠드에 모니터를 설치하여 출연자가 대사를 보고 연기하도록 만든 장치로 아나운서나 해설자가 원고에 의존하여 진행할 때 발생하는 부자연스러운 동작을 해소시키기 위해 보통 카메라에 편광 필터와 문자 디스플레이 모니터를 부착시켜 출연자가 카메라에서 눈을 떼지 않고도 자연스럽게 원고를 읽으면서 프로그램을 진행할 수 있게 하는 장치

(4) 편집설비

단순히 영상, 음향을 연결 편집하는 장치만의 기능에서 여러 대의 VTR,과 VMU, 디지털 영상 효과 장치를 사용하여 새로운 영상 효과를 만들어 낼 수 있는 장비들로 갖추어진 여러 종류의 편집시스템들이 사용되고 있다.

2) 프로그램 운행, 송출 설비

주 조정설비, 운행설비, 조정설비라고도 한다.
운행설비란 운행표에 따라 정해진 시각에, 정해진 프로그램을, 정해진 지역으로 양호한 상태로 송출하는 설비이며 음향과 영상의 선택 송출장치, 녹화 재생 장치, back up 장치, APS(auto program control system), S-T link와 연락장치, on air monitor 장치 등이 있어야한다.

(1) 운행설비

스튜디오나 국외 제작 중계 등에 의해서 제작된 프로그램을 프로그램 시각표에 따라서 화질, 음질, 내용을 손상하지 않고 전국 중계, block송출, local방송 등의 방송형태에 맞추어 정확하게 자국의 송신소나 다른 방송국에 프로그램을 송출하는 기능을 운행이라 하며 이를 실행하기 위한 설비를 운행설비라 한다. 운행설비는 높은 신뢰성이 있는 시스템 이어야하며 운용 중에서도 충분히 보수할 수 있는 시스템으로 긴급 뉴스나 부정시의 프로그램 변경에 기동성 있는 시스템으로 프로그램 감시, 사고복구, 긴급뉴스송출 기능이 있어야한다.

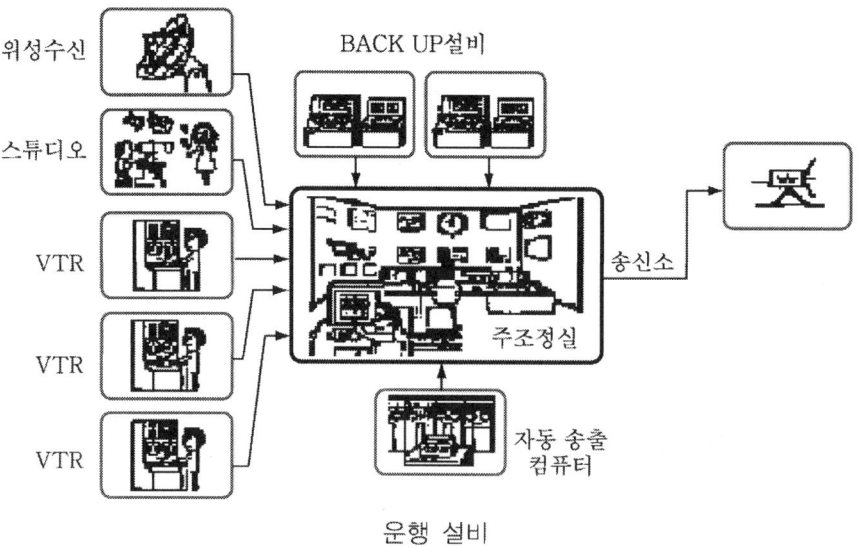

(2) 송출 방식

운행설비를 수동조작으로 처리하는 방식과 입력된 스케줄 데이터에 의해 프로그램을 자동적으로 전환하여 송출하는 APS(auto program control system)가 있다. 현재는 업무의 정확한 수행을 위해 computer에 의한 자동화 설비가 보편화되어 운영되고 있는 곳이 많다.

APS는 기능의 중요성을 감안, 고 신뢰성이 요구되며 컨트롤 컴퓨터를 두어 각 장치를 제어하고 메인 컴퓨터를 이용 데이터의 획득, 고장진단, 시스템 감시, 보고서 작성 등을 수행한다.

APS는 다음과 같은 기능을 가지고 있어야 한다.

- 시스템은 방송장비를 지정제어 할 수 있어야하고
- 진행표는 실시간(real time)에서 동작하고 운용자가 진행표를 편집, 운용, 시험 할 수 있어야하며
- 다른 터미널로부터 진행표를 받을 수 있고 보낼 수 있어야 하고
- 실행되고 있는 상황은 모니터 할 수 있어야하고 실행된 결과를 저장 프린팅 할 수 있어야한다.

(3) 프로그램 송신장치(STL : studio-transmitter link)

방송국의 연주소에서 송신소까지 방송 프로그램 신호를 전송하는 회선으로 유선인 동축케이블이나 무선인 마이크로파 전송장치로 사용한다. 역방향으로 사용할 경우는 T-S link라 부른다.

3) 지원설비

프로그램제작, 프로그램 운행과 그 설비들을 지원하는 설비로서

(1) 자료설비

정보의 축적을 위한 Film, VR Tape, VTR Tape, disc, 사진, 문헌 등의 자료설비.

(2) 전원설비

어떠한 사태의 정전에도 대비할 수 있는 2 계통의 수 배전 설비와 자가발전설비, 무정전장치로 UPS(Uninterrupted Power Supply)나 CVCF(Constant Voltage Constant Frequency) 등의 전원설비.

(3) 환경시설

작업환경, 자료보관과 기기들의 양호한 상태를 유지하기 위한 공조 및 항온, 항습 시설

(4) 보안시설

법적으로 정해진 제반규정과 기준의 보안대책.

2.4.2 송신소 설비

1) 송신소 설비의 기능과 구성

(1) 송신소 설비의 개요

(가) 기능

방송국의 송신설비는 프로그램을 시청자에게 직접 전파로 service하기 위해 만들어지는 설비로서 연주소에서 보내온 방송 프로그램을 변조, 증폭하여 일반 수신자에게 전파를 방사하는 기능을 갖고 있다.

송신소는 연주소의 프로그램을 받아 변조 증폭하여 전파를 방사하는 기간 송신소와 기간 송신소의 전파를 받아 재송신하는 중계 송신소가 있다.

(나) 송신의 규모

방송 서비스 구역을 결정하는 중요한 요소로서 중파 방송구역은 인접국과 상호 혼신 문제로 I.T.U의 협정에 따라 주파수와 안테나 전력이 결정되고 TV, FM 방송 구역은 송신채널과 서비스 구역의 반경에 따른 안테나 높이, 송신기 출력, 안테나 이득 등으로 결정된다.

(다) 송신점 선정의 일반조건

다른 서비스 구역에 방해되지 않고 목적으로 하는 area에 전파 service를 효율적으로 할 수 있어야 하며, 지진, 낙뢰, 태풍, 화재 등의 자연재해 영향이 적고, 안개, 염풍 등의 대기환경 염려도 적어야 하며, 중파방송의 경우 항공법, blanket area, 접지조건 등도 충족되어야 한다.

또한 프로그램 회선(유, 무선), remote control, 전화회선, 상용전원 등의 인입이 용이해야하고, 송신소 운용 요원의 통근, 거주 조건이 양호해야하며 건설비를 절약할 수 있고, 기기 반입이 용이한 장소이어야 한다.

(라) 송신소의 위치

효율성 있는 전파서비스를 위해 조건이 좋은 장소가 선정된다.

① 중파방송은 안테나의 효율을 높이기 위해 대지 전도율이 좋은 교외의 평탄

한 지역이 바람직하고
② TV나 FM방송은 VHF, UHF 전파의 성질이 빛과 비슷하므로 잘 보이는 높은 고지에 설치한다.

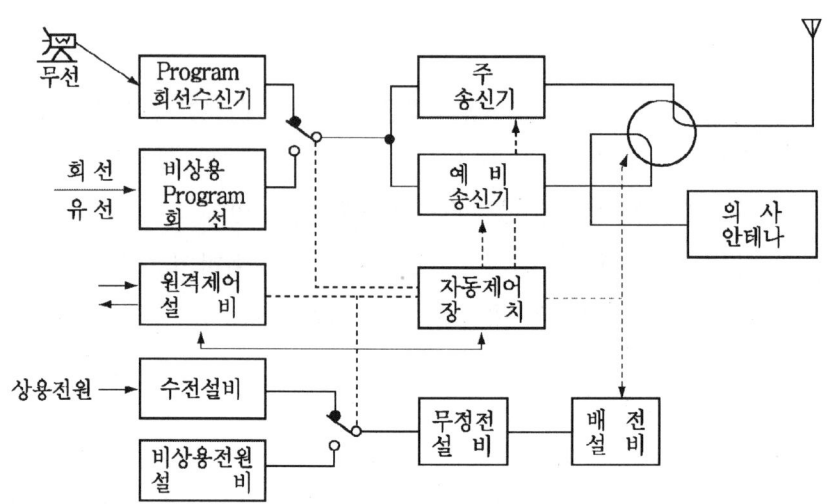

송신소의 설비 개념도

(2) 송신소 시스템의 구성

연주소에서 프로그램을 전송 받는 회선(STL : studio-transmitter link)과 감시, 제어, 연락 등을 할 수 있는 유선과 무선 장치들과 수신된 프로그램 신호를 송신기에서 변조하여 고주파 신호로 만들어 안테나에서 전파로 방사하는 무선설비들과 방송중단에 대비하여 상용전원(한전)과 자가 발전설비, 무정전설비의 전원장치가 있어야하며 다음과 같이 구성되어 있다.

① 프로그램 수신장치(S.T.L)(hot stand by)
② 송신기(주, 예비)
③ 급전선(feeder line) 및 송신공중선(antenna)
④ 의사공중선(dummy load antenna)
⑤ 제어 감시장치
⑥ 송풍 및 냉각장치

⑦ 측정장치
⑧ 전원설비(변전, 발전)
⑨ 연락장치
⑩ 구축물(건물, 철탑)

(가) 프로그램 수신장치(STL Rx : studio transmitter-link receiver)

연주소에서 제작된 프로그램 신호를 송신소로 무선 또는 유선으로 보내온 것을 받아서 송신기로 입력하는 장치로 STL 전용 수신기가 필요하다.

(나) 송신기

연주소에서 프로그램으로 만들어진 음성 또는 영상 신호를 받아서 증폭하고 반송파에 실어서 고주파로 만들어 내는 역할을 한다.

(다) 급전선 및 송신 안테나

① 급전선(feeder line)

송신기와 송신안테나가 떨어져 있을 경우 송신기의 출력을 안테나까지 공급하기 위한 케이블로서 손실이 될수록 적고, 다른 것으로부터 방해를 받지 않고, 급전선의 정수가 변하지 않으며, 고장이 적고 수리가 용이해야한다.

② 송신공중선

송신기에서 급전선을 통하여 보내온 고주파 신호를 전파(電波)로 공간에 복사(輻射)하여 전파(傳播)하는 역할을 한다.

(라) 의사 공중선(dummy load antenna)

송신기의 실제 출력 부하(안테나)와 전기적으로 같도록 만든 대용의 부하로써 송신기를 조정하거나 시험할 경우 안테나를 직접 연결하면 전파가 발사되므로 전파를 발사하지 않고 시험할 수 있다.

(마) 제어감시 장치

송신기의 정상적인 동작상태를 각종미터로 감시하고 이상시의 조치, 전환 등의 조작을 한다. 제어감시 장치는 항상 송신소 설비의 운전 data를 수집하고, 정리 분석 출력하여, 그 가운데서 특성저하나 고장을 미리 감지 경보하고, 고장이 발생하면 고장개소와 원인을 탐색한다.

효과로는 고장을 미연방지할 수 있고 고장복구시간이 단축되므로 양질의 전파를 확보할 수 있어 계획적이고 효율적인 보수와 우발사고를 배제할 수 있다. 따라서 설비의 성능과 신뢰도가 향상되고 발생하는 고장이 정확하게 파악되어 개수 보전할 수 있다.

(바) 송풍 및 냉각장치

출력 관(또는 출력 석) 등에서 발생하는 송신기의 많은 열을 식히는 장치가 필요하다. 소 출력, 중 출력의 경우는 송풍장치로, 대 출력의 경우에는 수냉식 냉각 장치를 이용 냉각시킨다.

(사) 측정장치

기기의 조정, 시험, 고장 시 보수를 위해 필요한 장비로서

① audio signal generator
② distortion analyzer
③ video signal generator
④ waveform monitor
⑤ vector scope
⑥ level meter
⑦ oscilloscope
⑧ RF oscillator · RF analyzer
⑨ frequency counter
⑩ modulation analyzer
⑪ spectrum analyzer
⑫ impedance bridge meter
⑬ VSWR meter, volt meter

등의 측정기가 필요하다.

(아) 전원설비

한전으로부터 공급받는 3상 6600, 22900volt의 고전압을 송신기에 필요한 3상 220, 380, 480volt 등의 전압을 만들기 위해 변압기를 사용하는 변전시설과 정전에 대비한 예비 전원 시설로서 발전시설(발전기)과 무정전시설인 UPS(uninterrupted power supply) 전원 시설 등이 있다.

(자) 연락장치

연주소 또는 중계차와 업무 연락을 할 수 있는 유선, 무선 연락 장치.

2) 중파 송신설비

(1) 중파 송신기의 구성

(가) 발진기(oscillator)

송신주파수에 맞는 고주파(반송파 : carrier)신호를 발생하여 음성신호를 실어 나르는 역할을 하며 발사전파의 주파수 편차에 엄격함으로 안정된 주파수 발진기가 요구된다.

(나) 음성 증폭기

연주소에서 보내온 적은 음성신호를 큰 전압 증폭도를 얻는 것이 목적인 전압 증폭 회로와 큰 전력이 목적인 전력 증폭 회로가 있다. 이 회로는 주로 부 궤환(negative feed back)회로를 채용하여 증폭기의 증폭도 안정, 비 직선 일그러짐의 감소, 잡음의 감소, 주파수 특성 개선, 내부 저항의 저하 등의 특성이 현저하게 개선되므로 널리 사용되고 있다.

(다) 변조기(modulation)

프로그램 신호를 반송파에 실어 전송에 적합한 형태로 만드는 장치로 변조 방법에 양극변조와 그리드 변조가 있다.

① **양극변조(plate modulation)**

피 변조관의 양극에 음성 신호전압을 가하는 방식으로

- 변조특성이 양호하고
- 피 변조 증폭기의 양극능률이 양호하나
- 대 출력 변조기가 필요하다.

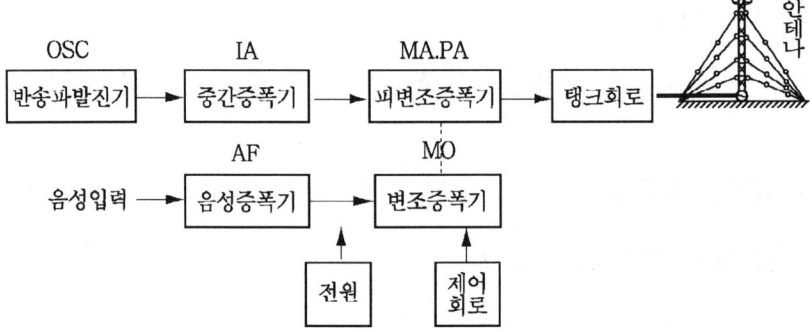

중파 양극변조 송신기의 구성도

② **그리드 변조(grid modulation)**

피 변조관의 grid에 음성신호 전압을 가하는 방식으로

- 양극변조에 비해 전력능률이 저하되고
- 양극변조에 비해 변조특성이 저하되나
- 경제적인 설비이다.

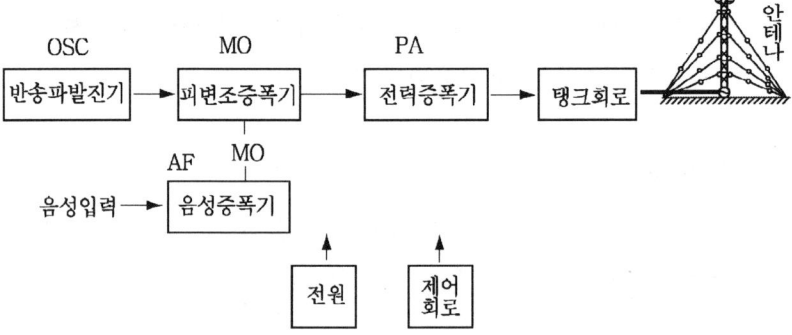

중파 그리드변조 송신기의 구성도

(라) 고주파 증폭기

- 중간증폭기, 피 변조 증폭기, 전력증폭기 등이 있으며
- 고주파 증폭기는 모두 전력 증폭회로들이며 단일 주파수의 정형 파를 증폭하기 때문에 일반적으로 동조회로를 가지고 있다.

(마) 고주파 출력회로

송신기의 전력 증폭에서 얻어진 고주파 전력은 고주파 출력 회로와 급전선을 거쳐 안테나에 공급된다. 고주파 출력 회로에는 결합회로와 탱크 회로가 있다.

① **결합회로** : 증폭기의 고주파 전력을 탱크회로로 보내는 회로이며

② **탱크회로** : 급전선 또는 안테나의 임피던스를 전력증폭기가 필요로 하는 최적 부하로 변환하고 전력 증폭기의 고주파 전력을 급전선 또는 안테나에 전송하는 회로이며 전력 증폭기에서 발생하는 대역 이외의 고주파를 막을 수 있다.

(2) 급전선

소 출력의 경우 동축케이블을 사용하며 중 출력 이상의 경우 4 선식 이상의 급전선을 사용한다.

(3) 중파 송신안테나

중파 안테나는 무 지향성이 대부분이다. 안테나를 대지와 절연시키느냐 않느냐에 따라 기부 절연형 안테나와 기부 접지형 안테나로 분류된다.

안테나 높이는 보통 $1/2\lambda$, $1/3\lambda$, $1/4\lambda$, $5/8\lambda$ 중에서 여건에 맞게 사용한다.

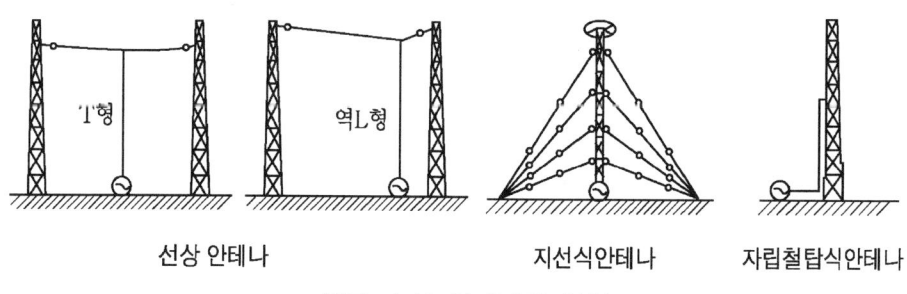

중파 송신 안테나의 형식

(가) 기부 절연형

① **선상(T형, L형) 안테나**

T형, L형은 기부 절연형 이지만 능률이 낮고 수평지향성에 나쁜 영향을 미치기 때문에 임시나 비상용으로 주로 사용된다.

② **지선 식 안테나**

대지와 안테나를 애자에 의해 절연시키고 3방향으로 지선을 설치하는 수직형으로 급전이 직렬여진이다.

기부 절연형 안테나가 기부 접지형 안테나에 비해 능률이 높다.

ⓐ **지선 및 지선 애자**

지선은 고주파 유도에 따라 전류가 유기 되어 지향성을 흐트러지게 할 우려가 있어 보통 0.1λ 이하마다 애자를 삽입하여 영향을 적게 하고 있다. 이때 지선 애자의 정전용량이나 지선의 인덕턴스가 송신주파수에 동조하지 않도록 정전용량이나 지선의 길이를 선정한다.

ⓑ **뇌(천둥) 대책**

정 전하로 인해 애자의 파괴를 방지하기 위해 정 전하를 누설시키는 고주파 초크코일을 안테나 기부와 지선 애자에 병렬로 넣고 있다.

또 그기에 방전 캡(cap)을 설치, 낙뢰 시에 방전 캡으로 뇌 전류를 방전시키도록 하고 있다.

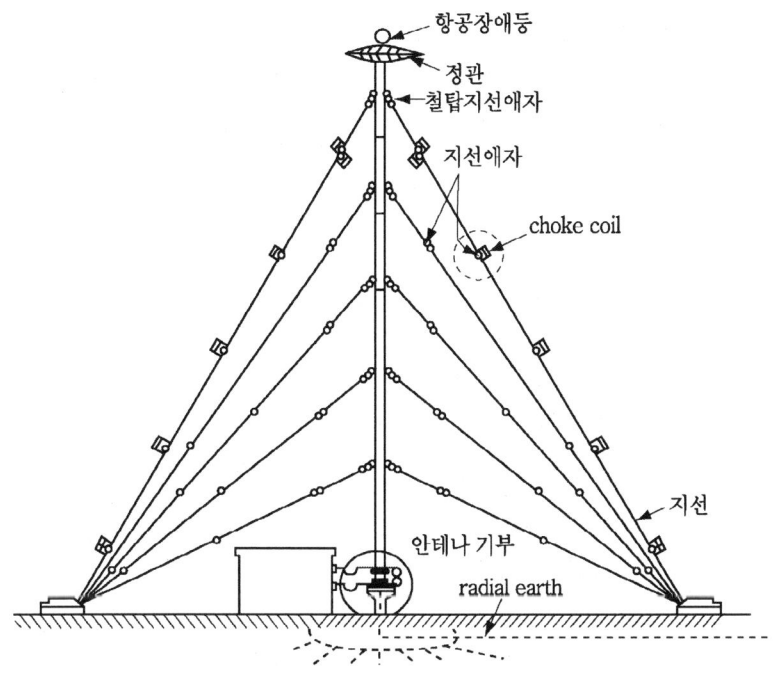

ⓒ **Austin transformer**

기부절연형인 경우 항공 장애 등에 상용전원을 공급할 때 고주파 전력이 상용 전원 선을 통해 대지로 누설되는 것을 억제하기 위해 austin transformer를 사용한다.

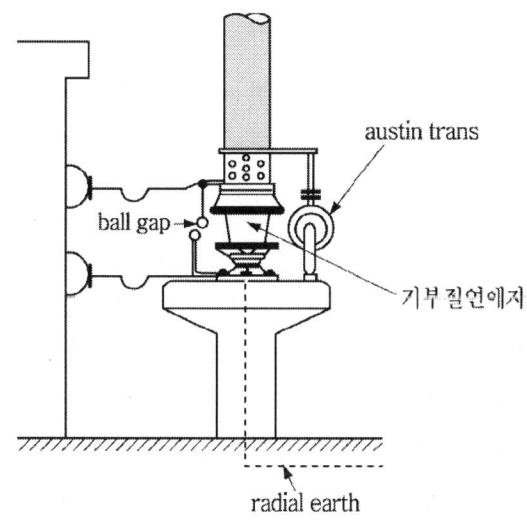

ⓓ **안테나 접지(Radial earth)**

기부 절연형의 경우 기부를 중심으로 원형으로 안테나 높이와 같은 길이의 도선을 3도 간격으로 120 가닥을 땅속 60㎝ 깊이로 매설하여 접지로 사용한다.

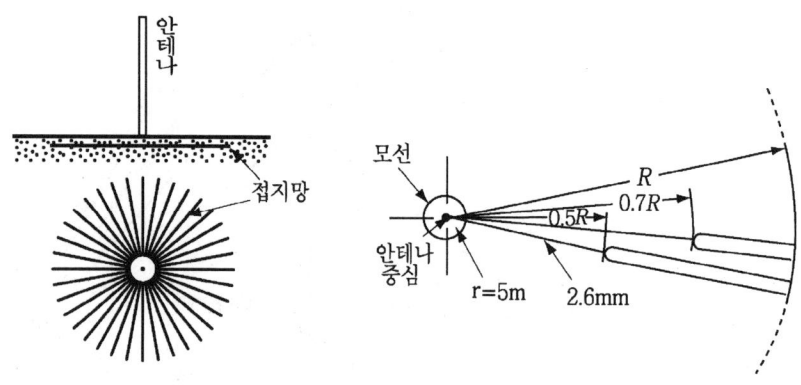

안테나 접지망

(나) 기부 접지형(자립식)

접지된 철탑을 여진 시키기 때문에 기부절연 애자가 필요하지 않으며 기부 접지형은 같은 철탑에 TV 안테나를 설치하여 공용이 가능하고 또한 낙뢰 피해 대책이 가능하며 급전은 병렬여진이다.

(다) 페이딩 방지(anti fading) 안테나

페이딩 현상은 송신 안테나에서 고 각도로 방사된 전파가 전리층(E층)에서 반사되어 이 반사파(공간 파)가 지상파(지표파)에 간섭을 하여 발생하는데 공간파와 지상파의 비가 1/2~1/3 되는 지역(통상100km)에서 심하다.

페이딩 방지는 송신안테나의 수직 지향성을 적절하게 잡고 고 각도 방사를 감소시킴으로써 가능하므로 안테나의 최 상부에 정관형(top loading)을 붙인 안테나를 사용한다.

100km 부근의 공간파를 억제하기 위해 앙각 60° 방향의 방사가 적어지도록 안테나의 전류 분포를 선택해야 한다.

고 각도 방사가 적고 비교적 고 이득인 안테나의 높이는 0.53λ 이다.

3) FM 송신설비

(1) FM 송신기의 구성

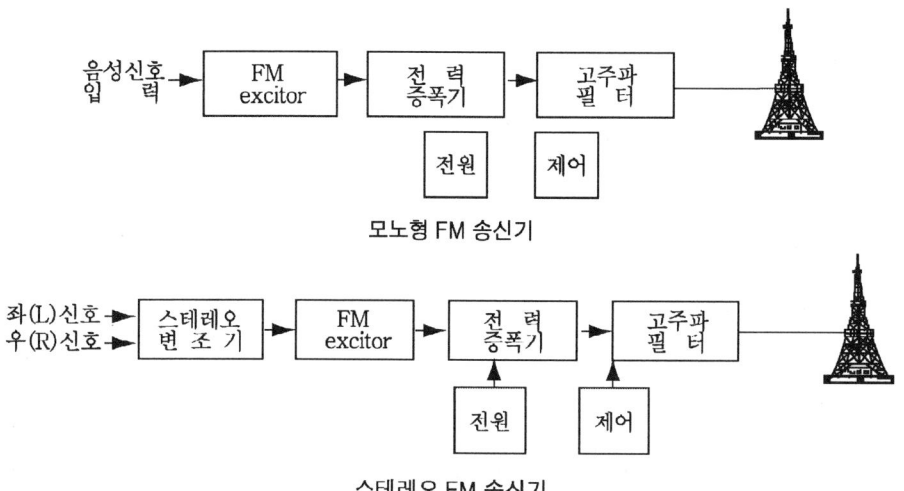

모노형 FM 송신기

스테레오 FM 송신기

(가) 스테레오 변조기

1개의 전송 매체에 2개(left, right)의 음성신호 성분을 상호 간섭 없이 전송하는 변조기로서 pre emphasis, 매트릭스, 부 반송파 변조기, 기준 발진기로 구성된다.

- 프리엠퍼시스 회로는 75μs 시정수를 사용하여 음성 대역의 고역 부분을 강조하여 S/N 비를 좋게 하는 기능을 하고
- 매트릭스회로는 L과 R 신호를 합 신호(L+R)와 차 신호(L-R)로 만들어 합 신호는 모노형 수신기, 차 신호는 스테레오 수신기를 위해 전송되도록 하는 회로이며
- 부 반송파 변조기는 차 신호(L-R)를 38KHz 부 반송파에 변조시키는 회로이고
- 파일럿 신호를 전송하기 위한 19KHz 기준 발진 부로 구성된다.

(나) FM exciter(여진기)

종단의 전력증폭기에 필요한 여진전력을 공급하는 것으로 복합음성 신호를 받아 FM 변조하는 FM 변조기와 반송파 발진회로로 구성된다.

FM 여진기의 자려 발진기는 주파수 안정을 위한 AFC 회로로 구성된다.

(다) 고주파 전력 증폭회로

여진기의 출력을 필요한 출력으로 증폭하는 전력 증폭기.

(라) 고주파 필터

고주파 전력 증폭 단은 C급 증폭이므로 필요 주파수 이외의 많은 고조파 신호가 발생된다. 이를 제거하기 위해 필터(-60dB이하)를 사용한다.

(마) 급전선

주로 동축케이블을 사용한다.

(2) FM 송신 안테나

TV 송신 안테나도 FM 송신 안테나로 사용할 수 있다. FM 송신 안테나는 TV 송신 안테나에 비해 대역특성이 그다지 문제가 되지 않으므로 협 대역 특성의 안테나도 사용 가능하다. TV 또는 FM 몇 국에서 송신 안테나를 공용할 경우에는 광 대역 특성이 필요하다.

현재 사용되고 있는 FM 송신 안테나는 거의 수평편파용이다.

(가) 주로 사용되는 FM 송신 안테나

- 쌍 loop antenna
- 야기 안테나
- 간이 슈퍼턴 스타일 안테나
- ring antenna

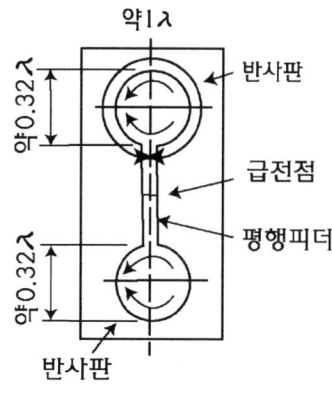
원형 쌍루프 안테나

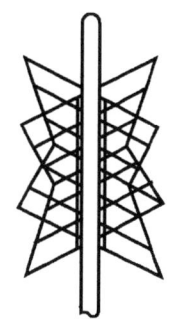
슈퍼 턴 스타일 안테나

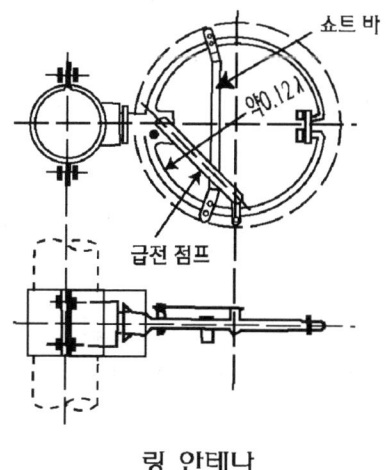
링 안테나

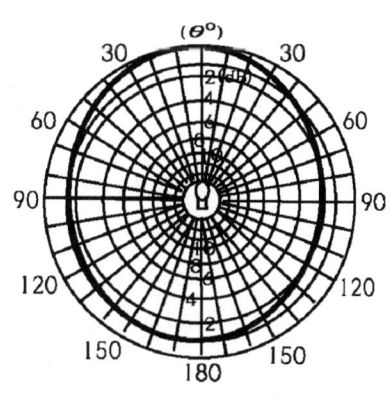
링 안테나의 지향성

4) 텔레비전 송신설비

(1) 텔레비전 송신 설비의 구성

① 수신장치(STL)
② TV 송신기(영상송신기, 음성송신기)
③ CIN 다이플렉서(결합기)
④ 의사 공중선
⑤ 급전선 및 안테나

⑥ 제어 감시장치
⑦ 송풍 및 냉각장치
⑧ 측정장치
⑨ 전원설비
⑩ 연락장치
⑪ 구축물

(2) TV 송신기의 구성과 기능

(가) TV 송신기의 주요회로

TV 송신기는 영상 송신기와 음성 송신기의 결합으로 되어있다.

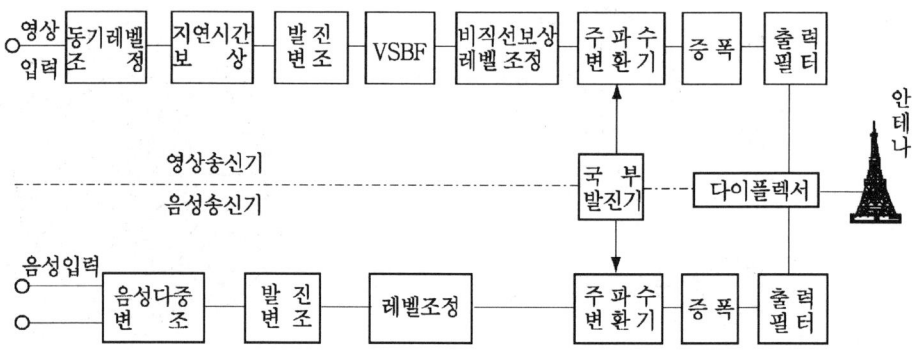

TV 송신기 블록도

① 변조기

ⓐ 영상 변조 : 진폭변조로 반송파에 부 변조 방식을 적용하고 있다.

ⓑ 음성 변조 : 주파수 변조로 직접 변조 방식과 위상 변조 방식이 사용되고 있다.

(나) 영상 송신기

① **영상 저역 통과 필터(LPF : low pass filter)**

입력되는 영상신호 중 송신기에서 필요로 하는 대역만큼(0~4.3MHz)의 영상 신호만 통과시키는 필터가 있다.

② 잔류 측파대 필터(V.S.B.F : vestigial side band filter)

영상송신기는 진폭변조 방식을 사용하므로 영상신호로 변조하면 반송파의 상하에 각각 양 측파대가 생겨 대단히 넓은 대역을 점유하게 되므로 대역을 절약하기 위해 하 측파대 일부를 전송되지 않도록 하는 필터가 있다.

(다) 음성 송신기

음성 송신기는 FM 송신기와 같고, 음성부반송파는 영상반송파로부터 4.5MHz 떨어져 있다.

(라) 영상음성 전력합성기(CIN다이플렉서 : constant impedance notch diplexer)

TV송신기는 영상과 음성 2개의 송신기로 구성되어 있어 전파도 2개의 반송파를 사용하고 있다. 따라서 1개의 안테나로 방송하기 위하여 서로 간섭 없이 결합할 수 있는 전력합성 장치가 있다.

(3) TV 송신안테나

(가) TV 송신안테나 시스템 구성

TV 송신안테나 시스템은 기능별로 급전 장치 부, 부속 장치 부, 주 피더 부, 지지 철탑 부, 안테나 부로 5가지 설비로 분류할 수 있다.

① 급전 장치 부

하나의 안테나에 다중급전 할 수 있도록 하는 장치로 영상, 음성의 양 전파는 보통 안테나를 공용하고 있으며, 상호 간섭 없이 안테나에 전력을 급전할 수 있도록 2중 급전장치를 채용한다.
2중 급전장치는 브릿지 다이플렉스(B.D), 정 임피던스 노치 다이플렉스(CIN)등이 있다.

② 부속 장치 부

안테나 계의 감시장치로 VSWR 경보장치, 공기누설 경보장치, 접속 부의 온도감시장치, 직류저항 감시장치 등과 자동공기 충진 장치 등이 있다.

③ 주 Feed 부

송신기로부터 안테나에 고주파 전력을 전송하는 역할을 지니고 있으며 동관, 동축 feed, 동축 cable, 도파관 등이 사용된다.

④ 지지 철탑 부

안테나를 장착하는 지지 철탑주로 (3각, 4각) 풍압력, 지진에 충분한 강도를 지니고 안테나의 흔들림에 대해서도 충분히 배려되어 있다.

⑤ 안테나 부

고주파 전력을 능률 좋게 전자기파 에너지로 변환하는 장치로서 정합회로를 거쳐 송신조건에 따라 안테나를 필요 면 수만큼 조합하여 필요한 지향성을 얻고 있다.

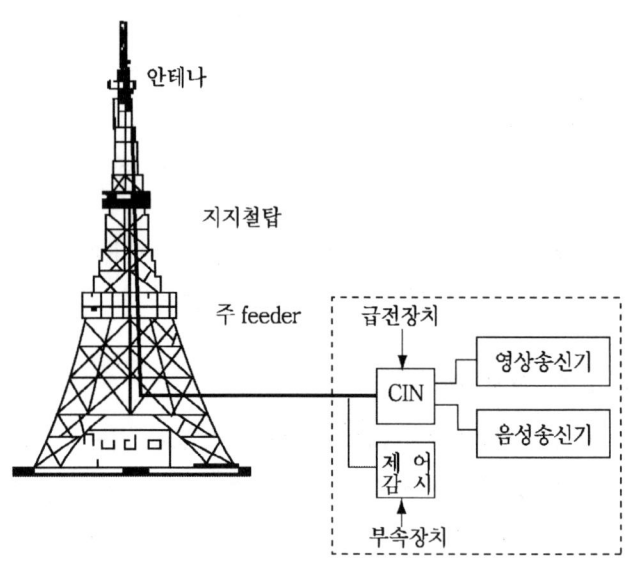

TV 송신안테나 시스템

안테나 설비는 대부분이 고지에 설치되어 있어 방송 중에는 말할 것도 없고 휴지 중이라도 간단히 점검하기 어렵기 때문에 이와 같은 감시장치의 역할이 매우 중요하다.

(나) TV 송신안테나 시스템의 성능

① **기계적 성능**

    ⓐ 내 풍속도 압 : 최저 350kg/m², 최고 600kg/m²

    ⓑ 지지주의 흔들림 : 풍속 30m/s에서 최 상부 0.5° 이하.

    ⓒ 기밀 : 옥외 부분의 급전계통은 기밀 구조로 한다.
       (건조공기를 압력 1.4kg/cm²으로 봉입 한다.)

    ⓓ 방설 : 안테나 방사소자, 급전부, 트랩 등에 적설이나 결빙에 따른 성능저하를 일으키는 부분에 보호커버를 부착한다.

    ⓔ 녹 방지처리 : 도금 또는 도장을 한다.

    ⓕ 온도 대책 : 온도변화로 인한 기계적 편이를 일으키는 부품은 일그러짐에 의한 성능 열화가 생기지 않도록 한다.

    ⓖ 내후성 : 케이블 외피, 방설 커버 등 부속재료는 내후성의 양, 부가 수명에 크게 영향을 미치기 때문에 재료의 선정에 유의한다.

② **전기적 성능**

    ⓐ VSWR

- TV 6MHz 전 대역에서 송신안테나의 입력 단에서 본 반사계수는 2.5% 이하(VSWR≒1.05),
- 안테나 주 feed를 접속한 상태의 입력 단에서 본 반사계수는 5% 이하 (VSWR≒1.1)

❖ VSWR(Voltage Standing Wave Ratio)

전송로의 특성 임피던스와 부하 임피던스가 일치하지 않으면 입사파의 일부가 반사되어 반사가 생긴다. 이때 입사파와 반사파의 전압에 의해 생기는 최대값과 최소값의 비를 정재파비라 한다. 이것은 전력을 능률적으로 부하에 전송하기 위한 Impedance matching이 잘된 정도를 표현하는데 이용되며 VSWR이 가장 좋은 상태는 1이 된다.

$$S_v = \frac{V_{max}}{V_{min}} = \frac{V_f + V_r}{V_f - V_r}$$

V_f : 입사파의 전압 V_r : 반사파의 전압

ⓑ **지향성**

수평, 수직 지향성은 모두 지정하는 지향성의 허용편차 이내로 한다.

ⓒ **온도상승**

온도상승은 정격전력을 가했을 때 각부의 상승은 25°C 이하로 한다.

ⓓ **직류저항**

각 부품의 접속 상황을 간단하게 나타낼 수가 있다. 규격은 급전계통에 따른 표준 값에 바탕을 두고 있는 계산 값 ±25% 이내로 한다.

ⓔ **온도특성**

주위온도가 −20°C에서 +60°C 까지 변화했을 때 각 성능을 만족해야 한다. 그밖에 절연저항, 내 전압, 통과손실, 누설량, 전력 용량, 결합량 등을 규정하고 있다.

(다) TV 송신 조건과 안테나의 특성

① **수평지향성의 조건**

ⓐ **안테나의 지향성의 선택**

송신 안테나를 무 지향성으로 하느냐 지향성으로 하느냐의 선택은 상당히 중요하다.

- 지향성 안테나는 아주 협소한 특정지역 만을 대상으로 할 경우 유리하고
- 광범한 지역을 서비스 할 경우에는 송신 안테나의 위치를 서비스 구역의 중앙에 두고 무 지향성 안테나를 사용하는 것이 가장 바람직하다.

ⓑ **철탑 폭과 안테나 구성**

무 지향성 안테나의 수평면내의 전계 편차는 보통 ±3dB 이내로 한다. 무 지향성을 얻기 위해 4면 또는 3면을 사용하는데 안테나를 장착하는 철탑기둥의 폭이 파장에 비해 클 경우 수평면내의 전계 편차가 커진다. 이러한 경우 소자를 철탑의 중심에서 비켜서 장착하고 급전위상도 90° 위상차로 급전하는 방법이 있다. 철탑 폭이 더욱 클 경우 다면 합성으로 무 지향성을 얻고 있다.

ⓒ **수평 지향성에 미치는 방해물의 영향**

송신 안테나를 근접하여 2개 또는 여러 개를 줄지어 세우면 서로 그림자가 되어 그 방향의 전계가 흐트러진다. 따라서 허용 전계강도 편차 이내가 되도록 안테나 간격을 멀리 잡거나 영향이 많은 주 지향성 방향이 겹치는 것을 피하도록 배치해야 한다.

또한 인접 철탑으로 인해 서비스 구역 내에 고스트가 발생하므로 주의를 요한다.

② **수직 지향성의 조건**

ⓐ **송신 안테나 높이와 가시거리 및 빔 경사**

주 빔을 지구의 접선 방향으로 기우려 전파의 유효 이용을 도모 할 수가 있다. 빔 경사를 행하는 방법에는 전기적으로 행하는 방법과 기계적으로 행하는 방법이 있다.

- 전기적으로 빔 경사를 행하는 방법 : 안테나를 상, 하 2개의 그룹으로 나누어 하단의 급전위상을 상단보다 늦춤으로서 빔을 아래로 향하게 할 수 있다. 이 방법으로 빔 경사를 행하면 전력 이득이 저하한다.
- 기계적으로 빔 경사를 행하는 방법 : 안테나 자체를 경사각만큼 기울이면 경사각 방향에서 각 단간에 위상 차가 생기는데 분기 feed로 보정한다. 이 방법은 전기적 특성을 손상하지 않고 빔 경사를 행할 수가 있다.

ⓑ **널 포인트(null point) 와 널 필인(null fill in)**

안테나를 다단으로 겹쳐 쌓았을 경우 널 포인트가 생긴다. 그러나 널 포인트는 널 필인에 의해서 구제할 수 있다. 다단 안테나의 경우 상, 하단으로 된 2개의 소, 군으로 나누어 각각의 여진 전력비를 바꾸거나 또는 각 단의 급전 위상을 바꾸거나 이 두 방법을 조합하거나 해서 널 필인을 행하고 있다.

> ✦ 널 포인트(null point)
> 다단의 stack 소자를 사용한 VHF 송신 안테나에서 송신 전파의 주 빔 이외 sub-lobe 라는 부분을 만드는데 이로 인해 근거리에서 전계 강도의 골짜기가 생기는 무감 지대를 말한다.

(라) TV 송신 안테나의 종류

V.H.F.	U.H.F.
• super gain antenna • yagi antenna • 2 Dipole, 4 Dipole antenn • 쌍 loop antenna • helical antenna • super turnstile antenna	• helical antenna • loop antenna • dipole antenna • yagi antenna

① **Super turnstile antenna**

구조는 배트윙(batwing) 안테나를 직각으로 교차시킨 것으로 서로 90° 위상차로 급전하는 수평편파, 무 지향성 안테나이다.

• 특징 : 안테나 표면적이 넓은 구조이며 급전 점 특성 임피던스가 넓은 주파수 범위에 걸쳐 정합이 된다.

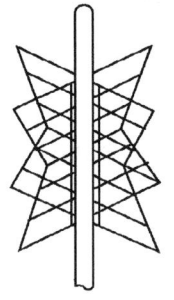

슈퍼 턴 스타일 안테나

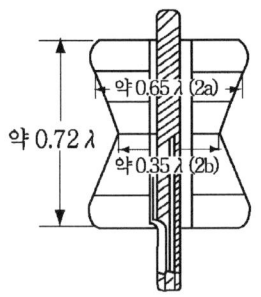

배트윙 안테나

② **Super gain antenna**

다이폴 안테나와 평면 반사판을 조합한 안테나로서

- 특징 : ⓐ 단 지향성 안테나이며
  - ⓑ 구조가 간단하고
  - ⓒ 조합하는데 따라 희망하는 지향성을 얻을 수 있고
  - ⓓ 다단으로 하여 고이득을 얻을 수 있다.
  - ⓔ 복수 방송국 안테나를 1개의 철탑에 부착할 수 있고
  - ⓕ 광 대역 특성이 부족하여 복수 방송 공용이 어렵다.
  - ⓖ 다단의 경우 단간의 결합이 크고 조정이 어렵다.

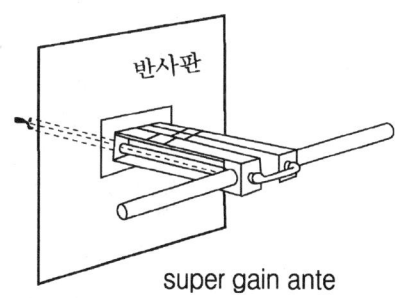

super gain ante

③ **2 Dipole, 4 Dipole antenna**

반사판을 부착한 다이폴 안테나의 일종으로 다이폴 2개 내지 4개를 줄지어 놓은 안테나로서

- 특징 : 넓은 광 대역 임피던스 특성을 가진다.

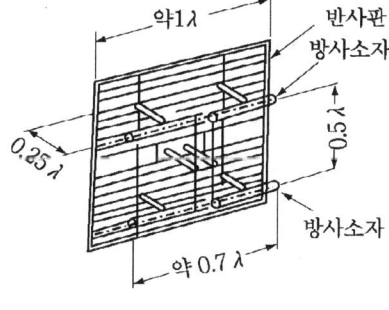

2 dipole antenna

④ 쌍 루프 안테나

길이 1λ의 원형 또는 각형 루프와 반사판으로 구성되고

- 특징 : ① 이득이 높고 광 대역이므로 TV의 2개 채널 공용이나, TV와 FM의 공용이 가능하고
  ② 소요의 지향성을 얻을 수 있고
  ③ 단간의 결합이 적다.
  ④ 구조 및 급전 계가 간단

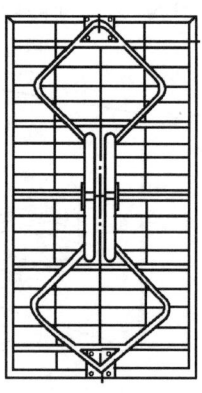

쌍루프 안테나

⑤ 헤리칼 안테나

도체 원판의 중심에서 상하 반대방향으로 나선을 각각 5~6회 정도 감고 끝을 도체 원판에 직접 단락 시키고 중앙에서 급전시키는 안테나.

- 특징 : ⓐ 상하 나선의 감은 방향이 반대이므로 복사 전계는 축 방향 성분은 상쇄되고 수평 성분만 남아 수평편파용 안테나가 된다.
  ⓑ 수평면내 무 지향성이고 수직면내 예민한 지향성을 갖는다.
  ⓒ 진행파 안테나이다.
  ⓓ 극초단파 TV송신용 안테나로 사용된다.
  ⓔ 급전점 임피던스는 약 100Ω 이다.

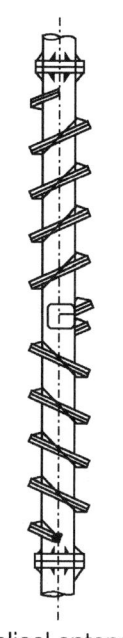

Helical antenna

⑥ **코너 리플렉터 안테나**

2매의 평면 반사판을 어떤 각도로 교차시켜 코너부에 다이폴 방사기를 설치한 것으로

- 특징 : ① 구조가 간단하고 고 이득이며
  ② 지향성 및 임피던스 특성이 비교적 광 대역이다.

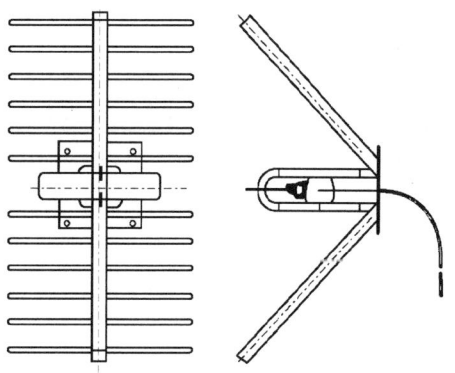

Grid형 Corner antenna

5) 단파 송신 안테나

단파 방송은 전리층 반사를 유효하게 사용하기 때문에 단파 송신 안테나는 수직면의 지향성이 중요하므로 서비스 구역까지의 거리에 따라 전파의 복사 각을 정하여 수직 지향성을 결정하고 있다.

또 전리층 전파는 지구 자계의 영향을 받아 편파면이 회전함으로써 사용하는 안테나의 편파 면은 그다지 중요하지 않고 수평 편파, 수직 편파 양 안테나가 사용된다.

그리고 계절 및 시간에 따라서 전파에 적합한 주파수로 변경하고 있기 때문에 단파 방송에서는 2개 이상의 주파수를 가지고 필요에 따라 주파수를 전환해서 사용한다. 따라서 단파 송신 안테나는 몇 개를 설치할 필요가 있다.

단파 송신 안테나는 국내 방송용으로서 다이폴(dipole)안테나, 폴디드(folded) 안테나가 사용되고, 국제 방송용으로는 지향성이 예리한 고 이득의 빔(beam) 안테나나 롬빅(rhombic) 안테나가 주로 사용된다.

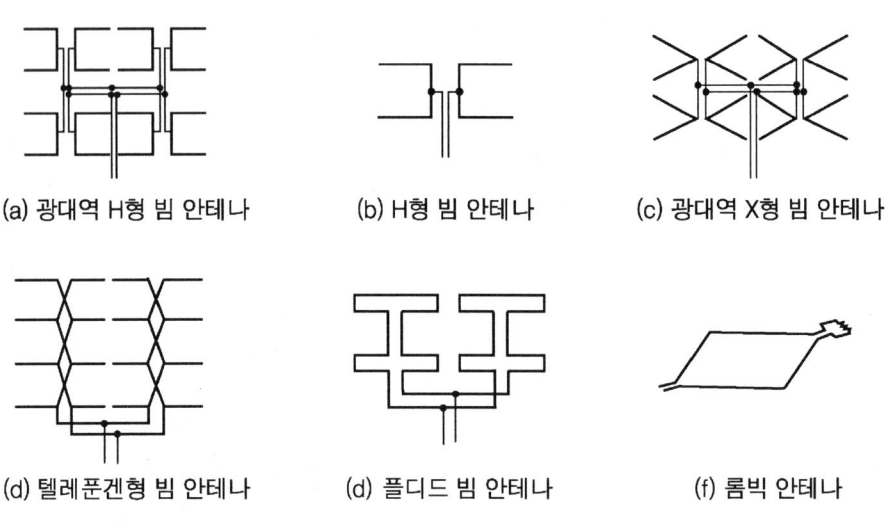

단파 송신 안테나의 예

(1) 다이폴 안테나

단파용 다이폴 안테나의 지향 특성은 대지의 영향을 받기 쉬워 자유 공간의 지향 특성과는 다르다. 일반적으로 수직 편파 안테나에서는 수직 지향성은 대지의 전기 상수에 의해서 상당히 변화하는데 수평편파 안테나에서는 그 변화가 근소하다. 다이폴 안테나의 길이와 이득의 관계는 잘 알려져 있는데 단파에서는 1λ 의 다이폴 안테나가 사용되는 수가 많고 이득은 반 파장 다이폴에 비해서 약 1.7dB 이다.

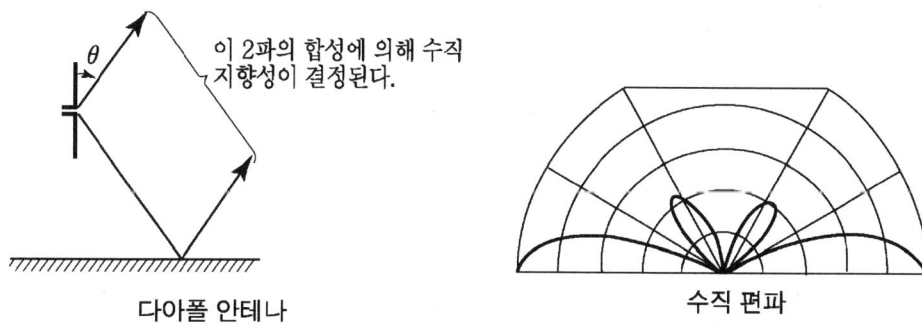

다이폴 안테나   수직 편파

(2) 빔 안테나

동일 평면상에 수많은 안테나 소자를 규격에 맞추어 정확하게 배치한 것으로 예리한 지향성과 높은 이득을 얻을 수 있다.

- 종류 : 광대역 L형 안테나
  H형 빔 안테나
  광대역 X형 빔 안테나
  텔레푼겐형 빔 안테나
  폴디드 빔 안테나
  롬빅 안테나

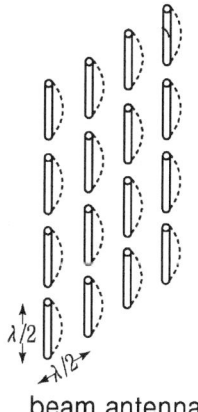

beam antenna

(3) 롬빅(rhombic) 안테나

한 변이 수 파장으로 된 4가닥의 도선을 마름모꼴로 조합시켜 종단에 정합부하를 접속해서 진행파 전류가 흐르도록 한 안테나를 롬빅 안테나라 부르는데 보통 대지 위의 적당한 높이에 수평으로 설치해 사용한다. 진행파 전류를 흘리기 때문에 지향성과 입력 임피던스가 다 같이 광대역 특성을 가지고 있으며 수평 편파용으로 구조도 매우 간단하므로 단파 송수신 안테나로서 널리 사용되고 있다.

롬빅 안테나

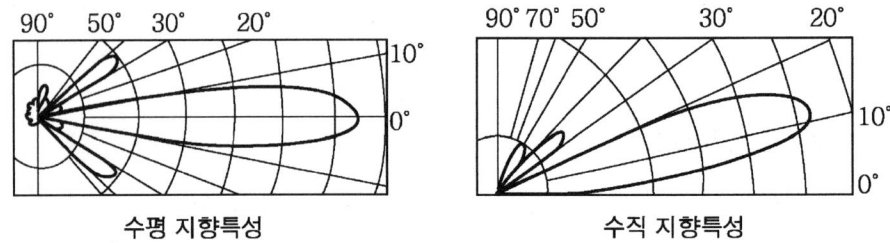

롬빅 안테나의 지향성

CHAPTER 3

CATV

3.1 개요

cable television(유선방송)이란 영상 및 음성, 음향 등을 유선 통신시설을 이용하여 가입자에게 송신하는 다 채널 방송을 말한다.

- 시청자가 다양한 정보를 임의로 선택하는 정보 채널로서
- 일정한 지역의 시청자들을 위한
- 전문적인 지역정보 방송이라 할 수 있다.

◈ CATV는

cable television의 약어로 사용하고 있지만 원래는 난시청 지역에서 TV방송을 시청할 목적으로 TV 전파의 수신이 잘되는 지역에 master antenna 또는 공동 안테나 (community antenna)를 세워 멀리 있는 TV 방송국의 전파를 수신하여 그것을 유선으로 각 가정에 분배 공급하기 위해 탄생된 것이다.

◈ CATV의 시작은

1949년 미국 오리건주의 산중에 있는 "아스토리아" 라는 마을의 주민들이 TV

를 보고 싶어 하는 공동 소원 때문에 생겼으며 TV 수신이 되지 않아 CATV 방식을 고안해 냈다고 한다. 초기의 CATV는 주민들의 공동 출자에 의한 것이 대부분이었고 그래서 관리도 공동으로 하며 비영리적이었다.

◈ 초기의 CATV 시스템은

난시청 지역의 TV 방송신호 전송 역할의 공동수신 안테나(community antenna television)에서 나아가서 인간의 욕구가 다양해져 network 역할을 수행하게 됨에 따라 유선방송(cable television)으로 불리어 졌다.

3.1.1 CATV의 특성과 특징

1) CATV의 특성

◈ 전문성

기본 방송의 대중성을 전문화하고 방송 내용을 세분화하여 다양한 프로그램 중에서 하나의 프로그램만을 하나의 채널로 공급함으로써 채널이 특성화된 전문성을 가지고

◈ 다양성

방송내용을 스포츠, 쇼핑, 뉴스, 영화, 음악 등과 같은 다양한 채널을 시청자에게 제공하여 선택 시청할 수 있고 부가된 서비스와 소유에 대한 다양성을 지니고 있다.

◈ 정보성

양방향에 의한 정보 교환이 원활하여 수용자 욕구를 충족시킬 수 있다.

2) CATV의 특징

- 유선이기 때문에 극히 한정된 자원인 전파의 할당이 필요치 않으며
- 1개의 케이블로 많은 프로그램이나 각종 정보를 송수신할 수 있고
- 유선이기 때문에 고층건물 등에 의한 수신 장애가 발생하지 않으며
- 쌍방향 통신이 가능하다.

3.1.2 CATV 발전 단계

CATV의 발전 과정을 대체적으로 4단계로 구분할 수 있는데

◆ 제1단계

1950년부터 60년대로 기존 TV 방송의 재 송신(공동 안테나)의 역할을 수행한 시기로서 TV 방송의 난시청 지역에서 수신을 향상시키기 위한 방법이었고 TV 방송을 위한 일종의 보조적 역할을 담당한 것에 불과했다.

◆ 제2단계

1970년대 CATV가 발전함에 있어 전환기라 할 수 있다.
자체방송 채널을 포함한 다 채널 방송 세대로 케이블 운영자들은 마이크로 웨이브를 통하여 원거리로부터 TV 신호를 수신하여 제공하기 시작하였으며 시보, 일기, 공지사항 등 간단한 정보 프로그램을 자체적으로 만들어 제공하기 시작하였다. 그래서 처음에는 3~5개 채널 밖에 제공치 못하였던 것이 다 채널로 제공함으로써 CATV 시스템 하나로 여러 개의 방송국 기능을 발휘하게 되었다. 그렇게 됨으로써 CATV의 번영 가능성이 시사되었다.

◆ 제3단계

1980년대로 위성의 발전에 따라 활발한 시기에 접어들었다.
정보제공과 단순 양방향 세대로 정보화 시스템이 급속히 발달하고 있는 것을 배경으로 사회생활이나 취미, 기호의 다양화에 대처 정보 제공이 가능하게 됐고 프로그램을 선택적으로 제공받을 수 있고 전기, 가스, 수도의 검침에 이용하는 등 단순 양방향성 세대로 볼 수 있다.

◆ 제4단계

1990년 이후로 미래의 CATV는 정보 센터의 역할로 광케이블을 사용하여 완전 양방향 특성을 활용 방송 서비스뿐만 아니라 정보센터의 역할을 담당할 것으로 예상된다.
화상 응답 시스템이나 통신 서비스의 제공으로 리퀘스트 데이터(request data)를 비롯한 텔레쇼핑, 예약, 방범 방재, 텔레미터, 텔레콘트롤, 전송신문 등 각종

정보서비스가 기대된다.

CATV의 발전단계

구 분	제1세대	제2세대	제3세대	제4세대
시 대	50~60년대	70년대	80년대	90년대 이후
서비스 형태 및 목적	중계형 공동안테나역할 난시청 해소 TV방송수신 보조역할	자체방송 여러 개의 방송국 기능 시보, 일기, 공지사항, 간단한 정보 제작 제공	정보제공 사회생활, 취미, 기호 제공 전기, 가스, 수도검침	정보센터 역할 화상응답, 리퀘스트데이터, 텔레미터, 텔레쇼핑, 예약, 방범, 텔레콘트롤, 텔레미터, 전송신문
스테이션 형태	공시청	헤드앤드	방송국	방송사+컴퓨터
통신형태	단일 방향	단일 방향	단순 양방향	완전 양방향
전송로	동축케이블	동축케이블 (M/W 수신) 다수채널제공	동축/위성 다중채널	광전송로/위성
서비스 범위	국지적	지역사회	지방/전국	전국/전세계

3.1.3 CATV system의 종류

1) 재 송신용 CATV system

난시청 지역 해소용 공동수신 안테나(community antenna television system)로서 아래와 같은 시스템들이 있다.

- **벽지 난시청 대책용 CATV**
  산간벽지, 도서지방 등의 난시청 지역을 해소하기 위한 시스템

- **도시 난시청용 CATV**
  고층 건물 등에 의해 전파가 차단되는 지역의 수신 장애를 해소하기 위한 시스템

- **빌딩 공동수신 CATV**

아파트, 호텔, 빌딩 등의 건물 내 가입자들이 공동으로 수신하는 시스템.

2) 자체방송 CATV system

TV방송으로 사용되고 있지 않는 대역의 채널을 선정하여 자체방송 program을 제작 또는 VTR tape을 활용하여 방송하는 시스템으로.

- **자체 제작 프로그램 제공**

  지방문화 육성을 위한 지방뉴스, 지방 고유의 프로그램 자체제작 방송

- **타 지역 TV 방송 수신 제공**

  타 문화권 및 전문 프로그램 수신 제공 등이 있다.

3) CCTV system (closed circuit television)

특정 다수의 공동목적을 위하여 사용되는 폐쇄회로 system을 말한다.
(학교, 백화점, 병원, 호텔 등)

4) 양방향 CATV system

광범위한 사용자의 욕구 충족을 위해 양방향 통신 기능을 갖고 가입자와 방송 센터 간 의사 전달이 가능한 system으로서

- **1 단계 양방향 CATV**

  프로그램을 신청한 가입자에게 해당 프로그램에 대한 요금을 부과하는 시스템이며 (1977년 미국)

- **2 단계 양방향 CATV**

  가입자가 방송센터와 대화할 수 있는 시설을 갖추고 상호간에 질문 응답이 가능한 방식이고

- **3 단계 양방향 CATV**

  가입자 장비가 마이크로프로세스를 갖추어 각종 계측, 방송 센터의 컴퓨터가 원격 감시 가능한 시스템이며

- 4 단계 양방향 CATV

    가입자 장비에 RAM이 추가되어 중앙 컴퓨터가 데이터 서비스를 할 수 있는 시스템이다.

    전자우편, 전자신문, 여행정보, 상품정보 등을 받을 수 있고 홈쇼핑, 홈뱅킹, 예약 등의 이용이 가능하다.

3.2 CATV의 구성

◆ CATV의 전반적인 구성은

프로그램 공급자(PP : program provider)가 전송망설비자(NP : network provider)의 전송시설을 이용하여 방송사업자(SO : system operator)에게 프로그램을 공급하고 유선방송국에서는 전송망 설비자의 광케이블 및 동축케이블 시설을 이용하여 가입자에게 프로그램을 송출하게 된다.

◆ CATV 방송시스템의 구성은

헤드엔드(head end) 등의 송출설비를 설치한 CATV방송국의 송출계통(center section)과 케이블(cable) 및 중계 증폭기 등의 전송설비를 이루는 전송계통(transmission section), 그리고 분배기(splitter) 및 컨버터(converter) 등의 옥내설비로 이루어진 가입자계통(subscriber section)으로 구성된다.

◆ CATV방송이 제공하는 서비스는

TV방송 외에 FM 음악 방송과 방범, 방재, 계량기 원격 검침, 여론조사, 비디오 텍스(video tex) 등을 부가할 수가 있다.

CATV 방송 시설이 다른 방송의 통신설비와 다른 점은 헤드엔드(head end) 이후부터 옥내 설비까지의 시설이다.

3.2.1 방송 시스템 구성

CATV 방송의 시스템 구성은 그림과 같이 송출 장비를 갖는 유선 방송국의 송출 계와 전송설비로 이루어진 전송 계 그리고 옥내 설비로 이루어진 가입자 계로 이루어진다.

① 정보의 공급과 시스템 전체를 제어할 수 있는 송출 계(송출설비)
② 중계 전송 기기와 케이블을 포함한 전송 계(전송설비)
③ 정보를 수신하는 가입자 계(단말 계)로 이루어진다.(옥내설비)

- **송출 계**의 헤드엔드(cable head와 antenna end)는 유선방송국의 송출설비로 변조 부, 복조 부, 결합 부, 분배 부, 대역 분리 부로 구성되고
- **전송 계**는 케이블 및 중계 증폭기 등의 전송설비로 분배 장치, 중계 증폭기, 전송로로 구성되며
- **가입자 계**는 옥내 배선 및 컨버터(converter)등의 옥내설비로 인입선, 옥내 분배기, CATV 컨버터, 홈 터미널 장치, TV로 구성된다.

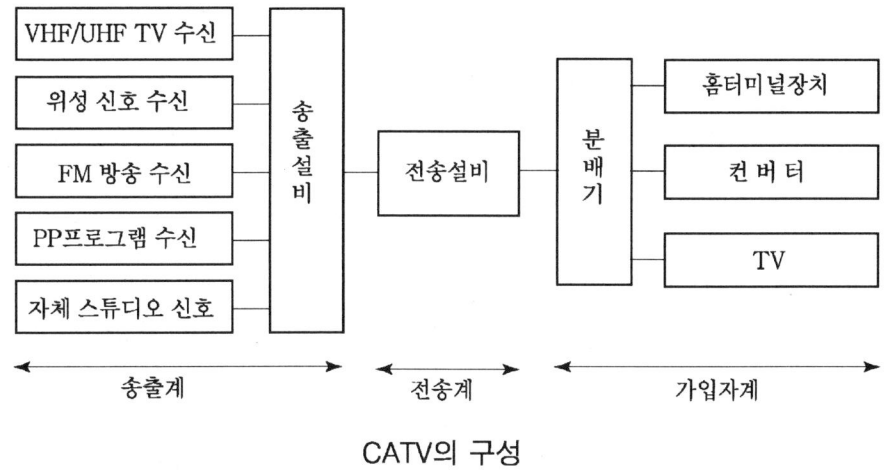

CATV의 구성

3.2.2 방송망 구성

CATV 방송국에서 송신된 신호는 중계 증폭기, 분배기, 케이블로 이루어지는

전송 계를 통하여 가입자에게 보내진다.

송출 계에서 가입자에게 연결되는 전송로(傳送路)를 대별하면 전송 선로가 나뭇가지처럼 분기되는 수지형 망(樹枝型網)으로 구성되는 것과 헤드엔드와 가입자 각각의 가입자선에 개별적으로 연결되는 성형 망(星型網)으로 구성되는 것이 있다.

1) 수지영 망(tree and branch network : 나뭇가지 영)

CATV의 기본적인 망 구성으로 그림과 같이 방송국과 가입자간에 나뭇가지처럼 연결되어있고 대부분의 CATV 시설은 수지형 분배 망 형태로 구성되어 있다. 이 망의 특징은 장거리에 걸쳐 분산되어 있는 다수가입자에게 동일한 신호를 보낼 때 가장 효율적이다. 이 망에서 분기되는 방법은 두 가지가 있는데 그림에서와 같이 선로에서 나누어지는 간선 분기 방법과 중계 증폭기에서 나누어지는 중계 증폭기 분기 방식이 있다.

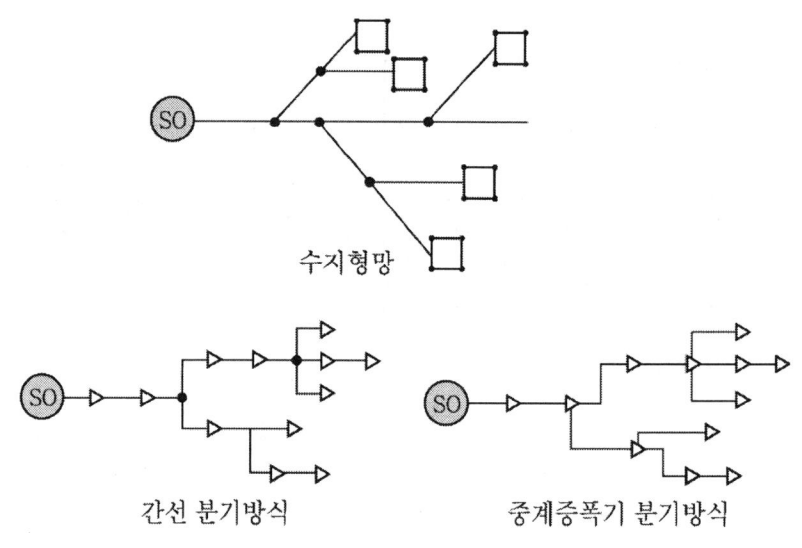

수지형망과 수지형망의 분기방법

2) 성영 망(star network)

성형 망(star network)의 특징은 방송국과 가입자가 케이블로 직접 연결되어 있고, 중계 증폭기가 필요 없으므로 증폭기는 설치되지 않으며 성형 망을 사용한 유선방송(CATV)시설은 헤드엔드에 채널이 설치되어서 가입자 선로에는 헤드엔드(HE)에서 선택된 신호만이 전송하게 된다. 이 망은 방송국에서 가입자간의 거리가 가까운 경우에 적합하다.

방송국에서는 케이블의 수가 많지만 가입자에는 선로가 1개씩 있게 된다. 따라서 가입자 선로는 저 손실의 케이블을 사용하는데 성형 망의 가입자 선로는 수요가 발생하면 가입자와 방송국 사이에 그때마다 선로를 시설하게 되므로 미리 수요 예측을 계획하여 설치하여야 한다.

방송국에서는 선로의 수가 많기 때문에 가입자 선로로 사용되는 케이블은 1조당 점유하는 단면적이 적어야 하며, 접속이 용이하여야 하고 분기가 용이한 케이블의 조건이 필요하고 설치 및 유지가 쉽다. 가입자 수가 많아지거나 먼 거리에 있는 경우에는 비용 및 설치의 어려움이 발생한다. 따라서 성형 망의 가입자 시설에는 불안정한 수요에 대하여 문제점을 내포하고 있다.

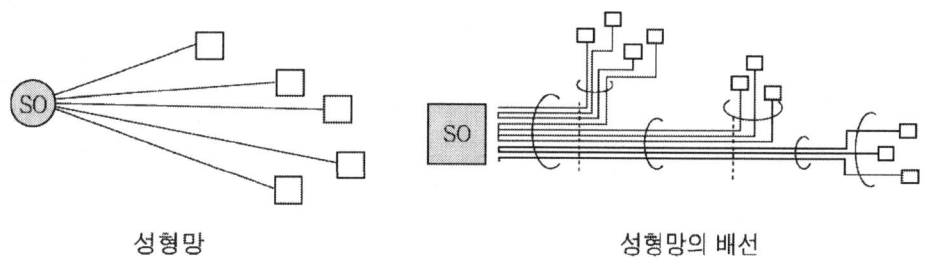

성형망   성형망의 배선

3.2.3 채널의 구성

CATV의 프로그램 제공 채널이 증가하고 데이터 채널도 포함되므로 다 채널화의 필요성을 요구하게 되고 앞으로 위성방송 등의 재 송신 채널도 증가할 것이고 자체 방송 채널도 증가하며 데이터 채널도 증가할 것이기 때문에 기술적인 측면에서 보면 중계 증폭기의 광 대역화로 광대역 신호의 전송이 가능하여야 하고 채널을 배열할 때는 정해진 주파수 대역 내에서 가능한 많은 채널 수를 확보하고 채널 상호간에 생기는 방해가 최소가 되도록 채널 배열을 선정하여야 할 것이다.

CATV에서 하나의 채널은 6MHz 대역이며 채널 당 주파수는 표와 같다. CATV채널의 신호는 일반 지상 TV 방송의 경우와 마찬가지로 음성 신호는 영상 반송파로부터 4.5(MHz) 상측에 있는데 FM 변조하여 전송하며 영상 신호 대역 5.45(MHz)로 영상 반송파의 상측으로 4.2(MHz), 하측으로 1.25(MHz)를 할당하여 잔류 측파대(VBS-AM) 변조를 행하여 전송한다.

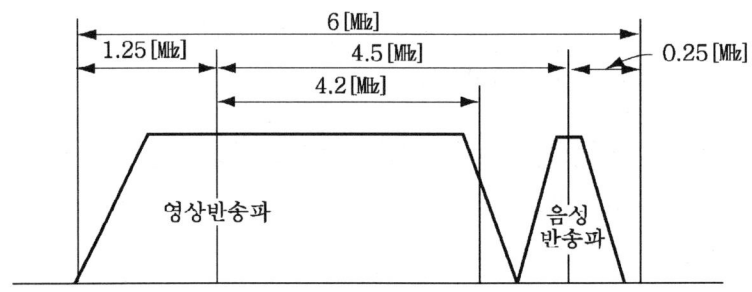

채널 주파수 스펙트럼

종합유선방송국의 채널 및 주파수 대역

구분	채널번호	주파수대역	용도	구분	채널번호	주파수 대역	용도
상향		5.75MHz~41.75MHz	통신대역	하향	8	180MHz~186MHz	종합유선 방송대역
하향	2	54MHz~60MHz	종합유선 방송대역		9	186MHz~192MHz	
	3	60MHz~66MHz			10	192MHz~198MHz	
	4	66MHz~72MHz			11	198MHz~204MHz	
	5	76MHz~82MHz			12	204MHz~210MHz	
	6	82MHz~88MHz			13	210MHz~216MHz	
		88MHz~108MHz	음악방송 대역		23	216MHz~222MHz	
					24	222MHz~228MHz	
	14	120MHz~126MHz	종합유선 방송대역		25	228MHz~234MHz	
	15	126MHz~132MHz			26	234MHz~240MHz	
	16	132MHz~138MHz			27	240MHz~246MHz	
	17	138MHz~144MHz			28	246MHz~252MHz	
	18	144MHz~150MHz			29	252MHz~258MHz	
	19	150MHz~156MHz			30	258MHz~264MHz	
	20	156MHz~162MHz			31	264MHz~270MHz	
	21	162MHz~168MHz			32	270MHz~276MHz	
	22	168MHz~174MHz			33	276MHz~282MHz	
	7	174MHz~180MHz			34	282MHz~288MHz	

구분	채널번호	주파수대역	용도	구분	채널번호	주파수대역	용도
하향	35	288MHz~294MHz	종합유선 방송 대역		74	522MHz~528MHz	종합유선 방송 대역
	36	294MHz~300MHz			75	528MHz~534MHz	
	37	300MHz~306MHz			76	534MHz~540MHz	
	38	306MHz~312MHz			77	540MHz~546MHz	
	39	312MHz~318MHz			78	546MHz~552MHz	
	40	318MHz~324MHz		하향	79	552MHz~558MHz	디지털유선 방송 대역
	41	324MHz~330MHz			80	558MHz~564MHz	
	42	330MHz~336MHz			81	564MHz~570MHz	
	43	336MHz~342MHz			82	570MHz~576MHz	
	44	342MHz~348MHz			83	576MHz~582MHz	
	45	348MHz~354MHz			84	582MHz~588MHz	
	46	354MHz~360MHz			85	588MHz~594MHz	
	47	360MHz~366MHz			86	594MHz~600MHz	
	48	366MHz~372MHz			87	600MHz~606MHz	
	49	372MHz~378MHz			88	606MHz~612MHz	
	50	378MHz~384MHz			89	612MHz~618MHz	
	51	384MHz~390MHz			90	618MHz~624MHz	
	52	390MHz~396MHz			91	624MHz~630MHz	
	53	396MHz~402MHz			92	630MHz~636MHz	
	54	402MHz~408MHz			93	636MHz~642MHz	
	55	408MHz~414MHz			94	642MHz~648MHz	
	56	414MHz~420MHz			95	648MHz~654MHz	
	57	420MHz~426MHz			96	654MHz~660MHz	
	58	426MHz~432MHz			97	660MHz~666MHz	
	59	432MHz~438MHz			98	666MHz~672MHz	
	60	438MHz~444MHz			99	672MHz~678MHz	
	61	444MHz~450MHz			100	678MHz~684MHz	
	62	450MHz~456MHz			101	684MHz~690MHz	
	63	456MHz~462MHz			102	690MHz~696MHz	
	64	462MHz~468MHz			103	696MHz~702MHz	
	65	468MHz~474MHz			104	702MHz~708MHz	
	66	474MHz~480MHz			105	708MHz~714MHz	
	67	480MHz~486MHz			106	714MHz~720MHz	
	68	486MHz~492MHz			107	720MHz~726MHz	
	69	492MHz~498MHz			108	726MHz~732MHz	
	70	498MHz~504MHz			109	732MHz~738MHz	
	71	504MHz~510MHz			110	738MHz~744MHz	
	72	510MHz~516MHz			111	744MHz~750MHz	
	73	516MHz~522MH					

방송기술실무

SUB LOW BAND						LOW BAND						FM BAND						MID BAND					
HAM 대역 7.0, 14, 21, 28MHz						TV CHANNELS 2~4				TV CHANNELS 5~6		FM						CATV 대역					장애 대역
T-7	T-8	T-9	T-10	T-11	T-12	T-13	T-14	2	3	4	4A	5	6	음악방송 A-5	A-4	A-3	A-2	A-1	14 A	15 B	16 C	17 D	18 E
5.75	11.75	17.75	23.75	29.75	35.75	41.75	47.75	54	60	66	72	76	82	88	90	96	102	108	114	120	126	132	138	144	150MHz

SUPER BAND								HYPER BAND												
CATV 대역								CATV 대역												
19 F	20 G	21 H	22 I	7	8	9	10	11	12	13	23 J	24 K	25 L	26 M	27 N	28 O	29 P	30 P	31 R	32 S	33 T	34 U	35 V	36 W
150	156	162	168	174	180	186	192	198	204	210	216	222	228	234	240	246	252	258	264	270	276	282	288	294	300MHz

(HIGH BAND: TV CHANNELS 7~13)

CATV 대역																		장애대역			
37 AA	38 BB	39 CC	40 DD	41 EE	42 FF	43 GG	44 HH	45 II	46 JJ	47 KK	48 LL	49 MM	50 NN	51 OO	52 PP	53 QQ	54 RR	55 SS	56 TT	57 UU	58 VV	59 WW	60 XX	61 YY
300	306	312	318	324	330	336	342	348	354	360	366	372	378	384	390	396	402	408	414	420	426	432	438	444	450MHz

종합유선방송 채널별 주파수 대역

3.3 중계회선

CATV에서 중계 회선은 용도에 따라 크게 두 가지 용도로 나눌 수 있는데 프로그램 공급업자가 유선 방송국에 프로그램을 공급하기 위한 회선과 유선 방송국과 가입자를 연결하는 회선으로 나눌 수 있고 전송방식에 따라 유선 전송회선과 무선 전송회선으로 나눌 수 있다. 유선전송 회선은 사용하는 케이블에 따라 동축케이블 중계회선과 광섬유 중계회선으로 나누어지고 무선전송 회선으로 m/w회선, 공중통신 회선, 통신위성 회선이 있다.

◆ **전송방식**

① 유선 전송방식(동축케이블 방식, 광통신 방식)
② 무선 전송방식(마이크로웨이브 방식, 공중 통신 회선, 통신 위성 회선)
③ 공중 통신 회선 전송방식(텔레비전 방송 중계 서비스, 영상 전송 서비스)
④ 위성 통신 회선 전송방식(통신 위성, 방송 위성) 등이 있다.

방식선택에서는 각 방식에 따른 중계 회선에 대한 규격, 할당, 회선 신뢰도, 사용 환경 조건, 지리적, 그리고 도시 구조 등의 주위조건, 경제성을 종합적으로 비교 및 평가하여 선택하게 된다.

3.3.1 중계용 유선 전송회선

1) 동축케이블 전송 방식

전송 신호의 주파수가 높을수록 동축케이블의 감쇄량이 많아지기 때문에 장거리 전송일 경우에는 주파수가 낮은 LOW대역으로 하는 것이 유리하며 주파수가 높을수록 단거리에 사용하는 것이 좋다. 높은 주파수의 신호를 장거리에 사용하게 되면 감쇄량이 많아지므로 중계 증폭기의 사용량이 많아지므로 설치 및 유지보수 면에서 비경제적이다.

2) 광섬유 케이블 전송 방식

광섬유는 손실이 적으며 단면적이 적고 대량의 전송이 가능하기 때문에 장거리

전송 및 고속 전송에 유리하고 전자 유도와 낙뢰의 영향을 받지 않는다. 그리고 광섬유는 가볍고 가늘며 가용성이 좋아서 설치하기가 용이하며 전송 매체로서 우수한 성능을 지니고 있다. 하지만 전자-광 변환기와 광-전자 변환기가 필요하기 때문에 가입자에까지 확장하는 것은 비용 문제가 대두된다.

3.3.2 중계용 무선전송 회선

1) micro wave 회선

마이크로웨이브 송수신기를 사용하여 무선 전송하는 회선으로 무선 전송 방식은 유선 방식에 비하여 케이블을 설치하지 않으므로 시공상의 문제점은 없다. 또한 케이블을 설치할 수 없는 무선 방식을 채택하므로 매우 편리하게 되지만 전파 감쇄의 영향을 받기 쉬우며 회선 신뢰도에 대한 시스템 설계에 주의를 하여야 한다.

2) 공중 통신 회선

공중통신의 회선을 이용하여 영상과 음향을 전송하는 것으로 국내에서 방송국 간의 회로망(network)으로 이용되고 있다.
공중 통신 서비스는 방송 사업자 이외에도 이용할 수가 있으며 인터페이스(interface)는 모두 베이스 밴드(base band)로 하고 있다.

3) 통신 위성 회선

통신 위성(communication satellite)은 고도 36,000km의 정지 궤도 위치에서 지구에 전파를 발사하므로 각지에 있는 CATV 시설에 프로그램 공급을 할 수가 있으며 앞으로는 각지의 CATV국이 발신국이 되어 상호 프로그램을 교환할 수 있게 될 것이다.
과거에는 지상 마이크로파(micro wave) 회선 등에 의존하여 CATV 프로그램 회로망이 이루어졌으나, 그 이후 통신위성을 이용한 프로그램 공급 회로망이 급성장하여 CATV 발전에 기반이 되고 있다.

통신 위성에 의한 프로그램 공급 회로망에서는 파라볼라 안테나(parabola antenna)를 사용하게 되는데 도청의 가능성이 있어서 다운 링크(down link) 신호에는 스크램블(scramble)을 할 필요가 있다.

3.4 양방향 CATV

양방향 CATV란 송신 측(head end)에서 가입자에게 정보를 제공하면 가입자에서도 가입자의 의사(정보)를 역 방향(송신 측)으로 보낼 수 있는 기능을 갖춘 CATV 방송이다. 시청자와 CATV 사업자(SO)와의 사이에 data 또는 영상회선으로 설정되어 이것을 이용하여 여러 가지 서비스를 하게 된다.

양방향의 기능은 CATV 사업자가 가입자의 댁내에 있는 가입자단말장치(HTU : (home terminal unit)를 원격조정하여 가입자와의 계약 내용의 변경 등을 전자적으로 처리하게 된다. 따라서 가입자 단말 장치를 통하여 가입자의 프로그램에 대한 선택 및 예약 및 가입, 홈쇼핑, 홈뱅킹 등의 정보를 파악할 수 있다.

양방향 CATV에서는 CATV방송국에서 가입자로 신호를 보낼 때 사용하는 회선을 하행 회선이라 하고 가입자에서 방송국으로 정보를 보낼 때 사용하는 회선을 상행 회선이라 한다. 상행, 하행 회선이라 해도 케이블을 분리하여 사용하지 않고 주파수 대역을 나누어 사용한다.

상행 회선으로는 5.75MHz~54MHz의 SUB LOW 대역을 이용하고 하행 회선은 MID 대역 54MHz 이상부터 750MHz까지의 대역을 사용한다.

3.4.1 양방향 CATV 모델

1) 한 방향 addressable 시스템

기존의 한 방향 CATV 시스템에 의해 양방향 적인 서비스를 행하는 경우 채택된 방식으로 양방향 정보가 필요한 경우 전화회선을 이용하는 시스템으로 제공 서비스는 주로 유료 TV에 있어서의 과금 관리(pay per view)이다.

2) polling system

CATV시설의 모든 전송 대역을 저역, 고역으로 분할하고 저 역을 상향회선, 고역을 하향회선으로 구성하는 시스템으로 제공 서비스는 (1)의 서비스 외에 여론 조사, 시청자 응답, CATV시설의 동작상태 감시 등이다.

3) multiple access system

CATV 방송으로부터 독립된 본격적인 통신형으로 가장 완성된 양방향 CATV시스템. 제공 서비스는 데이터, 음성 전용 매체 등을 이용하여 종래 방송사업 외의 분야의 사업에 폭넓게 이용가능하며 외부 데이터베이스 망과도 접속 가능하다.

◈ 서비스의 종류

① data gathering 형 서비스 (security, tele control)
② request 형 서비스 (video tex, request 정지 화, home shopping, tele software)
③ 통신형 서비스 (data 통신, facsimile, 음성 통신)

3.4.2 수지형 양방향 CATV

1) 상행회선의 구성

상행 회선은 하행 회선의 반대로 구성되어 동일 루트(route)상에 상행과 하행회선을 구성하는 경우에는 대역 분할에 의한 방법을 사용한다. 즉, 동축케이블의 상 측파대(고역)를 하행 회선(forward)으로 하고 하측파대(저역)를 상행회선(reverse)으로 할당하는 방법이다.

회선 구성은 그림에서와 같이 상행 회선으로 단말에서 센터(center)간에 신호를 송수신하기 위해 설정하는 회선과 단말과 센터와 단말 사이를 센터에서 신호를 반환시키고 있다.

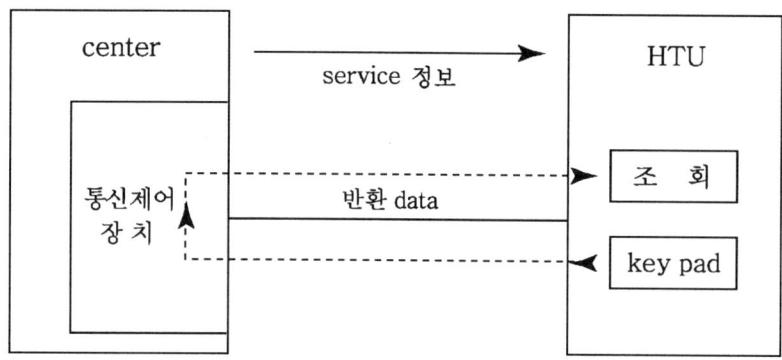

양방향 CATV의 회선구성

3.4.3 성형 양방향 CATV

1) dial a program 방식

이 방식은 가입자 댁내의 단말 조작에 의하여 센터의 채널 셀렉터(selector)를 동작시켜서 채널을 선택하는 방법이다.

가입자 댁내에 다이얼(dial)이 부착된 TV 수상기를 동작시키면 채널이 임펄스(impulse)에 의하여 교체된다.

이 시스템은 스위칭 센터(switching center)와 각 가입자 사이에 특수한 비디오 페어 케이블(video pair cable)이 사용되고 있으며 스테레오(stereo) 음악을 송출하는 양방향 CATV이다. 사용 케이블은 차폐 평형 케이블과 2선의 동축케이블 쌍, 그리고 차폐 없는 2쌍의 평행선 케이블을 사용하는데 케이블의 전송 대역폭은 30[MHz] 정도이다.

DAP(dial a program)회선 측에는 상행과 하행의 TV 신호가 흐르고 전화회선 측에는 전화의 음성 신호와 FM 신호, 그리고 협대역 TV 전화 채널이 할당되어 있다.

2) mini hub 방식

미니 허브 방식은 광섬유를 전송 매체로 하여 고 밀도 아파트나 연립주택 등에 사용하는 구내 영상통신 방식으로서 미국에서 개발되었다.

이 방식이 개발된 경위는 일반적으로 수지형 망의 동축케이블 방식으로 되어 있어서 도청을 하게 되고 가입자 댁내에 설치된 단말장치가 파괴되거나 도난당하며 전력 기기에 의하여 전자 유도의 장해를 받게 된다.

이러한 문제점을 해결하게 위하여 단말의 중요한 제어 부분을 가입자 댁밖에 설치하고 가입자를 그룹(group)으로 하여 영상 분배 제어장치를 설치한 후 여기서부터 가입자 댁내까지 광섬유로 성형 망을 구성한다.

이 방식은 미니 허브로부터 분배되기 때문에 스크램블이 필요하지 않으므로 좋은 영상 서비스를 제공할 수가 있으며 보안 측면에서 유리하다.

3.5 정보 서비스

CATV는 기본적으로

① 자체 스튜디오에서 직접 제작한 프로그램,
② 프로그램 공급업자(Program provider : PP)로부터 공급받은 프로그램,
③ 위성 방송, TV방송, FM방송 등으로부터 수신한 프로그램들을

방송국에서 송출설비를 통해 송신하며 다음과 같은 정보 서비스를 할 수 있다.

3.5.1 방범, 방재 서비스

방범, 방재 시스템은 일반 가정에서도 안전을 지키기 위한 방법으로 채택되고 있어 양방향 CATV 시스템에 부가할 수 있는 서비스로서 화재 센서, 가스누출 센서, 출입문 등의 개폐센서, 적외선 센서 등의 감지기(sensor)에 감지 신호가 이상 유무를 판단하여 그 신호를 HTU(home terminal unit)에 전달하여 alarm signal을 동작시키고 또한 이 신호를 센터의 처리장치로 보내서 처리한다.

그리고 가스, 수도, 전기 등의 계량기는 계량 정합기가 적산 수집하였다가 센터의 원격 검침 컴퓨터의 검침 요구가 있으며 즉시 응답하게 된다.

센터의 처리장치는 항상 가입자의 경보 상태를 감시하다가 경보가 발생 시에는 해당 가입자의 데이터베이스(data base)인 가입자의 성명, 가입자 주소, 가입자

전화번호, 경찰서, 소방서, 병원 등의 정보를 컴퓨터 단말화면에 나타나게 한다.

또한 방범 모드(mode)는 여러 가지가 있는데 재택 모드는 집에 있을 때 방범 기능을 정지시키고 야간 모드는 취침 후에 방범 기능을 개시하며 외출 모드는 가입자가 외출한 후 일정시간이 경과한 후에는 방범 기능이 동작하게 되고 외박 모드는 장기간 부재 시에는 감시 중 이상 발생의 유무에 관계없이 기기의 정상 동작을 센터에 보고하고 센터 측에서는 안전 확인을 하게 된다.

3.5.2 비디오텍스

비디오텍스(video tex)는 CATV 양방향 시스템을 이용하여 개인용 컴퓨터(personal computer)에 연결되어 PC 가입자는 필요한 데이터 정보를 요구하면 노드 컴퓨터(node computer)가 정보 통신망에 연결시켜서 정보를 얻게 된다. 정보 통신망에 접속되어 있는 정보 센터의 데이터베이스에는 여행사, 항공회사, 은행, 철도 등이 있으며 정보 센터에는 주가 정보 센터와 부동산 정보 센터 등에서 정보 입력을 하게 된다. 따라서 이용자 단말은 비디오텍 통신망을 통하여 데이터베이스(data base)에 접속될 수 있다.

3.5.3 홈뱅킹과 홈쇼핑

양방향 CATV시스템에서 홈뱅킹(home banking)과 홈쇼핑(home shopping)을 부가할 수가 있다.

홈뱅킹 또는 펌뱅킹(firm banking)은 가정이나 사무실에 설치된 단말과 은행의 컴퓨터와 연결시켜서 대금의 결재와 예금 잔액조회, 그리고 자금 운용 정보 등의 여러 가지 은행 서비스를 받을 수가 있다.

홈쇼핑 서비스는 CATV 센터에서 각 계약 판매점의 컴퓨터를 데이터 회선으로 접속시켜 가정에서 컴퓨터 화면에 표시된 상품을 주문할 수가 있다.

홈뱅킹 서비스는 주로 문자정보에 의한 대화 기능으로 충분하지만 홈쇼핑 서비스는 문자정보 이외에 상품에 관한 화면정보를 전송한다는 점이 다르다. 일반적으로 쇼핑은 이용자의 기호에 맞고 손에 와 닿는 감각이 중요하지만 화면으로 볼 때의 감각은 다르므로 화면처리에 중점을 두어야 하며, 그리고 상품에 관하여 많은 화면정보를 항상 준비하여 두어야 한다.

3.5.4 FM 음악 방송

FM(frequency modulation) 방송은 현재 88~108[MHz]의 주파수를 사용하여 방송되고 있고 AM 라디오 방송에 비하여 음질이 좋은 방송을 제공할 수가 있다. CATV 시스템을 이용하면 많은 FM 채널을 전송할 수 있기 때문에 CATV 시스템에 음악 전송 매체를 부가하여 이용할 수가 있다. 따라서 CATV에 의한 FM 방송은 많은 사람들을 대상으로 방송하여 CATV 사업의 유력한 서비스 채널을 형성할 수 있어 높은 신장률을 기대할 수가 있다.

3.5.5 VOD

VOD(video on demand) 서비스는 CATV 방송망을 이용한 I-CATV(interactive CATV)가 있는데 가입자가 컴퓨터에 저장되어 있는 영화 등의 프로그램을 보고 싶은 시간에 선택하여 시청할 수가 있다.

비디오 서버(video sever)는 많은 영상프로그램을 디지털 형태로 저장하여 인코더(encoder)에서 디지털(digital) 압축 영상신호로 변환하여 전송로로 전송하고 가입자 측의 디코더(decoder)에서는 압축된 디지털 영상신호를 TV 수상기에 알맞은 신호로 복원하여 영상을 재현하게 된다.

3.6 방송설비

3.6.1 제작설비

자체제작 방송용 제작설비는 지상파 무선방송국의 제작설비와 꼭 같이 카메라, 마이크로폰, 조명 등의 스튜디오 설비와 영상, 음향, 조명 조절 장치 등의 조정실 설비로 구성된다.

1) 스튜디오 설비

(1) TV 컬러 카메라

TV 카메라는 일반적으로 카메라 head와 카메라 컨트롤(CCU)로 나누어지며 헤드는 광학계, 헤드, view finder와 카메라를 지지하기 위한 지지 대(pedestal)가 한 조가 되어 스튜디오에 설치되며 어느 정도 떨어진 조정실에서 카메라를 조정하기 위한 CCU(camera control unit)가 설치되고 이들 사이를 camera cable로 접속하는 구성으로 되어 있다.

(2) 프롬프터(prompter)

카메라나 별도의 스탠드에 모니터를 설치하여 아나운서 및 해설자가 대사를 보고 읽으면서 진행하도록 만든 장치

(3) 마이크로폰

음향에너지를 전기에너지로 변환하는 기기로 기본적인 소리의 신호를 전기 변화로 만들어 전기신호를 얻는 것으로 주로

- 리본형 마이크 (ribbon),
- 다이나믹형(dynamic) 마이크,
- 정전용량형(condenser)마이크 등을 많이 사용한다.

(4) 조명기

텔레비전 프로그램제작에서 조명 설비는 텔레비전 카메라에 적절한 밝기를 주어 시청자의 눈에 받아들여지는 화면을 제공하는 것과 시청자에게 공간과 시간, 사건의 분위기를 전달하는 것을 목적으로 주로 사용하는 조명기 들은

- 집광을 위한 spot light,
- 산광을 위한 flood light,
- 배경 막을 위한 horizont light,
- 투영을 위한 effect light로 나누어진다.

2) 조정실 설비

(1) 영상 프로그램용 설비

(가) 영상 조정 설비

① 동기신호 발생기(synchronizing pulse generator)

영상신호 발생 장치들에 전기적인 구동 신호들을 제공해줄 뿐만 아니라 영상신호에 첨가될 각종 동기신호들을 제공해주는 장치로서 TV에서는 주사에 의하여 화상의 분해와 합성을 하고 있기 때문에 송신 측과 수신 측에서 주사를 올바르게 동기 시킬 필요가 있다. 이 역할을 하는 것이 동기 신호이다. 수평 주사선이 시작되는 것을 결정하는 수평동기신호와 field가 시작되는 것을 결정하는 수직동기신호가 있다.

② VMU(video mixing unit)

TV 조정실에서 카메라, VTR 등으로부터 오는 영상을 전환, 합성, super impose하여 TV프로그램 제작 또는 송출과정에서 사용되는 영상 전환용 기기로서 기본기능(MIX, CUT, FADE), 특수효과 기능(패턴에 의한 wipe, key)이 있다.

③ 특수 효과 장치(digital video effects) (D.V.E)

다양한 화면을 구성하기 위한 영상 효과기로 F.S의 기능을 발전시킨 것으로 영상 신호를 디지털 신호로 변환시켜 디지털 프레임 메모리에 기억시켰다가 검출 시에 address를 제어하여 화면의 축소, 확대 등 다양한 화면 효과를 만들어 내는 장치.

④ 문자 및 도형 발생기(character, graphic generator)

TV 스크린에 나타나는 문자나 도형을 만들어 내는 장치

⑤ 모니터

(나) 녹화 재생기(VTR, VCR 또는 DVTR)

(2) 음향 프로그램용 설비

(가) 음향 조정 설비

① **AMU(audio mixing unit)**

소리의 입구인 마이크와 출구인 스피커 사이의 교량 역할을 하는 것으로, 레벨이 낮은 마이크의 출력을 적정한 레벨까지 증폭하여 증폭된 여러 개의 마이크 출력과 line 입력(다른 기기들의 출력을 입력하는 곳)들을 믹싱하고 음량조절기(fader)로 이득조절(gain control), 음량 조절(volume control)을 하는 설비.

② **잔향 발생 장치(echo machine)**

라디오 또는 TV 방송 등에 사용되는 음향효과의 하나로 인공적으로 잔향 효과를 부가하기 위한 장치

③ **모니터스피커**

(나) 녹음기 또는 CDP

3.6.2 편집설비

내부 프로그램 제작과 외부에서 구입 또는 공급되는 프로그램을 제목의 교체, 추가, 광고 방송의 교체, 프로그램 소요시간 및 내용 변경 등의 작업에 사용되는 영상 프로그램 편집용 설비로 ① 재생 및 기록용 VTR, ② 편집 제어 장치(editor), ③ 모니터 TV로서 구성된다.

3.6.3 송출설비

자동 송출 설비의 컴퓨터 프로그램에 의한 자동화 시스템으로 관리한다. 뉴스와 같은 제작과 동시에 송출되는 생방송과 VTR에 녹화된 프로그램을 송출하는 녹화 방송으로 분류되어 송출 제어장치가 제어하여 지정된 시간에 송출시킨다.

1) 생방송 프로그램 송출

스튜디오의 출력 신호와 외부의 현장의 송출 출력을 조정하는 송출 조정 장치로 구성되어 있다. 다수의 채널이 동시에 송출하는 경우에는 다수의 송출설비가 모두 동작하게 된다.

2) 녹화방송 프로그램 송출

2개 이상의 VTR의 출력신호를 교체장치로 선택하고 이것을 모니터 TV로 감시하면서 송출하는 장치로 구성되어 있다.

3.7 헤드엔드

헤드엔드(Head End : HE)는 cable head와 antenna end의 합성어로 방송국에서 모든 신호를 송신하는 곳이고 양방향 CATV에서는 수신도 이루어지는 부분이다.
헤드엔드의 구성은 시스템 구성에 따라 달라질 수 있으며 그림에 이의 구성의 한 예를 나타내었다.

1) 헤드엔드의 구성

    ① 헤드엔드 변조 부(modulator)와
    ② 헤드엔드 복조 부(demodulator),
    ③ 결합 부(combiner)와
    ④ 분배 부(splitter) 그리고
    ⑤ 대역 분리 부(diplexer filter)로 구성되어 있다.

2) 헤드앤드의 기능

    ① 재 송신 기능(VHF, UHF, FM, 위성방송)
    ② 자체방송 송신 기능

③ 중계 기능
④ 감시 제어 기능
⑤ 정보처리 기능

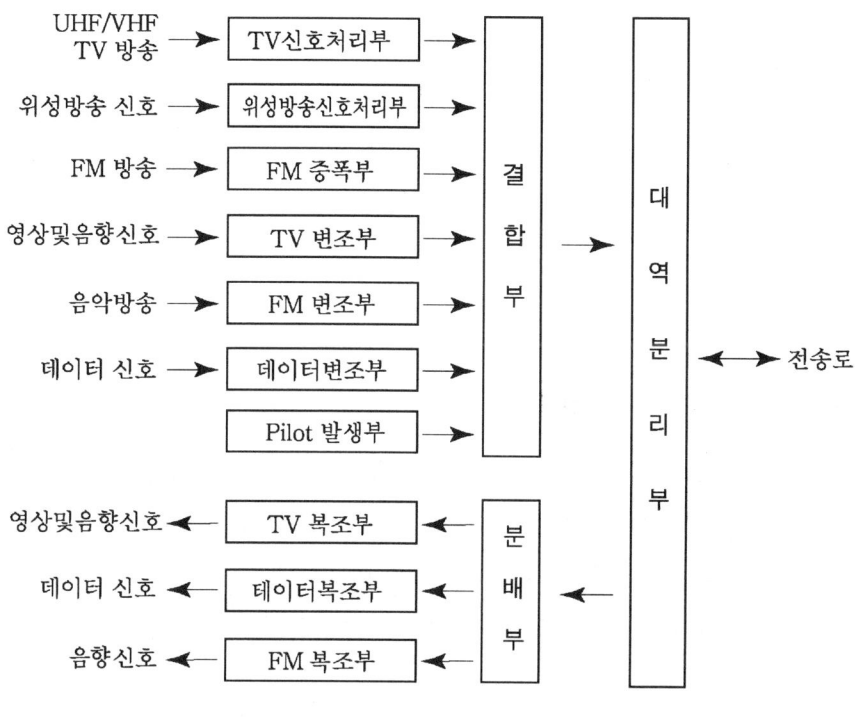

헤드엔드의 구성

3.7.1 재송신 신호 처리부

1) UHF 및 VHF TV 신호처리부

UHF 및 VHF로 방송되는 지상 TV신호를 수신하여 CATV채널로 전송하는 곳으로 먼저 수신 신호 중 원하는 채널을 선택하여 중간 주파수로 변환한 다음 다시 원하는 CATV 채널의 RF로 주파수 변환하는 곳이다. 수신되는 지상 TV신호는 미약하기 때문에 증폭된 후 원하는 채널만 선택하여 IF주파수로 변환한 다음 이 IF 주파수를 CATV 채널로 주파수 변환한다. 이 신호를 출력이 일정 level

이상이 되도록 증폭한다.

전송하고자 하는 지상 TV신호를 한꺼번에 각기 다른 CATV의 RF 주파수로 변환하기가 불가능하기 때문에 전송하고자 하는 채널 수 만큼의 TV신호 처리부가 필요하게 된다.

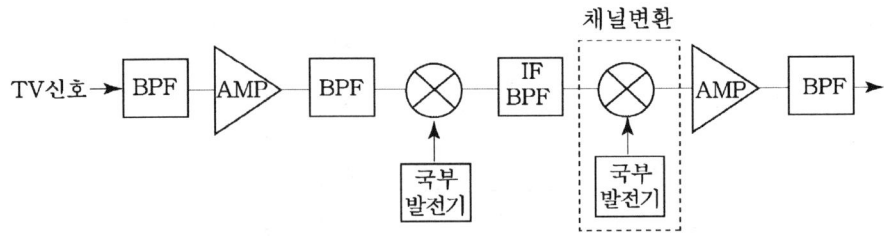

TV 신호 처리의 블록도

2) 위성 방송 신호처리 부

위성 방송을 전송하기 위한 부분으로 위성으로부터 수신된 신호는 FM변조되어 있기 때문에 TV신호 처리 부와 같이 직접 주파수 변환을 할 수 없으므로 먼저 FM 복조를 한 후 복조 된 영상 및 음성을 TV 변조 부와 같은 방법으로 변조를 한다. 이때도 위성 채널을 한꺼번에 FM복조할 수 없기 때문에 전송 하고자 하는 위성 채널의 수만큼 이 부분이 필요하다.

3) FM 증폭 부

지상 FM방송을 수신하여 케이블로 전송하기 위한 부분으로 수신된 신호가 미약하기 때문에 일정 레벨 이상으로 증폭한다.

3.7.2 헤드엔드 변조 부

1) TV 변조 부

CATV 방송국에서 제작하거나 VTR, VDP 또는 PC 등을 통해 재생된 영상 및 음성 그리고 그래픽을 송신하기 위해 TV신호로 변조하는 부분으로 영상신호는 잔류 측파대(VSB) AM 변조하고 음성신호는 FM 변조한 후 합한 다음 원하는 채널로 주파수 변환하여 출력한다.

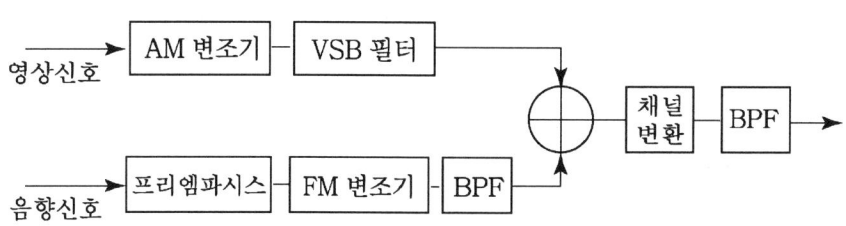

TV 변조부의 블록도

2) FM 변조 부

영상 없이 음악 등과 같은 음성 신호만을 전송하기 위하여 사용되는 것으로 프리엠파시스를 하여 FM 변조를 한 후 FM 변조된 중간 주파수를 FM 대역의 주파수로 변환하는 부분이다. 음성 전송 방식에 따라 매트릭스 방식(L+R, L-R), 독립 방식(L, R)으로 나누어진다.

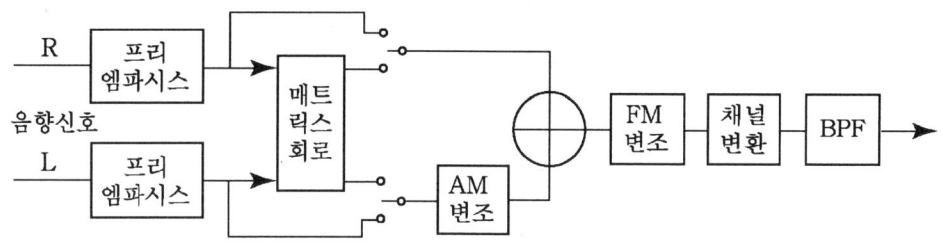

FM 변조부의 블록도

3) 데이터 변조 부

디지털 데이터를 전송하기 위하여 CATV 채널로 변조하는 곳으로 변조 방식으로 ① Amplitude Shift Keying, ② Frequency Shift Keying, ③ Phase Shift Keying 등이 이용될 수 있다.

4) Pilot 신호 발생 부

일정한 크기의 Pilot 신호를 송출하고 중계 증폭기에서 이를 검출하여 증폭기의 이득을 조정함으로써 전송 신호의 크기를 일정한 크기로 안정화시키는데 필요한 신호를 발생하는 곳.

3.7.3 헤드엔드 수신(복조) 부

1) TV 복조 부

가입자에서 전송한 TV신호를 복조하여 영상 및 음성을 얻기 위한 부분이다.

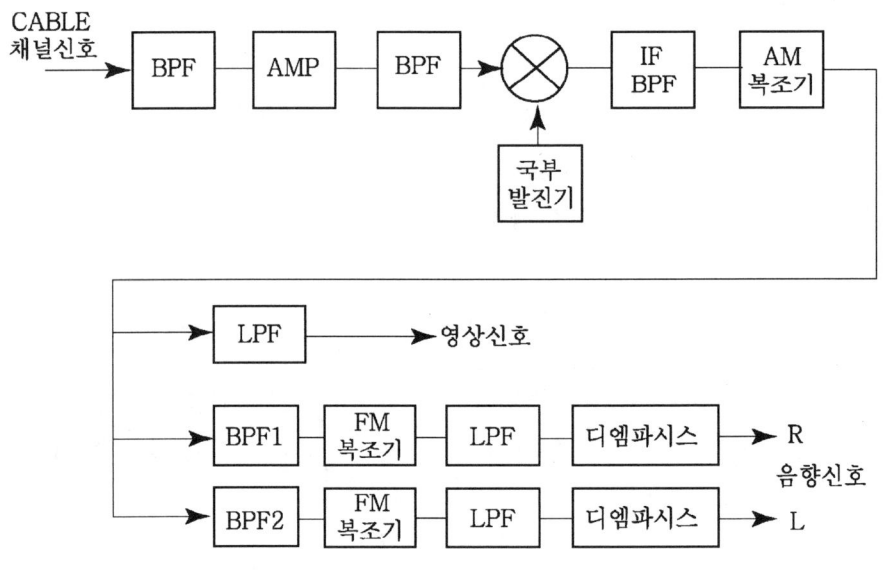

TV 복조기의 블록도

2) FM 복조 부

가입자는 각종 정보를 송신 측으로 전송할 때 FM 대역을 이용하게 되는데 이 신호로부터 음성 및 데이터를 얻기 위해 FM 복조하는 부분이다.

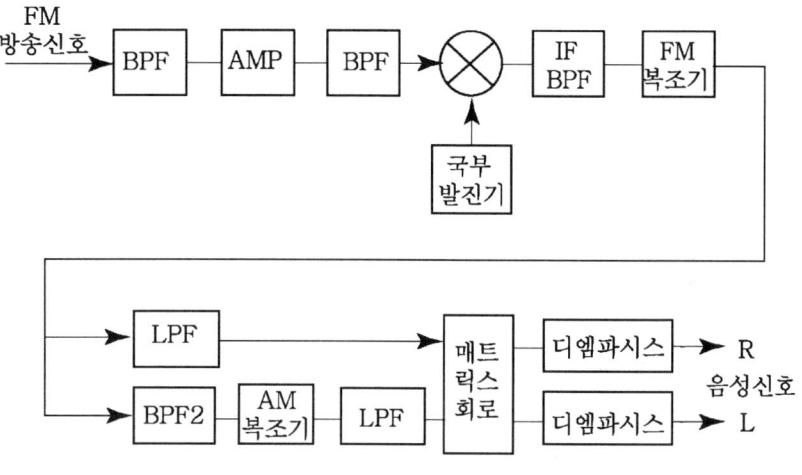

FM 복조기의 블록도

3) 데이터 복조 부

가입자에서 보내 온 디지털 데이터를 TV채널에서 분리하는 부분이다. 복조 방법은 가입자에서 사용된 변조 방법에 따라 달라지는데 Amplitude Shift Keying, Frequency Shift Keying 그리고 Phase Shift Keying 등이 사용될 수 있다.

3.7.4 헤드엔드 RF 부

1) 결합 부(Combiner)와 분배 부(Splitter)

결합 부는 변조 부에서 출력되는 RF신호를 합하여 1개의 전송로로 전송 할 수 있도록 하는 부분이다. 분배 부는 결합 부와 반대로 1개의 전송로를 통해 입력되는 신호를 분리하여 각각의 채널 신호로 분배하는 역할을 한다.

2) 대역 분리 부

대역 분리 부는 양방향 CATV에 필요한 부분으로, 하행 회선으로 사용되는 고주파 성분과 상행 회선으로 사용되는 저주파 성분이 1개의 전송로에 동시에 존재하기 때문에 송수신시에 간섭을 주지 않도록 대역 통과 필터를 사용하여 불

필요한 신호를 차단하기 위해서 사용한다.

3.8 전송계

전송계는 분배 장치와 중계 증폭기 그리고 전송로로 구성된다. 분배 장치에는 방송국에서 송출된 신호를 받아 이와 똑같은 신호를 2개 이상으로 분배하는 주 분배기와 주 분배 기에서 분배되어 나온 신호를 받아 이와 같은 신호를 2개 이상의 출력으로 분배하는 부 분배기가 있다. 그리고 전송로는 사용하는 전송 방식에 따라 광섬유 케이블과 동축케이블로 구성된다. 광섬유 케이블을 사용하는 경우 광전송장치와 전자-광 변환장치가 필수적이다. 중계 증폭기는 선로상의 전송 손실을 보상하기 위하여 신호를 증폭하는 장치이다.

3.8.1 전송로

CATV 방송국에서부터 분배 센터까지를 초간선(Super trunk line) 이라고 하며 분배 센터에서 분기점까지를 간선(trunk line)이라고 하고 분기점으로부터 인입점까지를 분배선(distribution line)이라고 한다. 또한 분배 선으로부터 가입자까지를 인입선(sub-scriber line)이라고 한다.

1) 유선 전송

(1) 동축 케이블 전송

CATV용 동축 케이블은 방송국에서부터 서비스 지역의 중심부까지 설치하는 간선 케이블(trunk cable), 간선에서부터 단지별로 분배되는 분배케이블(feeder cable), 분배 지역에서부터 가입자까지의 인입 케이블(drop cable)로 구분할 수 있다. 간선과 분배에 사용되는 케이블은 지하 관로나 전주위에 지상으로 가설하는 자기지지형 동축 케이블이 사용되고 편조(그물망) 동축 케이블이 가볍고 굴곡이 좋아서 취급하기 용이하므로 실내 배선용으로 사용된다.

동축 케이블의 구조는 내부도체(center conductor), 외부도체(outer conductor)

와 절연체(dielectric)로 되어있으며 임피던스는 75Ω이고, 동축케이블의 특성은 매우 안정된 전기적 특성을 가지며 광대역에 걸쳐서 반사가 적고 차폐(shield) 특성이 우수하여, 이런 특징으로 유선통신 전송선로에 많이 사용된다.

(2) 광섬유 케이블 전송

광섬유를 이용하여 신호를 전송하는 방식에는 아날로그 광전송 방식과 디지털 광전송 방식이 있다.

(가) analog 광전송 방식

아날로그 광전송 방식은 AM변조와 같이 전송 신호에 따라 광신호의 크기를 변화시키는 방법은 그림과 같다.

아날로그 광 전송방식은 AM 변조 방식이므로 중계전송 시 잡음이 누적되어 장거리 전송에는 부적합하며 여러 단계의 중계전송 시에는 전송특성의 저하를 생각하여야 한다.

또한 광전자 변환기와 전자-광 변환기의 비선형 특성으로 인해 신호가 왜곡되는 문제도 있다. 그러나 실제로는 회로 구성이 간단하며 경제적이라는 이유로 인하여 중거리 또는 단거리 전송용으로 사용되고 있다.

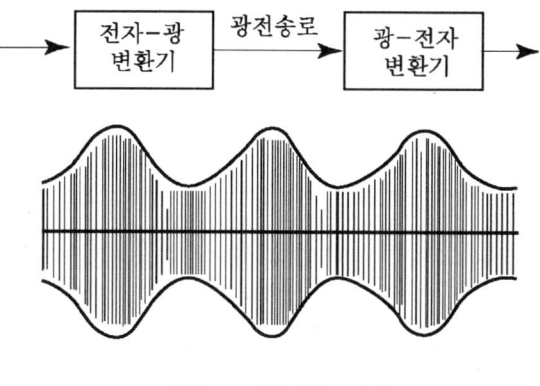

아날로그 광전송 장치

D-IM(direct intensity modulation) 방식과 PFM-IM(pulse frequency modulation intensity modulation) 방식이 있다.

① D-IM(direct intensity modulation) 방식

광 휘도를 아날로그 영상신호로 직접 변조하는데 회로 구성은 간단하지만 발광 또는 수광 소자의 비 직선성과 수광 레벨 저하에 의한 잡음에 대한 영향을 받기가 쉽다.

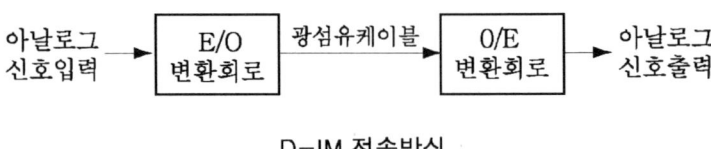

D-IM 전송방식

② PFM-IM(pulse frequency modulation intensity modulation) 방식

원래의 영상 신호를 펄스 주파수의 변조(PFM)로 하여 PFM 신호에 의해서 광 휘도를 변조하는 것으로 발광 또는 수광 소자의 비 직선 성 영향을 감소시킬 수 있으며 전송 거리를 연장시킬 수가 있다.

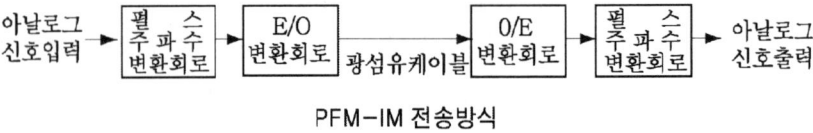

PFM-IM 전송방식

(나) digital 광전송 방식

전송 신호를 아날로그-디지털 변환기를 이용해 디지털로 변환한 후 영상 압축 및 음성 압축 장치를 이용하여 압축한다. 압축된 영상 및 음성 신호를 다중 장치를 이용하여 한 개의 전송 신호로 변환한 다음 채널 다중 변환 장치를 통해 다수의 채널을 하나의 전송 신호로 다중화 한 후 전자-광 변환 장치에 의해서 광으로 바꾸어 광섬유 케이블을 이용하여 전송한다.

여기서는 대역을 압축하지 않는 방식과 대역을 압축하는 방식이 있는데 원래의 영상 신호를 PCM화 할 때 대역 압축을 하는 방식은 채널 다중 도를 높일 수 있고 영상 1채널 당 광섬유의 단가를 절감할 수 있어서 장거리 중계 회선에 적용할 경우 경제적이다.

수신 측에서는 수신된 광 신호를 광-전자 변환 장치에 의해서 전기 신호로 변환한 후 채널 역 다중 변환 장치를 이용하여 신호를 채널별로 분리 한 다음 역 다중장치를 통해 영상 및 음성 신호로 분리한다. 그리고 영상 및 음성 복원 장치를 통해 압축된 영상 및 음성을 복원한다. 복원된 신호는 디지털-아날로그 변환기에 의해 아날로그 신호로 변환한다.

디지털 광전송 방식은 전송 중 발생한 잡음의 영향이 적으며 전자-광 및 광-전자 변환 장치의 비선형 특성에 위한 왜곡을 최소화 할 수 있다. 잡음에 대한 영향이 적기 때문에 중계 증폭기의 수를 줄일 수 있어 장거리 전송에 많이 이용된다.

(다) 파장 분할 다중방식

광섬유 케이블 전송에는 주파수분할 다중방식(frequency division multiple system), 시분할다중방식(time division multiple system), 파장분할 다중방식(wavelength division multiple system) 등이 있다. 파장분할 다중방식은 다른 파장의 광 신호를 광 합파기에 결합시켜 한 개의 광섬유에 다 채널로 전송할 수 있는 방식이며 광섬유의 이용 효율을 높일 수 있다.

또한 파장별로 전송 방향을 절체하므로 한 개의 광섬유로 양방향 전송로를 구성할 수가 있다.

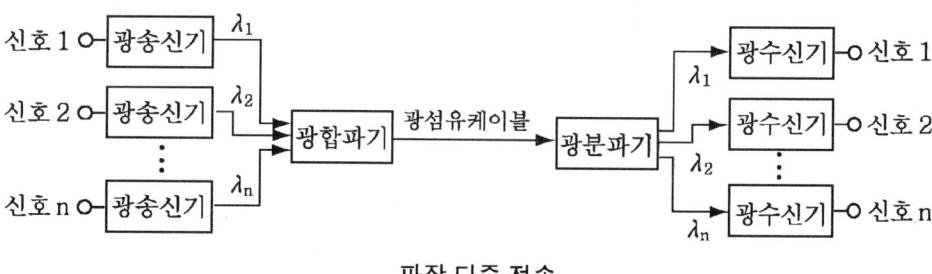

파장 다중 전송

광 CATV와 동축 CATV 장단점

	광 CATV	동축 CATV
장점	무중계 장거리 전송가능 중계기나 전원공급 필요 없음 중계거리 30km 양방향통신 용이 최대 전송거리 수십~수백km 양질의 서비스 제공 　(무 잡음, 무 유도, 무 누설) 관로의 효율적 이용 안전성 양호(누전, 화재) 종합통신망으로서의 전환유리	동시 다채널 전송가능 시설비 상대적 저렴 취급 및 분기가 용이 기술적 성숙 단계
단점	접속 및 분기의 어려움 광소자의 가격 높음 동시 채널 수 제한 　(V.H.F 8~9, FM 24 채널)	종합통신망으로서 확장 어려움 최대 전송거리 제한 27km 중계기나 전원공급 필요 관로 혼잡유도(케이블의 크기) 상호간섭

광 CATV와 동축 CATV의 특징 비교

	항 목	광 CATV	동축 CATV
서비스	영상 양방향 데이터 양방향 영상 영상 회의(전화)	다수 완전 양방향 통신 가능(수백 Kb/s) 상향회선 이용 제한 없음	다수 양방향 통신 가능(상향채널이용) 상향 채널 이용 수 및 통화량제한
시스템 특성	도청방지 전파방해 유지보수 비용	완전 방지기능 방해 없음 용이(중심국에서처리) 비경제적	완전 방지 불가능 케이블 또는 헤드엔드에서 발생 어려움 비교적 경제적
망특성	망구조 양방향성 장래 진보성	star 망 상향회선 이용 있음	tree & brench 망 낮은 대역 할당(제한적) 상대적으로 적음
기 술	기술 수준	많은 연구개발 필요	기술 거의 확립

3.8.2 중계 증폭기

중계 증폭기는 전송로의 동축케이블의 전송 손실을 보상하기 위하여 신호를 증폭하는 장치이다. CATV가 단 방향인지 쌍방향인지에 따라 중계기의 종류는 크게 단일방향 중계 증폭기와 양방향 중계 증폭기로 나누어진다. 양방향 중계 증폭기는 단일방향 중계 증폭기에 상행 회선의 증폭기를 부가시킨 것이다.
중계 증폭기에는 다음과 같은 종류가 있다.

1) 간선 증폭기(Trunk Amplifier : TA)

간선 증폭기는 간선에 일정 간격으로 설치되어 케이블의 손실을 보상하기 위하여 사용된다. 간선 증폭기는 직렬로 접속되는 경우가 많기 때문에 잡음과 왜곡이 있으면 누적되어 나타나므로 최소화해야 한다.

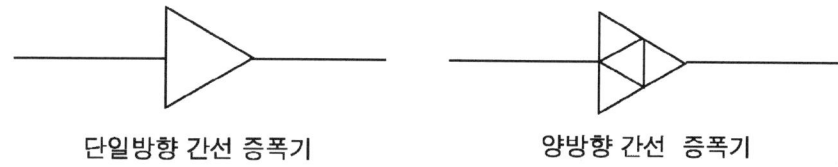

단일방향 간선 증폭기   양방향 간선 증폭기

2) 간선 분배 증폭기(Trunk Distribution Amplifier : TDA)

간선 증폭기의 일종으로 간선 증폭 출력뿐만 아니라 분배 단자가 있어 증폭된 출력을 분배하는 역할을 한다.

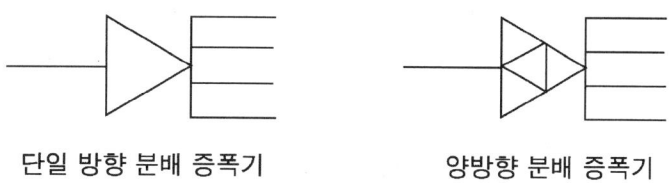

단일 방향 분배 증폭기   양방향 분배 증폭기

3) 간선 분기 증폭기(Trunk Bridge Amplifier : TBA)

간선 증폭기의 일종으로 간선 분배 증폭기와 같은 역할을 하나 가입자에게 분배하기 위한 증폭기로써 많은 수의 가입자를 위해 출력의 크기가 상당히 크다는 점이 다르다.

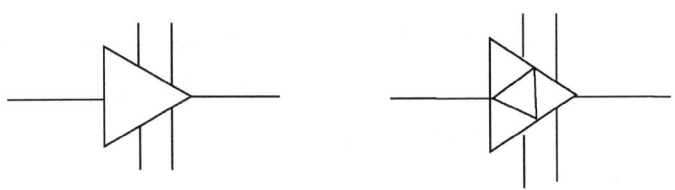

단일 방향 간선 분기 증폭기   양방향 간선 분기 증폭기

4) 연장 증폭기(Extender Amplifier : EA)

분기점으로부터 가입자의 인입선까지의 거리가 먼 경우에 발생하는 신호의 손실을 보상하여 분배 선을 연장하기 위하여 사용되는 증폭기로 1개의 입력과 1개의 출력을 갖고 있다.

단일 방향 연장 증폭기   양방향 연장 증폭기

3.9 가입자 계

가입자 계는 인입선으로부터 옥내 설비에까지 해당된다. 가입자 계는 그림과 같이 옥내 분배 기, CATV 컨버터, 홈 터미널 장치(Home Terminal Unit : HTU) 그리고 TV로 구성된다.

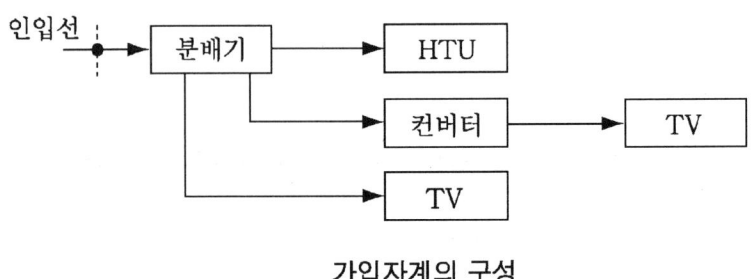

가입자계의 구성

3.9.1 CATV 컨버터(CATV convertor)

CATV 컨버터는 TV가 CATV 채널을 선택할 수 없을 때 사용하는 것으로 CATV 신호를 수신하여 영상 및 음성 출력을 내고 영상 및 음성 입력단자가 없는 TV를 위해 VHF 채널로 변조하는 RF 변조기를 내장하고 있다.

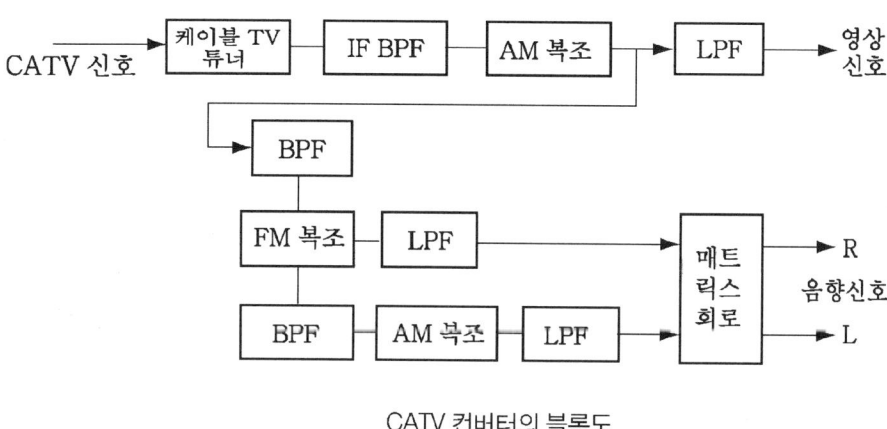

CATV 컨버터의 블록도

3.9.2 홈 터미널 장치(home terminal unit)

홈 터미널 장치는 양방향 CATV에 주로 사용되는 장비로 가입자의 계약, 홈뱅킹, 홈쇼핑 등의 정보를 CATV 방송국에 전달하기 위한 장치로 이 이외의 부가적인 기능을 할 수도 있다. 또한 방송국에서 특정 프로그램을 스크램블(scramble : 비화)하여 전송할 경우 시청자가 유료시청을 위해 방송국과 가입자 간의 정보를 주고받을 수 있게 해준다.

CHAPTER 4

위성방송

4.1 위성방송(DIRECT BROADCAST SATELLITE)의 개요

통신 위성기술의 진보로 신호의 전송방법도 지상뿐만 아니라 위성을 이용한 전송으로 다양화되면서 새로운 방송통신 환경이 형성되어 생겨난 위성방송의 업무는 일반대중에게 직접적으로 수신되는 것을 목적으로 하고, 방송신호를 우주국에 의해 전송하며, 또 재 송신하는 무선 통신의 업무를 말한다.

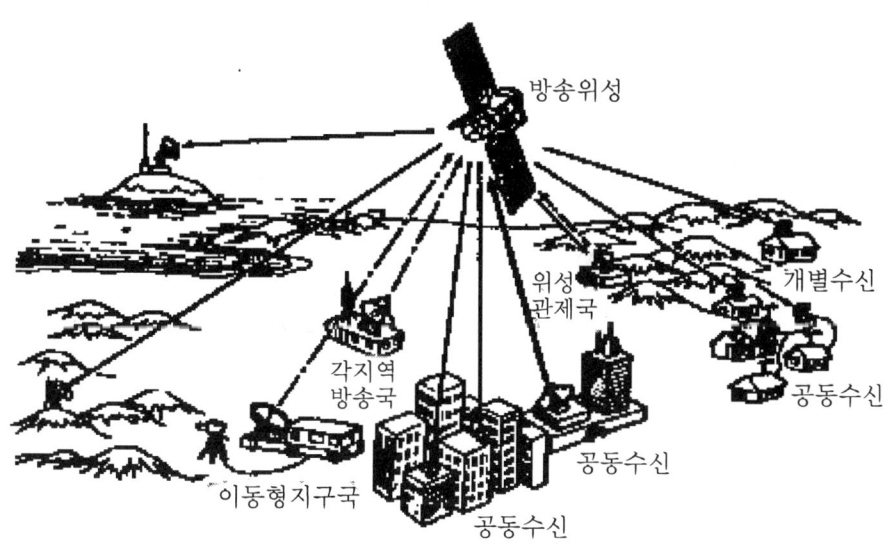

4.1.1 궤 도

방송위성에 쓰이는 궤도로서는 지상 수신안테나의 추적기구 없이 위성방송의 수신을 가능하게 하는 정지위성궤도가 선정되고 있다. 방송위성의 정지위치를 선정하는데 고려할 사항은 위성에서 서비스 구역을 보았을 경우의 형상, 수신안테나의 앙각과 위성의 식(蝕)발생시간 등이다.

① 지구 표면에서 약 36000km 상공의 원 궤도
② 지구의 자전을 고려하여 적도 상공
③ 지구의 자전과 같은 주기
④ 지구의 자전과 같은 방향으로 회전(지구에서 위성을 보아 언제나 하늘 한곳에 정지해 있는 것처럼 보이는 궤도에 있어야하므로)
⑤ 위성의 식 시간에는 방송이 중단되므로 위성의 식 발생 시각 고려 위치를 결정(한 밤중인 2시경이 되는 위치가 동경 110° 부근)
⑥ 위성을 보는 수신안테나의 앙각은 20° 이상, 40° 로 방송구역(service area) 전역을 커버할 수 있는 앙각을 채택한다.

4.1.2 주파수대와 편파

1) 제3지역 12GHz대의 주파수 할당(아시아, 오세아니아)

11.7GHz~12.2GHz (11,727.48GHz~12,168.62GHz)
대역폭0.5GHz, 채널 폭27MHz, 채널간격19.18MHz, 24채널

우리나라는 12GHz band(11.7GHz~12.2GHz)의 폭 0.5GHz에 할당된 24 채널 중에서 6개 채널(2, 4, 6, 8, 10, 12채널)이 할당되어 있으며 한 채널의 소유 주파수 대폭은 27MHz, 채널간격은 19.18MHz 이다.

Chapter 4

위성 방송

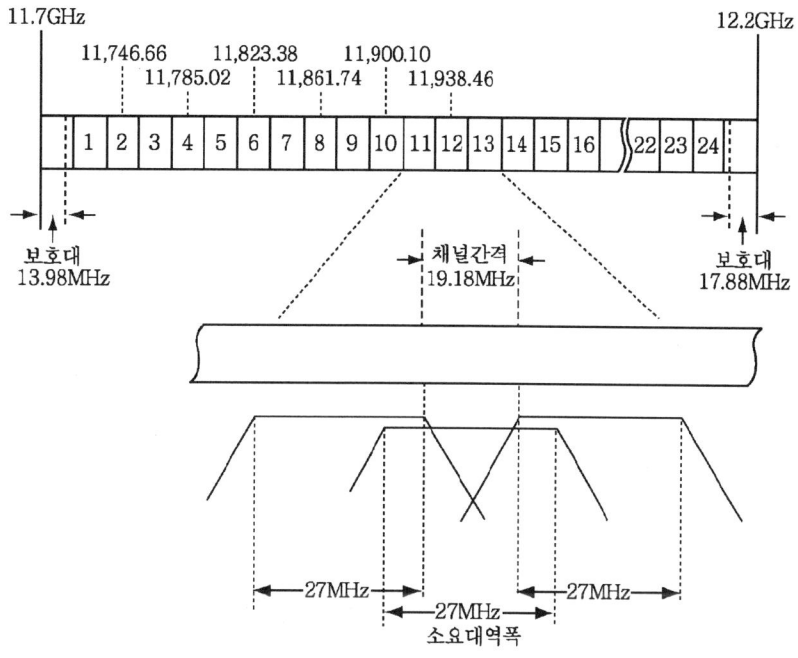

12GHz대의 BS채널 배열

제1, 3 지역 채널 배열

채널 NO	할당주파수 MHz	채널 NO	할당주파수 MHz	채널 NO	할당주파수 MHz	채널 NO	할당주파수 MHz	채널 NO	할당주파수 MHz
1	11,727.48	9	11,880.92	17	12,034.36	25	12,187.80	33	12,341.24
2	11,746.66	10	11,900.10	18	12,053.54	26	12,206.98	34	12,360.42
3	11,765.84	11	11,919.28	19	12,072.72	27	12,226.16	35	12,379.60
4	11,785.02	12	11,938.46	20	12,091.90	28	12,245.34	36	12,398.78
5	11,804.20	13	11,957.64	21	12,111.08	29	12,264.52	37	12,417.96
6	11,823.38	14	11,976.82	22	12,130.26	30	12,283.70	38	12,437.14
7	11,842.56	15	11,996.00	23	12,149.44	31	12,302.88	39	12,456.32
8	11,861.74	16	12,015.18	24	12,168.62	32	12,322.06	40	12,475.50

제2지역 채널 배열

채널 NO	할당주파수 MHz	채널 NO	할당주파수 MHz	채널 NO	할당주파수 MHz	채널 NO	할당주파수 MHz
1	12,224.00	9	12,340.64	17	12,457.28	25	12,573.92
2	12,238.58	10	12,355.22	18	12,471.86	26	12,588.50
3	12,253.16	11	12,369.80	19	12,486.44	27	12,603.08
4	12,267.74	12	12,384.38	20	12,501.02	28	12,617.66
5	12,282.32	13	12,398.96	21	12,515.60	29	12,632.24
6	12,296.90	14	12,.413.54	22	12,530.18	30	12,646.82
7	12,.311.48	15	12,428.12	23	12,544.76	31	12,661.40
8	12,326.06	16	12,442.70	24	12,559.34	32	12,675.98

2) 업링크(up link)와 다운링크(down link)

위성과의 통신망은 지구국으로부터 우주국으로 올라가는 업 링크(up link), 우주국으로부터 지구 국으로 내려오는 다운링크(down link)로 구성되며, 통신망 구성에 사용되는 장비의 하나가 위성 중계기다. 이것은 위성중계통신 시스템으로서, 지구국의 업 링크 안테나를 통해 위성으로 방사된 신호를 수신하여 전기적으로 처리한 다음 다운링크 안테나를 통해 지구 표면으로 재전송하게 된다.

우리나라의 위성방송용 중계기 주파수 할당표

채널 번호	업링크[MHz]	다운링크[MHz]
2	14,544.48	11,746.66
4	14,582.84	11,785.02
6	14,621.20	11,823.38
8	14,659.56	11,861.74
10	14,697.92	11,900.01
12	14,736.28	11,938.46

3) 편 파

방송용 중계기는 간단한 파라볼라 안테나(parabolic antenna)만 설치하면 위성

방송을 손쉽게 시청할 수 있도록 원형편파(circularly polarized wave)를 사용하고 있으며, 주파수의 효율적인 이용을 위해 우 원형편파와 좌 원형편파를 궤도위치, 채널에 관련시켜 할당하고 채널사이의 주파수 분리간격을 크게 해서 간섭을 줄이고 있다. 반면에 통신 중계용 중계기는 수평/수직편파(vertically/horizontal polarized wave)중 하나를 선택 사용하며 많은 채널을 확보하기 위해 주파수 분리 간격을 작게 유지하고 있다.

12 GHz 방송위성 주파수 할당

국 명	궤도위치	편파면	채 널
한 국	116° E	좌	2, 4, 6, 8, 10, 12
북 한	116° E	좌	14, 16, 18, 20, 22
일 본	110° E	우	1, 3, 5, 7, 9, 11, 13, 15
중 국	92° E	좌/우/좌	3, 7, 11 / 2, 4, 6 / 1, 5, 9
	80° E	우/좌	15, 19, 23 / 18, 20, 22
	62° E	우/좌/우/좌	2, 6, 10, 14 / 1, 5, 9, 13 / 4, 8, 12 / 3, 7, 11
뉴기니아	110° E	우	2, 6, 10, 14

4.1.3 전송 방식

1) 송신 전력 면에서 기술적, 경제적으로 실현 가능한 것으로 AM변조 방식에 비해 같은 화질을 얻는데 송신 출력이 약 20 dB 이득이 되는 FM 변조 방식을 이용한다.

- FM-TV의 특징 :

  ① 전송 파의 비 선형성에 의한 찌그러짐이 적다.
  ② 같은 정도의 신호 대 잡음비를 적은 송신출력으로 얻을 수가 있다.
  ③ 간섭 방해를 받지 않는다.

2) 음성 다중 방식으로서는 음성 부 반송파를 영상 신호로 주파수 다중 하는 방법. 영상 신호의 수평, 수직 동기 신호에 음성 신호를 시분할 다중 하는 방법과 PCM 음성 방법이 있다.

• BS 송수신 계통

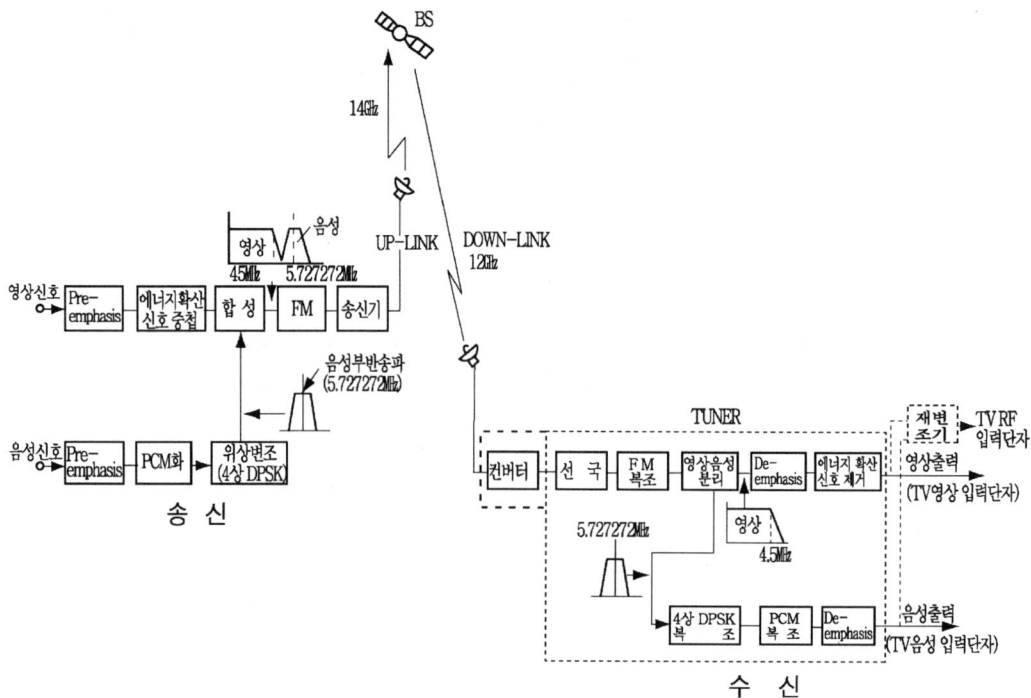

BS 송수신 계통도

4.1.4 위성의 규모와 구조

위성의 크기, 위성의 수명, 예비기 수 등 위성의 규모와 경제성 등은 시스템을 안정적으로 운용하는데 중요한 요소가 된다.

1) 위성의 규모를 나타내는 것에는

- 그 위성의 송신 전력이나 태양 전지의 전력 용량 등을 나타낼 수 있겠지만 일반적으로 위성의 중량을 나타내고 있다.
- 방송을 하기 위한 송신전력 중에서 태양전지의 전력 용량을 구하여 그 전력 용량을 얻게 하기 위한 위성의 규모, 즉 중량을 알아내는 것이 필요하다.

  위성의 중량 추정관계식 $W(\text{kg}) = 350 \times p^{0.69}(\text{kw})$

  ($p^{(kw)}$는 운용초기의 발생전력 용량)

무궁화위성의 규모

항목 \ 위성		무궁화위성 1호	무궁화위성 2호	무궁화위성 3호
발사일자		1995년 8월 5일	1996년 1월 14일	1999년 9월 5일
수명		4년 6개월	10년	15년
중계기/주파수 대역	통신	12개/36MHz (Ku)	12개/36MHz (Ku)	24개/36MHz(Ku) 3개/20MHz(Ka)
	방송	3개/27MHz (Ku)	3개/27MHz (Ku)	6개/27MHz(Ku)
편파	통신	수평 : 상향, 수직 : 하향	수평 : 하향, 수직 : 하향	수평 : 상향, 수직 : 하향 수평 : 하향, 수직 : 상향
	방송	좌원형편파(LHCP)	좌원형편파(LHCP)	좌원형편파(LHCP)
DC소비전력		1,600W	1,600W	4,800W
용도		로켓 이상으로 수명 단축	방송/통신 임차용	방송/통신
위치			동경 113도	동경 116도
서비스지역			한반도	한반도/아시아
서비스			대기업/언론사/방송사SNG, 이동통신 사업자, 특수사업, VSAT망(홍수, 경보)	방송, 초고속 통신망, ASEM, 2002월드컵

2) 방송위성의 구조

- 골격을 이루는 구조물
- 지상에서 송출하는 신호를 수신하고 이것을 주파수 변조하여 세력을 증가 한 후 재송신하는 중계기
- 송수신 안테나계
- 태양전지 등의 전원계
- 지상에서 위성을 원격 조정하기 위한 TC(telemetry Command)계
- 위성이 자체 자세나 궤도 수정을 하기 위한 자세 및 궤도 제어계
- 열 제어계 등으로 구성되어 있다

4.1.5 위성방송의 장·단점

1) 장 점

(1) 위성방송은 한정된 지역에 방송하는 지상방송에 비해 적은 비용으로 전국

방송이 가능하다.
(2) 위성전파의 입사각이 높기 때문에 산악 같은 지형의 영향을 받지 않고 예리한 지향성의 수신안테나를 사용하므로 건물 등에 의한 ghost의 영향을 받지 않아 전반적으로 균일한 양질의 방송이 가능하다.
(3) 위성방송은 지상방송에서 기술적으로 곤란했던 도서지방이나 산간벽지에 서비스가 쉬워져서 TV 방송의 난시청 해소 대책으로 효율적이며 통신비용이 저렴하여 경제적이다.
(4) 중계기가 천재지변의 영향을 받지 않으므로 비상 재해방송에 효과적이다.
(5) 지상방송에서는 주파수대가 부족하여 실시가 곤란한 고 충실도 음성방송, 고품위 TV방송 등 고품질의 방송 서비스가 가능하다.
(6) 지리적 여건에 관계없이 신속한 통신회선 구성이 가능하다.
(7) 국가간, 대륙간 통신로 확보가 용이하다.

2) 단점

(1) 위성방송의 특징인 광역성은 반대로 지상방송에서 하고 있는 부분적인 지역방송을 실시 못한다.
(2) 위성방송의 특징의 하나로 위성 1기로 전 국토를 서비스할 수 있으나 위성이 고장을 일으키면 전 시청자가 수신을 할 수 없어 높은 시스템 신뢰도가 요구된다. 또한 위성체에 고장이 발생하면 수리가 거의 불가능하다
(3) 국제적으로 전파 침투(spill over)가 있다.
(4) 위성의 전력사정 때문에 송신레벨이 적고, 전파의 비월 거리가 멀기 때문에 전파의 손실이 커서 수신레벨이 낮은 지역에서는 큰 직경의 안테나를 사용해야 한다.
(5) 단방향 전송시 약 0.27초 정도의 전송지연이 발생한다.
(6) 강우에 의한 전파 감쇄의 영향을 받기 쉽다.
(7) 지구의 일식, 태양잡음의 영향을 받기 쉽다.
(8) 정지궤도의 유한성으로 인해 운용 가능한 위성의 수가 제한된다.
(9) 초기 투자비가 많이 소요되고 수명이 짧다.(10~15년)

CHAPTER 5

인터넷 방송

5.1 인터넷 방송의 개요

5.1.1 인터넷 방송의 개념

인터넷 방송의 가장 널리 쓰이는 용어는 "Web" 과 "Broadcasting" 의 합성어인 웹 캐스팅(Webcasting)이다. 웹 캐스팅은 웹(WWW, World Wide Web)을 통해 캐스팅함을 의미한다.

인터넷방송이란 일반적으로 웹을 인터페이스(interface)로 하여 컴퓨터 이용자가 인터넷을 통해 오디오 또는 비디오를 비롯한 다양한 멀티미디어 형태의 정보를 자신이 원하는 대로 듣거나 볼 수 있도록 프로그램을 제공하는 것을 말한다. 기술적으로 인터넷망을 통해 스트리밍 방법으로 영상을 제공하는 것이다. 인터넷방송의 스트리밍 서비스는 기존 방송의 성격뿐만 아니라 컴퓨터 통신의 성격도 동시에 가진다.

인터넷 방송을 좀 더 구체적으로 정의하면, 동영상과 음향 중심의 콘텐츠(Contents)를 인터넷을 통해 실시간으로 전송, 서비스하는 인터넷 응용 기술이라고 볼 수 있다. 이는 웹 서비스와 같이 단순하게 동영상과 음향을 다운로드

방식으로 서비스하는 개념이 아니라 동영상과 음향 중심의 멀티미디어 정보를 스트리밍 기술로 서비스하는 것을 의미한다. 콘텐츠만 가지고 있다면 웹 호스팅 서비스와 스트리밍 호스팅 서비스를 이용하여 저렴한 비용으로 방송 가능하다.

인터넷 방송은 TV나 라디오 같은 기존의 거대한 방송 매체 대신에 인터넷을 매체로 하여 전 세계인을 대상으로 하는 방송이다. 그리고 인터넷의 특성상 사용자가 시간과 공간에 제한 받지 않고 언제 어디서나 원하는 방송프로그램을 선택하여 시청할 수 있는 24시간 열린 방송이다.

5.1.2 인터넷 방송의 특징

1) 쌍방양성(Interactive)

- 일방적으로 시청자들에게 단방향으로 정보를 제공하는 기존의 방송매체와는 달리 사용자가 참여할 수 있는 쌍방향통신의 공간을 제공한다.

인터넷 방송은 사용자가 참여할 수 있는 쌍방향 통신(Interactive)이 가능하다. 또한 방송을 보면서 사용자들은 인터넷을 통해 방송 출연자 또는 담당자에게 방송과 관련된 텍스트 자료나 이미지 정보를 요청하여 받을 수 있다.

2) 시 · 공간적 영역 확대

- 사용자는 시간과 공간의 제한을 받지 않고 원하는 방송을 원하는 시간과 장소에서 시청 할 수 있다.

언제, 어디서라도 인터넷에 접속만 하면 시간과 공간에 구애받지 않고 서비스를 제공받을 수 있고 생방송으로부터 실시간으로 정보를 얻을 수 있을 뿐 아니라, 지나간 방송 콘텐츠도 VOD(Vedio On Demand) 및 AOD(Audio On Demand) 서비스를 통해 시청이 가능하다.

또한 무선인터넷이 급속도로 발전하고 모바일 서비스가 다양해짐에 따라 인터넷을 사용하여 서비스를 제공받을 수 있는 시간적, 공간적인 영역은 더욱 확대될 것이다.

3) 인터넷 방송의 다양성

• 기존 방송매체와는 차별화된 콘텐츠를 기획, 제작하여 제공한다.

인터넷 방송의 경우 방송환경에 제한을 두지 않기 때문에 기존의 공중파 방송에서 다루지 못했던 소재까지도 다룰 수 있다는 점에서 더욱 광범위하고 새로운 콘텐츠를 접할 수 있게 된다. 그리고 공중파 방송이 동시에 여러 사람과 함께 작업을 해야 하는 것에 비해, 인터넷 방송은 적은 인원만으로도 콘텐츠 제작이 가능하기 때문에 개개인의 다양성을 고려한 개성 있는 연출이 가능하다. 또한 다양한 내용의 콘텐츠 기획과 접근방식은 기존 공중파 방식이 제공하지 못하는 것을 제공한다.

4) 대중화된 인터넷 방송국 설립

• 저렴한 비용으로 방송 가능하다.

이용자가 직접 인터넷 방송국을 설립하는 이유는 인터넷 방송국 설립의 기술적 수월성과 경제성 때문이다. 인터넷 방송은 제작방법이 쉽고 큰 제약사항 없이 서비스를 제공할 수 있어서, 기존 방송국 운영과는 달리 저렴한 비용으로 개인 및 단체들이 쉽게 자신들만의 새로운 콘텐츠를 제공할 수 있는 방송국을 개국 운영할 수 있다. 이것은 남의 도움 없이 스스로 촬영하고 스스로 편집, 방송할 수 있는 인터넷방송의 장점 때문에 가능하다.

5) 스트리밍(streaming)기술

• 멀티미디어를 실시간(real time)으로 보고들을 수 있도록 해준다.

스트리밍 기술은 인터넷 방송의 가장 핵심 기술로 동영상이나 음향 신호를 디지털 형식으로 변환, 압축하고 인터넷 이용자에게 전송함으로써 동영상이나 음향을 실시간(real time)으로 보고들을 수 있도록 해주는 기술이다. 스트리밍 기술은 실행만 하면 몇 초간의 버퍼링(Buffering) 뒤에 바로 동영상이 재생되어 실시간 구현되고, 한번 재생된 부분은 저장되지 않고 사라지기 때문에 하드디스크의 용량에 영향을 미치지 않는다.

6) 주문영(on demand) 기술

- 인터넷의 특성상 사용자가 시간에 제한 받지 않고 언제 어디서나 원하는 방송프로그램을 선택하여 시청할 수 있는 24시간 열린 방송이다.

기존 방송의 경우, 시간단위로 편성되어 한번 방송된 내용은 재방송이나 VTR을 이용한 녹화의 과정 없이는 다시 즐길 수 없으나 인터넷 방송은 영상이 파일로 보관되므로 사용자가 원하는 시간에 접속하여 필요한 것을 선택하기만 하면 언제든 방송을 볼 수 있다. 이러한 방송을 주문형 방송이라 하며 사용자가 편리하고 효과적으로 방송서비스를 이용할 수 있도록 되감기(rewind), 빨리 감기(fast-forward), 멈춤(stop), 일시정지(pause) 등의 기능과 화면크기의 변경 등의 기능을 제공한다.

방송 매체별 특징

구분 미디어	지상파 방송	케이블 TV	인터넷 방송
방송의 범위	다수 대중	소수대중	다수/소수/개인
전송망	지상 무선망	케이블망	전화망
커뮤니케이션 유형	일방향	부분적 쌍방향	완전 쌍방향
방송서비스 형태	오락지향	오락과 정보 지향	업무와 정보 지향
사업진입 제한	엄격한 허가	허가	제한 없음
시간적 제약	제약	약간 제약	제약 없음
타 미디어와 호환성	없음	약간 있음	가능
운영재원	광고수입(95%)	시청료수입(70%)	광고+이용료
공익성	매우 높음	낮음	매우 낮음
사회적 통제	강함	약함	아주 약함
내용통제 근거	전파 희소성, 공익성	청소년 위해(危害)	청소년 위해(危害)
관련법률	방송법	방송법	전기통신사업법

5.1.3 인터넷 방송 분류

1) 인터넷 방송방식

(1) 일정한 데이터를 저장하여 사용자요구에 따라 필요시 데이터를 제공하는 **주문형**(VOD : Video On Demand) 방식과

(2) TV나 라디오의 생방송 같이 현재의 촬영 내용 및 실제 일어나는 상황을 직접 인터넷을 통해서 동영상으로 서비스하는 **생방송**(Live) 방식이 주로 사용되고 있다.

2) 인터넷 방송의 영태

(1) 기존의 공중파 및 케이블 방송국의 인터넷에 진출해 자신들의 프로그램을 송출하는 **VOD형** 방송 형태와
(2) 독자적인 시스템을 갖추고 인터넷 방송만을 위한 프로그램을 제작하고 방송하는 **독립형** 인터넷 방송 형태로 나눌 수 있다.

3) 콘텐츠의 종류에 따라

(1) Information : 동영상을 이용하여 상품을 소개하고 있는 온라인 쇼핑 방송
(2) Entertainment : 교육, 문화, 예술, 연예, 게임, 오락 방송
(3) Communication : 게시판, 실시간 참여 방송

5.1.4 인터넷방송의 원리

1) 스트리밍

스트리밍은 오디오와 비디오의 전송이 지속적으로 이루어질 수 있도록 만들어 주는 기술이다. 디지털로 변환된 오디오와 비디오는 서버 컴퓨터에서 지속적으로 공급된다. 인터넷은 애초에 오디오와 비디오를 위해서보다는 텍스트와 그래픽을 처리하기 위해 고안되었기 때문에 인터넷상에서 오디오와 비디오를 재생하기 위해서 아주 복잡하고 사용하기 어려운 방식이 사용되었다. 이러한 방식들은 필수적으로 파일을 다운로드 하도록 하였고 따라서 다운로드가 완료되는 것을 기다려야만 했다. 그리고 다운로드가 완료된 다음 해당 소프트웨어를 이용해 파일을 재생할 수 있었다. 웹 사용자의 계속적인 증가로 말미암아 수많은 기업들이 스트리밍 기술을 연구하여 필요한 제품들을 만들어 냈다.

(1) 다운로드와 스트리밍

다운로드는 데이터를 다운받은 후 적절한 플레이를 사용하여 렌더링이 가능한 것이다. 반면 스트리밍(Streaming)은 전송되는 데이터를 마치 끊임없고 지속적으로 처리할 수 있는 기술을 의미하는 것이다. 우리가 인터넷 방송에서 뮤직비디오를 보고자 할 때 콘텐츠를 받아서 Play의 선택을 할 수도 있고 실시간 Play도 가능하다. 이때 데이터를 받아서 뮤직비디오를 감상하는 것이 다운로드라면, 실시간으로 뮤직비디오를 감상하는 것이 스트리밍이라 할 수 있다. 스트리밍은 콘텐츠를 다운로드 하지 않아도 되기 때문에 시간의 낭비를 줄이고, 데이터를 저장하지 않아도 되는 장점을 가지고 있다.

스트리밍을 할 때, 통신 회선의 상태에 따라 데이터가 가끔씩 클라이언트로 잘 오지 않을 때도 있다. 그런 경우 동영상이 멈추어버리면 보기에 아주 불편하다. 이것을 막기 위하여, 아직 보여 지지 않은 데이터가 클라이언트에 조금 저장되어 있으면, 데이터가 오지 않을 때 저장된 데이터를 써서 동영상을 잠깐 동안은 계속 보여줄 수 있어서, 동영상이 멈추는 것을 막을 수 있다. 이러한 것을 버퍼링(Buffering)이라고 한다.

(가) 다운로드

ⓐ 장점 : 파일 유형과 상관없이 다운로드 가능
ⓑ 단점 : 다운로드 할 때 시간이 걸리며, 사용자의 하드디스크의 공간을 차지

(나) 스트리밍

ⓐ 장점 : 미디어의 길이와 상관없이 즉시 재생. 사용자의 하드디스크의 공간을 차지하지 않음
ⓑ 단점 : 미디어 실시간 재생을 위해서는 대역폭과 네트워크 품질에 의존해야 함.

2) 유니캐스트(Unicast)

유니캐스트는 각각의 정보 요구자들에게 정보의 개별적 메시지 복사본을 보내는 두 지점 간 전송방식이다. 정보를 송신하는 컴퓨터가 각각의 정보 수신자들을 위하여 정보를 복사하고 재전송해야 하기 때문에 네트워크는 정보요구자의

수만큼 정보의 복사본들을 전송해야하므로 정보 요구자의 증가에 따라 네트워크의 대역폭을 매우 빠르게 고갈시키는 현상이 발생한다. 이는 곧 정보를 제공받을 수 있는 수신자의 수를 줄이는 효과를 나타내게 된다. 따라서 유니캐스트는 정보 요구자들이 많을 경우에는 효율적이지 못한 문제점이 있다.

◆ 장점(사용자측면에서 보면)
- 비디오 자료를 다양한 형태로 이용이 가능하고
- 언제든지 다시 볼 수 있으며
- 안정적인 데이터 또는 비디오를 볼 수 있다

◆ 단점(네트워크나 시스템 관리자 입장에서 본다면)
- 충분한 대역폭(Bandwidth)이 보장되어야만 서비스가 가능하다
  Ⓐ라는 비디오 파일을 10명이 본다고 가정을 하면 실제적으로 Ⓐ란 비디오 파일을 10번 하드 드라이브에서 읽어서 10개의 다른 비디오 스트림으로 연결되어 있는PC에 비디오데이터를 전송한다.
- 스트림을 공급해주는 서버가 용량이 적다면 서비스도 불안하게 된다.
- 네트워크(Network)나 비디오 데이터를 전송하는 시스템 관리에 애로점이 있으며 구축비용도 많이 든다.

Unicast 일 대 일 전송방식

● 신호를 요청한 클라이언트
○ 신호를 요청하지 않은 클라이언트

- 원하는 사람에게만 정보(VOD)를 제공함
- 다수의 클라이언트에게 각각 전송
- 중복전송으로 인하여 네트워크 효율이 저하
- 수신자 수가 증가할 경우 이러한 문제점은 더욱 커지게 됨.

3) 멀티캐스트(Multicast)

멀티캐스트는 유니캐스트의 문제들을 해결하기 위한 효율적인 방법이다. 멀티캐스트는 네트워크의 모든 클라이언트가 같은 스트리밍을 공유하는 방법이다. 멀티캐스트는 인터넷상에서 사용되고 있는 네트워크 프로토콜인 IP의 확장이기도 하다. 멀티캐스트의 응용프로그램들은 하나의 정보 복사본을 그룹주소로 보내고 그룹은 이 정보를 나누어 가진다. 그래서 정보를 원하는 모든 수신자들이 받아 볼 수 있다.

특징 : 1개의 비디오 스트림으로 필요한 PC에게만 전송하는 장점이 있다. 멀티캐스트 사용 네트워크를 통해 전달되는 것으로 스트리밍을 공유하므로 네트워크 대역폭이 절약된다.

멀티캐스트를 이용해 데이터를 전송하기 위해서는

- 네트워크 구조 자체가 멀티캐스트를 수용할 수 있는 장비로 구성되어야하며
- 동시에 멀티캐스트 전송용 어플리케이션도 필요하다.

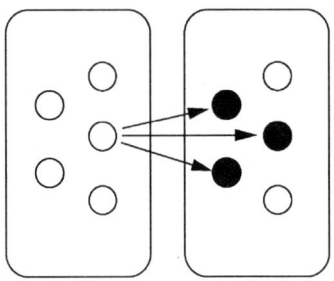

● 신호를 요청한 클라이언트
○ 신호를 요청하지 않은 클라이언트

일 대 다 전송방식

- 하나의 송신자가 그 데이터를 요구하는 하나 이상의 수신자에게 전송하는 방식
- 한 번의 메시지 전송으로 여러 수신자에게 전송되도록 하여 데이터 중복전송으로 인한 네트워크 자원의 낭비를 최소화함

4) 브로드캐스트(Broadcast)

브로드캐스트 방식의 전송 방법은 VOD와는 다른 형태를 가진다.
1개의 파일을 네트워크에 연결되어 있는 모든 PC에 전송하는 방법이다. 이 방

법의 경우 비디오 데이터를 원하던 원하지 않던 네트워크에 연결되어 있는 모든 PC에 데이터를 전송하는 방법으로

- 네트워크상의 속도 저하와
- 동시에 불필요한 자료의 전송 등이 문제가 된다.
- 또한 네트워크에 연결된 모든 PC는 비디오 데이터에 관심이 있든 없든 간에 그 데이터를 실행해야 한다.

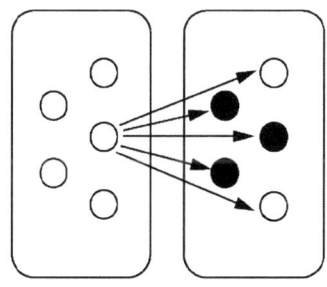

Broadcast   일 대 전부 전송방식

- 일반공중파 방송사에서 사용하는 방식
- 수신을 원하든 원하지 않든 상관없이 송신하는 방식

● 신호를 요청한 클라이언트
○ 신호를 요청하지 않은 클라이언트

5) Push와 Pull

인터넷에서 정보를 얻기 위해 사용되는 방식에는 Pull 방식과 Push방식이 있다. 정보를 얻는 점에서는 두 가지가 비슷하지만 원하는 정보를 얻을 때까지 인터넷을 돌아다니면서 웹페이지를 찾아다니는 것이 Pull 방식이고 사용자가 자신이 찾는 정보를 웹페이지를 열었을 때 볼 수 있는 것이 Push 방식이다. 즉, 원하는 정보를 검색할 필요 없이 제공받는 Push 방식은 정보제공 방식에서 Pull 방식과 다른 방식을 취하고 있다.

Pull 방식은 웹페이지의 내용이 사용자가 찾는 정보일 경우, 그 페이지가 저장된 웹서버에서 빠져서 사용자의 컴퓨터로 끌어당겨짐으로서 사용자가 볼 수 있는 것이다.

이와는 다르게 Push 방식은 우리가 TV를 보는 것처럼 정보를 찾아 돌아다니지 않아도 되는 것이다. 기업들이 우리에게 광고성 메일을 보내는 것은 정보를 제

공받는 사용자가 받아들이는 것과는 상관없이 보내는 것이며 이 메일 정보는 항상 그곳에 있으므로 사용자는 그저 인터넷에 연결하기만 하면 되는 것이다.

5.2 인터넷 방송의 구현

◈ 인터넷방송 과정
  ① 기획
  ② 제작
  ③ 네트워크 서비스의 세 단계로 나누어 볼 수 있다.

5.2.1 인터넷방송의 제작흐름

① 기획 (프로그램 기획 및 원천자료 수집, 내용 결정, 자료수집, 구성작업)
② 촬영/녹음(촬영을 통해서 구체화된 영상으로 구현)
③ 캡처(capture : 촬영한 비디오테이프나 녹음한 오디오를 컴퓨터 파일로 저장하는 과정)
④ 편집(영상과 음향이 조화되고 정제된 영상과 메시지로 가공, 메시지 전달력 및 완성도 등을 고려하여 효과를 가하기)
  최종 완성 작업을 한 후 이를 파일이나 테이프 형태로 저장
⑤ 인코딩(encoding : 디지털화되어 저장된 동영상 파일을 인터넷 방송용 파일로 전환하는 과정)
  인터넷상에서 스트리밍 가능한 동영상 파일로 가공(인코딩)을 한 후 동영상 서버에 저장.
⑥ 홈페이지제작(문서작성)
⑦ 서버등록
⑧ 라이브 혹은 vod 형태로의 송출

인터넷 방송

디지털 영상 제작의 구성 순서

① 주제선정	메시지 전달 요소의 명확한 개념 설정
② 기획	시나리오 구성 : 도입부 - 중간부 - 마감부
③ 영상 촬영	직접촬영, 초벌 편집
④ 기초 데이터 구성	정지 이미지, 오디오, 자막, 타이틀, 클립아트 수집
⑤ 디지털 영상 캡처	
⑥ 오디오 제작	배경 사운드, 음질수준 설정
⑦ 편집	오디오/비디오 효과, 자막 넣기, 컴파일링, 마무리
⑧ 작품완성	영상합성

1) 인터넷방송 제작에는

① 카메라워크를 통한 촬영과
② 컴퓨터를 이용한 **비 순차편집**(nonlinear editing)이 있다.

(1) 촬영

인터넷에서 방송의 형태를 나타내게 되는 스트리밍(streaming) 기술은 기존의 방송보다 그 질이나 양적인 면에서 떨어지게 된다. 따라서 인터넷을 통해 서비스되는 콘텐츠는 촬영 방법, 조명, 화면 구성 등에서도 세심한 주의를 요구한다.

(2) 편집

인터넷방송에 필요한 비디오클립을 만들기 위해서는
컴퓨터를 이용한 비 순차편집(non-linear editing)을 하는 것이 좋다. 그래야만 작품이 완성된 후 이것을 웹에 올릴 수 있는 비디오 파일로 손쉽게 변환할 수 있기 때문이다.

순차편집(linear editing)에서는 여러 장비를 오가면서 처리해야 하는 편집 작업이라도, 비 순차편집은 하나의 시스템 안에서 작업이 이루어지기 때문에 시간을 절감할 수 있다.

비 순차편집 장비들이 대부분 그래픽 이용자 인터페이스(GUI : graphic user interface)를 중심으로 구성되어 있기 때문에 편집 작업을 혼자서 직접 수행할 수 있다. 작품의 창의성과 관련하여 순차편집의 경우 2D와 3D 그래픽, 애니메이션처

럼 영상의 합성처리가 필요할 때에는 그래픽 소프트웨어만 추가하면 충분히 가능하고 편집자의 창의력에 따라 얼마든지 작업의 형태와 결과물의 내용에 변화를 줄 수도 있다.

비 순차편집은 크게 세 단계를 거쳐 이루어지는데,

① 비디오카메라로 촬영한 영상을 컴퓨터 하드디스크로 옮기는 **캡처(capture) 과정**,

② 캡처한 영상을 컴퓨터로 불러와 콘티에 따라 편집 작업을 하는 **컨스트럭션(construction)과정**,

③ 완성된 영상물을 적절한 매체로 출력하는 **엑스포트(export) 과정**으로 나뉜다.

2) 인터넷방송의 송출

네트워크 서비스는

① 콘텐츠의 인코딩(encoding),

② 홈페이지제작,

③ 웹사이트에 올리는(upload) 과정 등을 모두 포함한다.

(1) 인코딩(encoding)

제작된 비디오를 적절한 플러그인 파일로 변환시키는 인코딩(encoding) 과정에서 편집된 비디오클립은 제작자가 웹에서 사용될 플러그인 프로그램을 어떤 것으로 할 것인지 결정한 후 이에 맞추어 변환해야 한다.

웹 비디오로 인코딩 할 때 가장 주의해야 할 점은 비디오 파일의 크기이다. 정상적인 비디오 화면의 경우 1초당 프레임 수는 30이다. 그러나 웹 비디오에서는 30프레임으로 십여 초만 담아도 수십 메가바이트의 메모리를 차지한다.

그러므로 비디오 파일을 웹 비디오로 올릴 때에는

- 프레임의 수와 전송 비트율을
- 통신망의 용량과 속도,

• 파일의 크기를

고려할 때 가장 적절한 수준으로 결정하는 것이 바람직하다.

(2) upload

완성된 비디오 파일을 웹에 올리는 일은 매우 간단하다.

- 우선 비디오 파일들을 서버에 저장해 둔 다음,
- 웹 에디터(홈페이지 편집 프로그램)로 홈페이지를 작성한다.
- 홈페이지의 내용에서 비디오 파일을 불러 올 제목에 하이퍼링크를 붙여주기만하면 된다.

3) 인터넷방송 제작인력

인터넷방송에 종사하는 인력으로는 일반적으로

① **서비스 관리자**(Web PD, 웹마스터, 마케팅 매니저 등),

② **컨텐츠 개발자**(컨텐츠 매니저, 구성작가, 방송제작자, 오디오/비디오 엔지니어 등),

③ **웹 제작자**(UI 설계자, 일러스트레이터, 웹디자이너 등),

④ **웹 개발자**(웹 프로그래머, 시스템 엔지니어, 스트리밍 엔지니어) 등을 들 수 있다.

이밖에 각종 보조 진행요원들, 경영을 위한 영업 인력도 필요하며, 경우에 따라서는 저작권법과 관련한 법률자문을 두는 경우도 있다.
가장 일반화된 형태가 해당 4가지 직업군의 역할이 각기 독립적이고 체계적으로 이뤄지는 것인데, 실질적으로 상당수의 인터넷방송국들은 전문화되고 독립적인 역할구분이기보다는 소수의 인력이 여러 가지 일을 겸하거나 병행하는 경우가 많다.

5.2.2 링크의 클릭에서 사용자에게 동영상이 보여 지는 단계

① 사용자가 인터넷 방송 웹 페이지에 방문하여 멀티미디어 데이터의 위치정보를 클릭하면

② 웹 브라우저는 웹 서버에게 멀티미디어 데이터의 위치정보가 담긴 메타파일인 ASX를 요청한다.
③ 웹 서버는 메타파일을 사용자의 웹 브라우저에게 전송한다.
④ 사용자의 웹 브라우저는 스트리밍 플레이어(Streaming Player)를 실행하여, 웹 서버가 전송해준 메타파일을 전송 받는다.
⑤ 스트리밍 플레이어는 브라우저로부터 받은 메타파일 안에 담긴 멀티미디어 데이터의 위치정보를 읽어서, 스트리밍 서버에게 멀티미디어 데이터(ASF)의 실시간 전송을 요구한다.
⑥ 스트리밍 서버는 요청된 멀티미디어 데이터를 스트리밍 플레이어에게 실시간으로 전송한다.
⑦ 마지막으로 스트리밍 플레이어는 스트리밍 서버로부터 전송 받은 데이터를 버퍼링을 거친 후 사용자에게 보여준다.

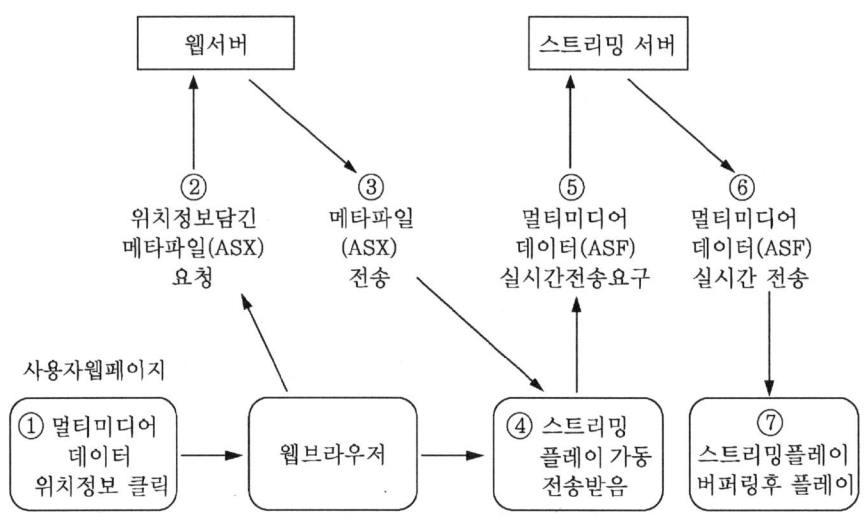

링크의 클릭에서 사용자에게 동영상이 보여 지는 과정

1) ASF와 ASX 파일

(1) ASF (Advanced Streaming Format)

ASF는 동영상, 또는 음성 파일이다. MPG, MP3, WAV, RM 등과 같이 직접 영상이나 음성이 들어 있는 파일이다.

ASF 파일은 MOV, AVI, MPEG 파일과 같은 여러 가지 동영상 원본을 사용하여 만들 수 있으며 통합 멀티미디어 파일로 파일 안에는 오디오, 비디오, 이미지, URL, 실행 프로그램까지 들어갈 수 있다.

ASF 파일은 스트리밍 기술을 이용하여 인터넷에서 파일을 다운로드하면서 동시에 재생이 가능하며 윈도우즈 운영체제에 포함된 Windows Media Player로 재생이 가능하고 이 파일 하나만으로도 영상이나, 음성을 볼 수 있다.

(2) ASX (Windows Media Metafile)

ASX는 동영상이나 음성정보를 가지고 있는 파일이 아니다.

ASX 파일은 Windows Media Player가 ASX 파일을 선택했을 때 원래 파일인 ASF 파일을 스트림 할 수 있도록 ASF 파일의 주소, 파일명, 재생 방법, 이미지들의 재생 속성 등의 정보를 제공해 주는 메타파일이다.

윈도우즈 미디어 메타파일(Windows Media Metafile) ASX는 텍스트 파일(text file)로서 스트리밍 파일의

① ASF의 위치 정보와
② 동영상(ASF, WMV) 콘텐츠의 경로,
③ 배너,
④ 로고,
⑤ 프리젠테이션(Presentation)에 대한 정보를 담고 있다.

ASX 파일은 혼자서는 존재의 의미가 없으며, ASF 파일이 있어야만 한다. 어떤 ASF 파일이 있을 때, 그 ASF 파일의 위치를 나타내주는 것이 바로 ASX 파일인 것이다.

동영상을 홈페이지에 연결할 때, 실제 동영상 파일인 ASF 파일이 아닌 ASX 파일이라고 하는 메타파일(중간)을 HTML로 연결시킨다.

동영상을 홈페이지에 연결할 때 ASX라는 메타파일을 사용하는 이유는 ASF 파일은 내용량에 따라 엄청 큰 파일일 수 있지만, ASX 파일은 ASF 파일에 비해

작은 위치정보를 나타내 주는 텍스트 파일이기 때문에 Windows Media Player로 재생시킬 때 버퍼링 시간도 줄여줄 수 있다.

5.2.3 인터넷 방송용 서버

서버란 일반적으로 서버 프로그램이 실행되고 있는 컴퓨터 하드웨어를 말하며 다른 프로그램에게 서비스를 제공하는 컴퓨터 프로그램을 말한다.

1) 웹 서버

hypertext 문서의 송수신을 위한 HTTP 프로토콜을 이해하고 이에 따라 요청받은 동작을 수행하는 서버로서, 네트워크에 연결되어 인터넷상에서 네트워크를 통해 사용자들에게 정보를 공급해 주는 것으로 생각하면 된다. 이때 보고 싶은 정보는 웹 브라우저를 통해 볼 수 있다.

웹 서버는 가능한 많은 데이터를 최대한 빨리 보내도록 설계되어 있어 이미지, 텍스트, 웹 페이지를 제공하는 데는 적합하다. 스트리밍 서버 없이 웹 서버만을 이용하여 동영상을 서비스 할 경우 안정성과 서비스 질은 다소 떨어진다.

2) 스트리밍 서버

스트리밍 서버는 스트리밍 기술을 이용하여 스트리밍 서비스를 이용할 수 있도록 구성된 서비스를 말한다.

스트리밍 서버는 한꺼번에 많은 양의 데이터를 전송하는 것이 아니라 실시간으로 균일하게 데이터를 전송하는데 적합하도록 설계되어 있어 스트리밍 파일과 같은 대용량의 동영상을 서비스하기에 적합하다.

이 스트리밍 서버의 종류는 가장 많이 사용되었던 Real Media System과 마이크로소프트사에서 스트리밍 서비스를 제공하기 위해 제공한 Window Media System으로 나뉜다.

ASF파일은 반드시 스트리밍 서버에 올려져 있어야 하고 메타파일인 ASX파일은 꼭 웹 서버에 올려져 있어야 한다.

(1) WMT(Windows Media Technologies)의 주요 구성

(가) 서버용 프로그램
Windows Media Server

(나) 컨텐츠 제작용 프로그램
On-Demand Producer
Windows Media Encoder

(다) 사용자(클라이언트) 프로그램
Windows Media Player

(2) RMS(Real Media Systems)의 주요 구성

(가) 서버용 프로그램
Real Media Server System

(나) 컨텐츠 제작용 프로그램
Real Media Producer
Real Slide Show
Real Presenter Plus

(다) 사용자(클라이언트) 프로그램
Real Media Player

5.3 인터넷방송 시스템의 구조

5.3.1 인터넷방송 시스템

1) 인터넷방송국

인터넷방송국은 인터넷 서비스를 위한 콘텐츠를 제작하고 내용을 구성하는 역할을 하는 곳이다. 현재의 방송국과 같이 카메라로 찍거나 음성을 녹음하는 행위를 수행하기도 하고, 이들을 편집하여 프로그램으로 만들기도 한다. 하지만 인터넷 방송국은 기존의 방송국과 많은 차이가 있다. 인터넷방송에서의 프로그램 편집은 전적으로 방송국에 의존하기보다는 이용자 측에도 상당 부분 권한이 있기 때문에 이들에게 다양한 채널과 콘텐츠를 자유롭게 제공할 수 있어야 한다. 따라서 인터넷방송국에서는 멀티미디어 형식으로 구성된 수많은 데이터와 단순 가공된 프로그램을 보관하고 있다가 사용자의 요구가 있는 경우에 개인에게 맞는 채널과 방송 순서를 형성하고, 이를 통하여 편집된 데이터를 내보내는 기능을 수행한다.

2) 인터넷

인터넷은 인터넷방송국에서 제작하고 시청자에 의해 선택된 프로그램과 콘텐츠를 전달하는 매체이다. 일반적으로 인터넷방송국에 있는 서버와 사용자의 단말기는 인터넷 위에서 쌍방향 통신이 가능하도록 TCP/IP를 이용하여 데이터를 실어 보낸다.

현재의 사용자층은 기존의 인터넷 구조로 수용이 가능하지만, 앞으로 이용자가 늘어날 경우 인터넷방송은 제한된 네트워크 트래픽 문제로 인하여 타격을 입을 수 있는 여지가 있다. 그러므로 기술적인 차원에서 디지털 위성, 케이블 방송, 그리고 인터캐스트 등의 다양한 보완책이 제시되고 있다.

3) 수신기

인터넷방송의 수신기는 각종 프로그램과 관련하여 데이터를 수신하는 기능을 수행하는 부분을 말한다. 아직까지 인터넷방송의 수신기는 컴퓨터이기 때문에 대부분은 소프트웨어로 구성되어 있으나 Web TV와 같은 셋톱박스 형태로 시판되는 것도 있다. 현재 가장 널리 사용되는 수신 소프트웨어는 마이크로소프트의 미디어 플레이어와 리얼 네트워크의 리얼 플레이어이다.

5.3.2 인터넷방송국 시스템

인터넷방송을 위해서는 크게 두 가지 시스템이 필요하다. 첫째, 멀티미디어 콘텐츠를 만들기 위한 소프트웨어가 설치된 시스템이다. 여기에는 편집시스템과 인코딩 시스템이 포함된다. 둘째, 만들어진 콘텐츠를 인터넷을 통해 서비스하기 위한 소프트웨어가 설치된 시스템으로 웹서버와 스트리밍 서버가 여기에 속한다.

1) 구성

콘텐츠 제작을 위한 편집 시스템과 인코딩 시스템은 카메라, 마이크, 비디오와 같은 외부 장치로부터 입력되는 신호를 .avi, .wav와 같은 컴퓨터에서 처리할 수 있는 파일 형태로 저장하거나, 인터넷방송이 가능한 형태인 .asf 파일로 바꾸어 주는 시스템이다.

인코딩 시스템은 카메라, 비디오, 마이크와 같은 외부기기로부터 신호를 입력받아 이를 컴퓨터 파일로 저장하는 역할을 하기 때문에 외부기기의 입력신호를 받아들이기 위한 장치가 있어야 한다. 외부기기로부터 음향을 입력받기 위한 장치, 영상을 입력받기 위한 장치가 필요하다. 음향을 입력받기 위한 장치로 사운드카드가 있으며, 영상을 입력받기 위해서는 비디오 캡처 카드가 있다.

콘텐츠 배포를 위한 시스템은 웹 서버와 스트리밍 서버로 구성된다. 스트리밍 서버는 인코딩 시스템을 이용하여 만들어진 인터넷방송용 자료를 인터넷을 통해 접속한 여러 사용자에게 제공해주는 시스템을 말한다. 웹 서버는 인터넷방송국을 운영하는 웹사이트가 설치된 시스템으로 HTML 형태의 정보를 서비스하며 인코딩 시스템으로 만들어진 인터넷방송 프로그램에 대한 설명과 위치 정보를 사용자에게 알려주는 역할을 한다. 두 서버는 하나의 시스템에 설치될 수도 있고 여러 시스템에 나누어 설치될 수도 있다.

2) 편집 시스템과 인코딩 시스템

편집용 시스템은 일반적으로 사용되는 범용 컴퓨터를 사용할 수 있다. 그러나 편집 작업은 많은 양의 하드웨어를 요구한다. 그러므로 비교적 좋은 사양의 컴퓨터를 사용하는 것이 권장된다. 특히 비디오와 오디오와 같은 데이터 포맷은 많은 양의 하드디스크 용량을 요구한다. 또한 아날로그 신호로 보관이 되어 있는 자료들은 아날로그 신호를 디지털 파일로 변환하기 위한 인코딩 장비가 필요하다.

오디오 서비스를 위한 사운드카드와 비디오서비스를 위한 비디오 캡처 카드가 필요하다. 비디오 캡처 카드는 아날로그 신호로 되어 있는 동영상을 컴퓨터에서 인식할 수 있는 디지털 파일로 변환하는데 꼭 필요한 장비이다. 방송을 위해서 그밖에 VTR, 캠코더, 마이크 등의 장비가 필요하며 PC와 연결하기 위한 케이블 등이 필요하다.

하드웨어가 준비되면 편집이나 인코딩을 위한 소프트웨어를 준비해야 한다. 편집용 소프트웨어는 단순히 비디오를 캡처 받는 기능 이외에도 비디오를 편집할 수 있는 많은 기능을 가지고 있는 소프트웨어들이 다양하게 사용된다. 인코딩을 위한 소프트웨어는 스트리밍 서버에 따라 파일의 포맷이 다르기 때문에 스트리밍 서버를 제공하는 회사에 따라 여러 가지가 있다.

3) 서버 시스템

현재 국내외에서 쓰고 있는 스트리밍 솔루션으로는 윈도우 미디어, 리얼 시스템, 퀵타임 등이 대표적이다. 윈도우 미디어 서버 기술은 마이크로소프트에서 제공하는 솔루션이고, 리얼시스템 기술은 리얼네트워크에서 제공하는 솔루션, 애플에서 제공하는 퀵타임 등이 있다.

5.3.3 주문형 방송을 위한 시스템 구성

주문형 방송이란 사용자가 원하는 시간에 원하는 프로그램을 선택해서 시청할 수 있도록 하는 방송방법이다. 인터넷방송에 큰 특징의 중의 하나가 바로 주문형 방송이 가능하다는 것이다.

◆ **서비스 과정은**

오디오나 비디오 소스에서 입력된 콘텐츠를 편집시스템을 이용하여 디지털화 시키고 목적에 맞는 콘텐츠로 편집한다. 그다음 인코딩 시스템을 이용하여 스트리밍 가능한 형태로 변환한다. 그리고 스트리밍 서버에 변환된 콘텐츠의 게시지점을 지정하고 웹 서버에 콘텐츠 게시지점을 연결한다.

◆ **주문형 방송을 위해 필요한 시스템은**

- 카메라와 마이크
- 콘텐츠 제작을 위한 편집 시스템과 인코딩 시스템
- 방송 프로그램을 저장해 놓는 시스템.
- 많은 데이터의 저장과 검색이 가능한 데이터베이스 시스템
- 인터넷방송을 위한 스트리밍 서버 시스템이 필요하다.

5.3.4 생방송을 위한 시스템 구성

생방송이란 인코딩과 동시에 인터넷을 통해서 스트리밍 서비스하는 것을 말한다. 주문형 방송과 다른 점은 인코딩된 후에 방송하는 방법과 인코딩과 동시에 방송하는 방법이 있다. 이에 따라 시스템의 구성이 조금 다르다.

◆ **서비스 순서는**

방송국에서 인코딩 시스템의 인코더와 스트리밍 서버의 게시지점을 연결하여 놓은 다음 게시지점을 다시 웹 서버를 통해서 사용자들이 접근할 수 있도록 웹페이지를 작성해 웹사이트에 게시한다. 사용자는 생방송되는 스트리밍 서버의 게시지점을 웹서버를 통해서 접근한다.

◆ **생방송을 위해 필요한 시스템은**

- 카메라와 마이크
- 인코딩 시스템

- 인터넷방송을 위한 스트리밍 서버 시스템이 필요하다.

주문형 방송 시스템과의 차이점은 편집시스템과 데이터베이스 서버가 필요 없다. 오디오나 비디오 신호가 입력되는 소스에서 인코딩 시스템으로 신호를 받아들여 인코딩을 수행한 다음 인코딩된 신호를 곧바로 스트리밍 서버로 보낸다. 이때 필요에 따라 생방송 데이터를 녹화할 수도 있도록 시스템을 구성한다.

제3편

프로그램 제작기술

제6장 프로그램 제작의 개요 • 201
제7장 음향 프로그램 제작 • 213
제8장 영상 프로그램 제작 • 253
제9장 조 명 • 345

CHAPTER 6

프로그램 제작의 개요

6.1 라디오 프로그램

라디오 프로그램은 대부분 PD와 믹서가 제작한다.

6.1.1 라디오 프로그램의 종류

프로그램의 유형별로는

① 일반 프로그램 : 뉴스, 대담, 강좌, 해설, 음악
② 특수 프로그램 : 드라마녹음, 특수 음향녹음, 오케스트라연주 녹음, 공개방송, DJ 프로그램 등이 있고 방송시간대 또는 프로그램의 특수성에 따라 생방송과 녹음방송으로 분류한다.

6.1.2 프로그램 제작 과정

1) 기획

연출 부문 담당자 중심으로 테마, 내용, 구성 방법 등을 검토한다.

2) 준비

(1) 제작에 필요한 정보 파악(프로그램내용, 연출방침, 제작 스케줄 등)
(2) 믹싱에 대한 계획수립(수음방식, 사용 마이크의 종류, 수량, 배치방법, 음색 형성 방식 등)
(3) 사용하는 음향 기기의 기능파악(이퀄라이즈 앰프, 필터, 잔향 장치 등)
(4) 음장 상태 확인(울림의 길이, 울림의 색감, 노이즈 종류 등)
(5) 예술적인면 이해(객관적인 입장을 생각한 믹싱)

6.1.3 프로그램 제작 스탭

1) 믹서

소재가 되는 음을 조정(수음, 혼합, 레벨조정, 믹싱, 음색 형성)하여 하나의 작품으로 만드는 기술 업무를 담당한다.

믹싱은 단순히 음의 혼합만이 아니고 음색의 형성, 음의 원근감 등 모든 수음기술을 구사하여 "음을 만들기"위한 각종 음향기기에 정통하고 미묘한 음색이나 원근감등을 들어서 알 수 있도록 민감한 귀를 갖는 것이 중요하다.

2) PD

작품을 연출하는 역할을 담당하며 대형 프로그램은 조연출, 효과 계가 추가된다.

3) 효과 담당

생음악, 대사 이외의 효과음을 만들고 조작한다.

6.2 TV 프로그램

6.2.1 TV 프로그램 제작의 특징

- TV는 시각과 청각에 의해 시청자에게 정보를 전달하며 청각은 간접적인 요소가 많다.

- 따라서 TV 음성은 영상에 가장 적합한 음이 요구된다.
  영상과 음성의 상호 관계를 적절히 처리하여 영상적 진실성 및 3차원적인 이미지를 강조해야하고, 화면의 장면 전환에는 시각과 청각과의 시간차를 고려하여 음성의 전환타이밍이 영상의 스위칭보다 빠른 것이 적절하다.
- TV영상은 2대 이상의 카메라로 촬상 하면서 각 카메라의 출력을 적절히 선택하여 스위칭하므로, 얻어진 영상은 촬상과 편집이 동시에 이루어진다는 것을 염두에 두어야한다.

6.2.2 TV 프로그램의 종류

① 보도 프로그램
② 교양 프로그램
③ 교육 프로그램
④ 연예, 오락 프로그램 등이 있고

제작 수법 상 분류하면

　　　ⓐ 스튜디오 제작 프로그램
　　　ⓑ 중계 프로그램
　　　ⓒ 비디오 로케이션 프로그램
　　　ⓓ ENG 취재 프로그램 등이 있다.

6.2.3 프로그램 제작 과정

1) 기획

연출 부문 담당자 중심으로 테마, 내용, 구성 방법 등을 검토한다.

2) 준비

자료 수집 정리와 자료를 기초로 한 대본(콘티 : continuity)작성과 세트 플래닝(set planning)을 세우고, 콘티를 기본으로 조명, 카메라, 음향 등 각 스태프가 검토한다.

3) 리허설(rehearsal)

(1) 드라이 리허설(dry rehearsal)

연기자에 의해 연기하는 동작, 대사 등을 콘티를 중심으로 체크한다.

(2) 카메라 리허설

블로킹 카메라 리허설(blocking camera rehearsal)로 마땅치 않은 부분에서 리허설을 중단하고 그 부분을 수정해 가는 방법과 본 방송과 똑같이 행하는 런 스루 카메라 리허설(run-through camera rehearsal)로 전체적인 것을 체크하는 방법이 있다.

4) 편 집

녹화 프로그램은 대부분 편집을 한다.
영상편집과 영상편집에 따른 효과음 등의 음향 삽입 편집을 한다.

5) 본 방송

생방송 프로그램과 녹화방송 프로그램으로 분류한다.

6.2.4 프로그램 제작 스탭

프로그램 제작에는 많은 스탭이 참여한다. 전문영역이 다른 사람들이 동일목적을 향하여 협력해간다. 이를 위해 스탭은 자기의 전문영역 이외를 어느만큼 이해하는가에 의해 프로그램이 만들어지는 것이 크게 변한다. 팀워크가 중요하다.
방송국의 규모나 조직에 따라 스탭의 구성에 차이가 있지만 기본적으로는 연출부문, 기술부문, 미술부문으로 나눌 수가 있다.

◆ 연출 부문

① 프로듀서(producer)
② 연출자(program director)
③ 조연출(assistant director) : floor director, stage director

◈ 기술 부문

① 기술 감독(technical director)
② 스위처(switcher)
③ 조명 감독(lighting director)
④ 카메라 맨(camera man)
⑤ 비디오 엔지니어(video engineer)
⑥ 오디오 맨(audio man)
⑦ 마이크 맨(mic boom operator)
⑧ 녹화 담당자(VTR man)

◈ 미술 부문

① 디자이너(set designer 또는 art designer)
② 대도구 계, 소도구 계
③ 분장 계, 의상 계

◈ 기 타

① 효과 계
② 기록 계

1) 연출 부문

(1) 프로듀서(producer)

기획 제안 회의에서 결정된 프로그램에 대한 전체의 책임자이다.

구체적인 업무로서는 연출 스탭의 선정에서 각본가, 작곡가, 출연자 등의 선정, 계약 제작권 처리 프로그램의 제작 스케줄 등 프로그램제작에 있어서 관리 적인 면을 담당한다.

특별기획의 프로그램제작, 새로운 프로그램의 발족 당초에는 새로운 조직을 만들고 제작시스템을 만들고 관계부문과의 새로운 관계 등을 구축해가야 한다.

(2) 프로그램 디렉터(PD : program director)

프로그램에서 연출 책임자이다. TV에서의 PD는 문학, 음악, 연극이라 하는 서로 다른 예술영역을 연결하는 중계자임과 동시에 그들을 영상화하는 미술·기술의 중계자이기도 한다. 때문에 예술 영역의 소재를 미술영역의 장치에서 음악과의 융합을 도모하며 TV카메라라고 하는 전자 장치를 사용하여 영상표현을 하며 시청자의 시각에 호소하는 전반적인 정리자이다. 또 연기자에 대한 표현수법의 지도, 즉 트레이너로서의 능력도 요구된다.

(가) 연출자의 작업들은

① **작가와의 협의**

프로그램의 제작의도 스토리의 전개 등을 수립한 자료를 검토하면서 어떠한 대본으로 정리할 가를 작가와 협의한다.

② **출연자 관계**

출연자를 결정할 때 PD도 참여한다. 출연자가 결정되면 출연자 전원에게 각자의 역할 연기상의 표현수법의 지도 등 연출 의도에 철저를 기한다.

③ **미술관계**

미술관계의 작업은 디자이너와의 미술협의부터 시작한다. 대본의 내용 연출의도에 따라서 어떠한 장치를 할 것인가를 검토한다. PD와 디자이너에 의해 결정된 미술관계의 기본방침을 기본으로 연기에 필요한 가구, 보조품, 장신구, 의상, 가발, 분장 등의 협의를 한다.

④ **기술관계**

기술협의는 프로그램제작의 준비단계로서는 최종적인 부분으로 영상화 해 가는 기본방침을 TD를 중심으로 검토한다. TD는 연출의 기본방침을 기초로 시스템구성의 준비를 한다. PD는 사전에 TD와 협의한 것을 기초로 대본상에 컷 분할을 하고 그것을 기초로 기술스탭 전원과 기술 협의를 한다.

(3) 조연출(assistant director)

(가) 플로어 디렉터(FD : floor director)

FD는 PD를 보좌하는 연출조수이다.

스튜디오에서 프로그램을 제작할 때 FD는 스튜디오 플로어에서 부조정실에 있는 PD로부터의 지시를 출연자에게 전달을 하고 연기의 시작을 지시(cue : Q)도 하는 스튜디오 플로어에 있어서 PD이다.

준비 단계에서는 PD의 업무를 거의 전면에 걸쳐 보좌하며 특히 자료수집, 스케줄 작성, 각 섹션과의 연락 등을 다각적으로 추진해야 하며 그 업무량 범위는 극히 넓다.

(나) 스테이지 디렉터(SD : stage director)

SD는 FD와 같이 PD를 보좌하여 프로그램의 원활한 진행을 도모하는 연출 조수의 한사람이다. FD는 PD측 혹은 카메라 렌즈 측에서의 연출조수인데, SD는 피사체 측에서 출연자의 출연준비, 대도구, 소도구, 의상, 분장 등의 준비에 있어서 제작 스케줄을 스무스하게 진행하도록 도모한다. 프로그램의 규모에 따라서 FD가 SD를 겸하는 수도 많다.

2) 기술부문

기술부문의 스탭은 전자 기기 및 프로그램 제작에 사용되는 각종 기기에 대하여 정통해야 한다. 기술스탭은 카메라, 조명, 음향, 영상 중 각자가 독립된 것은 아니고 서로 관계가 있다. 이 때문에 기술스탭은 자기의 담당업무만이 아니고 다른 업무에 대해서도 동등의 지식, 기법의 습득이 중요하며 또한 제작하는 프로그램의 내용을 충분히 이해하기 위해 기술 이외의 분야의 지식도 항상 요구되고 있다. 그래서 유능한 스탭이기 위해서는 기술 이외의 영역, 즉 음악, 연극, 스포츠 등 조금이라도 넓은 범위, 보다 깊은 지식이 필요하지만 무엇보다도 먼저 풍부한 인간성이 요구된다.

(1) 기술감독(TD : technical director)

TD는 프로그램 제작에 종사하는 기술 staff을 통괄 지휘하며 PD와 협력하여 프로그램 제작에 원활한 제작을 꾀한다. 기술적으로는 소프트웨어(software), 하드웨어(hardware)의 양쪽에 충분한 지식을 갖고 카메라, 조명, 음성 등의 프로그램 제작상의 기법에 대해서도 숙지하지 않으면 안된다. 또 기민성이나 결단력도 요구된다. 수많은 전자 기기를 구사하여 제작하는 TV 프로그램에서는 항상 기기가 완전한 상태로 동작하고 있다고는 한정할 수 없다. 또 리허설 중에 카메라 조명, 음성의 각 staff들로부터 나오는 기법상의 문제에 대해서도 논의할 시간이 없다. 그때그때마다 즉시 판단하고 즉시 결정해야 한다. 이 때문에 기술적인 지식만이 아니고 연출 적인 센스도 갖추고 기법상의 문제점이 발생했을 때 효과적인 다른 기법을 적극적으로 제안하고 PD의 좋은 협력자가 되어야 한다.

통상 TD는 기술부문의 책임자로서 기획 결정후의 준비단계에서 편집까지 관여하는 수가 많다.

(2) 스위쳐(SW : switcher)

PD의 연출의도에 따라 스위치 탁의 스위치 버튼 조작에 의해 스위칭 조작을 하며 스위쳐에 요구되는 자질은 TD와 같이 기민성과 결단력 그리고 영상에 대한 깊은 지식이다. 또 애드립이나 본방 중의 기기 장애에 냉정하게 대처할 수 있는 침착성도 요구된다. 거의 대부분 TD가 스위쳐를 겸무한다.

카메라의 영상을 차례차례로 스위칭 해 가는 것이기 때문에 카메라맨의 기분을 충분히 이해하고 구도나 카메라기법에 대해서도 정통할 필요가 있다.

(3) LD (light director : 조명감독)

기술 staff의 일원으로 조명의 책임자이다. LD는 기술협의시 연출가의 이미지 연기자의 움직임, 카메라 앵글과 사이즈, 음성 수음방법 등 사전에 충분히 검토하여 라이트 플랜을 만든다.

프로그램 내용에 대한 우수한 판단력, 색채감각 등 미적 창조력을 구사하여 단순히 물리적인 조명을 하는 것이 아니고 연출의 이미지를 구현하는 자세가 항상 되어 있어야 한다.

planning에 있어서 스토리상의 시간설정에 따른 set와 주광선의 방향에 대해서도 충분히 계산해야 한다. 연기자의 움직임과 카메라 앵글 등 일반적인 부분에 끌리기 쉽지만 전후의 관계, 전체의 흐름 등을 잘 고려하여 planning을 하지 않으면 동일 셋트에서 조명의 방향이 역으로 되는 수도 있을 수 있다.

또 TV카메라 촬영에 필요한 조명이기 때문에 촬상 계의 기기 특성이나 성능을 파악하여 planning해야 한다. 그것은 물체를 조명하는 것에 의해 수상기의 화면에서 필요할 콘트라스트를 만드는 것이며 칼라밸런스를 만드는 것이고 평면인 브라운관 상에서 입체감, 질감을 창조하는 것이다.

◆ LO (light operator)

LD의 지휘하에서 LO가 작성한 라이트 플랜에 따라 조명기구의 설치나 조작을 담당한다. LO는 많은 의미를 갖고 있는 라이트 플랜을 보고 그 하나하나의 기구의 역할을 이해하고 그 전체에서 LO의 조명의도를 정확히 파악하여 그들을 보다 효과적으로 하기 위한 기법이나 조명회로를 숙지해야 한다.

(4) 카메라맨(C 또는 CA : camera man)

카메라맨으로서의 필요한 조건은 카메라의 기계적, 전기적 성능을 이해하지 않으면 안 되지만 특히 렌즈 계를 숙지해야 하며 구도의 지식이나 미적 창조력이 필요하고 사용대수에 따라 복수의 카메라맨이 각각 분담을 정하고 협동하여 촬영하므로 카메라맨 상호간의 협력성은 물론 기교적인 면에서도 그 레벨이 비슷해야 한다.

복수의 카메라맨이 촬영한 영상을 하나의 카메라 눈으로 통일하여 일관성 있는 화면구성을 하기 위해 통상 프로그램제작에서는 한사람의 카메라맨이 조장이 되어 다른 카메라맨을 지휘하여 카메라전체의 책임을 갖는다. 따라서 조장 카메라맨을 중심으로 다른 카네라맨은 소장가메라맨의 이미지에 따르도록 분담 협력하여 전체의 영상을 만들어야 한다.

프로그램의 규모, 내용에 따라 2~4 대의 카메라를 사용하고 카메라맨도 통상은 사용 대수에 따라 배치된다.

(5) 믹서(Mixer : audio mix man)

기술 staff의 일원으로 음향관계의 책임을 갖고 붐 오퍼레이터(마이크 맨)를 지휘하여 스튜디오 내에 있어서 대사 효과음악 등 모든 음성의 믹싱을 담당한다. 믹싱은 단순히 음의 혼합만이 아니고 음색의 형성, 음의 원근감 등 모든 수음기술을 구사하여 "음을 만들기" 위한 각종 음향기기에 정통하고 미묘한 음색이나 원근감등을 들어서 알 수 있도록 민감한 귀를 갖는 것이 중요하다.

TV 프로그램에서는 영상과 음성은 자동차의 바퀴이다. 영상과 음성이 동일한 것은 아니지만 음은 음의 측면에서 무엇을 포인트로 할 것인가 등을 충분히 계산하여 사용 스튜디오의 음향특성, 장치된 셋트의 크기, 형상, 재질 등 수음에 관한 주위 조건도 고려하고서 프로그램 전체의 음향설계를 한다.

◆ 마이크 맨(BO : boom operator)

TV프로그램에서는 마이크로폰을 화면에 나오지 않도록 하는 경우가 많다. 특히 드라마에서는 절대로 나와서는 안 된다. 이 때문에 음원의 움직임에 따라 다닐 수 있는 마이크로폰 붐(microphone boom)이 활용되며 이것을 조작하는 스탭을 마이크 맨(붐 오퍼레이터)이라 한다.

BO는 믹서의 지시에 따라 마이크로 붐을 주로 조작하며 필요에 따라 기타 음향기기를 사용하여 적절한 수음을 한다. 적절한 수음이란 화면에 어긋나지 않은 수음을 하는 것이다.

BO는 수많은 기술 staff 중에서 자기 업무가 동시에 모니터 되지 않은 유일한 staff이다. 즉 귀로 직접음원의 음을 듣고 눈으로 음원과 마이크 위치를 확인하면서 조작하는 것으로서 어떠한 음으로 수음되고 있는가 모니터 되지 않는다. 따라서 사용 마이크와 음원 및 주위의 환경조건의 관계를 용이하게 판단할 수 있는 지식과 경험도 중요한 요소이다.

(6) 비디오 엔지니어(VE : video engineer)

프로그램 제작 중에는 항상 카메라를 비롯하여 프로그램제작에 사용되는 영상기기의 안정된 영상을 얻도록 파형이나 영상레벨을 파형 모니터, 벡터스코프, 컬러모니터 등의 측정기를 사용하여 관리한다. 화질관리는 단순히 기술적 측면에서만이 아니고 프로그램 내용도 가미한 관리라야 한다. 이 때문에 기술 staff 중에서 가장 기술적(hard)인 면을 요구하지만 다른 staff과 같이 기술이외의 분야의 지식도 필요하다. 영상 기기의 운용, 보수, 관리를 담당한다.

3) 미술 부문

미술부문은 스튜디오 내에 조립되는 장치에 관한 대도구 계, 소도구 계와 출연자의 몸 주변에 관한 의상 계, 분장 계로 대별되며 전체를 총괄 지휘하는 디자이너, 디자이너를 보좌하는 제작 진행계로 구성된다.

(1) 디자이너(set designer 또는 art designer)

방송국에 따라서 셋트 디자이너와 아트 디자이너를 나누기도 하지만 통상의 경우는 구별하지 않는다. 디자이너는 미술전반의 책임자이며 프로그램 내용에 따라서 PD와 협의하면서 필요한 장치를 설계한다. 설계한 장치는 셋트 plan, 즉 청사진 형태로 관계 staff에게 배부된다.

셋트 plan은 대도구, 소도구 등 필요한 모든 도구를 기입한 스튜디오 floor의 평면배치도로 이 도면으로 스튜디오 floor에 무엇이 어떤 형태로 어떠한 크기로 어떤 위치관계가 있는 가 등을 한눈으로 이해할 수가 있다. 따라서 staff이 프로그램 제작에 휴대하는 대단히 중요한 것으로 PD는 출연자의 움직임과 그에 대한 cut 분할, 기술에서는 조명의 planing, 카메라의 배치 장소와 카메라 케이블의 포설 경로의 검토, 마이크 붐의 설치 장소의 선정 등에 빠져서는 안 되는 것이다.

(2) 대도구 계, 소도구 계

대도구 계는 장치 세우기나 제작완료 후 철거하는 것이 주된 작업이며 프로그램 제작 중엔 스튜디오 내에서 장치의 미비한 부분의 수정, 장치의 전환, 이동 등을 한다.

소도구 계는 장치내의 가구, 소품, 출연자의 장신구(안경, 구두, 핸드백 등)의 모든 것과 "써버리는 물건"이라 부르는 먹는 것, 마시는 것, 담배 등 연기에 필요한 적은 물건 전반에 걸친 준비, 조달 장식 등을 행한다. 이와 같이 소도구

는 하나하나에 시대, 풍속, 계급 등을 상징하는 것이 많다.

(3) 분장 계, 의상 계

TV에 있어서의 분장(make up)은 무대와 같이 과장된 화장을 하는 것은 적고 일반적인 화장에 가까운 것이다. 일반의 화장과 다른 것은 일반의 화장이 육안으로 직접 보는 아름다움이지만 TV 카메라로 브라운관까지의 전기적인 전송계를 경유하기 때문이다. 따라서 프로그램 제작 중엔 기술 staff인 LD와 VE와 밀접한 연락을 취하면서 화장한다.

의상 계는 출연자의 의상조달 보관 등과 옷매무새를 봐준다.

그밖에 머리손질은 미장담당이 하지만 가발은 가발전문가가 담당한다.

4) 효과 계, 기록 계

효과 계는 프로그램 중의 대사나 나레이션을 제외한 효과음을 만들어 넣는 역할을 한다. 효과음에는 연기상의 동작을 도와주는 현실 음(발소리 가두소음)과 영상 상에서 노리는 포인트의 과장이나 연기 상의 심상 표현 등에 사용되는 추상음이 있고 이 선택은 효과 계의 이미지에 의해 처리된다. 극중 음악도 효과계의 담당이며 새롭게 작곡가에 의뢰하는 경우와 기성곡 중에서 선곡하는 경우가 있다. 효과 계는 이와 같이 프로그램을 음향적인 면에서 보다 충실하게 하는 역할을 가지며 민감한 귀와 음악문학 연구 등 폭넓은 지식을 갖고 믹서와 밀접한 연락을 취하면서 프로그램 제작을 한다.

하나의 프로그램을 세분하여 수록하는 경우는 시간의 계산이 필요하며 분할하여 수록하므로 해서 연기상의 동작의 연속성, 화면상의 피사체의 위치, 방향의 통일 등도 중요하다. 이러한 시간의 기록계산이나 연기상의 흐름을 위하여 필요한 동작, 복장, 방향 등의 기록을 담당하는 것이 기록계이다.

CHAPTER 7

음향 프로그램 제작

7.1 음향제작 설비

7.1.1 Microphone

음향에너지를 전기에너지로 바꾸기 위해 사용되는 전기음향 변환기로 동작원리와 구조에 따라 여러 종류로 나눌 수 있다. 또한 복잡한 음향처리에서 마이크에 의해 음질이 크게 좌우되므로 믹싱 기술 중에서 마이크의 선택이 어렵고 중요하다.

1) microphone의 원리와 종류

음향 에너지인 소리의 신호를 ㉮전기저항 변화 ㉯자기 변화 ㉰압전 변화 ㉱정전용량 변화 등으로 바꾸어 다시 전기에너지로 변환하여 전기신호를 얻는다.

(1) 전기저항 변화형 마이크

카본마이크로 카본 입자 막에 전류를 흘리고 소리의 압력을 전달하면 밀도변화에 따라 저항 값이 변하면서 전류 값이 변화하는 것을 이용한 마이크

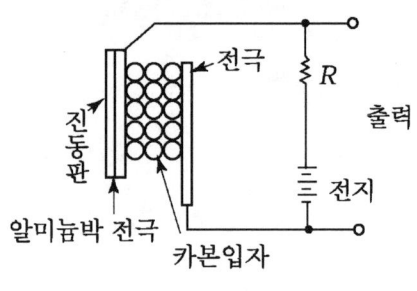

카본 마이크

(2) 압전형 마이크

압전 효과를 이용 압전 물질로 수정, 로셀염 사용하며 물질에 기계적 압력을 가하여 변형시키면 전압이 발생되는 것을 이용한 마이크.

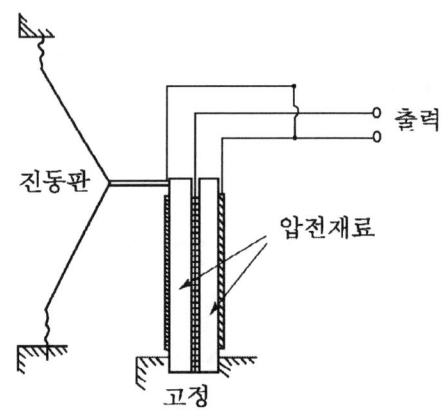

압전형 마이크

(3) 자기변화형 마이크

(가) 전자형 마이크

코일을 감은 자석사이에 진동판을 놓고 소리로 진동판을 진동시키면 자속변화로 코일에 전류가 발생하는 것을 이용한 마이크

음향 프로그램 제작

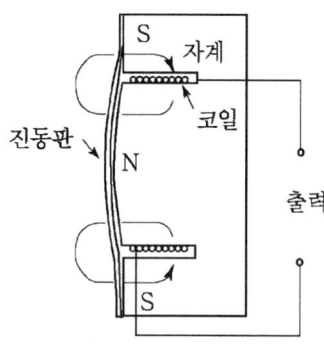

전자형 마이크

(나) 리본형 마이크(ribbon)

자계 내에 배치된 도체가 자속을 자르므로 해서 도체 내 전류 발생 효과를 이용한 마이크

- 음이 부드럽고 특성이 좋다.
- 클래식 음악 수음에 좋다.
- 바람에 약하므로 야외 사용에 부적합하다.

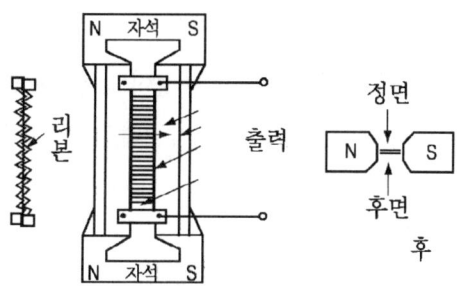

리본형 마이크

(다) dynamic형 마이크

moving coil 형으로 자석 둘레에 감은 가동 코일을 소리로 진동시켜 코일에 발생하는 전류를 이용 한 마이크

- 튼튼하고 동작이 안정성이 있다.
- 보컬용 수음에 좋다(음색이 부드럽다)

- 대 음량 음원에 대한 순응성이 있어 드럼 등 저음악기 수음에 좋다.
- 바람에 대한 영향이 적어 야외 수음에 적합하다.
- 지향성을 예민하게 만들 수 있다.

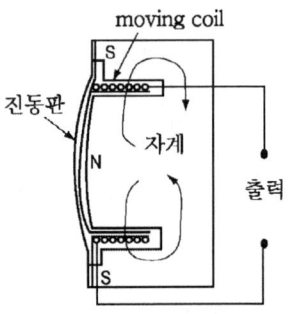

moving coil형 마이크

(라) 정전용량형(condenser)마이크

콘덴서 마이크라고도 하며 진동 막에 전극을 배치하여 콘덴서로 형성시켜 콘덴서에 직류 전압을 가하면 양 극간에 전하가 생기는데 진동 막을 소리로 진동하면 전하가 변화하며 부하 저항기에 흐르는 전류가 변화하는 것을 이용한 마이크.

- 최량의 음질을 실현(주파수 특성이 대단히 좋음)
- 경량, 강인하여 소형 제작이 가능하고 취급이 간편하다.
- 과도 특성이 우수하여 타악기 수음에 적당하다.
- 마이크 자체의 전원이 필요하다.
- 사' 행 발음의 목소리나 바람의 잡음 영향이 많아 야외 수음에 부적합하다.

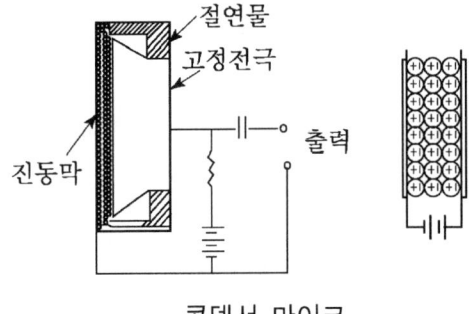

콘덴서 마이크

2) 마이크의 지향성

(1) 전 지향성 마이크(omni directional / non directional)

마이크가 위치한 곳에서 어떠한 방향으로부터도 꼭 같은 감도의 음향을 수음할 수 있도록 설계한 마이크

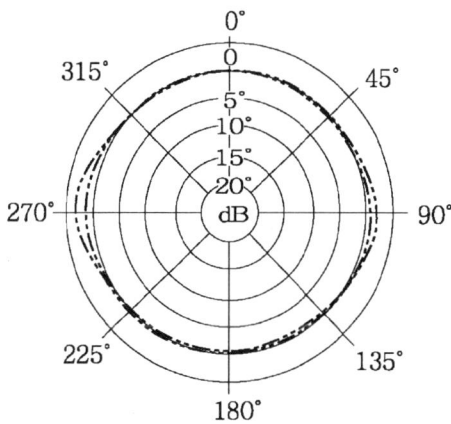

(2) 단일 지향성 마이크(uni directional / cardioid directional)

옆쪽과 뒤쪽에서 오는 음에 대한 감도가 낮은 마이크로써 잔향 음과 소음 등 주위의 음이 담기지 않는 것이 특징이며 수음 시 적당한 거리를 유지해야 하고 지향성이 강하므로 정확한 음원의 방향을 향하도록 해야 한다.

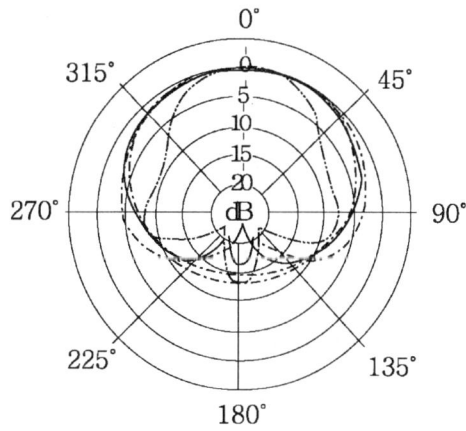

(3) 양 지향성 마이크(bi-directional)

앞과 뒤의 소리에 대해 똑같은 감도를 갖는 마이크. (8자형 지향 특성)

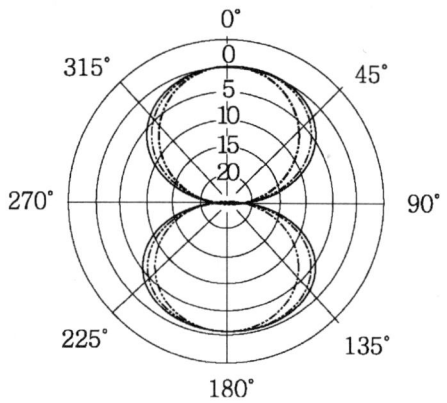

(4) 초 지향성 마이크(ultra directional)

예리한 단일 지향성을 가지고 있으며 음파의 간섭을 이용한 설계 또는 카오이드(단일 지향성) 특성의 마이크 유니트를 두개이상 조합한 교차 음압. 경사형 마이크도 있다. 원거리 수음의 목적으로 사용된다.(한 방향 10~20도 수음).

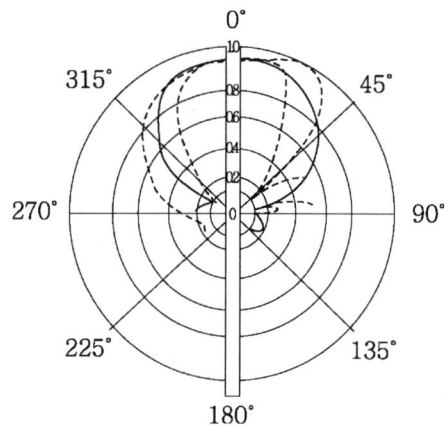

> **참고**
>
> 마이크의 지향성은 카메라의 지향성과 달리 지향각도 밖에 있는 음도 수음된다. 따라서 수음 음 이외의 음이 어느 정도 들어오고 있는 가를 알아야 한다. 지향각 이외에서의 입사 음은 당연히 음질이 나빠 음질 열화의 최대 요인이 된다.

3) 마이크의 영상과 용도별 특징

마이크의 진동판은 음질, 음량, S/N비, 감도 등을 고려하고 통상 음원에서 30cm 에서 3m 전후 거리에서 그 성능을 최대한 발휘할 수 있도록 설계되어 있다. 그러나 사용목적에 의해 다음과 같은 형의 마이크가 제작되고 있다.

(1) 핸드마이크 (근접마이크)

음원에 근접하여 사용하는 것을 전제로 설계되었는데 요구조건은 핸들링 노이즈(handling noise)가 없이 pop노이즈에 강하며 근접 효과가 작고 음이 또렷해야하고 명료도가 높아야 한다.

가수 소리를 명료하게 픽업하기 위해 일부러 입 가까이 사용하도록 설계되어 있다. 주파수 특성은 평탄하지 않다. (저역을 극단적으로 잘라 버린다).

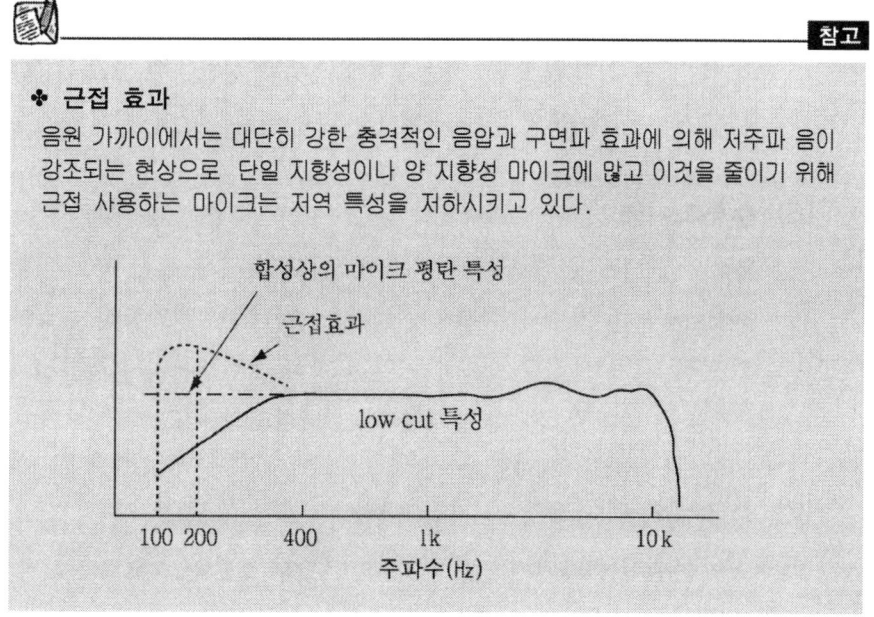

✤ 근접 효과
음원 가까이에서는 대단히 강한 충격적인 음압과 구면파 효과에 의해 저주파 음이 강조되는 현상으로 단일 지향성이나 양 지향성 마이크에 많고 이것을 줄이기 위해 근접 사용하는 마이크는 저역 특성을 저하시키고 있다.

(2) 초소형 마이크

electric 콘덴서 마이크로 초소형 마이크가 개발되어 화면상에 마이크를 없애고 싶을 때 가슴이나 넥타이에 달아 양호한 음질이 되도록 설계된 pin 타입 등이 있으며 평탄한 주파수 특성을 가진 종류가 많다.

(3) pressure zone 마이크

벽면이나 마루 면에 직접 마이크를 부착하여 눈에 띠지 않게 하고 반사음에 의한 위상 상쇄의 영향이 적고 어느 정도 떨어진 음이라도 넓은 주파수대역에 걸쳐 명료하게 수음할 수 있다. (탁구대 밑에, 농구 대 뒤에 부착 사용한다)

(4) 초 지향성 마이크

음원에서 어느 정도 떨어진 거리에서 최적한 음질과 S/N비가 좋아 주위의 잡음이나 울림을 제거하도록 설계된 것으로 마이크가 화면에 나오는 것이 허용되지 않는 장면, 취재 현장에서 음원에 가까이 가기가 곤란할 때나 주위의 잡음이 클 경우 어느 정도 떨어진 위치에서 수음이 필요할 때, 특히 새 소리나 벌레소리 등을 수음할 때 적합한 마이크이다.

(5) 콘택트 마이크(contact)

악기의 음을 직접 pick up 또는 물체의 진동을 직접 음으로 pick up 하는 마이크로 전기 기타나 피아노의 현에 근접시켜 금속 현의 진동을 직접 pick up하는 마이크

(6) 수중마이크

물속을 전파하는 음, 즉 수압의 미 진동 속에서 음성 주파수 대역의 진동을 pick up 하는 것으로 수심에 의한 수압과 방수 대책 등이 필요하고 직접 진동을 받아 전기 신호를 발생하는 압전 형이 대부분이며 음향특성이 물과 비슷한 매개물을 넣어서 진동판을 구동하는 방식의 마이크

(7) 스테레오 마이크

보통 콘덴서형 가변지향성 마이크를 두 개 조합한 것으로 XY 방식과 MS 방식이 있다.

(가) XY 방식

두 개의 마이크 유닛을 각도를 주어 두 개의 다른 소리를 수음하는 것으로 양쪽의 유닛을 단일 지향성 또는 양 지향성으로 설치 거리에 따라 양 유닛의 각도를 조정할 수 있게 되어있다.

정면 음원의 비중이 높아 멀리 떨어져도 비교적 낮은 잔향 레벨을 유지한다. 가장 보편적인 수음 방법에 90°~120° 각도로 사용한다.

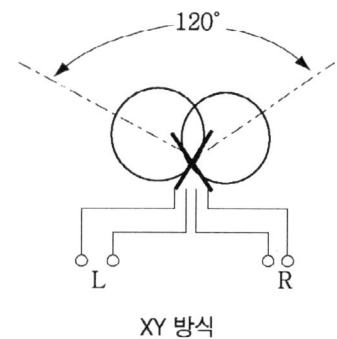

XY 방식

(나) MS 방식

mid side의 약자로 단일지향성과 양 지향성을 상호 90° 각도로 설치 양쪽의 출력을 차동 트랜스로 유도하여 양 마이크의 합과 차가 각각 L ch, R ch로 송출되도록 만든 것으로 완벽한 stereo와 mono 호환성을 갖추고 있다.

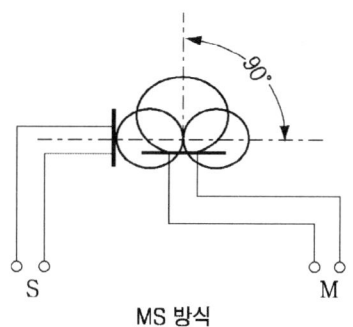

MS 방식

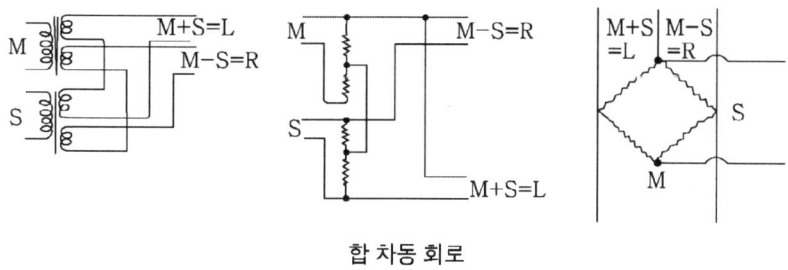

합 차동 회로

(8) 무선마이크(wireless microphone)

마이크 헤드 내에 작은 송신기를 포함시켜 전파를 발사하여 수신기의 수신안테나를 거쳐 보내져온 음성 신호를 얻는다. 마이크 케이블이 없기 때문에 이동이 자유롭다. 무선 마이크는 무선기기이므로 전파법규에 정해진 규정을 준수하고 허가를 받아야 한다.

4) 마이크의 물리 계량

(1) 감도

- 마이크의 감도는 마이크에 일정한 음압을 가했을 때 마이크 출력에 발생하는 전압 또는 기전력을 말한다.
- open circuit 전압을 표시하고 1V = 0dB로 표시한다.
- $1\mu bar$ ($1dync/cm^2$)를 규정 음압으로 한다. 따라서 $1V/\mu bar$ = 0dB이다.
- 통상 마이크에 $1\mu bar$의 음압을 가했을 때 오픈회로 출력이 1㎷라면 마이크의 감도는 $1mV/\mu bar$ = $-60dB$가 된다.

(2) 주파수 범위

대부분 30Hz~18KHz 까지 적은 편차로 커버하고 있다.

(3) 출력임피던스(impedance)

프로페셔널용은 600Ω, 250Ω, 150Ω, 60Ω 등 낮은 임피던스가 사용되며 아마추어용은 10㎆, 50㎆ 등 높은 임피던스를 사용한다.

이유는 임피던스를 낮게 하면 마이크의 케이블을 길게 연장 사용할 수 있다. 마이크의 출력 임피던스와 앰프의 입력 임피던스를 정합(matching)시켜야 음질이나 주파수 특성이 변하지 않는다. 그렇지 않을 경우 손실이 발생하든지 주파수 특성이 나빠지든지, distortion이 증가하든지 한다.

> **✤ Impedance**
> 음향기기의 전기저항을 표시할 때 직류저항으로 표시하면 충분치 않다. 왜냐하면 음파의 진동에 의해 발생하는 전류는 주파수가 변하는 일종의 교류이기 때문에 교류에 대한 저항을 표시하는 것으로 impedance Z(Ω)라는 값을 사용한다. 임피던스치는 주파수에 따라 변화하기 때문에 음향기기의 임피던스를 표시할 때는 주파수를 표시한다. (별도의 설명이 없을 경우 1000Hz에 대한 임피던스로 보면 된다)

(4) 마이크출력의 평형과 불평형 형

(가) 평형형(balanced type)

마이크 출력을 2심 shield선을 사용하여 출력 2 단자를 독립하여 사용하고 외부의 shield선을 접지만으로 사용하는 형태로서 외부잡음의 영향이 적다.

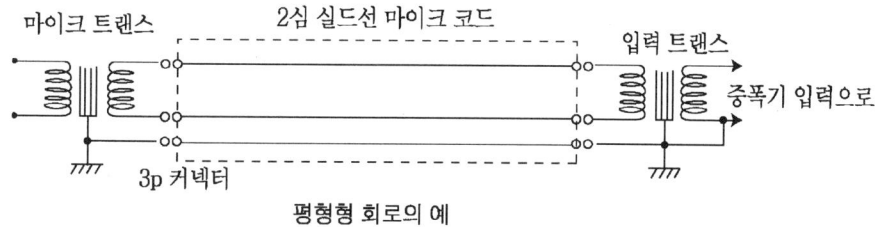

평형형 회로의 예

(나) 불 평형형(un-balanced type)

마이크출력을 단심 shield 선을 사용하여 출력 2 단자 중 한 단자를 shield선의 접지와 같이 사용하는 형태를 말하며 외부잡음의 영향을 받기 쉽다.

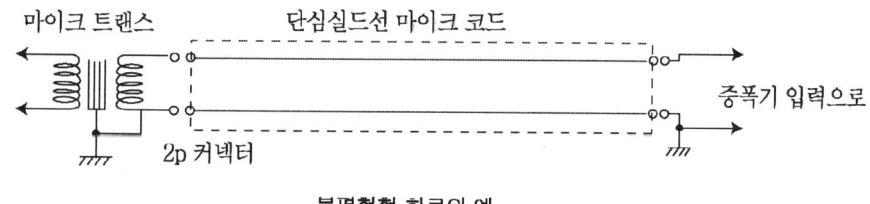

불평형형 회로의 예

- 마이크에 한하지 않고 신호를 전송할 때 평행형으로 하는 것이 신호단자가

독립되어 있으므로 외부잡음을 받기 어렵고 특성이나 S/N비에 있어서도 유리하다.

5) 마이크 스탠드

(1) desk stand

책상 위에 직접 놓아 사용하는 것으로 주로 대담, 강연 등에 사용한다.

(2) floor stand

바닥에 놓아 사용하는 것으로 보통 2단, 3단의 파이프로 높이를 조정하게 되어 있다.

(3) boom stand

바퀴가 달려있어 움직일 수 있는 플로어 스탠드에 수평으로 길이를 조정할 수 있는 긴 붐을 연결한 스탠드로 붐 끝에 있는 마이크의 각도를 조정할 수 있도록 되어있다.

참고

❖ 마이크의 선택
① 어떠한 상황에서라도 일단 한 두 개의 마이크만으로 해결하려고 노력한다.
② 음향장비는 많이 쓰는 것 보다 적게 쓰는 것이 좋다. 꼭 필요한 상황이 아니면 안 쓰는 것이 좋다.
③ 변환 장치의 원리와 마이크의 특성을 고려하여 선택한다.
④ 지향성을 고려하여 선택한다.
⑤ 물리적 크기, 외형적 요소, 심리적 효과를 고려하여 선택한다.

7.1.2 음향조정 설비

1) 음향 혼압기(AMU : audio mixing unit 또는 audio console)

오디오 콘솔, 오디오 믹서, 믹싱콘솔 이라고도 불리며 조정실에서 마이크나 각종 음향 기기들로부터 오는 음향신호를 녹음이나 방송을 위해 혼합, 조정, 출력하는 기기이다.

- 기본적인 역할은 레벨이 낮은 마이크의 출력을 적정한 레벨까지 증폭하여 증폭된 여러 개의 마이크 음량과 녹음기와 같은 다른 기기들의 출력을 입력하는 line 입력들의 음량을 믹싱하고 음량조절기(fader)로 이득조절(gain control), 음량 조절(volume control)을 하는 기능을 한다.
- 중요한 역할은 단순한 믹싱(음량 밸런스) 보다 음색형성이나 특수 효과음의 부가에 의한 음 만들기의 기능을 들 수 있다.
- 일반적으로 리얼타임의 수음과 송출이나 SR(sound reinforcement : 소리보강) 등에 이용하는 것을 목적으로 한다.
- 규모에 따라 입력수가 많은 것은 주 출력 전에 일단 적당히 그룹으로 묶을 수 있도록 2~8개의 그룹모듈과 2~4개의 주 출력을 갖는다.
- 입력 채널 수는 4, 6, 8, 12, 16, 24, 36등 여러 가지가 있고, 4 또는 8채널을 기본단위로 구성되어 있는 것이 대부분이다.

(1) 믹싱 콘솔의 구성

① input module
② aux (auxiliary:보조) module
③ master module
④ monitor module로 구성되어 있다.

(2) 믹싱 콘솔은 5가지 주요기능을 갖고 있다.

① input : 여러 가지 입력 신호의 레벨 증폭 조정 기능
② quality control : 음의 특성조정 기능
③ mix : 여러 가지 입력 신호를 혼합 균형 시키는 기능
④ output : 혼합된 음을 정해진 곳으로 출력하는 기능
⑤ monitor : 실제 음을 미리 또는 같이 들으면서 감시하는 기능

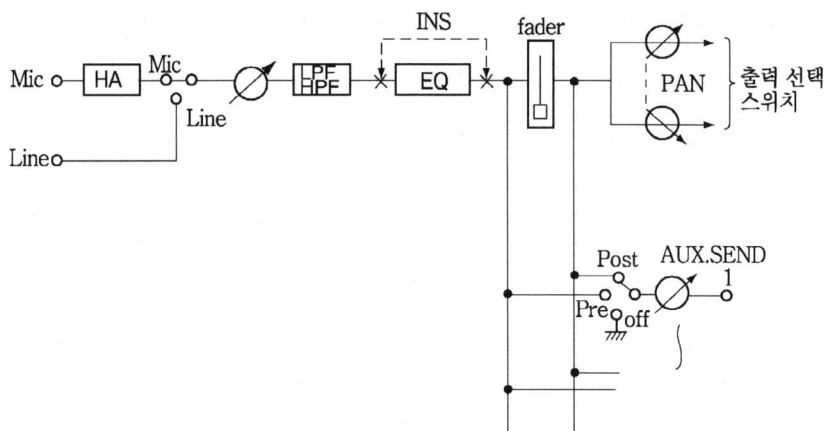

일반적인 믹싱 콘솔의 블록도

(가) 입력 모듈의 주요기능

① **입력부문**(input section)
- 마이크 입력이나, line 입력을 선택하는 기능
- 마이크(콘덴서 마이크)에 전원을 공급하는 기능
- 극성 반전 기능
- 가변 pad로 마이크 또는 line 입력 신호를 적정한 레벨로 콘솔에 입력하는 입력 레벨 조정 기능
- 차단 주파수 보다 높은 주파수의 신호는 통과시키고 차단 주파수 보다 낮은 주파수의 신호는 감쇄시키는 HPF (high pass filter) 기능 등이 있다.

② **pre amplifier**
- 미약한 마이크의 신호를 적정한 레벨까지 증폭하는 기능을 한다.

③ **필터 및 이퀄라이저**(filter and equalizer)
- 필터는 고역이나 저역 주파수의 불필요한 부분을 컷하여 음색을 산뜻하게 또는 간섭음을 컷하기 위해 사용되고
- equalizer는 고역필터와 저역 필터를 조합시켜 3~4밴드를 구성하여 연속 가변이 되므로 음색형성을 목적으로 음색에 윤기와 부드러움 등의 음 만들기 역할을 하는 중요한 부분이다.

음향 프로그램 제작

④ **Aux-send section(auxiliary)**
  - 프로그램 출력과 관계없이 reverberation이나 delay 등의 효과 기기나, 모니터앰프 등 보조 장비에 입력 신호를 공급하기 위한 보조출력이다.
  - 음량 조절기 앞(pre)의 음과 후(post)의 음을 용도에 따라서 선택 사용한다.
  - 스위칭으로 L ch,(기수번호)이나 R ch(우수번호)로 선택하여 스테레오로 대응할 수 있다.

⑤ **삽입(INS : insertion)**
  - 음을 빼내어 음색을 가공한 후 채널에 되돌릴 수 있도록 입력 jack이 설치되어 있다.

⑥ **pan-pot(panning potentiometer)**
  - 이것은 mono module에서 필요한 기능이다.
  - 스테레오 음향의 재현 시 음원의 움직임이나 현장감을 분명하게 하기 위한 가변저항 조절기로서
  - 분기 방식의 스테레오로 사용할 때 각 채널에 입력된 음을 좌, 우 사이의 좋은 위치로 조정한다.
  - pan-pot를 조작해서 출력을 기수번호 그룹과 우수번호 그룹으로 선택해서 보낼 수도 있다.

⑦ **PFL(pre-fader listen)과 solo (post-fader listen)**

  ◈ **PFL sw**

  모니터 스피커로 각 채널마다 별도로 음을 들으려고 할 때 fader의 앞의 음을 모니터 하기 위한 스위치로 음량은 fader로 조정되지 않은 크기로 모니터 된다.

  ◈ **solo sw**

  복수로 세팅된 fader 중에서 임의의 fader만의 음을 빼내어 모니터 하기 위한 스위치로 fader로 조정된 레벨을 모니터 할 수 있다.

⑧ 출력 선택(output selector) 스위치

입력모듈의 채널 출력을 그룹 fader 또는 마스터 fader로 선택 송출하는 스위치

⑨ channel fader

입력의 음량 변화에 대응하여 레벨을 미리 설정된 레벨로 조절하기 위한 음량조정 fader로서 여기서 조작을 잘하고 못함이 믹싱의 완성도를 좌우하는 믹싱 콘솔에서 중요한 부분이다.

(나) Aux(auxiliary) 모듈

프로그램 입력모듈과 출력모듈 사이에서 volume control matrix section이 있어 input section과 master section의 중간에서 많은 input의 group운용으로 사용되는 모듈로서 보조장비에 신호를 공급하거나 받을 수 있다.

(다) master 모듈

혼합된 음을 정해진 출력으로 증폭하여 내보내는 기능을 하는 모듈.

(라) 출력 프로그램 채널

mono : 녹음의 경우 1개, 방송의 경우 예비 1개 추가된다.
stereo : 녹음의 경우 2개, 방송의 경우 예비 2개 추가된다.
음악녹음의 경우 멀티트랙 녹음기를 사용할 때 많은 프로그램 채널이 요구된다.

Chapter 7

음향 프로그램 제작

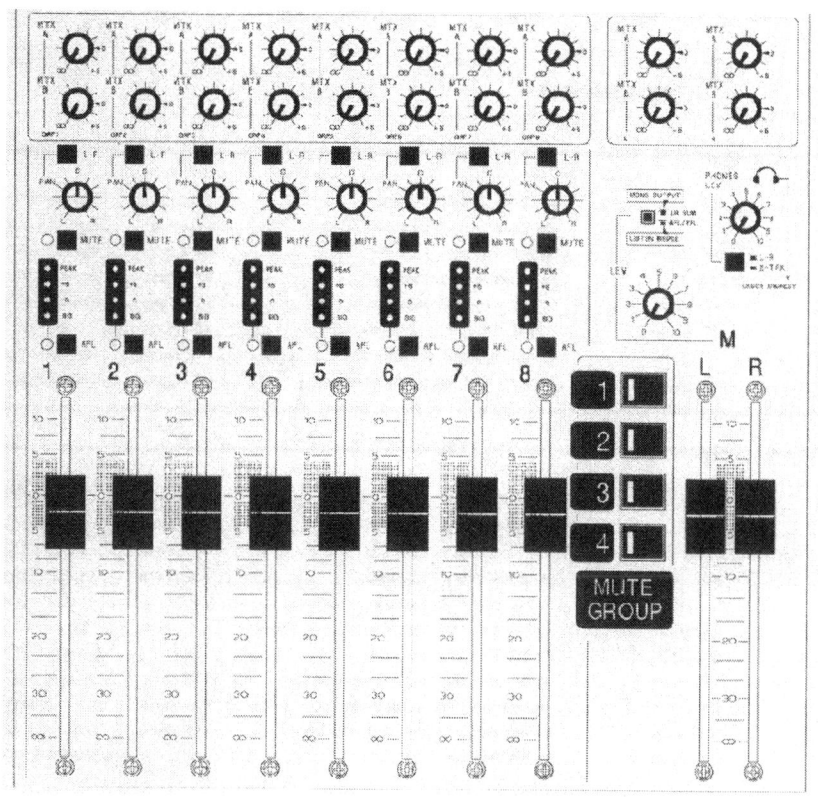

AUX모듈과 마스터모듈

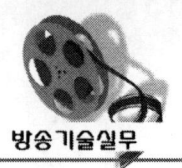

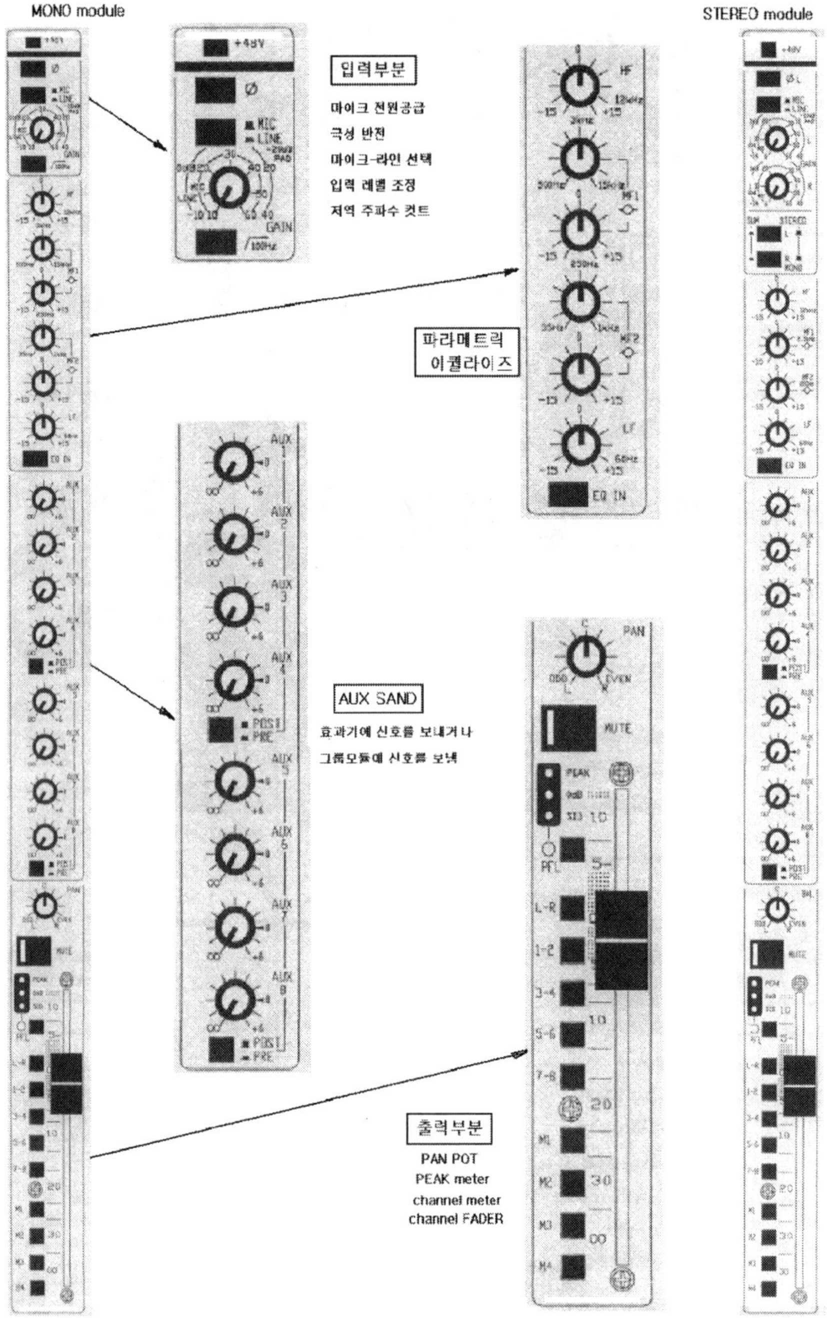
MONO module
STEREO module
입력부분
마이크 전원공급
극성 반전
마이크-라인 선택
입력 레벨 조정
저역 주파수 컷트
파라메트릭
어퀄라이즈
AUX SAND
효과기에 신호를 보내거나
그룹모듈에 신호를 보냄
출력부분
PAN POT
PEAK meter
channel meter
channel FADER

믹싱콘솔의 입력모듈

2) 음질 보정 장치(quality control unit)

(1) 주파수 영역의 컨트롤

(가) graphic equalizer

주파수 대역을 분할하여 슬라이드 볼륨에 의해 각 주파수의 레벨을 증감시킨다.

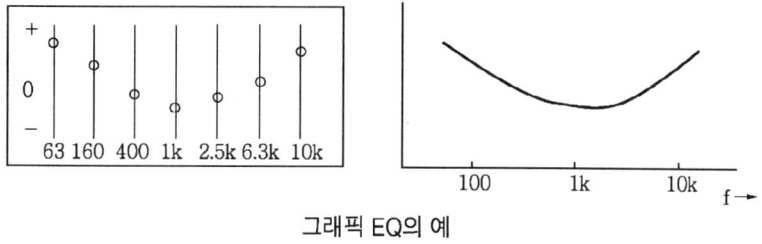

그래픽 EQ의 예

(나) parametric equalizer

조정하고 싶은 주파수를 선택하여 선택한 주파수를 중심으로 이득을 증감하는 것으로 주파수 대역폭을 변화할 수 있고 중심 주파수 이동이 가능하다.

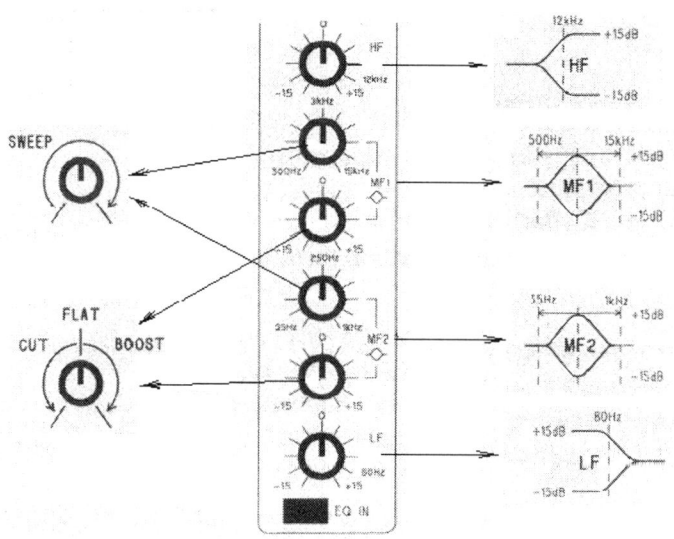

(2) 진폭영역의 컨트롤

(가) compressor와 limiter

입력 신호의 레벨이 어떤 값을 초과했을 때 자동적으로 이득을 컨트롤하여 진폭을 제어하는 앰프로서 조정은 압축 비, 동작 개시(threshold)점, attack time, release time 등이 있다.

① **compressor**

compressor는 설정한 임계 치(threshold level) 이상에서 진폭을 설정한 비율로 억제하는 기능으로 억제하는 스피드를 attack time, 억제에서 풀리는 시간을 release time이라 한다.

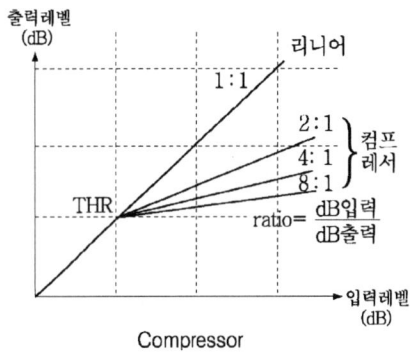

Compressor

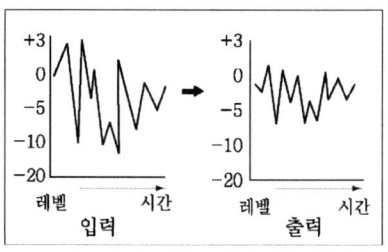

compressor의 입력과 출력 파형

② **limiter**

limiter는 compressor의 일종이며 기능이 특수하다. 압축비가 10 : 1, 혹은 20 : 1 이상이고 출력 레벨은 항상 설정해 둔 동작 (개시)점에서 일정하다. 프로그램 제작뿐만 아니고 송신기의 과변조 방지를 위해서도 사용된다.

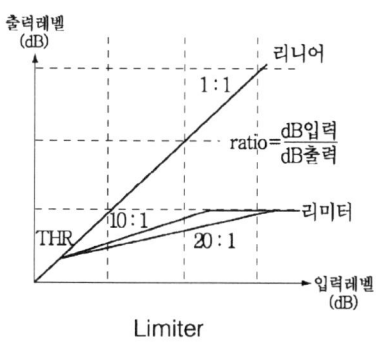
Limiter

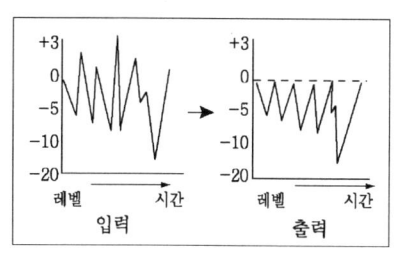
Limiter의 입력과 출력 파형

(나) noise gate와 expander

마이크로 들어오는 목적 음 이외의 noise를 제거하는 것으로

① **noise gate**

noise gate는 설정한 임계 치 이하의 level은 통과시키지 않는 것이며 임계 치 이하의 진폭을 얼마나 down시키느냐를 설정할 수 있다.

② **expander**

expander는 저 레벨 부분의 dynamic range를 확대하여 노이즈 레벨을 낮추는 방법이다.

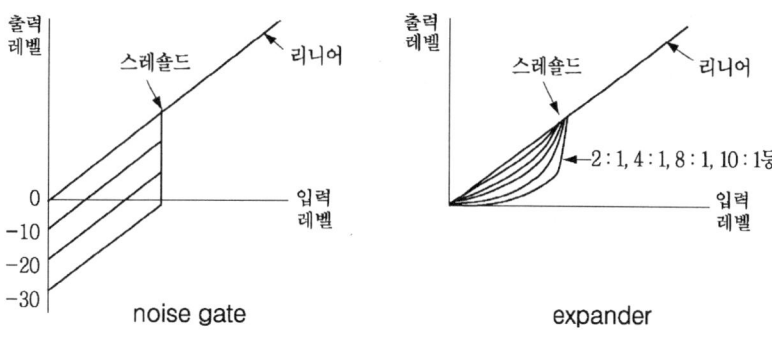

❖ **noise reduction system (N.R.S)**
녹음 시에 신호를 압축하고 재생 시에 신장하는 기능을 조합한 것으로 이러한 기능에 의해서 녹음시의 잡음을 최소로 억제할 수 있다. 신호를 변조(encoding)하고 복조(decoding)하는 과정이 들어가 복잡하다.

(3) 시간 축 영역 컨트롤

(가) digital delay

원음에 대하여 음을 지연시키는 것으로 원음과 지연시킨 음을 조합하여 다채로운 효과음을 만든다.

(나) digital reverberation

잔향 음을 얻어내는 것으로 대 hall이나 소 hall 등의 효과를 낸다.

(4) 기타 특수효과

(가) pitch changer(harmonizer)

음조를 올리거나 내려주는 전자적 음조 변환기로 음조를 변화시킨다.

- 이것은 시간 축은 변하지 않고 pitch를 변화시키는 효과 기기로서 특수 음색을 형성시킨다.
- 하나의 음을 복합 음으로 만들어주는 음향 효과와 여러 명이 한꺼번에 연주하는 효과도 낸다.

3) 모니터 장치

level mater, oscilloscope와 같이 눈으로 보는 시각적인 것과 speaker와 같이 귀로 듣는 청각적인 것이 있다.

(1) Level meter

눈에 의해 바늘의 움직임으로 레벨을 감시하는 것으로 두 가지가 있다.

(가) VU meter(volume unit)

- volume unit의 약자로 표준 음향 레벨을 설정함과 동시에 프로그램의 진행에 따라 변화하는 음량을 체크하는데 사용한다. 미국의 Bell 연구소에서 많은 사람을 동원하여 실험한 물리 음향과 청감 음량이 비교적 일치하도록 개발된 음량 계이다.

- meter의 눈금은 2중으로 되어있어 상단엔 VU단위이고 아래쪽은 % 눈금으로 되어있다. 규격은 $z=600\Omega$, $f=1_{kHz}$, $p=1mW(0.775v)$를 0.3초만에 0VU (100%) 가리키게 된다.
- 음량 지시치가 평균치를 나타내며 최대측정이 불가능해서 레코드, 녹음 분야에서는 별로 쓰이지 않으며 다양한 소재의 음원을 다루는 아나운서 대사 등 목소리에 많이 사용되며 미국의 방송국이나 영화 녹음 등에 사용되어왔다. 스피커에서 재생되는 음량의 차이와 meter의 지시치가 자장 가깝게 설계된 음량 계로서 RMS치를 표시한다.

참고

❖ RMS(root mean square)
파형을 고려한 교류 전압이나 직류의 유효 값을 나타내는 factor(계수).

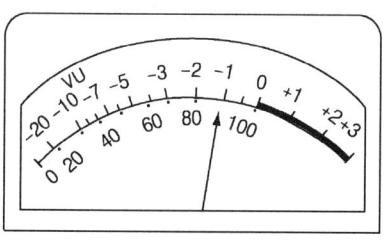

VU meter

(나) peak meter(peak program meter)

- 신호가 가해지는 경우 지침의 동작 개시를 VU미터보다 빠르게 한 것으로 최대치를 나타내며 뮤직 스튜디오에서 과녹음 방지 목적으로 사용한다.
- 규격은 1KHz, attack time은 10msec로서 -1dB를 가리키고, release time은 1.7sec로서 -20dB를 가리켜야 한다.
- 음악 녹음 등을 취급하는 레코드나 극장용으로 사용되며 유럽의 레코드 스튜디오나 방송국에서 널리 사용되어 왔다

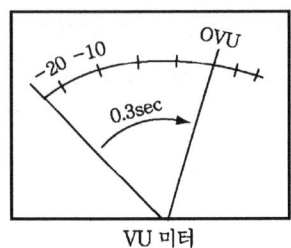 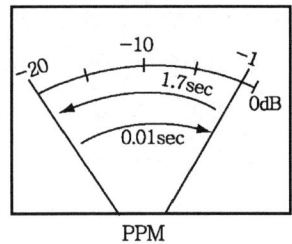

VU 미터   PPM

미터 지시치 그림

(2) oscilloscope

- 스테레오 mixing을 하는데서 사용되기 시작한 것으로 비교적 빠른 순응성을 갖고 peak meter에 가까운 반응으로 상호채널 간의 극성을 확인할 수 있고, 스테레오의 경우 음의 퍼짐을 어느 정도 판단할 수 있다.
- 음의 일그러짐의 상태도 눈으로 발견할 수 있다.

(3) 스피커 장치

귀에 의한 청각 모니터로서 실제로 음을 발산하는 것으로 중요한 역할을 한다.

(가) monitor speaker 요구조건

- wide frequency response
- 전 대역에 걸쳐 일그러짐이 없을 것
- 직선 성이 좋을 것(good linearity)
- 최대 음압 레벨이 높을 것(high output level capability)
- 과도 특성이 좋을 것
- 지향 특성이 넓을 것
- 스테레오에서 대칭성과 정위(正位)감이 좋을 것
- 특성 변화가 적을 것

(나) monitor speaker의 종류

- floor monitor speaker : 가수, 출연자 용
- stage monitor speaker : 무대용

음향 프로그램 제작

- studio monitor speaker : 스튜디오의 PA, fold back, talk back 용
- control room monitor speaker : mixing room 용
- audition monitor speaker : P.F.L 용
- 회선 감시용 monitor speaker

❖ Fold back
PA는 방청객을 위한 확산인데 반해 Foldback은 출연자를 위한 현장음으로 공개홀에서 노래 녹음시 미리 녹음한 반주음을 출연자에게 들려주는 것

❖ Talk back
부 조정실에서 스튜디오에 있는 사람들에게 스피커를 통해 내려보내는 지시나 연락

7.1.3 멀티 트랙 믹싱 콘솔(multi track recording mixing console)

콘솔의 각 채널 출력이 멀티레코드의 각각의 트랙에 원터치로 접속이 되는 기능으로 한 개의 모듈에 멀티 전송용의 fader와 모니터용 fader가 있는 콘솔이며 일반적인 콘솔과 크게 다른 점은 멀티채널용 출력과 멀티 레코드 출력을 모니터 하는 기능을 가지고 있다. 모니터 계통은 트랙 계통에 영향을 주지 않고 믹싱을 할 수 있다.

◈ 멀티 트랙 recording 방식의 이점

① 음악 녹음에서 악기별 또는 파트별 음원을 각각 별개의 채널에 녹음하고 재 mixing에 의해 세밀하게 완전한 balance를 잡을 수 있다.
② 연주자의 시간을 조정할 수 있고 악기별로 시간에 구애받지 않고 녹음이 가능하므로 효율적이며 제작비가 싸다.
③ 연주가 잘못되었을 때 악기별로 수정이 가능하다.

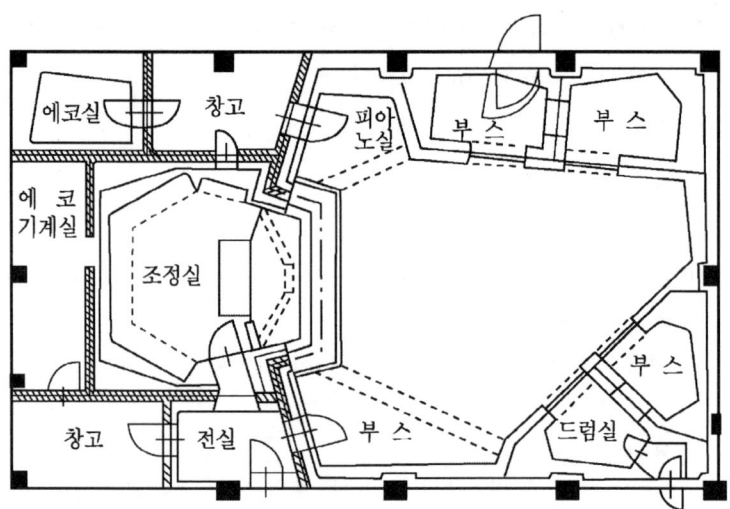

멀티 스튜디오

7.1.4 디지털 콘솔(digital console)

CD, DAT, MD 등의 새로운 고음질 미디어의 soft 제작 시스템이 근본적으로 개선된 것으로 아날로그 콘솔은 디지털 신호의 믹싱에서 A/D 변환을 해서 입력해야하는데 이러한 변환시에 신호의 열화가 생기는 A/D, D/A 변환을 피한 디지털 오디오 신호를 처리할 수 있는 콘솔이며 컴퓨터와의 인터페이스가 유리하고 편집 작업은 오디오 신호가 PCM화되어 컴퓨터의 데이터와 다름없는 신호가 되어 오디오 편집 작업이 데이터 파일의 편집 작업과 다름없이 할 수 있는 것이 특징이다.

7.1.5 녹음기기

녹음방식으로는 magnetic recording(자기녹음)으로 (A)TR DAT 등이 있고 acoustic(청각적)으로 녹음하는 disc recording(원반녹음) 방식과 optical recording(광학녹음) 방식의 film, CD 등을 들 수 있다.

1) 자기녹음

(1) tape recorder

magnetic head, amplifier, magnetic tape으로 구성된다.

(가) magnetic head

전기적인 신호를 자기신호로 바꾸어 자기 테이프에 수록하는 record head 와 자기 테이프에 수록된 자기신호를 전기신호로 바꾸어 주는 playback head, 자기 테이프에 수록된 자기신호를 지워주는 erase head가 있다.

(나) amplifier

마이크나 라인 입력의 전기신호를 증폭하여 녹음헤드가 충분히 동작할 수 있도록 하는 record amplifier와 재생헤드에서 나오는 전기 출력을 증폭시키는 play back amplifier가 있고 audio tape recorder의 녹음과 재생에 사용되는 pre-emphasis와 de-emphasis는 NAB(전미 방송인 협회) 또는 CCIR(국제무선통신 자문위원회)의 equalizer 특성을 사용한다.

> ❖ **pre emphasis**
> 신호 대 잡음비 주파수특성 왜곡특성을 개선하기 위해 전송주파수의 고역을 미리 정한 시정수로 강조시키는 것. (주파수 변조에 있어 잡음은 변조 주파수가 높아질수록 커지므로 이것을 낮게 감쇄시키기 위해 사용함)
>
> ❖ **de emphasis**
> 전송계통에서 S/N비를 개선할 목적으로 사전에 송신 측에서 주파수의 고역을 강조하여 신호를 전송한 것을 수신 측에서 강조된 부분을 약화시켜 다시 원래대로 되돌리는 것.

(다) magnetic tape는

자기신호를 기록할 수 있는 자성체가 들어있는 자기테이프는 레코드의 종류에 따라 테이프 폭, 트랙, 속도가 다르다.

(2) Digital audio tape recorder

아날로그 신호를 디지털 신호로 변환하여 고 밀도 Tape에 기록하는 방식으로 녹음할 때 회로 등에서 발생하는 잡음이 전혀 없이 기록할 수 있고, 여러 번 복사해도 동일한 음질을 유지한다.

아날로그 녹음기 보다 우수한 점은 S/N비와 dynamic range가 아주 높다. 일정한 기록 재생을 하기 위하여 신호는 PCM 변조 방식을 채용하고 강력한 신호 오차 정정 방식이 채용되고 있다.

- tape 속도

  ATR → $3\frac{1}{2}$, 7, 15, 30, IPS

  DAT → $22\frac{1}{2}$, 25, 35, 45 IPS

- 헤드 배열

  표준 → 소거, 녹음, 재생

  일부 → 녹음, 재생, 2차 녹음, 2차 재생

  2차 헤드는 녹음된 Audio와 새로운 Audio 동기용 임.

(가) S-DAT(standing head)

고정 헤드형으로 기록밀도에서 난점이 있으나 잘라 편집하는 것과 녹음이 punch in, punch out 등 조작 성이 우수하다. 스튜디오용으로 사용하며 PD 방식과 DASH 방식이 있다.

- PD(professional digital) : 에러 교정을 위해 tape의 주행 방향과 세로 방향으로 2차원 coding 방식 채용한다.
- DASH(digital audio stationary head) : 동일한 신호를 track에 한번 더 기록하는 twin-dash format을 개발하여 에러 정정 능력을 높인 것이 특징이다.

(나) R-DAT(rotary head)

회전 헤드형으로 기록 밀도에서 우수하다.

음향 프로그램 제작

S, R DAT의 비교표

구 분	S-DAT	R-DAT
기록 밀도	약간 낮다	높 다
테이프소비량	보 통	적 다
카 세 트	약간 소형	보다 소형
액 세 스	빠 르 다	보다빠르다
메커 니즘	심 플	약간 복잡
왕복 사용	가 능	불 가

2) 원반 녹음

음의 에너지를 직접 음구(音溝)에 새겨 넣는 어쿠스틱(acoustic) 녹음방식.

(1) turn table (원반 녹음재생기)

pick up부분, 증폭 부분, 구동 부분으로 구분하며

(가) pick up 부분

카트리지, 스타일러스, arm, head cell로 구성되고

- 카트리지는 크리스탈형, 세라믹형, MM형, MC형 등이 있으며
- arm과 head cell의 공진 주파수는 가청 주파수 대역 밖으로 만든다.

다음과 같은 것도 필요하다.

① over hang

디스크의 바깥과 안쪽에서 홈(pit)과 카트리지의 각도가 달라지는 것을 보정하기 위해 암을 꾸부린 각.

② anti skating

디스크가 회전하므로 암이 원심력에 따라 밖으로 나가려는 힘을 보정해 주는 것

(나) 증폭 부

디스크를 녹음 컷팅 할 때 노이즈를 억제하기 위해 높은 주파수 대역은 booster

시키고 과다한 굴곡으로 인해 인접 pit에 영향을 주는 것을 방지하기 위해 낮은 주파수를 감쇄시켜 녹음하므로 이를 원음으로 재생하기 위해 RIAA특성의 equalize를 쓴다.

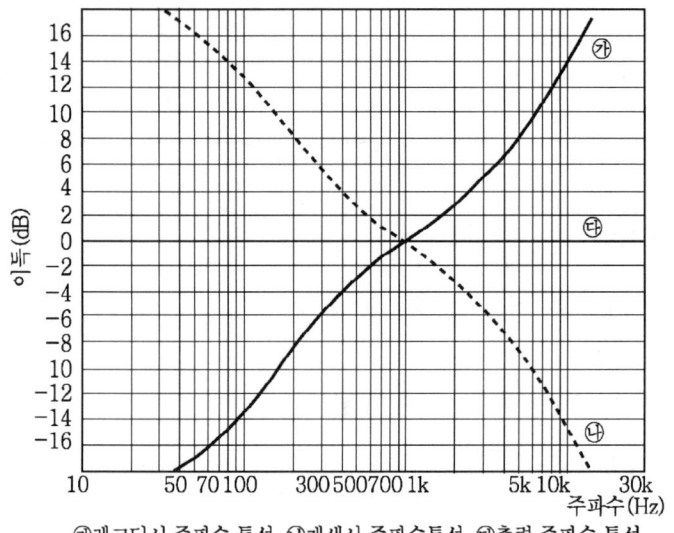

㉮레코딩시 주파수 특성 ㉯재생시 주파수특성 ㉰출력 주파수 특성

RIAA 특성

❖ **RIAA(record industry association of America) 특성의 equalize**
기계식 녹음에서 커팅 시 낮은 음에서는 옆의 음구를 침범할 우려가 있고 고음에서는 스크래치 잡음이 커질 우려가 있는 현상을 막기 위해 쓰는 equalize.

(다) 텐 테이블 구동 부

림 드라이브, 벨트드라이브, 다이렉트 드라이브가 있다.
wow와 flutter가 적어야한다.

스피드는　SP(standard play)　78 rpm
　　　　　EP(extended play)　45 rpm
　　　　　LP(long play)　　　$33\frac{1}{2}$ rpm 이다.

> ❖ wow, flutter
> 녹음재생 시스템에서 회전 시스템의 동작이 불 균일하기 때문에 생기는 주파수 변조 현상. 대략 10Hz이하를 wow, 이상을 Flutter라 한다. 재생음의 품질을 저하시키는 요인의 하나이다.

3) 광학녹음

음의 파형을 빛의 강약으로 변환시키는 녹음방식.

(1) film

① 가변밀도 식(variable density)은 가변농도 식으로 음향주파수와 진폭의 변화를 빛의 강약인 농도로 변화시켜 녹음과 재생을 하는 방식

② 가변면적 식(variable area)은 음향주파수와 진폭의 변화를 빛의 면적으로 변환시켜 녹음, 재생하는 방식

(2) compact disc play

디지털화한 음향신호를 기록 재생하는 disk system으로 laser광을 사용하여 원판상의 pit에 digital 신호를 기록하고 재생 시에는 원판의 밑 부분에서 Laser빔을 pit부에 조사시켜 그 반사된 광 신호를 읽어 내어 D/A convertor로 아날로그 신호로 변환하는 장치.

◆ 장점

① 주파수 특성이 20~20000Hz의 전 대역에 걸쳐 일정하며 찌그러짐이 없다.
② dynamic range는 90dB이상
③ S/N비도 90dB 이상
④ 채널 분리도가 90dB이상
⑤ wow, flutter는 측정기로 측정이 되지 않을 만큼 0에 가깝다.
⑥ 디스크에 기록된 것을 random access할 수 있다.
⑦ 목차, 시간들을 표시할 수 있다.

✢ dynamic range
소리 혹은 신호의 최대레벨과 최소레벨의 폭. 재생 기기에서는 일그러짐 없이 취급 할 수 있는 최대레벨과 잡음레벨의 폭을 말하며 dB로 표시한다.

7.2 믹싱 기법

믹싱(mixing)이란

여러 가지 음원에서 오는 음을 혼합시켜서 하나의 프로그램으로 만드는 작업이다. 하나의 프로그램을 제작하는 과정에서 사전에 기술적인 계획으로 프로그램의 흐름을 타면서 인간의 감정에 호소하는 이미지를 부여하고, 음향 기기들의 성능과 여러 소재들의 음원을 Mixer의 지식을 발휘하여 잘 혼합함으로써 시청자들에게 감동을 주는 소리를 만드는데 믹싱의 근본적인 의미가 있는 것이다. 또한 믹싱 이란 소리를 고도의 음향적 기술을 통해 예술로 승화시키는 과정이다. 이렇게 재창조된 소리는 시간, 장소, 사람에 따라서 박력 있고, 즐겁게, 때로는 아름답고 슬프게, 느낌이 다 다를 것이다. 이러하듯 인간의 감정을 동요시킬 수 있게 소리를 재창조하는 것을 Audio Mixing 이라고 한다.

7.2.1 믹싱의 분류

1) 방송 음향 믹싱

방송 음향 믹싱은 말에 의한 설명과 장면묘사로 프로그램을 만들게 되므로 어떠한 방법으로든지 장면은 대화와 이야기하는 이미지에 의해서 알게 된다. 그러므로 대사, 효과음, 배경음악, 음악의 레벨을 잘 조정하는 믹싱 기법으로 분위기를 잘 묘사해야하고 동영상의 음향은 화면의 시각을 자극함으로써 영상의 진실성을 강조하게 되며 시각은 소리에 의해 움직인다. 그러므로 음향이 여하히 영상을 돕는가에 있다.

2) PA(public address)음향 믹싱

PA란 어떻게 하면 명료도 있는 sound를 모여 있는 청중에게 잘 들려주는가가 문제이다. 관객들이 잘 들려야 프로그램의 분위기를 잘 조장하여주게 된다. 그러므로 PA는 관객의 분위기를 얻어 더 많은 청중들에게 호응을 받을 수 있어야한다.

3) Record음향 믹싱

방송이나 PA는 시간적인 면에서 1회성을 지니고 있지만 Record는 녹음이나 녹화하여 두게 됨으로서 듣는 장소가 현장이 아닌 다른 여러 가지 분위기이기 때문에 안정된 정위의 sound를 만들어야한다.

7.2.2 음향의 기초

청각에만 전달되는 음향이 상상의 계기를 만들고 이것을 무한의 공간에까지 널리 퍼트리는 음을 매체로 하고 있는 이상 음향공학, 전송계 공학, 물리적 특성 및 생리적, 심리적 요소 등 대단히 넓은 범위의 지식이 요청된다.

1) 음의 3요소

(1) 음의 강약(loudness)

- 음의 세기(강도) : 진폭의 물리적 양 (decibel)
- 음의 크기 : 음을 느끼는 자극의 양 (phone)

(2) 음의 고저(pitch)

음의 진동수의 차이를 고저 또는 피치(pitch)라 하고, 물리적으로 주파수(Hz)라 하여 매초의 진동수(c/s)로 표시한다.

(3) 음색(tone quality, timbre)

음의 높이, 강도가 동일 하더라도 각각의 음원에서 나오는 음의 느낌의 차이(피아노와 클라리넷 등)를 구별할 수 있는 청각적인 인상을 말한다. 물리적으로

파형의 차이다.

2) 청각과 음

음은 주관적 요소가 크다. 동일인이라도 그때의 건강상태, 심리상태가 객관적, 주관적 조건에 따라 좌우되기도 한다. 또 듣는 장소의 환경이나 분위기의 영향을 받기도 한다.

(1) 가청 범위

음을 느끼는 주파수의 범위는 그 세기에 따라 다르며 또 개인차나 연령에 의해서도 다르다.

- 최소 가청 치(threshold of hearing) : 소리로서의 감각을 느끼는 최소의 음압.
- 최대 가청 치(threshold of feeling) : 소리가 강해지면 소리에 대한 감각 이외 다른 감각을 느끼는 범위. 대략 120~130dB.

(2) 청감 곡선

- 귀의 주파수 특성을 표시한 것을 말함.
- 귀의 주파수 특성은 평탄하지 않으며 음압 레벨이 변하면 귀의 주파수 특성도 변한다(음의 레벨이 약해지면 중음의 강도가 좋아진다).
- 귀는 낮은 주파수의 음에 감도가 낮으나 중간 주파수의 음(1000~5000 Hz)에는 가장 민감하다. 때문에 귀의 특성을 보정하기 위해 고, 저 양 음역을 어느 정도 강하게 해야 한다.

(3) 양이 효과

2개가 한 조를 이룬 귀의 작용에 의해 음의 방향 감, 원근감 등을 감지하고 공간에 퍼진 것을 느끼는 것을 말한다. 따라서 음을 입체적으로 만들 수 있어 현실적으로 리얼한 청취 효과가 얻어진다.

7.2.3 수음과 믹싱 기술

1) 수음시의 고려사항

(1) 마스킹(masking) 현상

- 처음 A라는 음을 듣고 있을 때 별개의 B음이 가해지면 인간의 청각에는 최초의 A음을 들을 수 없게 되는 현상을 말한다.
- 그러나 수음 시 마이크는 이러한 성질이 없기 때문에 각별히 조심해야 한다.
  > 예) 거리의 시끄러운 속에서 공중전화를 할 때 어느 정도 주위의 시끄러운 잡음은 지워진 상태로 되어 통화내용을 알아들을 수 있게 되나 마이크로 수음을 하면 통화내용보다 시끄러운 소리가 더 크게 수음이 된다.

(2) 시각의 영향

시각과 청각이 병용되는 경우에 인간의 주의력은 시각 쪽에 집중되기 쉽다. 따라서 시각을 동반한 것인가 청각만을 대상으로 하는 것인가에 따라 믹싱 처리도 당연히 변해야 된다.

(3) 동시성과 기록성

방송 중계와 같은 생방송의 경우 동시성 즉 현실감을 원칙으로 하나 레코드나 영화와 같이 반복하여 들을 수 있는 기록성은 믹싱 처리도 달라야 한다.

(4) 재생 조건의 차이

가정의 방안이나 청취 룸에서 듣는 음향과 영화와 극장 음향에서는 그 재생 조건도 크게 변하므로 믹싱 처리도 달라야 한다.

2) 수음 믹싱 기술의 기본

믹싱은 마이크의 특성과 특징을 파악, 잘 활용해야하며 기량 또한 필요하다. 믹싱이라는 것은 실내 음향적인 믹싱과 전기적인 믹싱의 두 가지 방법으로 각각의 특징을 갖고 있지만 실제 믹싱에 있어서는 이 두 가지가 병행하여 이루어지고 있다.

(1) 실내 음향적 믹싱(one-point 방식)

음원이 음을 내는 공간에서 믹싱 하는 것으로 음의 에너지 자체의 상태대로 믹싱 하는 것이며 원 포인트(one-point microphone arrangement) 수음 방식이다.

이 방식은

- 아무리 넓은 면적을 갖고 아무리 복잡한 음원에 대해서도 한 개의 마이크로 수음하는 방식이다(stereo시는 2개).
- 마이크 위치는 그대로 두고 악기 등 음원의 공간 위치를 이동시켜 전체의 밸런스를 잡아 믹싱 하는 것으로 1점 수음 방식이다.

(2) 전기적 믹싱(multi-point 방식)

음의 진동이 마이크에 의해 전기적 에너지로 변환된 후의 상태를 믹싱 하는 방법으로 몇 개의 마이크를 사용하여 전기 회로에서 믹싱 하는 것이며 전기적 믹싱은 멀티포인트 수음 방식(multi-point microphone arrangement)으로 원 포인트 수음 방식과 상대적이다.

여기에는

- 다중 트랙 녹음기를 사용하여 개개의 음원을 각각의 트랙에 동기 시키면서 수음하여 다시 믹스다운(mix down)하는 방법과
- 완전히 차음 된 몇 개의 스튜디오(다중 스튜디오: multiple studio)를 동시에 사용하여 각각의 음원과 마이크를 사용하여 전기적으로 믹스하는 방법이 있다.

◈ 마이크의 배열

ⓐ 마이크의 배열이 실내 음향적 믹싱이므로 음원에 대하여 가장 적당한 위치에 설치한다.

ⓑ 멀티 수음 방식의 경우 마이크를 1개 늘이면 그만큼 복잡하게 되고 음질이 나빠질 수 있으므로 마이크 배열은 간결하게 되도록 노력해야 한다.

7.2.4 방송과 수음 기술

라디오는 말에 의한 설명과 장면묘사로 프로그램을 만들게 되고, TV음향은 화면의 시각을 자극함으로써 영상의 진실성을 강조하게 되므로 라디오 프로그램인가, TV프로그램인가를 명확히 한 후에 수음하도록 해야 하며 이들의 조건 여하에 따라 수음 방법, 마이크 배열 등 여러 가지로 변할 수가 있어 믹싱 조작도 달라야한다.

1) 라디오 연장방송

음질보다도 실용적인 내용을 가진 프로그램이 많고 동시성이라고 하는 특색을 살려서 프로그램을 만들고 있고 소형 라디오나 카라디오로 듣는 경우가 많기 때문에 주파수 특성 같은 것은 원하지 않고 목소리의 명료도에 대한 주의가 필요하며 확실하게 들려준다고 하는 것을 항상 염두에 두어야한다.

2) TV 연장 방송

TV방송의 음향은 화면이 있으므로 해서 시청자의 주의력은 보다 시각쪽에 집중한다. 따라서 음의 미묘한 변화를 믹싱에서 만들어내어도 충분한 효과를 볼 수 없다. 화면에 필요한 음은 수음시에 마이크를 이상적인 위치에 설치하여야 한다.

3) TV 음양

프로그램의 내용에 따라서 마이크가 절대로 보이지 않아야 할 때도 있지만 마이크를 될 수 있는 한 화면에 나오지 않도록 해야 한다. 즉 마이크는 반드시 카메라의 프레임 밖에 두어야한다. 그러나 한편 화면에 일치된 음이 요구된다. 따라서 마이크가 음원에서 떨어지므로 수음 조건이 나쁘게 된다. 그러므로 TV용 마이크는 음원과의 거리가 있더라도 감도 명료도가 떨어지지 않고 배면 감도가 낮고 지향성이 예민한 것이 바람직하다.

드라마 프로그램에서는 화면에 마이크가 나오면 안 되기 때문에 붐 마이크로

수음하며, 음악 프로그램은 연주화면에 마이크가 나와도 특별히 이미지를 손상시키지 않으며 오히려 음의 밸런스를 중요시하는 수가 많다.

7.2.5 목소리의 수음 기법

의사 전달로서의 말과, 말 이외의 노래 등의 소리로 나눌 수 있으며 의사 전달로서의 말은 ① 스트레이트 토크(straight talk), ② 대담, ③ 좌담으로 분류되고 말은 음량이 극히 작고 지향성을 갖고 있는 것이 특징이므로 수음 시에 내용을 확실히 알 수 있는 명료도가 좋아야 한다.

1) 스트레이트 토크

- 아나운서, 해설, 낭독과 같이 한 사람이 말하는 것으로 명료도를 위해 반사음이 적어야 하므로 데드 스튜디오(무 잔향 스튜디오)가 적당하며 음량도 작으므로 외부로부터 차음이 좋은 스튜디오가 바람직하다.
- 마이크는 다이나믹 타입이 좋고 지향성은 쌍 지향성이나 단일 지향성이 적당하며
- 마이크와의 거리는 20~30㎝ 정도가 좋고 마이크 설치는 외부로부터 진동을 방지하기 위해 붐 스탠드나 끈을 이용하여 다는 것이 좋다.

2) 대담(두 사람이 말하는 것)

- 각각 사람들의 음량 차가 생기므로 음량 차를 적게 하여 밸런스가 잡힌 듣기 쉬운 음으로 만드는 것이 포인트다.
- 두 사람이 서로 마주보고 말 할 때는 쌍 지향성 마이크로, 옆으로 나란히 말할 때는 2개의 단일 지향성 마이크가 좋다.
- 인터뷰의 경우 단일 지향성 마이크를 손에 들고 말하는 사람의 입 방향에 정확하게 가까이 가져가는 것이 좋고 대담이 스테레오인 경우 2개의 마이크를 사용, 각도는 중앙에서 약30도 정도가 좋다.
- 야외의 경우 wind screen을 쓰는 것이 좋다.

3) 좌담(세 사람 이상이 말하는 것)

- 사회자의 소리를 중심으로 하여 음을 정리하는 것이 좋다.
- 마이크 수는 사람마다 1개씩 설치하는 것이 좋지만 명료도가 나쁘게 될 수 있으므로 마이크 수는 적을수록 좋다.
- 마이크의 위치는 얼굴의 움직임을 대비해 얼굴 방향이 많이 향하는 쪽에 설치해야 한다.

7.2.6 음악의 수음 방법

경음악에서는 Multi Mic 수음방법을 이용하고, 오케스트라에서는 One point와 Multi Point를 혼합 수음한다.

1. 각 악기마다 음색과 음향을 조정한다.
   (악기의 특성에 맞는 Mic를 이용함으로써 좋은 음을 얻을 수 있다.)
2. 리듬 part에는 많은 Accessory 장비가 부과된다.
   (Noise GATE, Grapic EQ, Echo machine, Delay, Harmonaizer 등)
3. 악기에 따라서 Echo부가의 양을 조정한다.
4. 합창의 하모니와 음량을 조정한다.
5. 가수의 음색, 음량, Echo, Delay, Peak, limiter를 조정한다.
6. 단 반주 음과 합창, 가수의 목소리를 함께 Mixing하여 듣기 좋은 음악을 만들어 낸다.

1) 가수(Vocal)

악단의 반주 속에서 가수의 소리를 들어야 하기 때문에 첫째, 명료도가 좋아야 한다. 좋은 명료도를 얻기 위해서는 악단의 반주음이 가수가 가지고 있는 Mic에 수음이 덜 되도록 Mic의 이득이 높지 않고 단일지향성이어야 하며 전주나 간주곡에서는 Mixer가 가수의 Mic를 Off시켜주어야 한다. 여기에서 공개방송, 클래식, 대중가요, 녹음실 녹음 또는 가수에 따라서 Mic의 선별이 되어야 한다. 이렇게 하여서 얻어진 가수의 목소리는 Delay Accessory를 이용 25m/sec ~

35m/sec Delay (노래의 템포(Tempo)에 따라 다르다)시킨 다음 Echo를 부과하여 음의 불안정을 cover하고 부드러운 목소리를 만들어낸다.

또 악단의 반주음과 밸런스를 Mixer가 잡는다. 이때 Mixer는 멜로디를 미리 알아 가수의 목소리가 너무 커지거나 작아지지 않게 Fader를 적절히 잘 조정하여야 하므로 (경우에 따라서 Peak Limiter를 사용하고 있음) 많은 경험과 노력이 뒷받침되어야 한다.

2) 합창(Chorus)

합창단은 대개 소프라노, 엘토, 테너, 베이스 4 part로 구성된다.

이 경우 녹음실에서는 각 Part마다 1개씩의 Mic를 사용 수음한다. 그러나 악단과 같이 공연할 때에는 경우에 따라서 두 명에 1개나, 한 명에 1개씩의 Mic를 사용해서 수음한다. 이때 Mixer는 각 Part의 성량, 하모니(풍부한 퍼짐과 조화시킨 음향) 밸런스를 잡아 Echo를 부과하여 듣기 좋은 하모니를 만들어 낸다.

3) 오케스트라(Orchestra)

오케스트라의 수음은 One Point 수음이 이상적이나 Studio의 여건이나 주위의 잡음이 많이 발생하므로 Multi 수음을 하는 경우가 많다.

Multi 수음을 하게 되면 음의 명료도가 좋아지나 화음을 잡는데도 고도의 테크닉을 요하게 된다. 수음방법에는 먼저 오케스트라의 주체인 String part의 밸런스를 우선 잡아 EQ와 Echo를 부가하여 화음을 맞추고 그 사이에 Wood, Brass part의 음색, 음 밸런스를 찾은 다음 전체적인 악기들의 음색을 결정하고 하모니와 음압의 밸런스를 잡아 조화된 음을 만든 다음 Solo 악기들의 음을 그때그때 잘 파악하여 약간 증폭하여주면 훌륭한 Sound를 얻을 수 있다.

CHAPTER 8

영상 프로그램 제작

8.1 영상 제작 설비

8.1.1 TV 카메라

텔레비전 카메라는 렌즈를 통과한 빛에 의해 광전 변화면(빛을 전기신호로 바꾸는 촬상 장치의 광전 면)상에 화면이 만들어지면 작은 화소로 분해하여 휘도와 색에 대한 정보를 순차적으로 전기 신호로 변환하여 전송하는 영상설비다.

◆ TV 카메라의 구성

TV 카메라는 일반적으로 카메라 헤드(head)부와 카메라 제어부(CCU)로 나누어지며, 카메라 head부는 광학시스템, camera head, view finder로 구성되며 카메라를 지지하기 위한 지지 대(pedestal)와 한 조가 되어 스튜디오(또는 야외 촬영 장소)에 설치되고, 어느 정도 떨어진 조정실(또는 중계차)에 카메라를 조정하기 위한 CCU(camera control unit)가 설치되고 이들 사이를 접속하는 camera cable로 구성으로 되어있다.

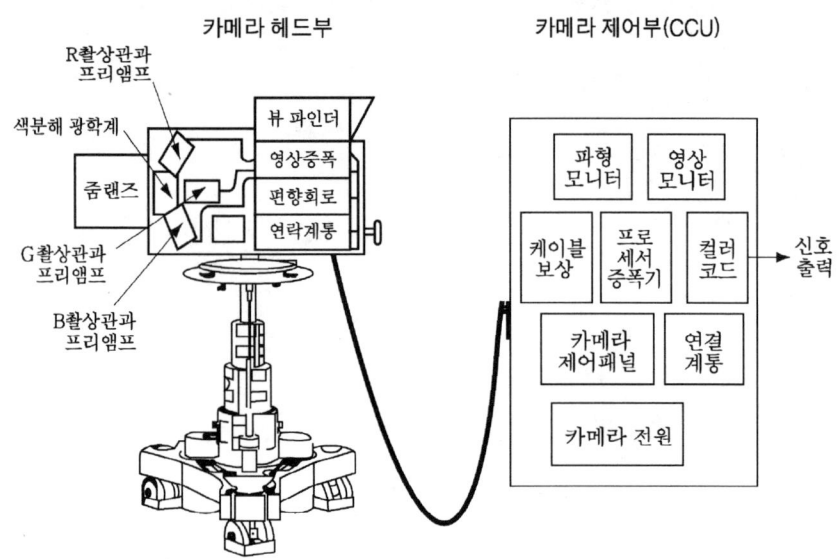

컬러 카메라 구성

◆ Camera head는

① 광학 시스템

㉮ 영상을 포착하는 렌즈(Zoom lens)

㉯ 영상을 개선하기 위한 광학 필터

㉰ 입사되는 광을 3원색 성분으로 분해하기 위한 색 분해 광학 계.

② 본체

㉮ 적, 록, 청, 3개의 촬상장치(촬상관, 또는 촬상소자)

㉯ 영상 신호처리 장치

- pre amplifier
- process amplifier
    - clamp 회로
    - flare 보정
    - linear matrix 회로
    - 감마 보정
    - shading 보정
    - 색 온도 보정
    - 윤곽 보정
    - 케이블 보상

③ viewfinder로 구성된다.

1) 광학 시스템

(1) zoom lens

초점거리가 단 초점에서 장 초점까지 연속적으로 변화할 수 있는 가변 초점렌즈로 다목적 용도의 렌즈로서 피사체를 정상적으로 촬영하거나 끌어당겨 확대해서 촬영할 수 있다.

TV 카메라는 대부분 zoom lens를 사용하며 TV카메라의 렌즈는 렌즈와 촬상소자 사이에 색 분해 시스템인 프리즘을 삽입하기 위해 후방 초점 거리가 상당히 증가하므로 일반 film카메라용 보다 까다로운 조건을 요구하며 전혀 다른 형태의 렌즈를 필요로 한다.

최단 초점거리에 대한 최장 초점거리의 비를 zoom ratio라 부른다.

(2) 광학 필터

최신 카메라들은 높은 수준의 성능을 얻기 위해 여러 가지의 광학 필터를 사용한다.

(가) ND 필터(neutral density filter)

피사체가 너무 밝아 조리개만으로 조절할 수 없는 경우 렌즈에 입사하는 모든 파장의 광선의 광량을 균일하게 감소시키는 역할을 한다.

야외의 광은 실내조명 광보다 훨씬 밝기 때문에 밝은 피사체의 심도를 변화시키지 않고 렌즈의 조리개가 중간 지점의 동작범위 안에서 유지될 수 있도록 ND 필터를 사용한다.

(나) 적외선 필터

적외선 광(가시 광 스펙트럼 이하의 파장)에 의한 촬상 소자의 불필요한 반응 특성으로 부정확한 색 재현을 방지하기 위해 가시광선 스펙트럼 범위 내로 반응특성을 제한하는 필터.

(다) 색온도 보상 필터(color conversion filter)

인간의 눈은 주위의 조명 특성 변화에 쉽게 적응하므로 눈으로 감지하는 물체의 색은 태양광이든 백열등의 광이든 간에 동일하게 느껴진다. 그러나 카메라들은 이러한 조명 조건에 적응하지 못하므로 적절한 조치가 취해지지 않는 한 물체의 색깔이 조명의 색온도에 따라 다르게 나타난다.

광원의 컬러 밸런스를 나타내는 색 온도가 낮을 경우 촬영화면은 붉은 색을 띠게 되며 색 온도가 높아짐에 따라 푸른색을 띠게 되는 현상을 보상하는 필터로써 앰버(amber)필터를 사용하면 색 온도를 낮추어 주는 반면, 청색필터를 사용하면 색 온도를 높여준다.

따라서 광학적인 컬러 필터를 사용하여 적, 녹, 청의 상대이득을 조정하여 카메라가 물체의 색을 정확히 재현해낼 수 있도록 한다.

(라) 광학 저역 통과 필터(optical low pass filter)

고체 촬상 소자에서 과도한 화면 윤곽은 불필요한 앨리어싱을 유발시키지만 촬상 소자의 해상력 범위 내에서는 거의 영향을 주지 않는다. 이 앨리어싱을 감소시키기 위해 LPF(low pass filter)를 써서 최대 입력 공간 주파수를 제한하는 필터를 말한다.

이 필터는 입사광에 존재하는 윤곽의 예리함을 감소시키는 역할을 한다.

(마) 편광필터(polarization filter)

수면이나 유리등의 표면으로부터 반사되는 광을 제거하는 필터.

(바) 연 초점 필터(soft-focus filter)

화면의 전체를 부드럽고 연하게 해주는 필터.

(사) 크로스 필터(cross filter)

피사체가 강한 빛을 낼 때 별 모양이나 십자모양으로 광을 분산시키기 위해 사용하는 필터.

(3) 색 분해 광학 계(dichroic mirror system)

컬러 카메라는 입사되는 광을 3원색으로 분해하는 광학 시스템으로 피사체의 상을 RGB인 빛의 3원색으로 분해하여 3개의 촬상관의 광전면에 각각의 상을 만들기 위해 색 분해 광학계를 이용한다.

다이크로익 미러는 가시광선의 일부를 선택적으로 반사하고 나머지는 투과시키는 것으로 이것을 2매 사용하여 3원색으로 분해한다.

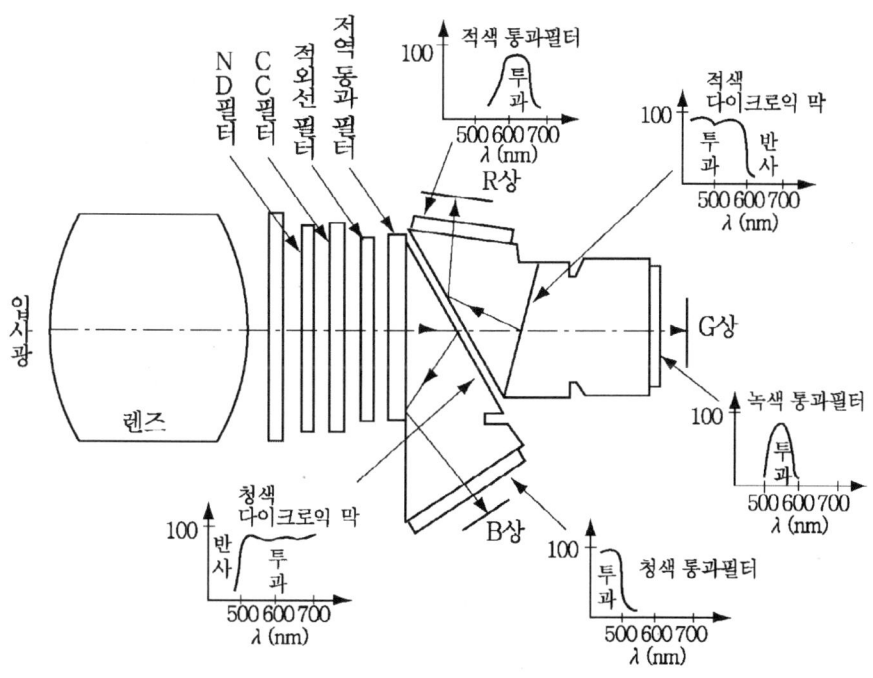

다이크로익 막에 의한 색분해 프리즘의 원리

컬러 카메라는 각 화소들 위에 컬러 필터로 색 분해를 수행하는 단일 촬상소자 타입과 촬상소자 하나는 휘도용으로 다른 하나는 컬러용으로 사용하는 2개의 촬상소자 타입, 색 분해용으로 프리즘을 사용하는 3개의 촬상소자 타입의 3종류가 있고 단판 식과 2판 식 카메라는 일반 소비자와 산업용으로 3판식의 프리즘 카메라는 방송용 및 프로그램 제작용으로 많이 사용된다.

2) 본체

(1) 촬상 장치

촬상관과 고체 촬상소자가 있다.

(가) 촬상관

렌즈에 의해 공간에서 들어온 2차원의 광학 상을 1차원의 시(時)계열 전기신호로 변환하는 장치로 빛을 전기로 변환하는 광전 변화 기능과 2차원 정보를 1차원 신호로 변환하는 주사(scanning) 기능을 가지고 있다.

① **촬상관 종류**

촬상관에는 물질에 빛이 닿으면 광전자를 방출하는 외부 광전효과를 이용하는 이미지형 촬상관(감광 면과 축적 면이 분리되어 있음)과 물질에 빛이 닿으면 도전도가 증대하는 내부 광전효과를 이용하는 광도전형 촬상관(감광 면과 축적 면을 공용함)의 두 종류가 있다.

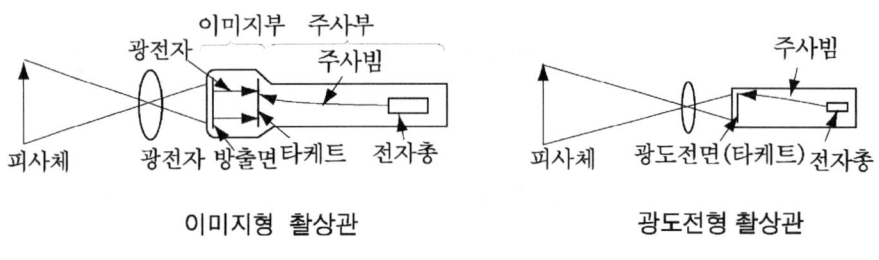

촬상관의 기본구조

ⓐ **이미지형 촬상관(image orthicon tube)**

RCA가 발표한 고감도, 고 해상도 촬상관으로 S/N비는 좋지 못하고 크기는 직경 $4\frac{1}{2}''$, $3''$로서 plumbicon 출현 후부터 사용 안하게 됨. 구조는 이미지 부, 주사 부, 2차 전자 증배 부로 되어 있다.

- 이미지 부(image section)

  광전 면에 광학 상을 결상하면 빛의 강도에 비례해서 우측으로 광전자가 방출한다. 이 광전자를 관의 축에 평행으로 가속 target glass에 충돌시켜 2차 전자를 방출시킨다.

- 주사 부(scanning section)
  cathode에서 발사된 빔은 전자총 가속전극, 수평 및 수직 편향 부를 거쳐 타겟 면상의 양 전하를 중화하고 남은 전자는 캐소드 쪽으로 되돌아간다.

- 2차 전자 중배 부(multiplier section)
  되돌아 온 2차 전자를 여러(5)단의 다이노드(dynode)에 부딪쳐 약100배 정도의 중배가 된다.

- 2차 전자 중배된 신호를 이미지 오시콘 출력 신호 전압으로 꺼낸다.

이미지 오시콘(image orthicon)은 감도와 화질은 좋으나 구조가 복잡하고 크므로 흑백용(한 개만 씀) 카메라에 많이 사용되었다.

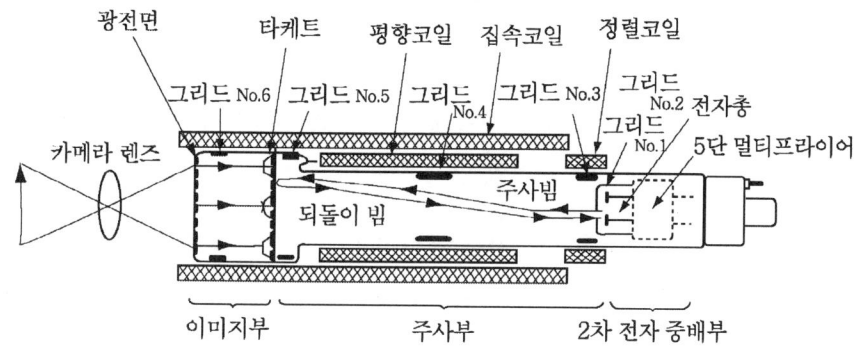

이미지 오시콘의 구조

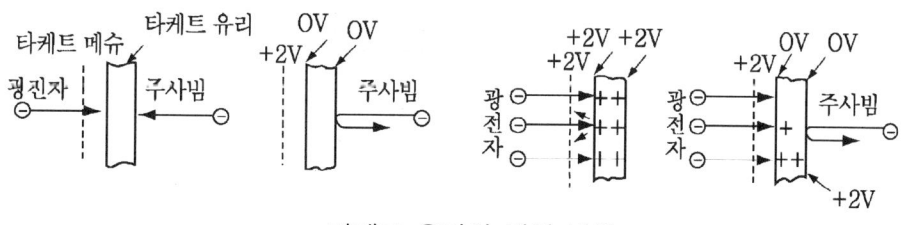

타켓 유리의 전위 변화

ⓑ **광도전형 촬상관**

컬러방송 시대가 되고 부터는 작고(3개를 써야 함) 성능이 좋은 프럼비콘 등의 광도전성의 소자가 주로 사용된다.

㉠ **비디콘(vidicon)**

RCA가 3황화안티몬 사용(sb2S3)하여 개발. 구조가 간단하고, 수명이 길고 값이 싸다. 반면 광도전면의 용량 성 때문에 암 전류(dark current)가 높고 잔상이 많다. 크기는 $1\frac{1}{4}''$, $1''$, $\frac{2}{3}''$.

구조는 전자총, 편향 부, 타겟으로 되어있다.
비디콘은 타겟인 광도전막에 빛이 조사될 때 그 도전도의 변화를 이용해서 영상을 전기 신호로 변환한다.

- 절연체로 동작 : 광의 입사가 없을 경우 광도전막 물질은 도전성이 없으므로 타겟 캐소드 측은 전자빔에 의해 캐소드와 동전위로 될 때까지 충전된다.

- 전류 흐름 : 광의 입사가 있을 때 도전 막은 도전성이 생기고 충전된 전하가 빛의 강약에 따라 방전된 타겟 면상의 전하가 감소한다. 이런 차이를 출력신호로 빼낸다.

비디콘은 구조가 간단하고 취급이 용이하며 크기가 작지만 이미지 오시콘보다 감도가 나쁘고 화질이 좋지 않아 필름 송상용 카메라에 사용되고 있다.

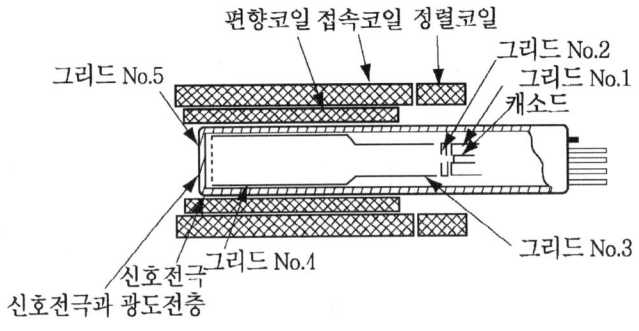

비디콘의 구조

영상 프로그램 제작

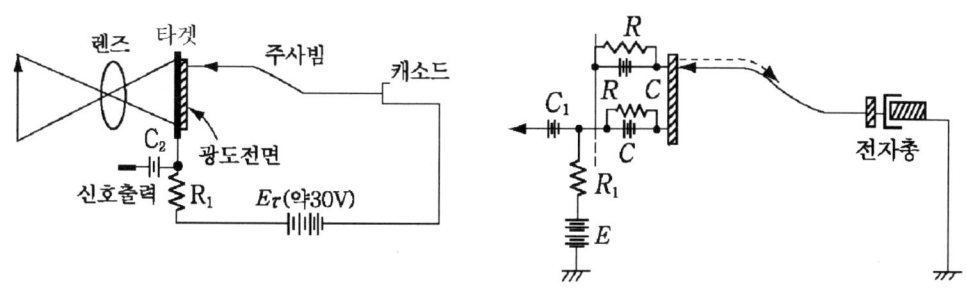

비디콘의 동작원리

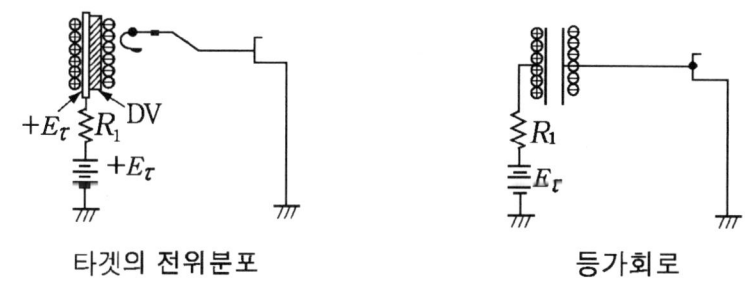

타겟의 전위분포　　　　　등가회로

빛의 입사가 없는 경우의 비디콘의 동작

플럼비콘(plumbicon)

1962년 philips가 산화연을 사용(Pbo)하여 실용화시킴.

비디콘에 비해 고감도, 저 잔상, 암 전류가 적고, 저 버닝(burning), 장 수명, S/N 비 양호, 색 재현 현상 향상, 크기는 $1\frac{1}{4}''$, $1''$, $\frac{2}{3}''$. ACT(Anti comet tail)에 의한 다이나믹 레인지 제한, diod gun에 의한 고해상도 특성.

방송국에서 컬러 카메라에 많이 사용됨.

> **❖ diod gun**
> 빔을 끌어내기 위한 양극과 음극으로 이루어진 전자총. 일반적인 전자총에 있는 cross bar가 없다. 이 전자총을 사용한 촬상관에는 용량성 잔상이 감소한다. 용량성 잔상을 줄여서 해결하는 방법이 검토되어 다이오드 동작형 전자총이 개발되었다. high light가 입사 할 경우 충분한 빔 전류를 얻기 어렵다는 단점이 있다.

ㄷ **사티콘(saticon)**

　　Hitchi와 NHK 공동개발. 셀레늄(Se)+비소(As)+텔루륨(Te)사용. 감광 특성은 plumbicon 비해 떨어지고 해상도는 우수 ENG 카메라에 주로 사용됨.

② **촬상관의 장·단점**

장점
- 해상도가 더 우수할 수 있다.
- 다이나믹 레인지가 더 나을 수 있다.
- 렌즈에서 피할 수 없는 수차를 교정할 수 있다.
- 부드러운 아날로그 영상을 제공하고 앨리어싱(계단 형상)현상을 피할 수 있다.

단점
- 크고 무겁고 전력 소모가 많다.
- 촬상관의 수명은 제한적이다.
- 사용할수록 특성이 변한다.
- 지나치게 밝은 부분을 잡을 경우 촬상관이 손상된다(blooming, comet tailing).
- 레지스트레이션(registration)을 맞추기가 힘들다.

참고

❖ **blooming**
휘도가 높은 피사체를 촬영할 경우 빔 부족으로 그 부분이 번지는 현상.

❖ **comet tail**
고 휘도 피사체가 이동한 뒤에 화면상으로 혜성 같은 불덩이 모양의 꼬리가 끌리는 현상 (빔 부족으로)

❖ **registration**
3관식 컬러 TV카메라에서 각 촬상관으로 얻어낸 분리영상들을 다시 합성하는 과정에서 정확히 합쳐지게 하는 조작. 벗어나게 되면 화면상에 색의 오차가 생겨나고 물체 윤곽에 색이 끼며 해상도가 떨어진다.

③ **촬상관의 성능 특성**

- 분광감도특성 : 촬상관 감도 중 입사 광 파장에 따른 감도를 표시하는 것.

영상 프로그램 제작

- 광전변환특성 : 출력상의 화조(tone)를 수량적으로 표현한 것.
- 해상도 특성 : 주파수에 대한 진폭 response로 표시하는 진폭 변조도로 통상 눈으로 보아 볼 수 있는가 없는가를 판정하는 한계를 말한다.
- 감도와 S/N : 최량의 화질을 얻기 위해 필요한 최소 광량과 노이즈 비.
- lag(잔상) : 입사광을 차단해도 출력이 곧장 없어지지 않고 움직이는 물체의 상이 뿌옇다든지 꼬리를 끈다든지 하는 현상

(나) 고체 촬상 디바이스

1970년부터 MOS(metal oxide semiconductor)와 LSI(large scale integration) 기술의 발달로 CCD(charge coupled devices)가 발표됨에 따라 고체 촬상 디바이스 방식은 MOS(metal oxide semiconductor : 금속 산화물 반도체) 방식과 CCD(charge coupled devices : 전하 결합 소자) 방식으로 2종류가 있다.

즉 고체 촬상 소자는 각 화소의 전하를 읽어내는 방법에 X-Y 어드레스형(MOS)과 전하 전송형(CCD)으로 나눈다.

2차원적으로 배열된 화소 군과 각 화소에 축적된 신호 전하를 시(時) 계열로 순차 나타내는 주사기능을 가진 회로를 일체 구조로 한 전 고체화 장치를 촬상판 또는 고체 촬상 장치라 한다.

① 고체 촬상 디바이스의 종류

ⓐ **X-Y 어드레서 방식(MOS)**

X-Y방식은 전자빔 대신에 수평, 수직의 2차원적으로 배열된 주사 회로가 광전변환 소자를 순차 읽어내는 방식으로 저전압 구동이 이점이고 고속 카메라, 감시용 카메라에 이용된다.

- MOS형 고체 촬상 소자의 구성

  LSI 기술을 이용하여 실리콘(silicon)기판 상에 광센서(photo sensor)와 트랜지스터(mos-TR)로 구성하고 이들 소자가 광전변환과 축적 기능을 가지게 하며 광 정보를 전하의 형으로 축적한 광 다이오드 부, 광 다이오드 부의 신호를 순서에 따라 읽어내기 위한 수평, 수직 스위치회로, 스위치회로를 동작시키기 위한 수평 수직 시프트레지스터 부로 구성되

어 있다.

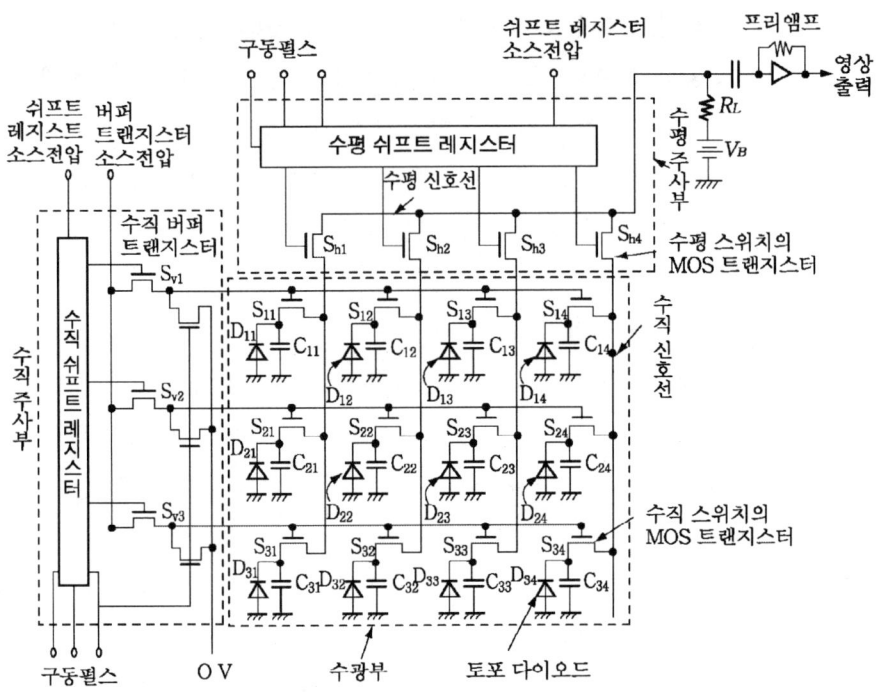

MOS형 촬상소자의 내부구조

ⓑ **전하전송 방식(CCD)**

빛의 입사로 생긴 전하를 각각 저장하고 있을 때, 다음 전하의 정호에 전압을 가하면 저장된 전하는 전위변화에 따라 다음으로 이동한다. 이와 같이 위상차를 가진 단상 펄스를 가하면, CCD는 영상 전하 축적과 전송을 반복하면서 양동이 전달 모습과 같이 좌에서 우로 순서대로 전하를 이동시켜 최종적으로 배열된 단위소자로부터 연속된 영상신호를 나타내게 된다.

출력 신호의 균일성과 저 잡음으로 방송용, 가정용에 많이 사용한다.

기본적으로 전하를 취급하기 위해 3개의 기능을 갖고 있다.

- 광전변환 : 입사광은 광센서에 의해 전하를 발생시킨다. 이때 발생하는 전하량은 빛의 밝기에 비례한다.
- 전하의 축적 : CCD 전극에 인가전압이 걸리면 실리콘층 중에 전하의

정호(potential well)가 만들어지며 전하는 여기에 축적된다.
- 전하의 전송 : CCD 전극에 걸린 전압이 높을수록 깊은 정호가 만들어지며 인접 전극 보다 높은 전압이 걸리면 보다 깊은 정호가 만들어져 가까이에 있는 전하가 자연스럽게 흘러 들어온다. 이와 같이 규칙적으로 나열한 전극에 차례로 반복시키면 전하의 전송이 이루어진다.

② CCD 소자의 종류와 동작원리

주로 사용되는 CCD 소자로는 IT(inter-line transfer), FT(frame transfer), FIT(frame inter-line transfer)형의 3가지 종류가 있다.

ⓐ IT(inter-line transfer)형 CCD(선간 전송)

CCD system에서 영상 부와 저장부가 분리되어 있지 않고 한 frame 내부에서 신호전하의 수용, 저장 및 이동이 수직 귀선(vertical blanking) 기간 동안 line 단위로 이루어지는 방식으로 감광 영역 전체와 빛을 감광하는 영역 구경비는 보통 30~40%이며 따라서 해상도가 FT 보다 못하다.

[구조]

광전 변환을 위한 광센서와 수직 시프트 레지스터가 광감 영역에 배열돼 있고, 수평 shift register는 감광 영역밖에 위치해 있다.

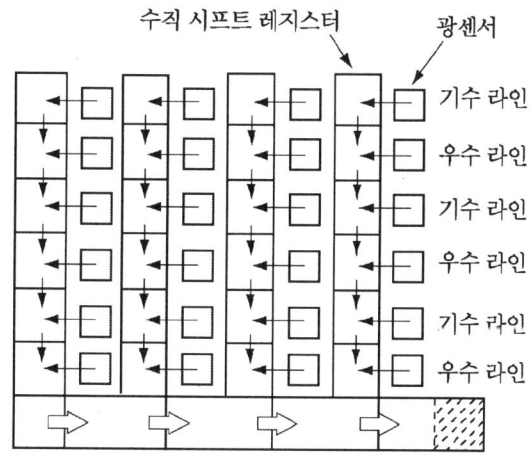

INTER LINE TRANSFER CCD의 구조

[동작순서]

㉠ 한 필드(1/60초) 동안 감광 영역의 cell은 입사광에 비례하는 전하를 축적한다.

㉡ 수직 귀선 기간 동안에 축적된 전하는 광으로부터 차단되어 있는 인접한 저장용 cell로 빠르게 이동한다.

㉢ 저장용 cell에 있는 전하들은 수평 귀선 기간 동안 한 스텝 밑으로 HSR(horizontal shift register)에 이동된다.

㉣ 그 후 한개 주사선에 해당되는 전하들이 수평 주사 기간 동안 수평으로 이동되어 출력된다(이 동작은 주사선 수 만큼 반복된다).

㉤ 이와 같이 저장용에 있던 전하가 차례로 읽혀져 카메라 신호로 출력되는 동안(한 필드) 감광용 cell은 새로운 전하를 축적한다.

장점 : IT CCD는 칩의 크기가 작다.

단점 : 감도가 낮고, 해상도가 FT보다 못하다.
　　　수직 스미어가 약간 있다.

참고

✤ 스미어(smear)
하이라이트에서 상하로 적색 또는 백색 꼬리를 끄는 현상으로 매우 강력한 광이 입사되면 입사광의 일부가 CCD의 내부에서 반사되어 인접한 저장용 cell의 전하를 증가시켜 수직 스미어(vertical smear)를 발생시킨다.

ⓑ FT(Frame Transfer)형 CCD(프레임 전송)

CCD system에서 영상 부와 저장 부를 동일 크기로 분리시켜 신호전하를 frame 단위로 저장시켰다가 frame 귀선기간동안 그 신호 전하를 전송하는 방식

[구조]

영상을 받아들이는 영역과 받아들인 영상을 손실 없이 저장할 수 있도록 광으로부터 차단된 2개의 별도의 영역이 기판의 윗부분과 아랫부분으로 분리 배열돼 있다. 감광 영역에서 저장 영역으로 전하를 운반하는 기능도

있다.

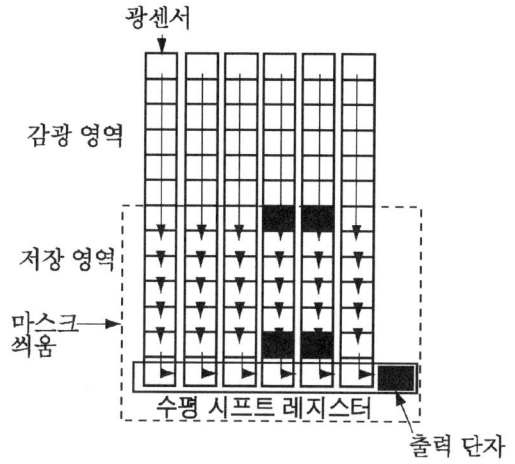

FRAM TRANSFER CCD의 구조

[동작순서]

㉠ 감광 영역의 각 cell은 한 필드 동안 입력된 광량에 비례하는 전하를 축적하여 한 개의 스크린을 만든다.

㉡ 전하는 수직 귀선 기간 동안 빠른 속도로 아래 부분의 저장 영역에 한 필드만큼의 전하가 옮겨진다.(이동)

㉢ 이동된 전하는 수평 귀선 기간 동안에 수평 시프트레지스터에 한 주사선씩 보내지고 수평주사 기간 동안 순차적으로 출력된다.

㉣ 전하가 옮겨가고 비어있는 감광 영역의 셀 들은 다음 한 필드 동안 전하를 새로이 축적한다.

  장점 : 화소가 크고 서로 인접해 있기 때문에 광을 손실 없이 받아들여 효율이 높고 감광 영역에서 저장 영역으로 전송하는 구조도 효율적이다.

  단점 : 전하를 저장 영역으로 옮길 때 신호의 훼손이 생긴다(빠르게 이동 시켜도 계속되는 입력 광이 이동하는 전하에 영향을 준다. 따라서 수직 스미어가 생긴다. 이 스미어는 렌즈와 프리즘 사이에 기계적인 셔터를 부착하면 해결 할 수 있다).

ⓒ FIT(frame inter-line transfer)형 CCD(프레임 선간 전송)

IT방식에서 저장 부를 도입하여 신호 전하가 일단 저장 부에 저장되었다가 수평동기 주파수에 맞추어 line 단위로 전달하는 방식으로 IT방식이 FT방식에 비해 감도와 해상도가 떨어지는 것을 개선하기 위해 IT CCD와 FT CCD의 장점만을 택해 만든 CCD로서 수직 smear를 실질적으로 제거한다.

[구조]

감광 영역, 저장 영역 및 수평 시프트 레지스터로 구성되어 있다. 감광 영역의 구조와 동작은 IT CCD와 비슷하고 저장 영역은 한 필드 분의 전하를 일시 저장하도록 설계되어 있다.

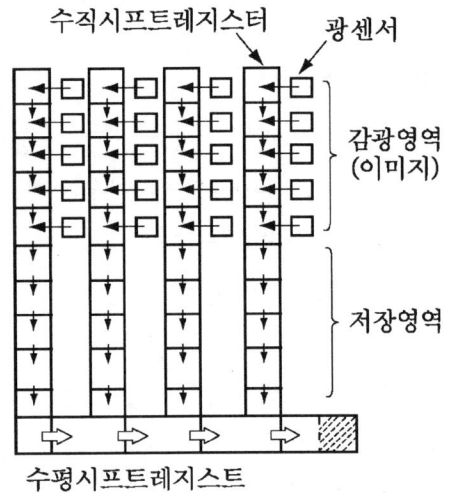

FRAME-INTERLINE TRANSFER CCD의 구조

[동작순서]

㉠ 한 필드(1/60초) 동안 감광 영역의 cell은 입사광에 비례하는 전하를 축적한다.

㉡ 감광 영역의 광센서에 저장된 전하는 수직 귀선 기간 동안에 수직 shift register로 이동하고, 이 동작이 일어난 직후에 수직 shift register에 있는 신호 전하들은 빠른 속도로 저장 영역으로 이동한다.

ⓒ 저장 영역은 이 신호를 저장하고 나서 수평 동기 주파수와 더불어 한 라인씩 수평 shift register로 보내지고 수평주사 기간 동안 순차적으로 출력된다.

장점 : - 신호전하가 저장 부에 전달되는 동작과 HSR의 전달 동작이 서로 독립적으로 수행되기 때문에 고속 전달이 가능하다. 따라서 수직 스미어 량이 적다.
- IT 방식에 FT 방식을 혼합해서 만든 것으로 전자 셔터를 사용하여 수직 스미어와 dynamic 해상도를 개선하였고, flick 도 없앤다.

단점 : - 칩의 크기가 크다.

③ **CCD의 성격**

ⓐ **해상도 특성과 aliasing**
- CCD의 해상도 특성은 기본적으로 수직과 수평의 2차원으로 구성되어 있는 화소(pixels)수에 의존한다.(수평 해상도는 $\frac{4}{3}N$, N : 수직 방향의 화소 수)
- 영상 재생 시 나이키스트 범위(nyquist limit)를 벗어나면 모아래 나 앨리어싱이 발생되기 때문에 나이키스트 범위를 넘는 이미지 성분의 재현은 불가능하다.
- 앨리어싱을 줄이기 위해 렌즈와 CCD 소자사이에 광학 필터(LPF)를 둔다.

ⓑ **스미어(smear)**
- 의사(pseudo) 이미지가 빛이 강한 부분에 위와 아래로 길게 펼쳐져 보이는 것.(하이라이트에서 상하로 적색 또는 백색 꼬리를 끄는 현상)
- 스미어는 CCD에서만 특별히 나타나는 현상이다.
- 나타나는 이유는 강한 빛이 들어올 때 전하가 수직 시프트 레지스터로 유출되는 경우나 빛이 직접 수직 시프트 레지스터에 들어가 과잉 전하로 변환되는 경우와 수직 시프트 레지스터의 상단에서 빛을 충분히 차단 못할 경우 등이다.

참고

✤ nyquist frequency
그림 또는 음향 정보를 디지털 처리를 위해 표본화 할 때 왜곡 없이 신호를 재현시키기 위해서는 표본 주파수가 그림 또는 음향신호 주파수의 2배 이상 되어야 원래의 신호를 재생해 낼 수 있는데 이때의 주파수를 말한다.

✤ 앨리어싱(aliasing)
영상의 미세한 부분이 raster display 의 유효 해상도를 초과할 때 나타나는 현상을 말하며 대각선이 계단형으로 나타난다.

✤ 모아레(moire)
NTSC 컬러 신호를 녹화하면 색 부 반송파 신호와 각종 불필요한 스프리어스(spurious) 사이의 간섭으로 화면에 줄무늬 같은 것이 생기는 현상.

ⓒ 플레어(flare)
- 렌즈의 표면이나 CCD에서 다양한 형태의 빛이 반사나 확산에 의해 pedestal level이 증가하여 흰색 또는 컬러 색상이 너울거리는 현상.
- 촬상관에 비하면 CCD 카메라는 강한 입사광을 자주 허용하므로 쉽게 일어난다. 증상을 줄이려면 특별한 코팅이 필요하다.

④ CCD 소자의 노이즈

ⓐ 랜덤 노이즈
- 신호 양에 의존하는 신호 변화 성분으로 전류에 의한 산탄 잡음(돌발적인 광에 의한 shot noise)과 전송 노이즈가 있다.
- 신호 양에 존재하지 않는 성분으로 감광 영역의 암 전류에 의한 noise, 검출기의 reset noise, FDA(frequency distribution amp)에 의해 발생하는 앰프 노이즈, 외부 회로에 의해 발생하는 노이즈 등이 있다.

ⓑ 고정 패턴 노이즈(fixed pattern noise)
- 클럭 노이즈
- 광센서의 암 전류 노이즈
- 전송 부의 암 전류 노이즈(FET amp noise)

Chapter 8 영상 프로그램 제작

 참고

✤ shot noise(산탄 잡음)
열 잡음과는 달리 시스템을 통과하는 전류에 의해 불규칙적으로 발생되는 전하의 생성과 소멸에 의해 생기는 노이즈(전류 성 잡음)

⑤ **감도(sensitivity)**

CCD의 감도는 보통 photo diode(광 다이오드)의 감도에 의해 좌우된다. photo diode는 800nm~1000nm 정도의 적외선에 최대 감도를 가진다. 그러나 TV 카메라는 400nm~700nm 범위의 빛 만 사용되므로 적외선 부분은 광학 필터를 이용 제거한다. 전체적인 감도는 소자의 구조에 의해 결정된다.

다음 방법으로 감광도를 개선한다.
- 광센서의 표면에 마이크로 렌즈 배열의 형태를 만들어 광 사용률을 증가시킬 수 있다.
- 광도전 반도체 막을 감광 소자에 덧붙인다.

⑥ **다이나믹 범위(dynamic range)**

CCD 소자의 다이나믹 범위는 출력되어 나오는 신호에서 암 전류의 비율과 FDA의 리세트 노이즈에 좌우된다. 다이나믹 범위는 촬상관의 감도에 비해 약간 작다.

⑦ **CCD 촬상 소자의 장·단점**

장점 : - 크기가 작고, 충격에 강하고 소비전력이 적고 반영구적이다.
- 프리즘에 CCD를 일단 고정하면 기계적 오차가 거의 없고 자기에 의한 변동이 적어서 기계적, 전기적 조정이 불필요하다.
- 히터, 편향코일, 고압회로가 불필요하므로 소비전력이 매우 적고 전원 투입과 동시에 안정된 화면이 얻어지고 수명도 길다.
- 사용 시간에 따라 특성이 변하거나 수명이 단축되지 않는다.
- 강한 광선에 의한 촬상 소자의 손상이 없다.(일종의 반도체이므로 태양과 같이 매우 강한 광원을 장시간 촬영해도 촬상 소자가

전혀 손상(burn in)되지 않는다.)
- 잔상과 코멧테일 현상이 매우적다.(CCD는 응답(dynamic response)이 매우 높아서 어두운 부분에서 그림이 끌리는 잔상(lag)이나, 매우 밝은 광원의 움직임에 따라서 그 궤적이 꼬리를 물면서 이어지는 코멧테일(comet tail) 등의 현상이 거의 나타나지 않는다.)
- 화면의 주변까지 동일한 해상도와 registration 정확도가 얻어진다.(전자빔주사방식을 사용하는 촬상관은 그 구조상 화면 주변에서 해상도가 화면의 중앙부에 비해서 떨어지나 CCD는 화소를 하나씩 주사해 나가므로 전체 화면의 해상도가 동일하다.)
- 다양한 속도의 전자셔터를 쉽게 설계할 수 있다.(촬상관 방식의 카메라에서는 주사속도가 1/60초에 고정될 수밖에 없다, CCD는 주사속도를 변경 할 수 있어 넓은 범위의 전자셔터 기능을 쉽게 부착할 수 있다.)
- 신호 대 잡음비가 높다.(낮은 조도에서 영상신호를 노이즈가 거의 없이 밝게 표현된다.)

단점 : - 화소들의 수가 제한됨에 따라 대각선상에 계단효과(stepping effect)가 나타난다(앨리어싱 현상).
- 여러 가지 노이즈가 생긴다.
- 물결무늬가 발생하기 쉽다.(CCD의 수광부는 화소 단위로 분리되어있어 신호 왜곡이 일어나서 화면에서 물결무늬(moire)로 나타난다.)
- 스미어(smear)가 발생하기 쉽다.(태양, 전구 등 극단적으로 밝은 광원을 잡으면 수광부에 전하가 넘쳐 수직의 하얀 선이 화면에 나타난다.)
- 렌즈 광학 시스템에 의한 축의 색 수차를 교정하기 어렵다.

촬상 관과 촬상 소자의 비교

	촬 상 관	고체 촬상 소자
수 명	• 제한적(특성이 변한다)	• 반영구적(특성변화 없다)
전력 소모	• 많다(고 전압 필요)	• 적다(저 전압 구동)
크 기	• 크고 무겁다	• 작고 가볍다
해상도	• 우수할 수 있다 • 다이나믹 레인지가 더 나을 수 있다 • 밝은 부분에서 부자연스러움을 최소로 재현할 수 있다	• 소자 내 화소수가 제한되므로 앨리어싱 현상으로 detail 화면 부자연스러움 • 대각선 계단효과 나타남
잔 상	• 지나치게 밝은 부분 잡을 경우 피할 수 없다 • blooming, comet tail 현상	• 장시간 아주 강한 광을 촬영하지 않는 한 생기지 않는다
도형왜 (일그러짐)	• 주사 때문에 해상도와 registration 정확도가 가장자리로 갈수록 현격히 감소한다.	• 화소가 규칙정렬 배열되어 있으며 자기 주사를 행하므로 해상도, registration정확도가 스크린 전반에 걸쳐 균일하다.
내 진동, 내 충격성	• 유리관, 필라멘트, 소켓을 사용하므로 약하다.	• 반도체 소자로 강하다.
전, 자계의 영향	• 전자빔이 영향을 받기 쉽다.	• 영향 없다.
장·단점	• 렌즈에서 피할 수 없는 수차들을 교정 할 수 있다 (촬상관에 가해지는 주사 파형을 적절히 조정) • 부드러운 아날로그 영상을 제공 앨리어싱 현상 피할 수 있다.	• 촬상소자의 레지스트레이션이 고정되기 때문에 광학 시스템의 수차를 교정하기 어렵다. • centering, registration 조정이 필요 없다. • 움직이는 물체의 다이나믹 해상도가 촬상관 보다 우수 • 수직 스미어 현상은 FT타입에서만 완전히 제거된다. • 이득이 높을 때 고정 패턴 노이즈가 생긴다.

(2) 영상 신호 처리

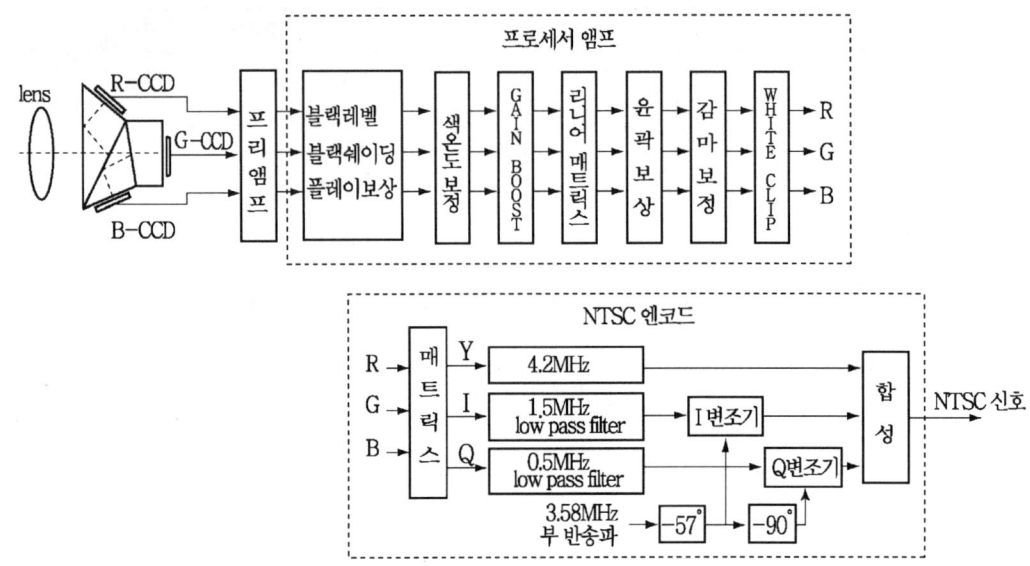

컬러 카메라 영상 계통도

(가) pre amplifier(전치증폭기)

촬상 소자에서 얻어지는 미약한 신호 전류(0.2~0.3µA)를 증폭하여 후단의 신호 처리를 용이하게 하기 위한 증폭 회로로서 TV 카메라의 화질을 결정하는 요인 중 가장 중요한 카메라의 S/N 비는 이 단계에서 결정된다.

따라서 저 잡음 증폭 소자를 사용 촬상 소자의 전극에 가깝게 배치한다.

① 하이라이트 신호처리

ⓐ **ACT관에 의한 코멧 테일(comet tail) 현상의 개선**

프럼비콘, 새티콘 등 광도전형 촬상관에는 comet tail 현상이 일어난다. 이것은 빔(beam)이 부족을 일으키는 정도의 휘도가 높은 피사체를 촬영하여 화면을 이동했을 때 유성 모양의 꼬리를 끄는 현상을 말하며 제거하는 방법으로 편향회로, 프리앰프, clamp 회로 등을 개선하여 다이나믹 렌지를 제한한 ACT(anti-comet tail)관이 개발되었다.

ⓑ **ABO(automatic beam optimizer)에 의한 blooming 개선**

blooming(휘도가 높은 피사체를 촬영할 경우 그 부분이 번지는 현상)은 빔 제어(ABO : 자동 빔 최적화) 회로를 사용하여 입사 광 량에 따라 빔 량을 적당한 양으로 제어한다.

(나) process amplifier

프로세스 증폭 회로의 역할은 영상 신호 증폭만이 아니고 소정의 규격을 만족시키는데 있다. 여기에는 블랙레벨조정, 쉐이딩 보정, flare 보정, 색온도 보정, linear matrix, image enhancement, 감마 보정 회로 등이 있다.

① **블랙 레벨(black level) 조정**

감광 소자에서 입사광이 없을 때 흐르는 미소 전류를 암 전류라 하는데 이 암 전류가 온도 상승에 따라 증가하는 것을 조정하는 것.

② **쉐이딩(shading) 보정**

렌즈나 색 분해 광학 계, 촬상 소자에 의한 오차를 보정하는 것으로 촬상관에서 얻어지는 영상 신호는 여러 가지의 영향에 의해 진폭 찌그러짐을 동반한다.

촬상관에 광을 가하지 않아도 출력 측에 나타나는 신호에 의한 black shading과 촬상관으로 들어오는 광 입력 레벨이 렌즈의 중심부 보다 가장자리의 광량 저하 등에 기인하는 white shading이 있다. 이것이 허용 오차를 초월하면 색 재현을 열화 시키기 때문에 보정이 필요하다. 이것은 톱날파와 파라보라 파를 이용 보정한다.

③ **flare 보정**

카메라에 빛이 입사할 경우 렌즈, 프리즘 등의 광학계나 촬상관의 광전면에서의 난 반사에 의해 영상신호의 black level 이 높아지는 현상 또는 컬러 색상이 너울거리는 현상이 생긴다.

이것은 영상 평균 레벨을 검출하여 black level에 궤환시켜 혹 레벨의 변동을 눌러주는 플레어 보상회로를 사용한다.

④ 색 온도 보정 증폭기

TV카메라는 일반 스튜디오에서 쓰는 할로겐램프의 3200° Kelvin 색 온도에 적당하도록 설계되어있으나 백열등의 3000° Kelvin 이하의 낮은 색 온도에서부터 겨울날 야외에서의 10000° Kelvin 이상 높은 색 온도에 이르기까지의 조명 광에 대한 색 온도에 맞추어져서 촬영할 수 있어야 한다.
조명 광원의 색 온도가 변했을 때 적, 녹, 청 신호처리 채널의 상대 이득을 전기적으로 조절하여 각기 다른 색 온도에서도 카메라가 물체의 색을 정확히 재현해낼 수 있도록 color balance의 변화를 보상하기 위한 가변 이득회로로 G 영상신호를 기준 레벨로 하고 R, B 영상신호 레벨을 서로 변화 시켜 조정한다.(white balance)

⑤ linear matrix 회로

색 분해 과정에서 불완전함을 보정해 주는 회로로 칼라 카메라에서는 실제로 색 재현오차를 갖고 있게 된다. 이 오차를 전기적으로 경감하는 방법으로 R, G, B 3원색 신호간에 close matrix 회로를 두어 보정한다.

⑥ 윤곽보상 회로(image enhancement)

촬상 디바이스의 해상도 특성이 충분하지 않기 때문에 사용하는 것으로 피사체의 윤곽 또는 화질을 전자적으로 보정해서 개선하는 회로로 영상의 윤곽부분에 에지(edge)가 붙으면 해상 감이 향상한다는 효과를 이용한 윤곽보상회로가 사용되고 있다.

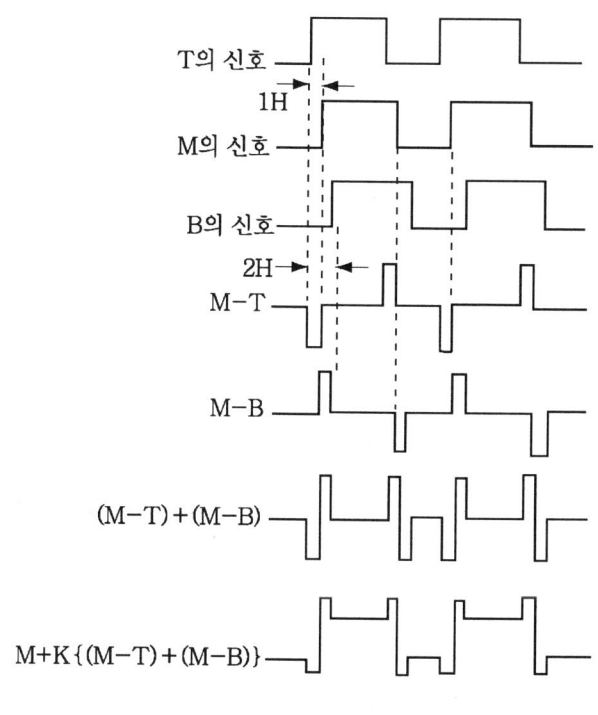

윤곽 신호의 발생원리

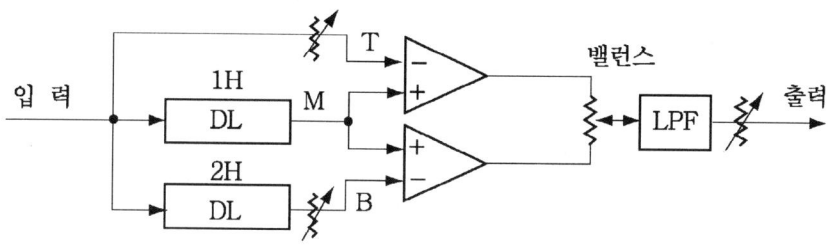

수직 윤곽 신호 발생 회로

⑦ **감마 보정 회로**

TV 수상관의 비선형적인 광 출력 특성을 보정하기 위하여 카메라에서 감마 보정이 수행된다.

수상관의 감마는 백색 부분이 강조되고 흑색 부분은 억제된다. 따라서 카메라의 감마는 백색 부분을 억제하고 흑색 부분을 강조해 준다.

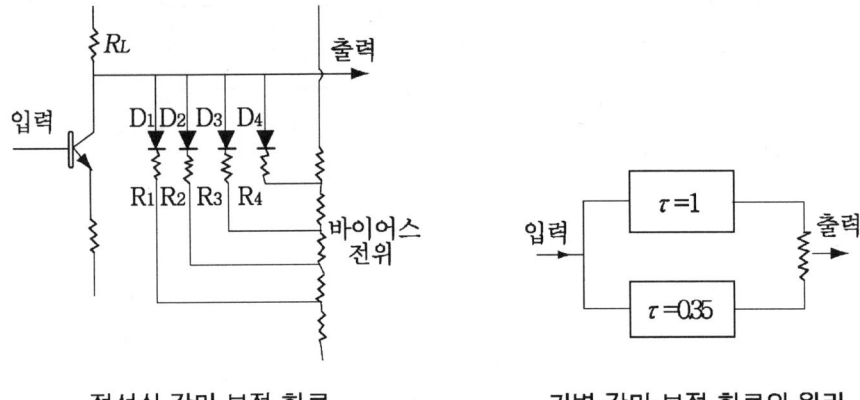

절선식 감마 보정 회로   가변 감마 보정 회로의 원리

(다) 엔코드(encoder)

color TV 신호는 적, 녹, 청 3색 분의 영상신호가 합성되어 있는데 이 합성을 행하는 부분이 엔코드이다.

3) viewfinder

TV 카메라맨이 구도, 포커스, 조리개 등을 조정하기 위해 보는 카메라에 붙어 있는 소형 모니터로서 영상의 구도를 결정하고, 렌즈의 포커스를 확인하며, 기기 동작의 상태를 확인할 수 있고, VTR의 재생 영상을 체크할 수 있다.

- check : 적정 노출, white/black balance, registration 등
- indicator : zoom, focus, iris, white balance, gain, battery, tape, REC 등

◈ viewfinder의 조정

① brightness, contrast의 손잡이를 둘 다 최소로 돌린다.
② 밝기를 서서히 올려서 브라운관 전체가 약간 밝게 되는 점에 멈추고
③ contrast를 올려 가면서 영상이 나타나 적당한 contrast가 되는 곳에 정지한다.

4) 카메라 cable

multi cable(600m까지 사용), triaxial cable(1500m까지 사용), 광섬유 cable (3000m까지 사용) 등이 사용된다.

5) c.c.u.(camera control unit)

원격 카메라 제어장치(ccu)로 이 제어장치는 TV카메라 head와 cable로 연결하여 각종 set up과 control의 기능을 수행한다.

(1) set up

- cable compensation adjustment, phase adjustment,(head와 c.c.u 사이에 카메라 케이블의 영상 신호 전송에 중첩되는 유도 잡음을 제거하는 회로와 고역 주파수 보상회로 등이 있으며 케이블의 종류, 길이에 따라 다르다.)
- shutter adjustment, shading adjustment, gain adjustment, detail adjustment, white/black balance 등

(2) control

- iris control
- pedestal control

6) 카메라 설치대

카메라 헤드를 실어 임의의 방향으로 조작하기 위한 장치로 cradle head(운대)와 pedestal(지지 대) 그리고 dolly(이동 기)로 구성되어 있다.

(1) 운대(cradle head)

카메라를 탑재하고 목적의 피사체를 촬영하기 위해 상하좌우 임의의 방향으로 조작하는 장치다. 측면에 팬 막대(pan bar)를 설치하여 조작한다.

(가) 틸트 밸런스(tilt balance) 기구

카메라를 탑재하여 상하로 틸드 힐 때 카메라의 무게 중심이 항상 평형이 되도록 하는 장치

- 중심회전 중심방식(단축 지지형 운대와 크래들 운대가 있다.)
- 캠 밸런스 방식
- 스프링 밸런스 방식 등이 있다.

(나) 미조 기구

- 브레이크 방식
- 점성 댐프 방식(고 점도 기름 이용 점성 마찰이나 유체 마찰)이 있다.

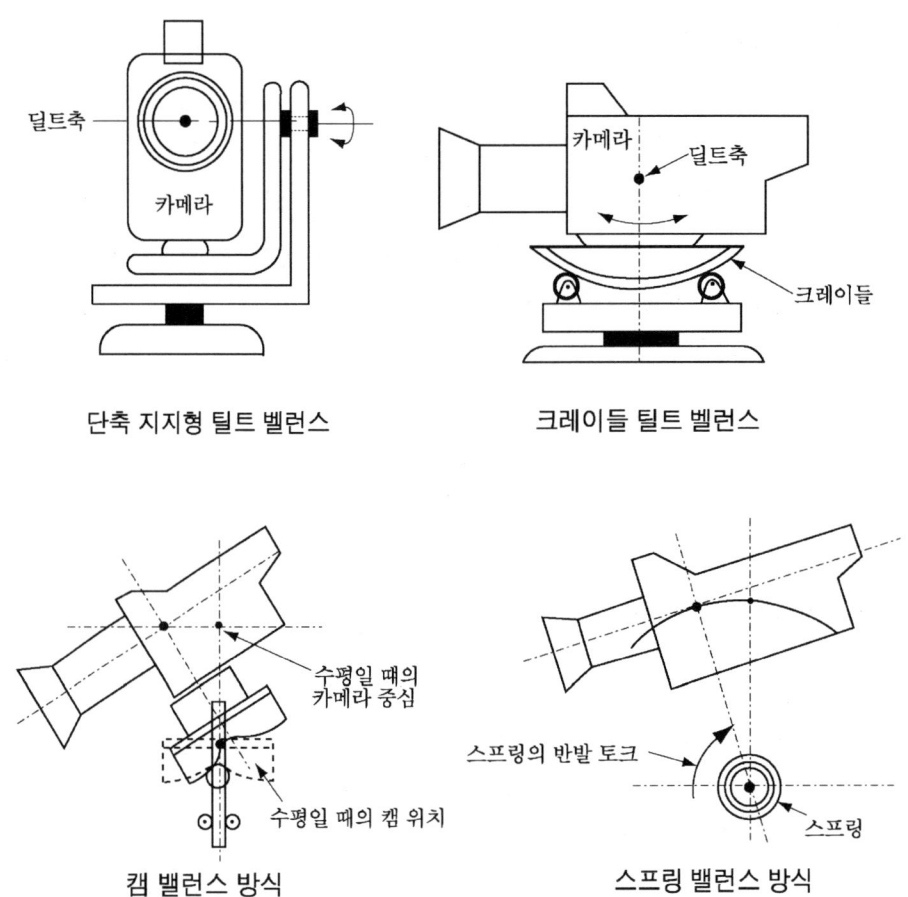

(2) 페데스탈(pedestal : 축받이)

높이를 조정하고, dolly의 방향을 정하며, 전후좌우로 주행하는 기능이 있다.

(3) 돌리(dolly : 작은 바퀴가 달린 이동 기)

- 스튜디오에서는 pedestal dolly(승강 가능)를 사용하고
- 중계용은 tripod dolly(승강 기능 없음)를 사용한다.

7) 크레인(crane)

돌리맨과 카메라맨이 별도로 있는 대형 크레인과 카메라맨이 움직임과 카메라를 전부 조작하는 소형 크레인이 있다.

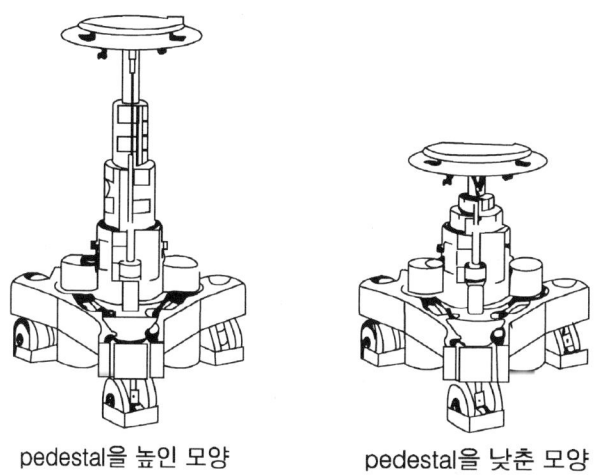

pedestal을 높인 모양   pedestal을 낮춘 모양

8.1.2 영상조정설비

영상 조정설비는 영상 조정실에서 여러 대의 카메라, VTR 등으로부터 오는 영상을 전환, 합성 또는 자막 삽입 등을 하여 프로그램을 만들며 신호를 감시 조정하는 역할을 한다.

◆ 기본구성

① video mixing unit(video switcher) : 영상을 전환, 합성, super impose하는 기기
② 특수 효과기기 : digital video effects(DVE), computer graphics(CG) 등
③ sync system : 여러 종류의 입력 영상 신호를 동기 시키기 위한 동기신호 계통
④ monitor 군 : 영상의 입력과 출력을 각각 감시하는 여러 대의 모니터
⑤ master(precision) monitor : 영상 정밀 체크용 모니터
⑥ waveform monitor : 영상신호 레벨 감시를 위한 파형 모니터

⑦ vector scope : 영상 신호의 컬러 상태 감시 측정기
⑧ tally system : 그 기기가 지금 방송중인 것을 알리는 시스템
⑨ intercom : 스탭 간 연락을 위한 전화계통

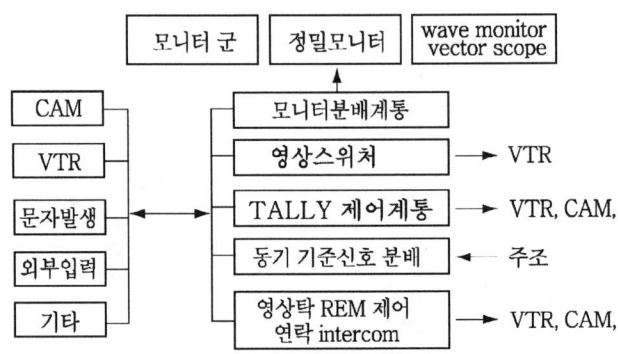

영상 조정장치의 구성

1) video mixing unit

video switcher라고도 한다.

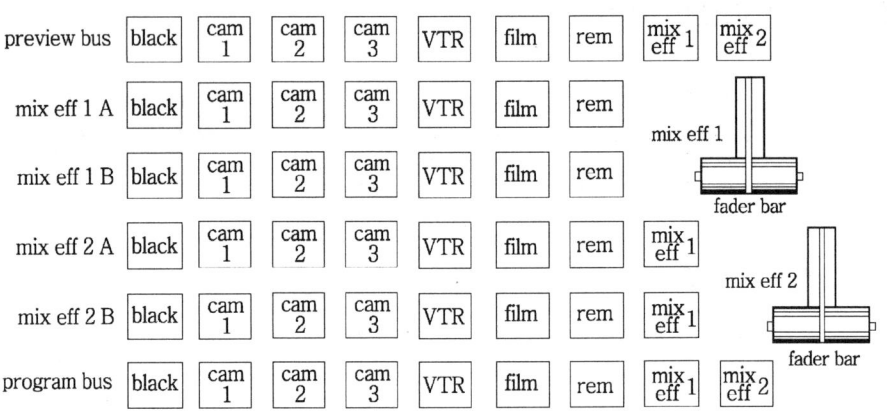

VMU의 컨트롤 패널

(1) VMU의 기능

영상 프로그램 제작 또는 송출과정에서 사용되는 영상 전환용 기기로서 기본기능(MIX, CUT, FADE)과 특수효과 기능(패턴에 의한 wipe, key)이 있다.

(2) VMU의 구성

스위처는 두 부분으로 나누어 구성되어 있다.

(가) 매트릭스와 혼합, 전환, 특수효과 시스템, tally 시스템과 전원장치와
  (랙크에 설치)

(나) 스위처의 여러 가지 기능을 조작하는 컨트롤 패널로 구성된다.
  (조정탁에 설치)

(3) VMU 입·출력 신호

(가) 입력 영상신호와 동기신호

① 영상신호

입력 영상 신호로 카메라, VTR 등 여러 가지 신호가 있으며 필요에 따라 1V의 복합(composite)신호, 0.7V의 비 복합(component)신호를 사용할 수 있고 동기 신호, 블랭킹 신호, 색 부 반송파 신호가 필요하다.

composite 신호가 기본이지만 색 신호와 휘도 신호의 상호 간섭에 의한 화질 저하가 없는 component 신호도 사용한다.

영상신호의 스위칭 노이즈가 화면에 나오지 않아야 되므로 수직 귀선 기간 (VBL)에 영상신호가 스위칭 된다.

참고

♣ composite video signal
  영상 신호, 색 신호에 동기 신호가 합쳐진 합성 영상 신호

♣ component video signal
  컬러 영상을 발생시키는 부분 정보 신호로서
  component 신호에는 Y, I, Q.와 Y, R-Y, B-Y 등 두 종류가 있다.

  Y 신호 : luminance   EY=0.3R+0.59G+0.11B
  I 신호 : in-phase sub carrier   EI=0.60R-0.28G-0.32B
  Q 신호 : quadrature sub carrier EQ=0.21R-0.52G+0.31B
          ER-EY=0.70R-0.59G-0.11B
          EB-EY=-0.30R-0.59G+0.89B

② 동기신호

TV카메라 VTR 등 대부분의 영상 기기는 자체 동기 신호 발생기(syncgenerator)를 갖고 있지만 각 영상 기기의 출력을 믹싱 한다든지 중첩시키기 위해서는 각 영상신호의 동기 주파수와 위상이 같지 않으면 안되므로 표준이 되는 외부 동기신호를 받아 영상 기기 모두에 분배할 필요가 있다. 따라서 각 기기에 같은 동기로 맞추기 위해 black burst신호나 컬러 bar신호를 외부 동기 신호로 각 기기에 분배해 준다.

> ✤ **black burst**
> system에 VTR이 locking 되거나 VTR을 안정시키기 위해 주어지는 동기 신호의 일종으로 color black 이라고도 한다.

(나) 출력 신호

보통 2개 이상의 프로그램 출력과 2개 이상의 프리뷰(preview) 출력이 있다.

(다) 입·출력 임피던스

영상 신호의 입력과 출력 임피던스는 모두 75Ω이다.

(4) 스위칭 조작의 종류

(가) cut(switch)

switcher의 같은 열(bus) push 버튼을 조작하여 여러 가지 입력 영상 신호들 중에서 한 개의 화면에서 다른 화면으로 순간적으로 바꾸는 조작

(나) fade(fade in, fade out)

영상 이득 조정 기(fader)에 의해 영상 신호의 이득을 임의의 속도로 증감하는 조작으로 fade in은 화면이 없는 상태에서 서서히 영상이 나타나게 하는 조작이고 fade out은 영상을 서서히 없애 가는 조작

Chapter 8

영상 프로그램 제작

(다) mix

VMU의 A열(bus)과 B열(bus)의 영상 신호를 각각 선택하여 fader로 혼합시키는 조작

(라) dissolve

fader를 조작하여 A열의 화면에서 B열의 다른 화면으로 서서히 변환시켜 주는 조작.(이때 fader가 A와 B의 중간에 있게 되면 mix 상태가 된다)

(마) wipe

한쪽(A열)의 화면이 다른(B열) 화면과 여러 형태로 합성되면서 그 형이 차차 다음 화면으로 바꾸어지는 조작을 wipe라하고 스타형, 다이아몬드형, 원형 등 wipe 패턴을 지정한 형태로 모양을 만들어 가면서 장면이 전환되는 조작. 여기에는 효과 파형 발생기(effect waveform generator)가 필요하다.

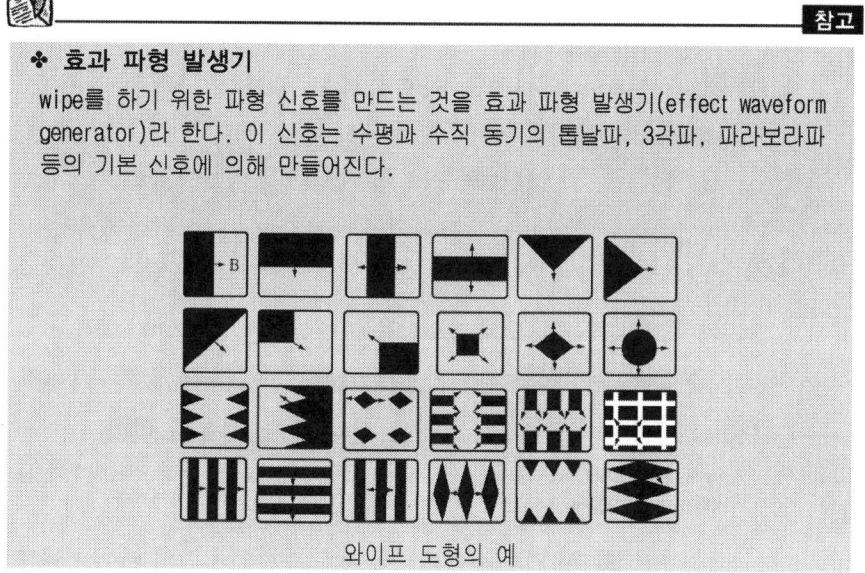

❖ **효과 파형 발생기**

wipe를 하기 위한 파형 신호를 만드는 것을 효과 파형 발생기(effect waveform generator)라 한다. 이 신호는 수평과 수직 동기의 톱날파, 3각파, 파라보라파 등의 기본 신호에 의해 만들어진다.

와이프 도형의 예

(바) super impose

두 개 이상의 화면을 복합시켜 하나의 화면으로 만드는 화면 합성조작으로 A열의 동일한 피사체를 다른 각도에서 찍은 B열 화면과 중첩시키는 조작이 있고

배경화면에 Title과 이름 설명문자 등을 중첩시키는 조작이 있으며 여기에는 문자 super 장치가 필요하다.

◈ 문자 super 장치

배경이 되는 영상에 영향을 주지 않고 항상 읽기 쉬운 상태를 유지하기 위해 영상 혼합 증폭기 속에 전용 문자 super 장치가 들어있다. super 문자 전체를 black edge를 붙인다든지 또는 soft edge를 붙이는 super impose 방식 등이 있는데 이를 위한 장치로 border line generator가 사용된다.

> ❖ border line generator(테두리 발생기)
> switcher의 effect 시스템에서 super impose의 동작을 좀더 효과적으로 수행하기 위해 영상 신호의 윤곽에 outline 등을 만들어내는 신호 발생기로서 타이틀 비디오를 선명하게 해준다.

border line generator를 사용하여 다음과 같은 효과를 만들어 낸다.

ⓐ black border : 타이틀 신호 윤곽에 검은 테두리를 만든다.
ⓑ shadow : 타이틀 신호 좌측과 하부에 검은 그림자가 나타나도록 한다.
ⓒ out line : 타이틀 윤곽 부분을 백색으로 나타낸다.

(사) key

key는 문자나 그림, 도형 등을 기본 영상에 나타낼 때 그냥 mixing을 하면 영상에 파묻혀 확실히 구분되지 않는 경우 super하고자 하는 곳을 파내어 그 곳에 super 하는 조작으로 파내는 신호를 key신호라 한다.

① internal key

배경영상의 절단된 부분이 절단하는 자기 시그널로 메꾸어 지는 조작으로 super하려는 글자나 그래픽 등의 밝기를 아주 밝게 해야 한다.

② external key

CG와 같은 외부 신호들로부터 key 신호를 공급받아 배경 영상들 파내고 그 부분에 글자나 그래픽 등의 신호를 삽입하는 조작이다.

③ matte key

기본 영상에 글자나 그래픽 도형이 key 신호로 파내어진 부분을 switcher에 의해 만들어지며 조정되는 다양한 luminance(밝기), hue(색상), chroma(채도)를 대신 삽입하는 조작이다.

④ chroma key

두 영상을 합성하는 방법의 하나로 색 신호를 이용하여 한 영상의 지정한 색 일부분에 다른 영상을 삽입하는 조작으로 미리 거리의 화면을 준비해 놓고 스튜디오에 있는 인물을 key 신호로 해서 끼어 넣으면 마치 사람이 거리에서 있는 듯이 보이게 하는 조작으로, 이 조작은 특정한 색을 선택하여 key신호(부 극성)를 만들어 사용한다.

- line chroma key는
  chroma key 신호를 만들 때 composite color 신호가 필요하고
- encoded chroma key는
  chroma key 신호를 만들 때 R.G.B. 신호를 사용한다.

여기에 chroma key 신호 발생기가 필요하다.

영상과 영상의 chroma key

❖ 크로마 키 신호 발생기(chroma key signal generator)
인물 영상 등을 다른 영상에 끼어 넣는 화면 합성 조작에서 색상의 차를 이용하여 삽입하는데 필요한 key 신호를 발생하는 장치

⑤ down stream keyer

line out, 즉 시스템 최 종단에서 나오는 영상신호에 타이틀이나 다른 그래픽을 인서트 하는 조작으로 이 조작은 각 버스에 있는 조절장치와는 완전히 독립되어 있다.

(5) 프리뷰(preview)

프로그램 송출과 관계없이 별도로 입력 신호를 선택하여 사전에 영상 상태를 모니터 할 수 있도록 한 것.

(6) 타리 시스템(tally system)

on air되고 있는 화면의 소스를 지시 램프를 사용하여 표시해 주는 것으로 영상 신호의 소스와 모니터에 on air 중임을 알려 준다.

8.1.3 특수 효과기기

1) digital video effects(D.V.E)

다양한 화면을 구성하기 위한 영상 효과기로 frame synchronizer의 기능을 발전시킨 것으로 영상 신호를 디지털 신호로 변환시켜 디지털 프레임 메모리에 기억시켰다가 검출 시에 address를 제어하여 화면의 축소, 확대 등 다양한 화면 효과를 만들어 내는 장치이다.

참고

❖ frame synchronizer(F.S)
비동기 영상신호를 기준동기 영상신호의 위상으로 변환시키는 동기 변환 장치로써 digital memory 소자의 발달로 영상 1화면 분을 기억하는 frame memory를 이용하여 비동기 영상신호를 디지털 메모리에 저장시킨 후 이것을 다시 기준동기신호를 토대로 읽어내어 영상신호의 주파수 위상을 자기의 기준신호와 일치시키는 기기를 말한다.

(1) DVE의 기능

(가) freeze

움직이는 영상을 마지막 cut에서 정지영상을 만드는 것으로 메모리에 기억된 영상을 소거하지 않고 동시에 영상을 출력하여 정지영상을 얻을 수가 있다.

(나) 연속적 축소, 확대, 위치이동

zooming을 전기적으로 처리하는 것

(다) multi-freeze

화면을 4, 9, 16 등분으로 분할하여 움직이는 영상을 일정시간 간격으로 축소하여 각각 집어넣어 연속성이 있는 정지영상을 만드는 것.

(라) strobe 효과

DVE에서 freeze 효과를 응용한 것으로 움직이는 영상화면을 순간순간 주기적으로 freeze시켜 간헐적으로 정지영상이 만들어지게 하는 영상효과.

(마) 반전(수평, 수직 방향)

화면을 상하 좌우방향으로 반전시키는 것.

(바) defect

① solarization

highlight와 shadow의 경계에서 밝거나 어두운 edge로 tone이 부분적으로 반전되는 사진효과를 만드는 것.

② postarization

영상화면 중 휘도 또는 색도 성분을 변조시켜 유화와 같은 화면 형태의 포스터 화면을 만드는 것(이미지의 진하고 연함이나 섬세한 부분의 대부분을 없애고 오직 소수의 색조와 단순한 색채만을 사용하는 영상제작기법).

(사) 화면분할

영상을 수직, 수평, 대각선 방향으로 분할하여 사이에 별개의 영상을 집어넣는 것

(아) 빼내기, 빼 넣기

두 개의 영상을 바꿔 넣을 때 슬라이드를 미끄러지듯 바꿔 넣는 효과

(자) mirror 효과

(차) 원근감을 갖는 3차원 효과(perspective effect)

(카) 화면 회전축을 **화면 밖에 두는 효과**.

(타) 평행사변형이나 구형 등으로의 **영상 변형 효과**.

(파) mosaic 효과

(하) nega 효과

(가') 상하 또는 좌우방향으로 **압축 효과**

(나') painting **효과** 등 많은 기능들이 있다.

2) computer graphics

컴퓨터를 이용하여 도형이나 영상을 그리는 것으로 키보드나 특수한 그래픽 입력장치를 가동하여 도형을 형성하는 데이터를 기억시킨 다음 파라미터(매개변수)를 바꾸어 가면서 도형을 자유자제로 그려내는 것이다.

CG에는 Vector graphics(VG)와 Raster graphics(RG)의 두 가지 방법이 있다.

 참고

❖ Vector graphics(VG)
　VG는 점과 점 사이를 vector들로 직접 그려 그래픽데이터를 나타내는 기법이고,

❖ Raster graphics(RG)
　RG는 그래픽 데이터를 CRT화면상 화소(pixel)의 무리로 나타내어 영상화하는 기법이다. V.G와 RG 두 가지 방법을 배합해서 갖가지 도형을 생동감 있게 그릴수가 있다. 특히, 3차원의 물체를 표현할 수가 있다.

영상 프로그램 제작

> ✤ pixel
> picture element의 합성어로 화면구성의 최소단위로 특정한 색상 또는 밝기를 가진 화소

(1) hard ware 구성

- main C.P.U board
- floppy disk drive
- C.RT. controller
- color board
- CRT monitor
- hard disk drive
- disk controller
- graphic board
- key board
- color monitor
- graphic tablet 또는 mouse 등이 있고

(2) soft ware 기능

(가) 문자처리 기능으로

- 고정포맷 문자
- horizontal scroll 자막
- font (글자체) 한글, 영문
- 자유포맷 문자
- vertical scroll 자막
- screen editor(word processor)

(나) sports coder 기능으로

경기 종목별 pictograph(통계그림)과 국가별 심볼을 ROM에 저장 사용한다.

(다) 그래픽 기능은

- 사진입력(input video capture)
- titling
- 2D, 3D 그래픽 등이 있다.

8.1.4 영상신호 감시와 측정

영상신호의 감시는 마스터 모니터, 파형 모니터, 벡터스코프 등 3개의 측정기를 써서 종합적으로 감시하는 것이 중요하다.

영상 신호에 있어서 좋고 나쁨을 결정하는 데에는 시각적으로 영상을 측정하는 picture monitor와 전기적으로 만들어진 신호를 직접 측정하기 위한 wave form monitor와 vector scope가 있다. 시각적인 picture monitor는 영상의 휘도, 채도, 색상 등의 절대치는 측정할 수가 없고, 또 영상 신호에 있어서 소홀히 해서는 안 될 동기 신호의 상태도 파악할 수가 없다. 한편 파형 monitor나 vector scope는 영상의 시간축과 진폭, 색의 위상 등의 전기신호를 간단히 직접 측정할 수가 있다. 따라서 camera나 VTR을 조정할 경우, 또 color correction을 행할 경우 큰 역할을 하는 측정기이다.

> ✤ **color correction**
> 컬러 재생과정에서 최종적으로 화질을 개선하기 위해 색의 벨런스 또는 그 외의 특성들을 보완하는 작업

1) master monitor(precision)

- 프로그램 제작 시에 기준이 되는 모니터이며
- 화질을 판정하는 측정기처럼 취급되는 화질 감시용 모니터로서 모니터에 의해 색 맞추기, 화이트밸런스 조정 등 색채설계와 그 효과의 확인에 사용된다.

성능은
　① 충실성이 높아야 하고
　② 색 재현성이 좋아야 하고
　③ 해상도가 높아야하며
　④ 안정도도 높고
　⑤ 신호 자체를 감시할 수 있어야 한다.

- N.T.S.C는 master monitor의 색 온도를 6773°K라고 정하고 있다.
  (C광원이 색 온도가 6774°K이고 주광(day light)을 대표하기 때문이다)
- 영상신호를 감시하는 마스터 모니터도 인간의 눈이 주위의 환경 또는 생리적인 조건에서 인식에 영향을 주거나 마스터 모니터의 조정이 불충분 할 때 화질 평가에 오류를 일으키게 된다.

2) wave form monitor(파형 모니터)

영상 신호 자체는 전기 신호로 규격이 결정되어 있기 때문에 그 규격을 지킨 영상을 만들어야 하므로 파형 모니터는 오실로스코프의 한 형태로 영상신호의 시간 축과 진폭을 정확하게 측정할 수 있도록 만들어진 측정기다.

(1) 파형 모니터에 의한 측정 종류

- 신호 파형의 진폭 측정(video, sync, burst, white, black(set up) level 등)
- 수평, 수직 주기시간 측정(수평, 수직 blanking)
- 주파수 특성의 측정(multi burst로 frequency response)
- 미분 이득(DG) 특성측정(differential gain response)
- vertical interval test signal 등을 측정을 할 수 있다.

> ✤ color burst
> 색 부 반송파의 일부분으로 색의 재현을 안정시키기 위한 신호로 chrominance signal 신호의 복조 시 기준 신호가 된다.

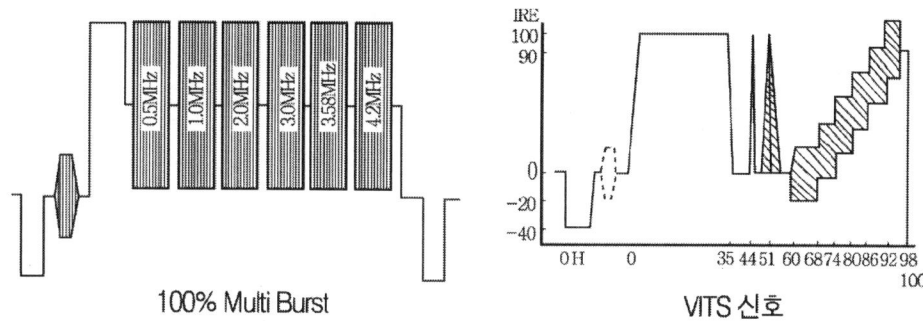

100% Multi Burst   VITS 신호

(2) 기능

파형 monitor는 oscilloscope의 일종으로 oscilloscope에 붙어있는 trigger level 조정이나 수평 소인(sweep) 속도설정 등을 고정화한 영상신호 전용 oscilloscope 이다. 또한 독자적인 기능을 추가하여 조작을 보다 쉽게 할 수 있게 되어있다.

(가) 주파수 대역

영상 신호만을 측정하므로 주파수 대역이 높을(수십~수백MHz) 필요는 없다. 영상신호 대역 내의 주파수 특성이 flat한 것이 중요하다. 메이커의 사양을 보면 6MHz까지 2% 이내의 특성을 가지고 있다.

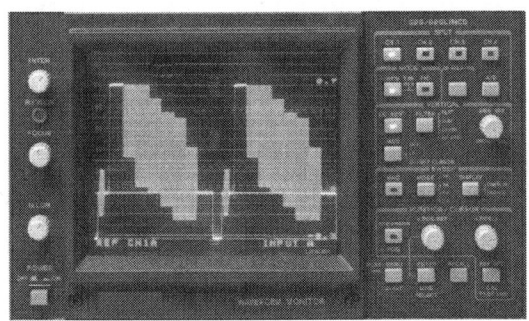

(나) 시간 축 range의 선택

- 영상신호의 선택은 수평동기 신호에 trigger를 거는 mode(1 line / 2 line)와 수직동기 신호에 trigger를 거는 mode(1 field / 2 field)가 기본으로 되어있다.
- 또 수평동기 신호나 수직동기 신호를 상세하게 볼 수 있는 mode가 있다.

(다) dynamic range

oscilloscope와 달리 측정정도를 좋게 하기 위해 전압감도를 5배 이상 확대해도 측정가능하며 또한 수직 position을 이동시켜 임의의 부분을 관측 할 수 있도록 되어있다.

(라) filter

영상신호 system의 composite신호는 luminance(휘도)성분과 chrominance(색)성분이 포함되어 있으므로 luminance신호의 저역 성분과 chrominance 신호의 고역 성분을 각각 별도로 측정할 수가 있다.

이를 위해 luminance신호를 low pass filter로 통과하여 나타내는 LPASS와 chrominance 신호를 3.58MHz의 band pass filter로 통과하여 표시하는 CHROMA 라고 하는 filter를 가지고 있다.

(3) 사용 방법

(가) loop-through connector에 75Ω dummy를 한다.

loop through는 영상 기기에 입력된 신호가 그대로 출력으로 나타나는 기능으로써 기기를 직렬로 접속할 수 있다. 직렬 접속시에는 마지막 기기의 출력에 75Ω의 종단저항을 접속하여 impedance를 정합 시켜야 한다. 주의할 점은 완전하게 75Ω으로 정합 되어있지 않으면 주파수 응답이나 주파수 특성이 다르게 나타날 수 있다.

(나) 측정 전에

- ILLUM으로 scale illumination을 조정하고 A
- FOCUS, INTEN으로 waveform의 focus, brightness를 조정한다. BC
- 필요시 수직, 수평 position도 조정한다. D

(다) calibrator

VOLTS FULL SCALE selector로 CAL(1V)를 선택하여 기준 square파형이 -40 ~ +100 IRE(1 volt p-p)인가 확인한다. E

(라) IRE scale을 사용한다.

IRE는 The Institute of Radio Engineer의 약어로 NTSC 방식의 composite 영상신호는 1 volt p-p인데 1 volt p-p진폭의 영상신호를 140 등분하여 IRE 눈금으로 표시한다.

따라서 파형 모니터의 스케일은 -40에서 +100 IRE로 표시되며 140 IRE는 1 volt p-p와 같다.

(마) CRT의 scales

- -50 IRE에서 +120 IRE의 수직 스케일이 표시되어 있다.
- black level의 set up기준으로 7.5 IRE 점선이 표시되어 있다
- color bar의 gray level기준으로 77 IRE 점선이 표시되어 있다
- modulation factor 표시 : +120 IRE는 0%, -40 IRE는 100%의 변조 계수로 표시한다.

(바) 정상적인 composite video signal은

full   140 IRE(1 volt)
video   100 IRE(714mV≒0.7 volt)
sync   40 IRE(286mV≒0.3 volt)
burst   40 IRE(286mV≒0.3 volt) 이다.

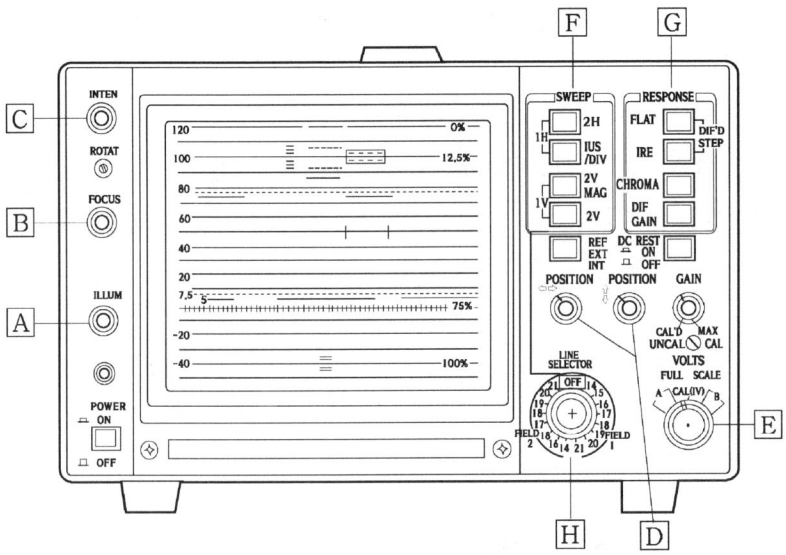

(사) SWEEP mode. F

- 1 H sweep : 1 line waveform을 display 한다.
- 2 H sweep : 2 line continuous waveform을 display 한다.
- 1μs/DIV sweep : 2 line을 10배 확대 display 한다.
- 1 V sweep : 1 field waveform을 display 한다.
- 2 V sweep : 2 field waveform을 display 한다.
- 2 V MAG sweep : 2 V를 20배 확대하여 display 한다.

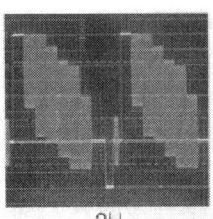
2H

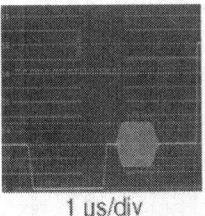
1 μs/div

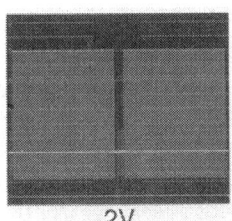
2V

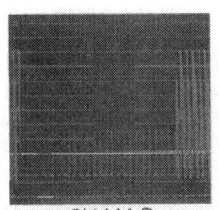
2V MAG

(아) RESPONSE mode(frequency response). Ⓖ

- FLAT : 입력 신호 그대로의 response display(no filter) 한다.
- IRE(LUM) : luminance response를 display(low pass filter 사용) 한다.
- CHROMA : chroma response를 display(3.58MHz band pass filter 사용) 한다.
- DIF GAIN : differential gain response를 display 한다.
  (CHROMA보다 gain을 3~5.5배 증폭하여 display)
- DIF STEP : luminance gain linearity를 display한다.

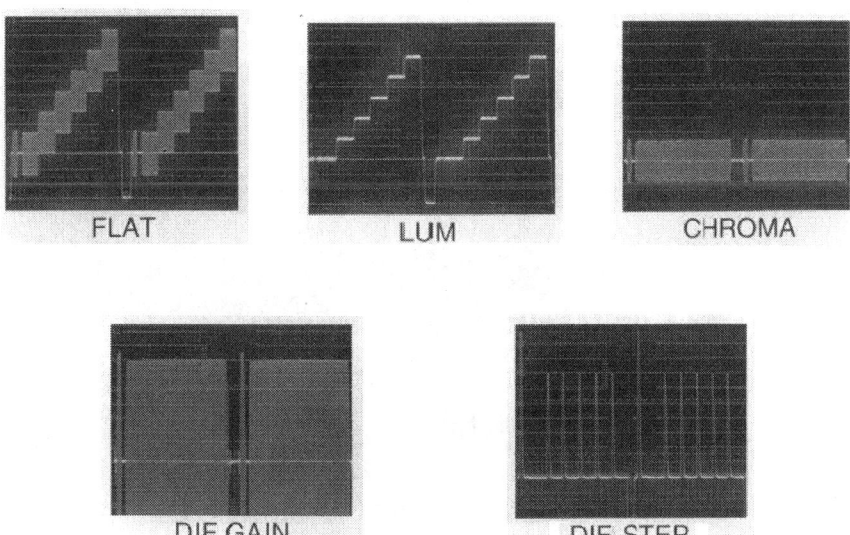

(자) line selector display. Ⓗ

첫째 field와 둘째 field의 14에서 21 line을 선택하여 측정할 수 있다.
VITS(vertical interval test signal)의 신호 측정에 사용된다.

참고

✤ **vertical interval test signal(수직 귀선 기간 시험신호)**
TV의 수직귀선 소거기간에 삽입하여 TV 방송 기기의 특성측정이나 조정에 쓰이는 시험신호로 17번 라인에서 21번 라인까지의 사이에 멀티버스트 신호, 계단파형, Sin^2파, 펄스파형 등이 들어있고 이 신호를 기기에 가하여 영상신호의 감시, 동작 상태, 전송계의 특성측정 등을 할 수 있다.

3) vector scope

color 영상신호의 색 표현은 3개의 parameter(휘도, 색상, 채도)로 나타낸다.

- luminance 신호는 밝기를 나타내며 chrominance 신호는 색상과 채도로 구성되어 있다.
- chrominance 신호는 3.579545MHz의 sub carrier를 진폭 변조하여 전송되고, 색상은 color burst와의 위상차이로 채도는 subcarrier의 진폭으로써 전송된다.

영상신호의 색 신호 성분의 위상(DP)과 진폭(DG)을 브라운관상 vector로 표시하는 측정기로서 영상신호의 색도 신호를 R-Y성분과 B-Y성분으로 위상 검파하여 그것을 브라운관 면의 X-Y축 상에 표시한다.

(1) 기능

색상은 적, 청, 록으로 구성되며 본래는 광의 파장이 다르지만 vector scope의 표시에 있어서는 원주방향의 위치가 색상을 나타낸다.

채도는 색상이 같은 색에 무채색이 어느 정도 혼합되어있는가를 나타내므로 vector scope상에서는 중심(채도 0 = 무채색)으로부터 원주방향으로의 거리를 나타내고 있다.

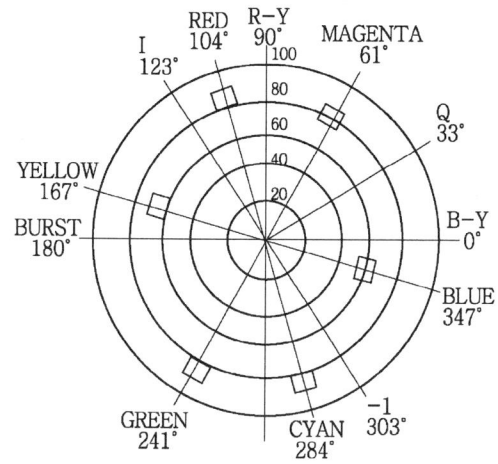

(2) vector scope에 의한 측정 종류

(가) DG/DP의 측정

화질에 영향을 주는 왜곡에 DG(differential gain), DP(differential phase) 2가지가 있다.

각 색의 휘점이 규정 틀 田 눈금의 중심에서 벗어나게 되면 그 정도에 따라 일그러짐의 내용과 정도가 판단된다.

① differential gain

칼라신호 영상 증폭기의 비 직선 찌그러짐을 나타내는 것으로 휘도 신호의 크기에 따른 색 부 반송파의 진폭 변화로써, luminance신호의 변화에 의해 밝은 부분과 어두운 부분의 채도(saturation) 변화로서 나타난다. 이상적이 아닐 때는 화면의 밝기가 변할 때 채도가 변하게 된다. 이 진폭 distortion은 모든 luminance level에서 chrominance의 진폭성분을 균일하게 처리하지 못하는 계통의 결함으로 인해 발생한다.

② differential phase

칼라신호 영상 증폭기의 비 직선 찌그러짐을 나타내는 것으로 휘도신호의 크기에 따른 색 부 반송파의 위상 변화로써 luminance신호의 변화에 의해 일어나는 밝은 부분과 어두운 부분의 chrominance신호의 색상(hue) 변화로 나타난다.

이상적이 아닐 때 화면의 밝기가 변할 때 색상의 변화가 일어나게 된다. 이 phase distortion은 모든 luminance level에서 chrominance의 위상성분을 균일하게 처리하지 못하는 계통의 결함으로 인해 발생한다.

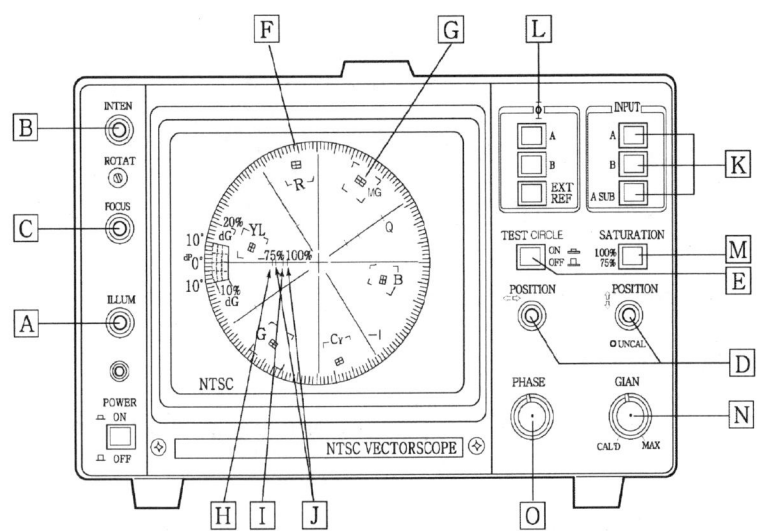

(3) 사용 방법

(가) 측정전에

① SCALE ILLUM : scale illumination(조도)을 조정한다. A

② INTEN : 신호 display의 농도를 조정한다. B

③ FOCUS : 신호 display의 focus를 조정한다. C

④ POSITION : vertical과 horizontal 위치를 조정한다. D

⑤ TEST CIRCLE : TEST CIRCLE switch를 on하여 position(수평, 수직)으로 위치, 중심을 조정한다. E

(나) vector scale

① 원주 모눈금은 한 눈금이 2°의 difference phase를 나타낸다. F

② 田에서

- amplitude의 한 눈금이 ±2.5 IRE의 오차를 나타내며
- angle의 한 눈금이 ±2.5° phase의 오차를 나타낸다. G

③ amplitude의 포화도 표시

- 7.5% set up된 75% color bar amplitude는 75%에 H 그리고 100% color bar amplitude는 100%에 I set 한다.
- 0% set up된 75%, 100% color bar amplitude는 각각 오른쪽 작은 눈금에 set 한다. J

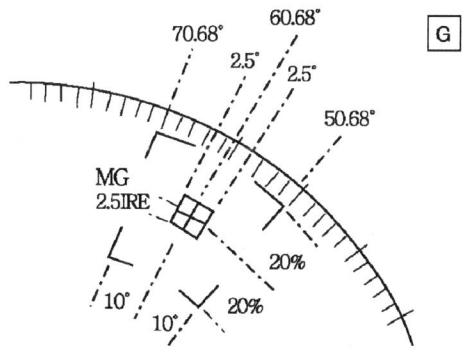

(4) 측정 방법

(가) color bar 신호 측정

color bar 신호는 채도가 최대로 되어 있으므로 각 vector가 田자 내에 있으면 정상이다.

(나) composite video의 측정

- 측정할 신호를 뒷면 A 또는 B 입력에 연결한다.
  (loop through하거나 75Ω termination해야 한다.)
- 입력신호의 A또는 B는 전면 INPUT스위치로 선택하고 K
  (A SUB는 A신호를 1/3로 줄여 사용할 때 사용한다.)

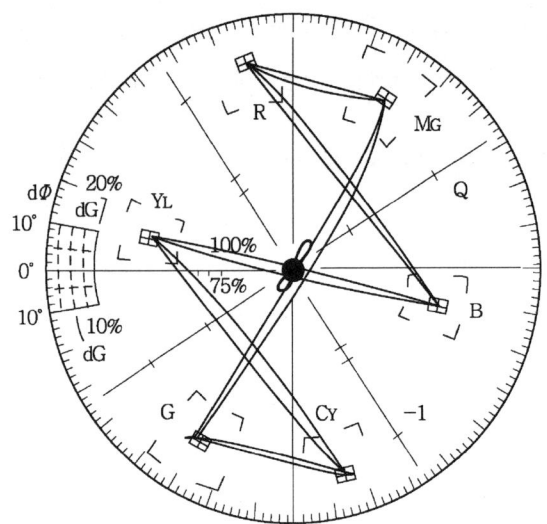

- 입력신호에 따른 동기는 synchronization switch ∅로 선택한다.[L]
  (input A일 때 switch A로 input B일 때 switch B로 내부 동기 시킨다)
- 신호 형태에 따른 saturation은 SATURATION으로 75% 또는 100%를 선택한다.[M]
- burst signal을 amplitude adjuster로 가장 밖의 circle에 touch 시키고[N] phase adjuster로 B-Y축에 맞게 맞춘다.[O](phase 기준 설정)
- GAIN을 CAL-D위치로 한다.
- scale에 의한 DG, DP를 측정한다.

(다) 두(카메라) 신호의 DP 측정

- 뒷면 입력 A에 카메라 1, B에는 카메라 2 신호를 연결한다.
- 전면 INPUT 스위치로 A를 선택한다.
- 입력신호 A(카메라 1)에 따른 동기 switch ∅를 선택한다.
- 신호 형태에 따른 saturation 75% 또는 100%를 선택한다.
- burst 신호를 gain up하여 circle에 touch하도록 하여 phase adjuster로 burst phase가 B-Y축에 맞게 맞춘다.
- 입력신호 B(카메라 2)를 선택하고 burst 신호를 gain up하여 circle에 touch 시켜 카메라 1에 대한 카메라 2의 DP를 측정한다.
  (A와 B의 허용 DP는 1° 이다)

(라) sync나 burst 신호 없는 chrominance 신호 측정

- chrominance 신호를 A(B)에 입력한다.
- subcarrier나 black burst 신호를 EXT REF에 연결한다.
- synchronization switch를 EXT REF 선택한다.
- INPUT switch를 A(B)로 선택하고
- GAIN을 CAL-D위치로 한다.
- 75%나 100%를 선택한다.
- input source를 측정한다.

(마) TV equipment의 DG, DP 측정

- 장비의 staircase(chrominance가 있는 test신호)신호 출력을 뒷면 입력 A에 연결한다.
- 전면 INPUT 스위치로 A를 선택한다.
- 입력신호 A에 따른 동기 switch Ø를 선택한다.
- 신호 형태에 따른 saturation 75% 또는 100%를 선택한다.
- burst 신호를 gain up하여 circle에 touch하도록 하여 phase adjuster로 burst phase가 B-Y축에 맞게 맞춘다.
- DG는 vector scope display에서 방사선 방향으로 점이 늘어나 있으면 DG가 있음을 나타내므로 눈금에서 양을 판독한다.
- DP는 vector scope display에서 원주 쪽 방향으로 점이 늘어나 있으면 DP가 있음을 나타내므로 눈금에서 양을 판독한다.

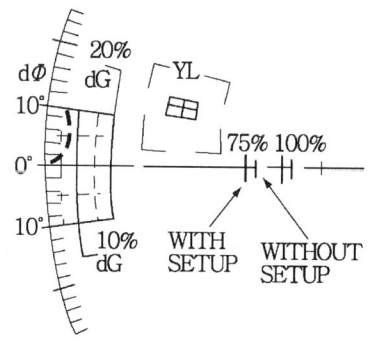
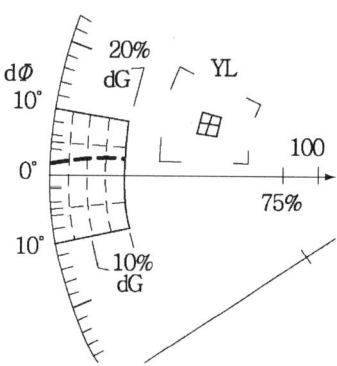

8.2 카메라 워크

"무엇을 어떻게 표현할 것인가" 중에서 "어떻게 표현할 것인가"에 해당되는 부분이 카메라 워크라 할 수 있다. "무엇을 어떻게 표현할 것인가"에는 각양각색의 다른 종류가 있으므로 목적에 따라 정확한 정경을 영상으로 담는 것이 중요하다.

8.2.1 카메라 워크의 목적

카메라 워크는

① 작품으로 설명하고 싶은 것을 영상으로 표현하고
② 작품으로 전달하고 싶은 개념을 영상으로 표현하는 것이다.

그러므로 필요한 피사체를 정확하게 촬영하여 알기 쉽게 표현하기 위해서는

ⓐ 카메라를 잘 조정하여 색상과 영상을 정확히 표현하고,
ⓑ 아름다운 화면을 만들 수 있도록
- 화면의 앵글과
- 사이즈를 선택하고,
- 구도의 원칙을 벗어나지 않고
- 정상적인 화면을 제작 할 수 있도록 카메라의 위치를 가장 효율적으로 잡아야한다.

그리고 시청자의 흥미를 유발시켜 작품에 몰입하도록 하면서도 전달하고 싶은 내용을 정확히 전달하기 위해서

- 피사체가 제작 의도에 적합하고 내용을 만족시키고 있는가.
- 카메라 포지션과 앵글은 피사체를 적합하게 묘사가 가능한 위치인가.
- 알맞은 framing(프레이밍)인가
- 화면의 사이즈는 인물의 경우와 풍경의 경우 어떤 사이즈가 알맞은 선택인가.
- 효과를 위한 카메라 조작 선택은 적절한가.

등의 분석이 필요하다.

8.2.2 촬영 설계

- 언제 (when : 계절, 시각)
- 어디서(where : 장소)
- 무엇을(what : 구체적인 피사체)
- 누가(who : 전달하는 주체)
- 누구에게(whom : 시청자의 연령, 성별, 경력 별)
- 어떻게 하여(how : 설명의 방법, 프로그램의 형식 또는 조합 방법) 전할 것인가 하는 것이다.

기본적으로 언제, 어디서, 무엇을, 어느 정도 촬영할까 하는 구체적인 계획이 세워져야 한다.

8.2.3 카메라 촬영 테크닉에 관련된 요소

제작 의도나 시나리오에 맞추는 것이 전제조건이며

- 수록 계획에 대한 지식을 가지고
- 수록 내용에 맞추어 기자재를 준비(기본기재, 액세서리, 예비 품)하고
- 대본을 분석과 검토를 하고
- 기자재의 능력과 특성을 이해해야하고
- 기자재의 사전조정과 점검을 하고
- 현장에서는 카메라 포지션의 결정과 각 shot의 타이밍도 결정하고
- 아울러 카메라 조작의 종류도 결정(fix, pan, tilt, zoom, track, dolly)하여 촬영에 임하고
- 재생해 보며 체크를 하여 확인을 한다.

8.2.4 카메라 기능 조작의 기본

◆ **자동촬영과 수동촬영**

비디오카메라의 자동촬영모드는 카메라맨으로 하여금 가장 편리한 촬영환경을

제공한다. 이것은 영상품질과 밀접한 관계를 가진 초점, 조리개, 화이트 밸런스. 이득, 등의 촬영 파라미터가 마이크로 프로세스의 프로그램에 의하여 자동으로 제어되기 때문이다.

따라서 비디오카메라를 처음 접하는 초보자라도 자동모드로 촬영하면 좋은 결과를 얻을 수 있다. 하지만 비디오카메라로 피사체를 촬영하는 사람의 시각에서 보면 표현이 부정확할 수도 있다. 촬영환경이 프로그램 된 것과 반드시 일치하지 않을 뿐만 아니라 변수가 상당히 많이 존재하기 때문이다. 이 때문에 프로 카메라맨들은 일부의 기능은 자동으로 나머지 기능은 수동으로 나누어 촬영에 임한다. 자동기능에 의한 나쁜 결과를 사전에 방지하기 위해서이다. 그러면 지금부터 자동촬영과 수동촬영을 위한 기술적 이론과실제의 테크닉을 하나씩 살펴보기로 한다.

1) 줌 렌즈(zoom lens) 조작

한 개의 렌즈에 의해 광각, 표준, 망원의 상태가 연속적으로 변화를 할 수 있는 렌즈를 줌 렌즈라 한다.

(1) 광각, 표준, 망원 렌즈의 특징

렌즈의 60° 이상의 넓은 화각을 광각
      50° 정도의 화각을 표준
      40° 이하의 좁은 각도를 망원이라 한다.

(가) 광각 렌즈(wide angle lens)

화각이 표준렌즈보다 넓은 렌즈로서 좁은 공간이나 가까운 거리에서 넓은 화각을 얻을 수 있고 화면의 흔들림이 적은 촬영을 할 수 있다.

- 광각 렌즈는 렌즈 가까이 있는 피사체는 크게, 멀리 있는 피사체는 작게 묘사하기 때문에 입체감이 뚜렷하여 원근감이 과장되고 피사체도 과장된다.
- 초점심도가 깊어 초점이 맞는 거리가 많아지므로 묘사는 예리하여 딱딱한 느낌의 영상을 만든다.
- 화각이 넓어 율동 감, 스피드 감이 강조되므로 이동 shot 촬영에 좋다.

(나) 표준렌즈(normal lens)

피사체의 원근감, 심도, 움직임 등을 눈으로 보는 것에 가장 근접하게 포착하는 렌즈로서 원근감이 자연스럽다.

- 움직임이 빠르고 사실적 묘사가 필요할 때는 광각에 가까운 렌즈로
- 환상적이고 움직임이 완만한 shot에는 표준렌즈 보다 약간 망원렌즈에 가까운 렌즈로 사용하는 것이 좋다.

(다) 망원렌즈(telephoto lens)

초점거리가 표준렌즈보다 길어 화각이 좁고 피사체는 확대되어 보이는 렌즈로서 화면의 전방과 후방과의 거리가 실제보다 훨씬 가깝게 보인다.

- 망원 효과에 의해 피사체와 배경이 가까이 보이기 때문에 원근감이 없어지고, 입체감도 적고, 묘사도 평면적이 되며 스피드 감도 적다.
- 초점심도가 짧아 초점이 맞는 범위가 적어 묘사력도 부드러워져 전반적으로 부드러운 화면이 되기 쉽다.
- 화각이 좁아 빠른 이동 shot에 사용하기에는 무리가 따른다.

광각과 망원의 특징	입 체 감	포 커 스	원 근 감	화 면
광 각	뚜 렷	맞추기 쉽다	있 다	넓어짐
망 원	적 다	맞추기 어렵다	없 다	좁아짐

(2) zoom 사용법

(가) power zoom

- 렌즈 컨트롤 스위치 T를 누르고 있는 동안 zoom in 이 계속된다.
- 렌즈 컨트롤 스위치 W를 누르고 있는 동안 zoom out 이 계속된다.
  T나 W를 누르는 압력에 따라 속도가 달라진다.

(나) manual zoom

- zoom lever로 수동으로 zoom in이나 zoom out을 조작한다.

- 빠르게 zoom in이나 zoom out 하고 싶을 때 사용한다.

이때는 촬영하고자하는 피사체를 최대로 zoom in하여 manual focus를 미리 맞추어 두어야 한다.

(다) digital zoom
- 전자적으로 더 많은 zoom in 효과를 원할 때 사용한다.
- digital mode selector를 digital zoom in 쪽으로 선택한다.

2) focus(초점) 조작

작품의 완성도를 결정하는 중요한 요소 중의 하나는 정확한 초점에 의한 선명한 영상이다. 피사체의 윤곽이 명확하게 보이도록 하게 위해서는 피사체와의 거리에 따라 렌즈의 포커스를 작동시켜 맞추게 된다. 초점 조절을 위하여 자동(전자식인 auto focus)과 수동(광학식인 manual focus)모드를 동시에 제공하고 있다.

(1) auto focus

자동초점(AF : Auto Focus) 기능은 카메라맨으로 하여금 매우 편리한 촬영환경을 제공한다. 그러나 이것은 어디까지나 카메라 내부에 내장된 센서, 신호처리용 전자회로 프로그램 구동기구에 의해서 동작하므로

① 피사체가 계속 움직이거나,
② 유리, 창살 따위의 뒤쪽에 주 피사체가 존재하거나,
③ 주 피사체가 안개 또는 구름과 같이 흐린 물체일 때,
④ 피사체가 화면의 가장자리에 위치할 경우에는 초점이 정확히 맞지 않는다. 정도가 심하면 초점이 수시로 변화되어 버린다.

또한 촬상된 화면의 영상을 검출하여 자동으로 서보 모터가 포커스 링을 동작시켜 적정 포커스가 되도록 작동하는 방식이므로 focus가 맞을 때까지 약간의 시간이 경과한다.

(2) manual focus

거리 조절용 렌즈 링을 돌려 초점(포커스)을 맞추는 방식이며 보다 정확하고 안정된 초점을 얻기 위해서는 촬영모드 스위치를 「수동」으로 전환하고, 초점 조절 링을 돌려서 초점을 맞춘다.

① 이렇게 하면 자신이 원하는 피사체에 초점을 정확하게 맞출 수 있을 뿐만 아니라,
② 동영상이기 때문에 가능한 여러 가지 영상효과도 만들어 낼 수 있다
 (대표적인 것이 초점을 전경에 맞추었다가 주 피사체로 서서히 이동시키는 기법이 있다)
  - 줌 렌즈의 포커스 맞추는 방법은 반드시 피사체를 최대로 zoom in하여 focus를 맞춘다.
   (zoom out 상태에서는 포커스가 맞는 것 같지만 실제로 zoom in해 보면 맞지 않는 경우가 더 많다. zoom in하는 것이 피사체의 심도가 얕게 되므로 focus를 맞추기 쉽다.)
  - 자기가 처음 사용할 때는 카메라의 viewfinder focus를 먼저 맞춘다.
   (카메라를 줌인 한 피사체에 auto focus로 하면 자동으로 포커스가 맞아진 상태가 되므로 viewfinder의 focus를 맞출 수 있다)

반복적인 훈련을 통해서 자신이 가진 카메라의 초점을 수동으로 정확하게 조정할 수 있는 능력을 감각으로 익혀야하며 영상에서는 정확한 초점이 생명이며. 이 때문에 프로용 카메라에는 자동초점 기능이 아예 붙어있지 않다.

(가) manual focus로 조작해야 할 경우
- 피사체 뒤가 아주 밝을 때(창문 또는 밝은 벽이 있는 경우 **(가)**
- 불충분한 조명(어두운 표면의 물체) **(나)**
- 콘트라스트가 부족한 물체 **(다)**
- 피사체와 같이 수평 줄무늬가 있는 경우 **(라)**
- 광택이 있는 표면이 있는 경우 (반사 빛이 있는 경우 또는 백라이트가 있는 물체)

- 더러운 유리 뒤에 있는 피사체를 촬영할 때
- 기울어진 물체를 촬영 할 때
- 빨리 움직이는 물체를 촬영 할 때

  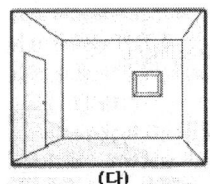 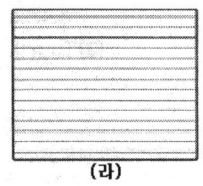

(가)　　　　　(나)　　　　　(다)　　　　　(라)

(나) manual focus 조작방법 1

① AUTO/MANUAL select switch를 MANUAL로 선택한다.
② 목적으로 하는 피사체를 최대로 zoom in하고
③ focus button을 누른 후(manual focus가 된다)
④ focus ring으로 focus를 맞춘다.
⑤ 촬영할 때는 원하는 사이즈로 촬영한다.

(다) manual focus 조작방법 2

① auto focus 상태에서 목적으로 하는 피사체를 최대로 Zoom in 하고 약간 기다리면 자동적으로 focus가 맞추어진다.
② focus button을 누르면 focus가 맞아진 상태에서 manual focus가 된다.
③ 촬영할 때는 원하는 사이즈로 촬영한다.

(3) back 포커스

줌 렌즈의 최종단면 정점으로부터 결상 면까지의 거리를 말하며 이것이 변하게 되면 zoom out 했을 때 초점이 맞지 않게 된다. 이것을 백 포커스(back focus)가 안 맞았다고 한다.

back focus는 한번 맞춰두면 렌즈를 카메라에서 분리하지 않는 한 재조정 할 필요가 없다.

◈ back 포커스 맞추기

① 약 3m 거리에 registration chart를 놓는다.
② 렌즈의 조리개를 개방한다.(조명이 너무 밝으면 개방을 적당히 조정한다.)
③ zoom을 최대한 zoom in size로 하여 focus를 맞춘다.
④ 그대로 줌을 최대로 zoom out size로 하여 마운트의 조정용 손잡이를 돌려 focus를 맞춘다.
⑤ 앞의 단계를 2~3회 반복한다.
⑥ 조정이 완료되면 고정용 너트를 충분히 조여 고정시킨다.

3) iris(exposure : 노출) 조작

기계적인 장치로 빛이 통과하는 직경을 조절하여 빛의 양을 조절하는 기능으로 조리개는 노출과 초점 심도의 결정에 중요한 역할을 한다.

자동촬영은 촬영의 편의성을 제공한다. 그러나 모든 노출관련 파라미터들이 사람의 의지가 아닌 카메라의 프로그램에 의해서 제어되므로 그림이 그저 밋밋하거나 입체감이 살지 않는 등, 영상 표현력이 떨어지는 경우가 많다. 완벽한 노출과 함께 예술성 높은 영상을 얻고자 할 때는 수동촬영이 바람직하다.

(1) auto iris

auto iris는 촬상된 화면내의 영상레벨을 검출하여 서보 모터로 조리개 링을 동작시킴으로서 적정 조리개가 되도록 하는 방식이다.
따라서 자동조정 될 때까지 약간의 시간이 경과한다.

auto iris는

- 광량 변화가 심한 경우에는 auto iris로 하는 것이 좋으나(뉴스 취재의 경우와 같이 라이트를 켰다 껐다 하는 경우)
- 이외의 촬영에 있어서는 auto iris를 사용하지 않는 것이 좋다.

(2) manual iris

(가) manual iris를 사용해야할 경우

- 프레임 내에 휘도가 높은 것이 있는 경우
- 배경이 주요 피사체보다도 밝은 경우
- 역광 상태의 경우
- 흑백 대비가 강한 피사체(검정과 은색의 제품)

back light 기능이 있는 카메라는 back light 기능을 사용하면 대부분 해결된다.

(나) manual iris 조작 방법 1

① mode select switch를 MANUAL로 선택하고
② iris button을 누른 다음(manual iris가 됨)
③ 촬영하고자 하는 구도를 결정하여
④ iris button의 +, -로 주요 피사체의 밝기를 맞춘 후 촬영한다.

(다) manual iris 조작 방법 2

① 촬영하고자 하는 구도를 우선 결정한다. 인물의 경우는 zoom in size로 한다.
② 이와 같은 구도에서 auto iris가 on되어 있으므로 약간의 시간이 경과되면 표준 구도에 대한 적정 노출에 조리개가 세트된다.(평균된 휘도 분포가 된다)
③ mode select switch를 MANUAL로 선택하고
④ iris button을 누른 다음(manual iris가 됨) 촬영을 한다.
⑤ 필요하면 iris button의 +, -로 미조정 한다.
  - zoom, panning 등에 의한 약간의 피사체 밝기의 변화에는 조리개를 고정한 채로 촬영하는 것이 좋다.

- 역광 촬영은 close up으로 하고, 순광(해를 등지고) 촬영이 좋다.

(3) 노출과 관련된 파라미터

(가) 조리개

조리개(iris)는 렌즈의 내부에서 CCD 표면에 가해지는 광량을 기계적으로 제어하기 위한 기구로서, 촬영모드를 수동에 놓고 조리개 조절용 링을 돌리면 뷰파인더/액정패널에는 CLOSE, F16, F11, F8, F5.6, F4, F2.8, OPEN과 같이 조리개의 상태가 나타난다. 여기서 CLOSE는 조리개가 완전히 닫히는 것을, OPEN은 조리개가 렌즈의 최대 구경까지 열리는 것을 의미한다. 일반적으로 조리개가 닫힐수록 렌즈의 수차가 줄어들고 선예도(sharpness)가 좋아진다.

F수치를 작게 조절하면 조리개의 구경이 넓어져서 CCD에 가해지는 광량이 많아지므로 노출이 과다해지고 반대로 조리개의 수치를 크게 조절하면 조리개의 구경이 좁아져서 노출이 부족하게 된다.

뷰파인더/액정패널을 관측하면 노출의 증가와 감소에 의한 화면의 밝기를 쉽게 확인할 수 있다. 조리개 1스텝이 변화되면 노출은 2배 증가 또는 감소된다.

(나) 셔터속도

필름 카메라의 셔터 속도(shutter speed)는 셔터 막이 열렸다 닫히는 속도에 의하여 결정된다. 이에 비해서 비디오카메라의 셔터 속도는 CCD의 주사속도를 전자적으로 제어함으로써 얻어진다. 따라서 비디오카메라에서의 셔터 속도는 영상의 수직주사 주파수가 셔터속도로 된다.

비디오카메라에서는 1/60초의 저속에서부터 1/125, 1/250, 1/500, 1/1000, 1/2000, 1/4000, 1/8000초로 다양한 편이다.

카메라를 수동모드로 전환하고 셔터 속도 조정용 다이얼을 돌리면 뷰파인더/액정패널에 셔터 속도가 표시된다. 셔터 속도의 분모숫자를 크게 할수록 CCD에서 제어되는 신호 레벨이 저하되어 노출이 감소된다. 반대로 셔터 속도의 분모숫자를 작게 할수록 노출이 증가된다. 뷰파인더/액정패널을 관측하면 셔터 속도의 변화에 따른 화면의 밝고 어두움을 쉽게 판단할 수 있다.

조리개와 마찬가지로 1스텝이 변화되면 노출은 2배 증가 또는 감소된다.

(다) 이 득

이득(gain)은 비디오카메라의 감도(sensitivity)를 나타내는 파라미터로서, 노출과 밀접한 관계를 가진다. 비디오카메라에서의 이득은 CCD의 성능과 전자회로의 증폭도에 의하여 결정되며, 필름과 달리 데시벨(dB)이라는 단위로 표현한다. 이득이 3dB 높아질수록 노출은 2배 증가된다.

감도를 올리면 올릴수록 반도체 내에 분포하는 **다크노이즈**(dark noise) 또한 동시에 증폭되므로 화면에는 무수한 점이 이글거리면서 나타난다. 따라서 감도를 높게 설정하면 조명이 거의 없는 어두운 장소에서도 피사체를 밝게 촬영할 수는 있지만, 상대적으로 노이즈가 증가하므로 화질, 해상도, 색 재현성은 떨어진다.

가정용 비디오카메라에서 설정 가능한 감도의 범위는 0, +3, +6, +9, +12, +15, +18dB 전후가 보편적이다. 일반적인 촬영에서는 가정용이든 방송용이든 간에 0 dB가 가장 바람직하다.

> ❖ 렌즈의 iris(조리개)와 초점 심도(depth of focus) 관계
> 초점 심도란 특정(촬영할) 피사체에 초점을 맞추면 그 피사체의 전후에 있는 피사체에도 초점이 맞는 범위를 말하며 다음과 같은 요소와 관계가 있다.
> ① iris의 수치가 높을수록(조리개가 많이 닫침) 초점 심도가 깊다. 같은 렌즈에서 f가 1.4의 경우보다 f가 8의 경우가 초점 심도가 깊어지고, iris의 수치가 낮을수록(조리개가 많이 열림) 초점심도가 얕아진다.
> ② 줌 렌즈의 경우 피사체를 줌 인을 하면 망원으로 바뀌므로 심도가 얕아지고 줌 아웃을 하면 광각이 됨으로 초점 심도가 깊어진다.
> ③ 또 두께가 있는 피사체의 경우 초점을 맞춘 곳으로부터 앞쪽은 초점 심도가 얕고 뒤쪽은 초점 심도가 깊어진다.

4) 화이트 밸런스(white balance) 조작

사람의 눈은 조명이 다른 조건에서도 흰 물체를 흰색으로 느낀다. 그러나 카메라는 화이트 밸런스를 맞추지 않은 상태에서는 이 흰 물체를 광원에 따라 다르게 표현(불그스름하게 또는 푸르스름하게)하게 된다.

비디오카메라는 적(R), 녹(G), 청(B) 세 가지 색을 사용하므로 이 세 가지가 골고루 합해졌을 때 흰색이 되면서 모든 색을 정확하게 표현한다. 화이트 밸런스는 피사체를 조명하고 있는 광원의 색 성분에 카메라를 적응시키는 작업으로 어떤 색 온도의 광원으로 조명된 백색의 물체를 카메라로 잡았을 경우 전기적으로 무채색(백색)이 되도록 RGB 각 색의 이득을 조정하는 것이다.

RGB의 3원색이 정확한 비율로 합성되면 영상출력에는 다른 색(파랑 또는 붉은색)이 끼지 않는 순수한 백색이 얻어진다. 화이트 밸런스가 맞는 비디오카메라는 백색을 기준으로 다른 색도 정확히 재현된다.

(1) auto white balance

카메라에는 auto white balance 기능이 내장되어 있어 white balance를 auto로 선택하면 대부분 자동으로 조정이 된다.

(2) manual white balance

비디오카메라의 촬영모드 스위치를 자동에 놓으면 색온도 센서와 마이크로프로세서가 촬영현장에 적합한 색온도를 자동으로 선택한다. 심지어는 촬영장소의 이동에 따른 색 온도의 변화까지 추적한다. 센서의 색 온도 검출이 정확하게 이루어지고, 프로그램에서 인식하는 광원의 종류가 서로 일치할 경우에는 촬영자가 전혀 신경을 쓰지 않아도 매우 만족할만한 수준의 영상이 얻어진다.

하지만 자동모드에서는 위의 조건이 약간만 달라져도 붉은 또는 푸른색이 감도는 영상으로 변화되기 쉽다. 이것은 비디오카메라 내부의 전자회로에서 3원색의 균형, 즉 화이트 밸런스(White balance)가 정확하게 취해지지 않았기 때문이며, 화이트 밸런스를 수동으로 맞춰야 하는 가장 큰 이유가 된다.

따라서 촬영할 때 조건이 다를 때마다 입사광의 색 온도에 맞도록 white balance를 반드시 삽아야한다. 이유는 카메라가 안정되고 조정이 잘되어있어도 시간의 경과, 기후의 변화, 장소의 변화에 따라 입사광의 색 온도가 변하기 때문이다.

따라서 • 촬영 이전에 조명을 확인하고
- 조명에 맞게 white balance를 맞춘다.
- 광원이 변하면 white balance도 변하므로 다시 맞춘다.

다음과 같은 상태에서는 auto white balance가 만족하지 않으므로 manual white balance로 조정을 해야 한다.

- 수은등, 나트륨등, 형광 램프 등의 조명
- 격렬한 조명, 색 온도가 낮은 조명
- 조명이 급격히 변경되는 경우
- 해 뜰 때, 해질 때
- 불꽃 조명
- 단색의 백그라운드 일 때

◆ white balance 잡는 방법

① mode selector를 MANUAL로 하고
② 피사체 가까이 백지를 두고 백지가 화면에 꽉 차게 잡는다.
③ 백지가 꽉 찬 상태에서 white balance switch를 1초 이상 눌리면 자동적으로 2~3초 내에 화이트 밸런스가 그 백지를 비추고 있는 빛의 색 온도에 balance하게 된다.

- 이 때 ▱ 표시가 서서히 깜박이다 차츰 빨리 깜박거린다.
- 그리고 ▱ 표시가 계속 와 있으면 white balance가 맞아진 상태다.

(3) 필터 사용

색 온도차가 심한 경우에는 일단 필터를 사용하여 컬러를 변화시키고 나서 전기적 회로로 미조정 하는 것이 좋다.

(4) 실·내외의 색 온도가 다를 때

비디오카메라를 다루다 보면 실내에서 실외의 물체를, 또는 실외에서 실내의 물체를 촬영해야 하는 경우가 있다. 이 때 실내와 실외의 색 온도가 서로 다르면 화이트 밸런스를 어느 지점을 기준으로 맞춰야 할 것인가에 대해 고민하지 않을 수 없다. 당연한 것은 카메라의 위치가 아니라 카메라가 현재 잡고 있는 피사체의 위치가 더 중요하다는 것이다

따라서 실내에서 실외의 피사체를 촬영할 경우에는 실내에 어떤 광원이 존재한다고 해도 실외의 색온도를 기준으로 화이트 밸런스를 맞춰야 한다. 만약 카메라를 줌인에서 줌 아웃으로 변화시켜 실내의 주변 환경을 촬영하면 실외의 주 피사체의 화이트 밸런스는 정확하게 맞지만 실내의 물체는 화이트 밸런스가 무너진 색감으로 표현된다. 만약 실내의 물체도 정확한 색감으로 표현하고자 한다면 실외의 색 온도를 가진 보조 광을 부가해야 한다.

5) 블랙 밸런스 조작

카메라의 색조를 결정하는 또 하나의 중요한 조정요소는 블랙 밸런스(black balance)이다. 블랙 밸런스는 말 그대로 "검은 색을 검게"표현하기 위한 것으로서, 이것이 정확하게 맞지 않으면 사람의 눈에 검게 보이는 종이 또는 머리칼이 비디오카메라를 통해서는 파란 또는 붉은 색이 감도는 검은색으로 보이게 된다. 따라서 비디오카메라에서는 화이트 밸런스의 조정에 앞서서 블랙 밸런스 조정이 필수적이다.

대부분의 가정용 캠코더는 블랙 밸런스조정이 자동으로 이루어져 수동조정이 불가능하다. 프로용 카메라에서는 블랙 밸런스도 필요에 따라서 조정할 수 있도록 "오토 블랙(AB)" 버튼이 "오토 화이트(AW)" 버튼과 함께 부착되어있다.

블랙 밸런스조정은 iris를 닫았을 때 black level 영상을 무채색으로 하는 것.

즉 iris를 닫았을 때 RGB 각 채널의 신호 레벨이 같게 되도록 pedestal을 조정하는 것을 말한다.

6) 감도의 증감 촬영

- 비디오카메라는 자체 고유의 감도를 갖고 있다. 대략적으로 환산하면 ISO 100~200에 상당한다.
- 방송용 카메라의 경우 감도는 통상 normal, +9dB, +18dB 3단계로 전환이 가능하다.
- 이 조작은 조명 부족을 보완하는 촬영 수단이다. 그러나 증감 촬영의 경우 아무래도 노이즈가 증가하고 S/N비가 나빠진다.

참고

♣ **Film 감광도**
국제규격(ISO) : International Standards Organization
미국규격(ASA) : American Standards Association
독일공업규격(DIN) : Deutsche Industrie Norm

♣ **색 온도(color temperature)(Degrees Kelvin)($1°K = 273°C$)**
· 광원의 color를 정의하는 가장 편리한 방법으로 색을 온도로 표시 한 것. 광원의 색 온도는 광원의 color와 흑체가 가열될 때 내는 color가 같을 때의 흑체의 온도이다. 물체의 온도를 높여 나가면 먼저 적외선으로부터 빨강, 노랑, 초록, 파랑 등으로 차례차례 발광 색 온도가 높아진다.
· 또한 물체에 비치는 적. 록. 청 등의 가시광선의 혼합의 비율을 표시한다.
   (3.000°K = R가 46, G가 35, B가 18일 때)
   (3.200°K = R가 44, G가 36, B가 20일 때)

(색 온도의 예)

맑고 푸른 하늘	10.000~20.000°K
흐리고 푸른 하늘	8.000~10.100°K
흐린 하늘	7.000°K
구름을 통과한 햇빛(정오)	6.500°K
여름의 평균 태양(10시~3시)	5.500°K
아침과 오후 늦은 시간의 햇빛	4.000~5.000°K
일출, 일몰	1.000~3.000°K
스트로브전등	7.000°K
주광 색 형광등	6.500°K
백색형광등	4.500°K
할로겐전등	3.200°K
백열전등	2.800~3.050°K

8.2.5 카메라 촬영 조작의 종류

1) fix

카메라를 전혀 움직이지 않고 고정, 정지시켜 피사체의 자연적인 움직임을 촬영하는 샷. 기본 촬영 방법이며 가장 안정감을 느낀다.

유의사항
- 구도, 포커스, 조리개 등의 선택에 치밀함이 요구된다.
- 초점은 가장 보여 주고 싶은 것에 맞춘다.
- 화이트 밸런스의 통일을 고려한다.
- 피사체의 움직임이 없는 경우 shot의 타이밍을 고려한다.
- 연결되는 전후 shot과의 관계를 고려한다.
- 카메라의 안정성을 유지해야하므로 삼각대를 사용하고, 사용할 때 충격에 주의하며 삼각대 없이 사용할 때는 화면이 흔들리지 않게 눈, 팔꿈치, 어깨의 3점으로 카메라를 지지하고 하반신을 안정시킨다.
- 원근감을 표현하도록 노력한다.

2) 패닝(panning)

하나의 화면에 담을 수 없는 넓은 폭의 피사체, 넓은 길이의 범위에 존재하는 그림 또는 현재의 피사체와 주변의 피사체와의 사이에는 어떤 관계가 있는가 등을 자세하게 표현하거나 설명하고자 할 때 사용된다. 카메라의 위치를 움직이지 않고 카메라 헤드만 수평 방향 왼쪽에서 오른쪽으로, 또는 오른쪽에서 왼쪽으로 연속적으로 움직여 표현한다. 이것을 패닝(panning)이라고 한다.

캠코더를 무조건 좌·우로 휘두른다고 해서 결코 패닝이라고 할 수 없다. 패닝은 비디오 촬영에서 보편적인 기법이긴 하지만

- 움직임이 너무 빠르거나,
- 움직임에 의해서 화면이 불안정하게 되거나,
- 촬영 각도가 너무 광범위하거나(180도 이상의 패닝은 바람직하지 않다),
- 그리고 너무 자주 사용하면 작품성이 오히려 떨어지기 때문이다.

이러한 점을 감안하여 패닝에 요구되는 속도와 움직임은 느리면서 안정되어야 하고

① 패닝 각도를 좁히고,
② 사용횟수도 필요최소한으로 줄여야 한다.
③ 패닝을 자유자재로 구사하기 위해서는 많은 연습이 필요하다.
④ 패닝을 할 때에는 어디서부터 어디까지,
⑤ 몇 초에 걸쳐서 캠코더를 움직일 것인가를 미리 마음속으로 결정해야 한다.
- 즉, 패닝이 시작되기 전의 첫 그림,
- 패닝에 의하여 수평으로 움직이는 그림,
- 패닝이 종료되는 마지막 그림을 정확하면서도 흔들림 없이 포착해야 한다.
- 반드시 5초 정도 정지화면을 촬영한 후에 패닝을 시작하고, 패닝이 완전히 정지된 상태에서도 5초 정도 더 촬영한다.

(1) 사용 목적

① 화면 내에 들어가지 않는 폭이 넓은 것을 보여 줄 때
② 위치 관계나 배치 관계를 한 컷으로 연속적으로 표현하고 싶을 때
③ reaction을 한 컷으로 연속 표현하고 싶을 때
④ 동작을 따라갈 때(follow shooting)
⑤ 장면을 전환할 때

❖ 팔로우슈팅의(follow shooting) 경우 피사체 속도
카메라가 피사체인 인물 등의 움직임을 따라 가면서 찍는 것을 팔로우슈팅(follow shooting)이라 하며 옆 방향으로 쫓아가며 촬영하는 것을 팔로우 팬 이라고 한다. 팔로우 샷을 촬영할 때는 피사체가 움직이는 스피드나 템포가 동일하게 피사체는 계속 화면의 일정한 위치에 있도록 하여야 한다.

(2) panning의 유의 사항

① 삼각대는 수평이 정확해야 한다(삼각대에 부착된 수평기로 맞춘다).

② shot의 처음과 끝은 필히 fix shot으로 처리한다.
- fix shot의 내용, 피사체 구도, 포커스, 조리개에 주의한다.
- 풍경을 보이는 pan에서는 처음 화면과 마지막의 화면은 구도 적으로 정리 되도록 한다.

③ pan의 시동은 조용하게, 중간은 일정한 속도로, 정지는 조용하게 조작한다.
- panning의 속도는 시계 초침의 속도로 한다.
- pan 브레이크의 밸런스를 잘 조정한다.
- 미묘한 pan은(팔만으로 하지말고) 몸의 중심 이동으로 한다.

④ panning의 방향은 원칙적으로 왼쪽에서 오른쪽으로 진행한다.
⑤ flow pan은 피사체의 속도에 맞추어 피사체를 늘 화면의 같은 위치에 있도록 한다(전면의 공간이 약간 많게 한다).
⑥ 초점을 맞추면서 pan 해야 하는 경우 panning 중에 초점을 보정한다.
⑦ 제작의도를 표현할 수 없기 때문에 한정적으로 사용한다.
⑧ 사전에 필히 리허설을 해본다.

3) 틸팅(tilting)

카메라의 위치를 움직이지 않고 카메라 헤드만 수직 방향(상하)으로 움직이는 것을 틸팅(tilting)이라 한다.

패닝이 넓은 그림을 수평적으로 촬영하는 것이라면, 틸팅(tilting)은 카메라를 상하로 움직여 수직적으로 피사체의 높이를 표현하는 기법이다. 틸팅은 빌딩이나 산과 같이 수직으로 높이 솟은 피사체를 하나의 화면에 담을 수 없는 경우에 효과적이다. 여기에는 피사체의 위에서부터 아래로 내려오는 틸트다운(tilt down), 피사체의 아래에서부터 위로 올라오는 틸트업(tilt up)이 있다

틸팅에서도 패닝과 같이 몇 가지 원칙이 있다.

① 어디서부터 어디까지,
② 몇 초에 걸쳐서 카메라를 상하로 움직일 것인가를 미리 마음속으로 결정해야 한다.
  ⓐ 틸팅이 시작되기 전의 첫 그림.

ⓑ 틸팅으로 화면이 위로(또는 아래로) 이동하는 그림,
ⓒ 틸팅의 마지막 그림을 정확하면서도 흔들림 없이 포착해야 한다.
ⓓ 반드시 5초 정도 정지화면을 촬영한 후에 틸팅을 시작하고, 틸팅이 완전히 정지된 상태에서도 5초 정도 더 촬영한다.
ⓔ 손으로 촬영하는 것보다는 삼각대를 사용하는 것이 훨씬 더 좋은 결과가 얻어진다.

(1) 사용목적

제작자가 시청자에게 보다 명확한 심리유도를 위한 카메라 워크다.

- tilt up은 피사체의 위용을 보여주며 희망, 전진, 동경의 뉘앙스를 표현한다.
- tilt down은 높은 건물은 지상부분, 인물은 발을 주시해 달라는 의미가 있다.

(2) 유의 사항

- 삼각대의 수직이 정확해야 한다.(삼각대에 부착된 수평기로 맞춘다)
- tilt 브레이크의 밸런스를 잘 조정한다.
- tilt 는 무릎의 구부림으로 한다.

tilt up할 때 하늘을 화면에 넣는 구도가 생기므로 수동 조리개로 주요 피사체에 노출을 맞춘 후 실시하는 것이 좋다.

4) 주밍(zooming)

카메라와 피사체의 위치를 변하지 않고 줌 렌즈의 빗각을 연속적으로 변화시켜 피사체의 사이즈를 변화시키는 것이며, 일반적인 스틸 카메라로는 여러 장의 사진으로 나타내야 하는 장면을 줌 버튼을 조작하여 역동적인 한 컷의 동영상으로 표현할 수 있다. 그러나 줌은 피사체를 연속적으로 강조하고자 할 때에만 사용해야 하며, 목적이 없는 줌은 결코 바람직하지 않다.

주밍의 효과적인 응용은 다음과 같다.

① 댄스뮤직, 요란스러운 장면은 줌인과 줌아웃을 빠른 속도로 반복하는 소위

"요요 촬영(yo-yo shot)" 기법이 효과적일 수 있다.
② 어떤 피사체를 특별히 강조하려면 퀵줌(quick zoom)으로 촬영한 후, 편집 시에 슬로모션으로 처리한다. 이렇게 하면 물체의 주변이 끌리면서 강렬한 화면효과가 얻어진다.
③ 촬영대상의 성격에 따라서 줌 속도와 컷의 길이를 적절히 조절한다(서정적인 그림은 천천히/길게, 박력 있는 그림은 빨리/짧게).

(1) 줌 인(zoom in)

줌 레버의 W를 눌러 피사체의 크기를 최소로 만든 상태에서, T를 계속 누르면 화각이 점점 좁아지면서 멀리 있는 주 피사체가 파인더에 꽉 차게 들어온다. 이러한 조작을 줌인(zoom in)이라고 한다.

즉, 광가 상태로부터 망원 상태로 변화시켜 피사체의 특정 부분을 up시키는 조작으로

- zooming에 의하여 화면 속의 피사체가 근접해 오는 효과와
- 보고 있는 사람에게 쇼킹한 이미지를 주는 효과가 있다.

  빠르게 하는 zoom in은 주목을 끌게 하며 뒤에 오는 shot의 관심을 높이고 서서히 하는 zoom in은 완만한 심리적 효과를 높인다.

사용목적
- 전체 중에서 일부분을 강조하고 싶을 때
- 특정 사물에 시선을 주목시키고 싶을 때
- 집중과 긴장이 필요할 때
- 목적물을 보다 명확하게 보여 주고 싶을 때
- 시청자의 기대 심리를 유발시킬 때

(2) 줌 아웃(zoom out)

줌 레버의 T를 눌러서 강조하고자 하는 피사체의 크기를 최대로 만든 상태에서, W를 계속 누르면 화각이 점점 넓어지면서 넓은 범위의 화면이 파인더에 들어온다. 이러한 조작을 줌 아웃(zoom out)이라고 한다.

즉, 협각(망원) 상태에서 점차로 광각 상태로 만드는 조작으로 표현의 중심이 되는 피사체와 그것을 둘러 싼 다른 피사체와의 관계를 보다 상세히 표현하고

자 할 때 사용된다.

- zooming에 의하여 화면 속의 피사체가 멀리 가는 효과와
- 피사체가 놓여 있는 주위의 정경을 설명하는 효과가 있고
- 긴장감을 풀게 하는 효과도 있다.(따라서 끝 부분에 많이 사용한다.)

사용목적 :
- 구도의 일부와 전체를 표시할 때(설명하고자 할 때)
- 특정 부분의 강조와 그것이 놓여있는 배경과의 연계표현 할 때
- 해방감을 표시할 때

zooming의 심리표현은 panning이나 tilt와는 비교할 수 없을 정도로 크다.

(3) zooming 유의사항

- 시청자에게 불필요한 긴장을 요구하며 안정된 시청 심리를 방해할 수 있으므로 zooming의 과다 사용을 피한다.
- 작가의 최고의 강한 의지 표현이므로 zoom in할 피사체가 영상적 가치를 가져야 한다.
- close up해서 구도, 화면 사이즈, 포커스 등 제반조건이 만족하는지 확인해야하기 때문에 zoom in은 필히 사전에 리허설을 한다.
- zoom out의 경우 미지의 요소가 차차 들어오기 때문에 최종의 fix shot의 구도를 결정하고 기억하여 최종 프레이밍에 주의하여야 한다.
- 전동 zoom은 레버를 누르고 있는 동안 부드럽게 움직이나 스타트와 스톱에 주의 하여야하며, 수동 zoom은 zooming의 속도를 자유로이 조정할 수 있는 반면 실패 할 경우가 많기 때문에 전동 zoom으로 할 것이지, 수동 zoom으로 할 것이진 결정한다.
- zooming의 속도에 따라 피사체와 그것에 대한 표현의도가 다르게 된다.

5) 달리(dolly)

바퀴 달린 카메라용 이동체로 피사체에 대한 전후방향의 이동 촬영을 말하며 카메라가 피사체에 접근하는 움직임을 달리 인(dolly in), 멀어지는 움직임을

달리 백(dolly back)이라 한다.

(1) dolly의 사용 목적

- 시야에 변화를 갖고자 할 때
- 극적인 효과를 높이고자 할 때
- 동작을 따라갈 때
- shot에 다양성을 갖게 할 때
- 구도를 수정할 때

(2) 유의사항

- pan과 같이 동작 처음과 동작 끝은 조용히 조작한다.
- 이동의 시동 시 팬바(pan bar)에는 힘을 가하지 않는다.
- pan 과 tilt의 브레이크는 화면이 흔들리지 않게 자신의 호흡, 진동에 영향 받지 않도록 조여 준다.

◈ 줌(zoom)과 달리(dolly)의 차이

ⓐ **화각**

dolly in이나 dolly out은 화각이 변하지 않으나 zoom in은 협각, zoom out은 광각이 된다.

ⓑ **카메라와 피사체의 거리**

dolly는 카메라 자체의 접근, 후퇴로 피사체간의 거리가 변하게 되며 포커스 조정이 필요하고, zoom은 카메라와 피사체의 거리가 변하지 않고 포커스 조정이 불필요하다.

ⓒ **원근 감**

dolly는 원근감이 과장되고 zoom in은 원근감이 없어진다.

ⓓ **입체감**

dolly는 입체감이 일정하고 zoom in 할수록 입체감이 없어진다.

ⓔ **새로운 피사체의 출현**

dolly in은 이동하고 있는 중간에 새로운 피사체가 연속적으로 화면에 나타날 수 있지만 zoom in의 경우는 시점 변화가 없기 때문에 새로운 피사체는 볼 수 없다.

6) 트래킹(tracking)

고정되어 있는 피사체나 옆 방향으로 이동하는 피사체를 카메라 자체가 옆 방향으로 쫓아가면서 이동 촬영하는 것을 말하며, 트래킹(tracking)이란 움직이는 피사체를 카메라가 따라가면서 촬영하는 것을 의미한다. 트래킹에서는 배경 화면이 크게 변화되어 박진감 넘치는 샷이 얻어진다.

- 트랙을 사용하면 움직임이 있는 피사체를 안정하게 프레임 안으로 집어넣을 수 있다.
- 피사체가 이동할 때 일정한 거리를 확보하면서 포커스를 변화시키지 않고 계속 촬영할 수 있다.
- 팬과 커다란 차이점은 카메라와 피사체의 거리가 가까울수록 빠르게 이동하는 것처럼 보이고 멀리 있는 피사체일수록 느리게 이동하는 것처럼 보인다.

(1) tracking의 사용 목적

- 시야에 변화를 주어 보이고 싶을 때
- 피사체와 배경에 변화를 보여 주고 싶을 때
- 이동 촬영에 의한 화면에 유동 감을 강조하고 싶을 때
- 극적인 효과를 높이고 싶을 때
- 이동하는 인물이나 피사체를 장시간 화면 중에 넣고 싶을 때

(2) 유의사항

- 이동 shot이므로 wide lens(zoom out)쪽이 조작하기 좋다.
- pan, tilt의 브레이크는 거의 고정시키고 이동 중에 화면의 흔들림을 방지해야 하고
- follow tracking에서는 피사체의 위치가 프레임 속에서 움직이지 않도록 주의

해야한다.
- pan bar에는 힘을 가하지 않고 신체의 움직임을 자유롭게 하는 것과 발의 움직임이 중요하다.

7) 프레임 인, 프레임 아웃

프레임 인(frame in)과 프레임 아웃(frame out)은 카메라를 고정시킨 상태에서 피사체를 화면의 한 쪽으로부터 나오게 하거나, 화면 속에 있던 피사체를 서서히 나가게 하는 촬영기법이다. 카메라가 고정되므로 반드시 피사체가 스스로 움직여야 한다.

프레임 인/아웃 기법으로 어떤 피사체를 촬영하기 위해서는 물체의 움직이는 방향을 예상하여 화면의 구도를 미리 잡아야 한다. 화면의 오른쪽으로부터 천천히 모습을 드러내는 연락선, 화면의 오른쪽으로부터 서서히 나타나는 기러기의 무리, 화면의 아래에서 갑자기 나타나는 연기자의 얼굴 등의 장면은 강한 인상을 심어준다.

◆ 유의 사항

촬영시 주의할 것은 카메라가 백스페이스 속성을 가지고 있어서 촬영 버튼을 눌러도 눌린 순간부터 녹화가 이루어지지 않는다는 점이다.
따라서 물체가 화면 내에 들어오기 전부터 카메라를 녹영상태로 해야 한다

8) 붐(boom)과 크레인(crane)

- 카메라의 pedestal을 상하로 움직이면서 촬영하는 것을 붐잉(booming)이라 하며 boom up과 boom down이 있다.
- 크레인 암(arm)을 위 아래로 하여 카메라의 위치를 상하로 하는 것을 crane up, crane down이라 한다.

(1) 사용 목적

- 늘 적절한 카메라 앵글을 만든다.
- 부감 shot이나 앙관 shot까지 연속하여 카메라 앵글을 변화시킬 수 있다.
- 유동감 있는 다채로운 카메라 위치가 된다.

(2) 조작 상 주의할 점

- 붐 업 상태로 이동할 때 상하의 브레이크를 꼭 조여 두어야하며
- 크레인 조작자와 카메라맨은 긴밀한 협의로 마음을 통일시키도록 해야 하고
- 크레인 조작은 위험이 수반되므로 주위의 상황에 충분한 주의를 하여 신중히 조작하여야 한다.

◈ Boom과 Tilt의 차이점

(가) 시점

boom의 경우 시(視)점이 이동하고 tilt의 경우 시(視)점이 이동하지 않는다.

(나) 이동

boom은 카메라가 상하 좌우로 이동하나 tilt는 운대를 중심으로 한 원주방향이다.

(다) 수평거리

boom의 경우 피사체가 카메라에 대해 수직으로 위치한다면 카메라와의 거리는 항상 일정하나 tilt는 피사체에 대해 원주를 묘사한다.

(라) 초점

수직인 피사체라면 boom의 경우 초점을 다시 수정해야 할 필요가 없으나 tilt는 초점을 수정할 필요가 있다.

(마) 전경의 변화

boom의 경우 극대가 되고 tilt의 경우는 적다.

(바) 수용심리 조작

boom의 경우 부각, 수평, 앙각의 샷의 이미지를 갖는 변화를 연속적으로 얻는 것이 가능하다.

8.2.6 shot의 크기에 따른 영상표현

1) 풍경의 경우

(1) 초 롱샷(ELS : Extreme Long Shot)

캠코더가 허용하는 최대의 화각으로 잡는 원경이다 렌즈의 초점거리가 짧을수록 넓은 범위의 피사체를 촬영할 수 있으며, 이를 위해서 와이드 컨버터가 종종 사용된다.

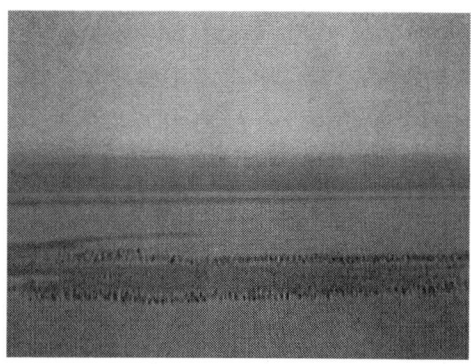

(2) 롱 샷(LS : Long Shot)

ELS에 비해서 원근감이 덜 과장되므로 어떤 상황이나 환경을 객관적으로 설명한다. 스토리의 도입부 또는 종료 부에서 흔히 사용되며, 타이틀 자막을 넣을 때도 매우 적합하다.

(3) 미디엄 샷(MS : Medium Shot)

캠코더 촬영의 가장 기본이 되는 샷으로서, 풀샷 보다 좁은 화각으로 풍경의 중경을 표현한다. LS보다 주위의 산만한 물체가 상당수 제거되므로 깔끔한 느낌을 준다.

(4) 클로즈업 샷(CUS : Close-Up Shot)

풍경의 근경을 촬영하기 위한 샷이다. 화각이 매우 좁기 때문에 멀리보이는 물체도 매우 가깝게 촬영할 수는 있으나 캠코더가 약간만 움직여도 화면은 크게 흔들린다. 화면이 크고, 높은 해상도를 얻을 수 있으므로 표현하고자 하는 피사체를 강조할 수 있다.

2) 인물의 경우

인물을 표현하는 경우에는 신체의 부위를 기준으로 화면의 크기를 정한다.

(1) 풀 샷(full shot : FS)

전경과 함께 인물의 전신을 넣는 사이즈로 장소의 설명, 출연자의 위치를 표시하고 인물의 움직임과 배경의 상호관계를 나타낸다. 인물의 발끝에서 머리, 그리고 그 주위를 어느 정도 여유 있게 포함하여 촬영한다. 주인공이 화면 안에 포함되어 있어도 누구인지 확실히 파악하기 곤란하지만 다음 컷에서 보다 큰 화면크기로 보여주면 된다. 어떤 상황이나 환경을 객관적으로 설명하므로 스토리의 도입부에서 보통 많이 사용된다.

(2) 풀 피겨(full figure : FF)

인물의 전신을 화면에 넣는 사이즈로 무용, 발레 등 전신의 움직임을 보이기 위해 사용한다.

(3) 니 샷(knee shot : KS)

인물의 무릎에서 머리까지 찍는 사이즈로 무용, 발레 등 상반신의 움직임을 보여 주고자 할 때 사용한다.

(4) 웨이스트 샷(waist shot : WS)

인물의 허리에서 머리까지 찍는 사이즈로 주위 사항과 함께 인물을 묘사할 때 사용한다. 음악 프로그램에서 가수, 드라마 등에 사용한다.

(5) 바스트 샷(bust shot : BS)

인물의 가슴에서 위를 찍는 사이즈로 인물을 촬영하는 기본 샷이다.

Chapter 8 영상 프로그램 제작

(6) 업 샷(up shot : UP)

인물의 어깨에서 위를 찍는 사이즈로 연기자의 표정을 보이고 싶을 때 사용한다.

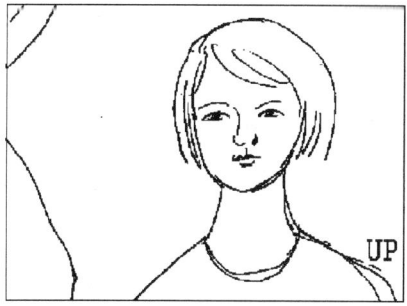

(7) 클로즈업 샷(close-up shot : CUS)

얼굴을 화면 가득히 크게 찍는 사이즈로 업 샷 보다 더욱 대상을 강조하고 싶을 때 사용한다.

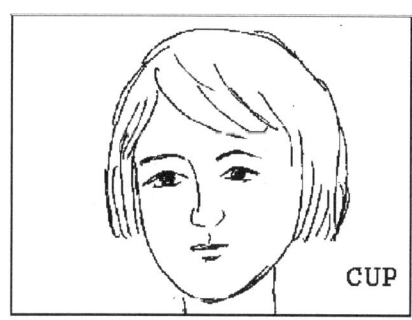

(8) 빅 클로즈업 샷(big close-up shot : BUS)

얼굴 일부분을 크게 찍는 사이즈로 얼굴 등의 표정을 부분적으로 크게 표현하고자 할 때 사용한다(분노의 눈빛 등).

(가) over shoulder shot

어깨 너머로 피사체를 촬영하는 샷

(나) 리버스 샷(reverse shot)

서로 마주보고 있는 두 사람의 인물인 경우는

- A의 등을 넘어(Over the shoulder Shot) B를 보는 것
- B의 등을 넘어 A를 보여주는 것

이때 샷 A에 대한 샷 B를 「리버스 샷」이라 한다.

(다) 인물의 수에 의한 샷의 종류

- 원 샷(one shot) : 한사람만을 촬영하는 샷
- 투 샷(two shot) : 두 사람만을 촬영하는 샷
- three shot, four shot
- 그룹 샷(group shot) : 여러 사람의 인물을 촬영하는 샷 (loose shot, tight shot)이 있다.

8.2.7 카메라 포지션

각각의 shot을 촬영하는 카메라의 위치로서 카메라 포지션은 화면의 구도에 직접 연결되는 요소이므로 각 shot의 목적을 충분히 파악하여 결정한다.

카메라 포지션은 프로그램 내용이 요구하는 shot의 종류, 무엇을 어떻게 표현할 것인가, 카메라의 렌즈, 카메라 앵글, 샷의 조건 등에 따라 결정된다.

연극, 음악공연, 버라이어티 쇼 등에서는 아무리 유능한 카메라맨이라고 해도 한 대의 캠코더로는 절묘한 액션이나 움직임을 놓치기 쉽다. 아울러 원 신 원 컷(1 scene 1 cut)이 되기 십상이어서 샷의 변화도 주기 어렵다. 상황이 끝나면

앞의 장면으로는 도저히 되돌아갈 수 없는 일회성이 강한 행사의 경우에는 더욱 더 그렇다. 이 때 2~3대의 캠코더를 다양한 위치에 배치하여 여러 샷으로 나누어 동시에 촬영하면 그 샷 중에서 하나의 장면을 선택하여 편집하는 형태가 보편적이다. 이 제작법은 상황의 전개와 함께 여러 장면이 동시에 촬영되므로 카메라의 포지션과 촬영할 피사체가 각각 정해져야 한다.

좌담에서는 시선의 연결이 중요하고 이동하는 장면에서는 방향성의 연결이 중요하다.

1) 인물을 촬영하는 경우

일반적으로 렌즈의 광축을 수평으로, 인물의 눈높이에 맞추어, 피사체의 정면이 되는 위치에서 촬영해야 하고.

(1) 회화 축을 넘는 카메라 촬영(배치)은 하지 말아야 한다.

회화 축을 넘는 인물 촬영은 인물이 좌우로 이동해 버린 것 같이 생각돼 보고 있는 쪽에 혼란을 준다. 회화 축 내에 있어도 촬영 방법에 따라 인물이 좌우로 이동하는 수가 있으므로 주의해야 한다.

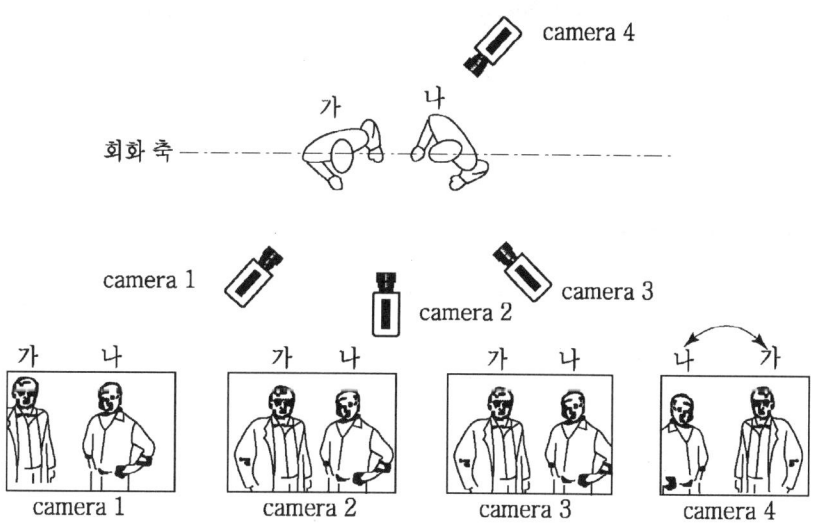

(2) 시선을 일치시킬 것

한쪽 180° 이내에 카메라를 배치하면 시선 방향에는 틀림없으나 그 선을 넘어선 shot의 시선은 연결되지 않는다.

시선을 연결하는 기본적인 방법은 대담자를 연결하는 선에 대하여 같은 각도, 같은 거리에서 같은 초점의 렌즈를 사용함으로써 동일한 사이즈의 화면이 이어지도록 하는 것이다.

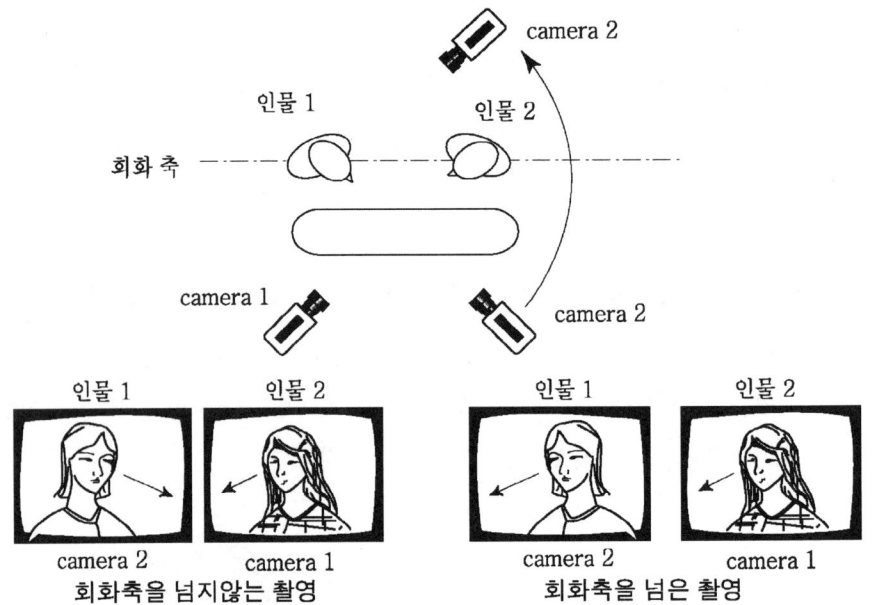

2) 움직임이 있는 피사체의 경우

화면상에서의 동선 방향과 동일 피사체의 움직임 방향은 통일성이 있는 포지션이라야 한다.

영상 프로그램 제작

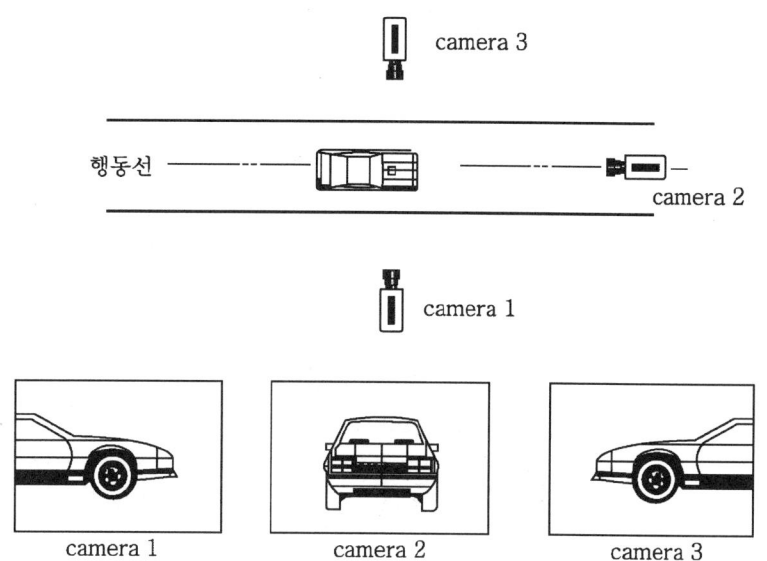

3) 행동선을 넘는 카메라 촬영(배치)은 하지 말아야 안다.

스포츠 중계에서 골과 골을 잇는 선을 행동 축이라 하며 행동 축(선)을 넘는 위치에서 카메라가 피사체의 움직임을 잡으면 반대 방향의 움직임이 되므로 시청자는 혼돈을 느낀다.

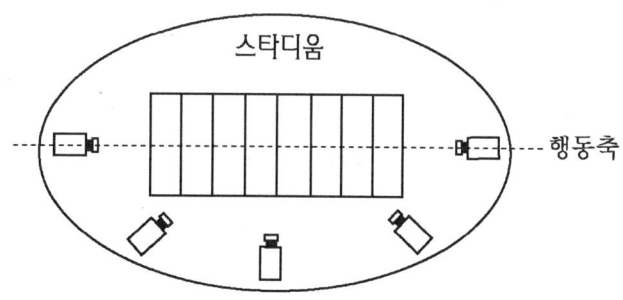

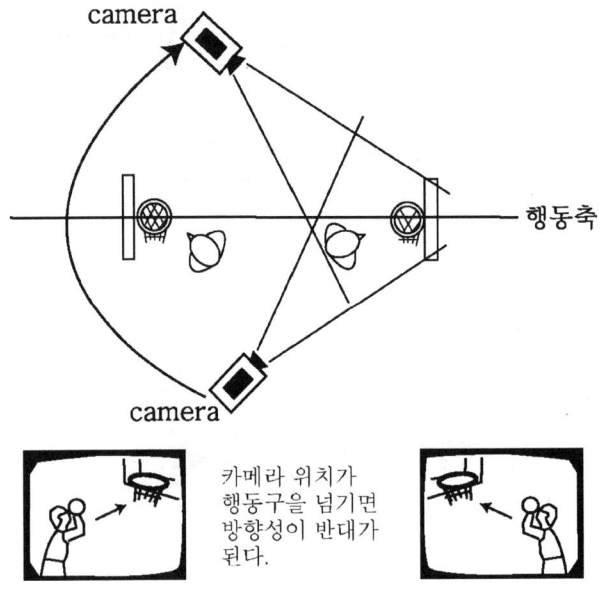

8.2.8 카메라 앵글

다각적인 카메라 앵글은 화면에 변화를 주며 시청자를 즐겁게 해주나 목적 없는 앵글은 화면에 변화를 주지 못하며 시청자를 혼돈시킬 수가 있다.
프로그램 내용을 잘 표현하기 위한 가장 좋은 시점을 결정해야 한다.

1) 수평 앵글

사람을 촬영 할 경우 피사체의 눈높이에 렌즈 높이를 맞추고, 풍경을 촬영 할 경우 사람이 서있는 높이에다 카메라를 설치하는 앵글로서 수평앵글은 가장 많이 사용하는 앵글이며 안정감이 있는 앵글이다.

2) 아이 앵글 (high angle)

높은 곳에서 내려다보며 촬영하는 앵글로써 설명, 상황 판단, 객관성을 가진 묘사가 되며 또한 비굴, 패배 같은 의미도 있다.
대형 스튜디오에 운집한 많은 방청객, 프로야구가 열리는 대운동장의 웅장함을 보여 줄 때 매우 효과적이다.

3) 로우 앵글(low angle)

낮은 카메라 위치에서 피사체를 올려다보며 촬영하는 앵글로서 위압감, 우위표현의 묘사와 피사체의 강조 의미도 있다.

4) 경사 앵글

피사체에 대하여 카메라를 기울여 촬영하는 앵글로 불안감, 이상한 사태 등의 느낌을 준다. 의식적으로는 대비, 항쟁 등을 강조할 수도 있다.

8.2.9 구도와 화면 구성

구도(composition)는 화면을 구성하는 시각 요소들을 미적인 감각으로 배치하여 영상미를 극대화하는 것을 의미한다. 이러한 이유 때문에 그림, 사진, 영화 등 영상예술을 추구하는 작품제작에서는 구도가 차지하는 비중이 절대적이다. 화면의 형태를 얼마든지 변화시킬 수 있는 사진이나 회화와 달리, 비디오는 가로세로의 화면비가 4 : 3(또는 16 : 9)으로 고정된 틀에 묶여있다. 따라서 화면과 관련된 모든 구도는 이 형태 안에서 이루어진다.

비디오로 무언가를 촬영할 경우에는 인간의 시각에서 피사체들을 바라보는 것보다 카메라로 잡아 낼 수 있는 시각, 즉 카메라 아이(camera eye)의 관점에서 접근하는 것이 바람직하다.

1) 구도의 기본

(1) 평형(balance)

화면의 중심이 되는 피사체가 좌우, 상하로 밸런스가 흐트러지면 불안정하게 된다.

◆ **평형(밸런스)의 요소**

화면의 한쪽에 커다란 정지물체가 있을 때 반대측에 작은 움직이는 물체를 두는 등의 크기, 형태, 계조(tone), 화면내의 위치 등을 고려하여 화면을 만든다.

2) 화면 구성

(1) 스크린 사이즈(screen size)

TV 스크린의 크기가 작기 때문에 사물을 명확히 표현하기 위해서는 스크린의 틀 내에서 사물을 상대적으로 크게 표현하여야 한다.

(2) 스크린 범위(screen area)

종횡 비 3 : 4(9 : 16)의 고정된 틀 내에서 표현되어야 하며 화면 외곽의 약 10% 손실을 계산해야 한다(신호 송수신 과정의 손실 예방).

(3) 스크린 깊이(screen depth)

TV화면의 그림은 2차원이나 다양한 기술을 통해 3차원의 효과를 창출해 내야 한다.

(4) 움직임(motion)

카메라 뿐 아니라 카메라 앞의 대상들이 늘 움직인다. 따라서 정적인 배열뿐만 아니라 동적인 것도 고려해야 한다.

3) 화면 영역 구성

(1) 중앙배치 및 밸런스

가장 안정되고 확연한 화면 영역은 화면 중앙이다. 직접적으로 강조도 되고 균형을 이룬다. 뉴스 캐스트가 중앙에서 벗어나게 되면 전달하는 흥미가 감소되고 주위를 산만하게 한다.

(2) 비대칭 분할(황금분할)

풍경이나 수직으로 서 있는 물체(사람, 나무, 건물)등을 포함한 전경으로 화면을 구성할 때 화면 중앙보다 1/3 또는 2/3지점에 위치하는 것이 화면을 더욱 흥미 있는 효과를 낸다.

(3) 수평면

화면을 안정되게 유지하고 싶다면 배경(사람, 집, 전신주, 건물)을 최대한 수평으로 유지해야 한다.

(4) 배경

인물을 촬영할 때 반드시 배경이 찍힌다. 배경의 선이 인물에 영향을 주기 때문에 배경에 대하여 항상 생각할 필요가 있다.

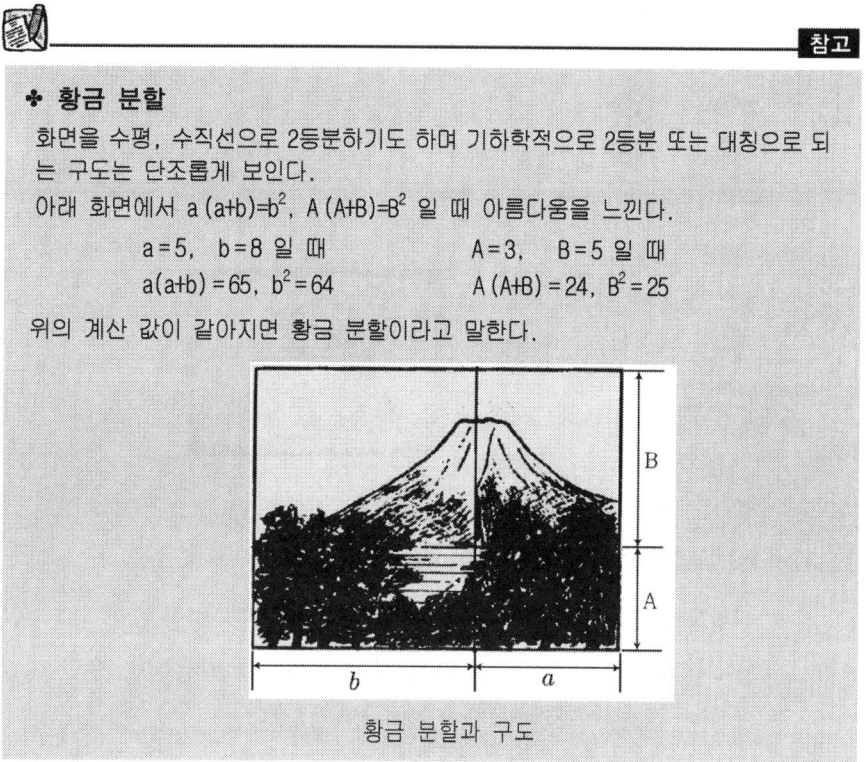

> **참고**
>
> ❖ **황금 분할**
>
> 화면을 수평, 수직선으로 2등분하기도 하며 기하학적으로 2등분 또는 대칭으로 되는 구도는 단조롭게 보인다.
> 아래 화면에서 $a(a+b)=b^2$, $A(A+B)=B^2$ 일 때 아름다움을 느낀다.
>
> $a=5$, $b=8$ 일 때 $A=3$, $B=5$ 일 때
> $a(a+b)=65$, $b^2=64$ $A(A+B)=24$, $B^2=25$
>
> 위의 계산 값이 같아지면 황금 분할이라고 말한다.

황금 분할과 구도

(5) 머리 위 공간(headroom)을 유지한다.

헤드룸이란 피사체와 머리와 화면의 최상단과의 공간을 의미한다.

사람의 머리 위로 일정 공간을 남겨 놓아야 한다. 부족하면 잡아당기는 감이 들고, 여백이 많으면 인물이 오그라드는 감이 든다.

많음　　　　　　　적당　　　　　　　부족

(6) 리드룸(lead room)을 유지한다.

리드룸(lead room)이란 인물이 바라보는 방향으로 많은 공간을 두는 것을 의미한다. 이 공간은 화면 내에서 자연스러운 균형감을 만들어줄 뿐만 아니라 방향감각을 강화시켜 준다.

인물이 카메라를 보지 않고 다른 방향을 주시하고 있는 경우에는 주시하고 있는 방향에 일정 공간을 두어야 한다.

(7) 워킹룸(walking room)을 유지한다.

워킹룸(walking room)이란 피사체가 이동하는 방향으로 많은 공간을 두는 것을 의미한다. 이 공간은 화면 전체의 균형감을 만들어줄 뿐만 아니라 움직이는 방향에 대해서 강한 시각적 효과를 제시한다.

4) 화면 원근 구성

TV화면은 2차원의 평면이기 때문에 3차원적인 착시 효과를 창출해야 한다.

- wide angle 렌즈는 원근감을 확대하고
- 물체와 카메라의 위치는 측면보다는 렌즈의 연장선이 좋고
- 시계거리는 너무 먼 것보다는 다소 가까운 것이 더욱 효과적이다.

5) 화면 동적 구성

화면 내에서 움직이는 상을 구성해야 한다.

- 카메라를 향하거나 멀어져 가는 운동이 좌우 운동보다 강한 효과를 준다.
- wide angle은 카메라로 다가오거나 멀어지는 운동에 가속 효과를 나타낸다.
- 측면 운동의 경우 카메라는 운동하는 인물이나 물체를 앞서서 따라가야 한다.
- 움직임을 통해 화면을 극적으로 만들 필요가 없다면 카메라는 가능한 한 움직이지 않도록 한다.

CHAPTER 9

조 명

9.1 조명의 필요성

피사체의 성격과 빛의 조화를 고려하지 않는 단순 촬영은 아무리 아름다운 피사체라고 해도 적절한 조명이 뒷받침되지 않아 예술적인 가치가 떨어진다. 밝은 장면은 밝은 장면 나름대로 적절한 조명이 필요하고 어두운 장면도 무조건 밝게 묘사하는 것이 아니라 그 분위기에 맞는 조명이 필요하다. 조명을 무시한 영상은 미학적인 요소가 부족하게 되어, 결과적으로 작품의 완성도가 떨어진다.

초보자들도 조명을 어떻게 처리하느냐에 따라서

① 피사체에 입체감을 불어넣을 수 있고
② 색채감을 살릴 수 있고
③ 불필요한 부분을 화면에서 감출 수 있고
④ 피사체의 질감(texture)을 잘 살릴 수 있어서
⑤ 결과적으로 영상미를 크게 높일 수 있게 된다.

여기에는 조명장치를 이용한 인공조명과 자연조명도 포함된다.

영상예술의 세계에서의 조명은 단순히 어두운 곳을 밝게 비추는 것뿐만 아니라, 영상미를 극대화하기 위한 수단으로 사용된다.

따라서 동영상 촬영에서
조명의 일차적인 목표는 어두운 곳을 밝게 비춰 최대한 양질의 영상품질을 얻는 데 있다.
여기에 기술적인 요소를 부가하면 조명을 통하여 예술적인 그림을 창출할 수 있게 되는 것이다.

촬영목적에 적합한 영상미를 창출하고자 할 경우에는 반드시 조명이 필요하다.

9.2 조명의 역할과 기능

9.2.1 조명의 역할

조명은 영상 표현의 시작이며 조명의 목적은 프로그램의 상황에 맞게 영상에 감정을 불어넣어 장면마다 어둡고 밝게 기쁘고 슬프게 강하고 부드럽게 표현하는 것이라고 할 수 있다. 조명이 잘못되면 좋은 영상을 얻을 수가 없다.

① 필요한 밝기를 만들고.(카메라의 조리개에 적당한 밝기)
② 피사체의 성격과 특징을 표현 할 수 있는 콘트라스트를 만들고
③ 컬러 밸런스를 맞추고
④ 입체감, 질감을 만들고
⑤ 답게 보이게 하는(계절, 날씨, 시각, 심리적 표현) 것이

동영상조명의 중요한 역할이다.

9.2.2 조명의 기능

1) 돋보이게 하거나 약화시키는 기능

관심을 집중시키는 방법으로 원하는 부분만 부분 조명하는 방법과 주변은 약한 조명을 하고 보여 주고자하는 피사체에 강한 조명을 하는 기법 등으로 특정한 모습이 두드러지게 하거나 다른 것들을 약화시킴으로써 특정한 피사체에 관심을 돌리게 한다.

2) 물체의 모양과 형태를 나타내는 기능

피사체의 어느 특별한 모양새를 선택적으로 나타내기 위하여 잘 조정되어야 하나 적절히 생략되어야 할 피사체의 부분들을 너무나 알아보기 쉽게 나타낼 수도 있고, 피사체의 특징들을 완전히 감추거나 특징을 많이 감소시켜 피사체를 올바로 파악할 수가 없도록 할 수도 있다.

3) 분위기를 조성하는 기능(Mood, 시간 등)

긴 그림자는 아침이나 저녁을, 강한 조명은 한낮의 태양을 의미할 수도 있어 장면의 무드, 분위기, 시간 등을 나타내어 피사체의 환경에 성격을 부여할 수 있다. 또한 긴 그림자는 평화로움과 휴식을, 강한 조명은 동적, 활기참을 연상케 할 수도 있어 조명의 범위와 각도를 잘 선택하면 한 화면 안에서 인간의 감정 반응을 여러 가지로 암시할 수 있다.

4) 위치, 원근감을 나타내는 기능(거리감, 부피)

조명은 피사체뿐만 아니라 피사체의 주변도 드러나게 하므로 필연적으로 그 크기, 거리감, 부피 등을 알 수 있도록 한다.

9.3 조명의 종류

인공 광선을 이용하는 조명은 일반조명과 연출조명 분야로 나눌 수 있고, 연출조명은 무대조명, 영화 조명, 스튜디오 조명으로 나누어진다.

9.3.1 일반 조명

건물의 조명, 옥외 조명, 사무실 조명, 실내 조명등이 있다.

9.3.2 연출 조명

무대 조명, 영화 조명, 동영상 조명으로 나누어진다.

1) 무대 조명

인공 광원에 의해 직접 관객의 시각에 비추는 조명이고

2) 영화 조명

낮의 옥외 로케이션의 경우 태양광과 반사판 사용하고
밤의 옥외 로케이션의 경우 100% 인공 광원에 의존한다.

3) 스튜디오 조명

스튜디오 내에서 촬영할 때는 주간이라도 태양광을 얻을 수 없어 인공 광을 사용하며 옥외에서는 태양 광선과 인공 보조 광을 사용하나 여러 대의 비디오카메라에 의해 동시에 연속적으로 촬영되어야 하기 때문에 이를 만족시켜야 하는 조명 기법이 필요하다.

9.4 조명의 기초

9.4.1 광의 단위

밝기를 결정하는 주요한 요소는 •광속, •광도, •조도, •휘도이며 조명에서 가장 많이 사용하는 단위는 **조도**이고 가장 중요한 단위는 **휘도**이다.

1) 광속(光束)(luminous flux)

광원에서 방사하는 에너지의 흐름 중에서 눈에 보이는 빛의 흐름을 광속이라 하며 단위 시간당 통과하는 광량으로서 단위는 루멘(Lumen)이며 표기는 Lm이다.

2) 광도(光度)(luminous intensity)

광원에서 한 방향으로 광속이 모이는 모양을 광도라고 하고 광속의 밀도가 그 방향의 밝기이며 이 밝은 정도를 광도라 하고 단위는 칸델라(candela)이며 표기는 Cd이다(빛의 세기의 단위 즉 단위 면적으로 나오는 빛의 밝기).

3) 조도(照度)(illumination)

어느 물체에 빛이 닿으면 그 면이 밝게 비추어지는데 그 정도를 나타내는 것을 조도라 하며 어느 한 점의 조도는 그 점에 방사되는 광속의 밀도로 단위는 룩스(Lux)이며 표기는 Lx이다(피사체에 빛이 닿은 부분의 밝기).

- 1 Lm의 광속으로 $1m^2$을 비추는 경우의 수광 면의 조도는 1 lux이다
- 광원에서 거리가 2 배로 되면 면적이 4 배가되고 조도는 1/4 로 된다.

4) 휘도(輝度)(luminance)

피사체에서 반사되어 눈에 들어오는 광의 밝기를 수량화 한 것으로 빛을 단위 면적 당 광도로 측정 한 것이며 사람이 물체를 판별할 수 있는 것은 물체의 휘도 차이가 있기 때문이다. 단위는 니트(Nit)이며 nt로 표기한다.(Nit= Cd/m^2)

9.4.2 색과 광의 관계

빛의 파장이 색의 바탕이다. 색은 파장으로 구별할 수 있고 저마다 파장의 범위는 그림과 같다.

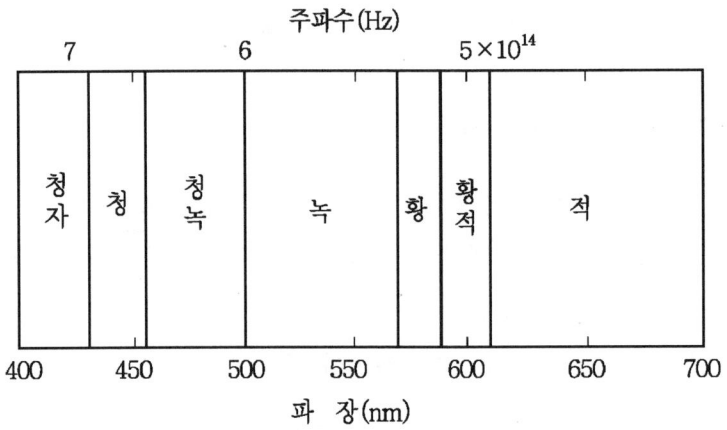

1) 광원 색과 물체 색

광원 색이란 광원 스스로 내는 색을 말하고 물체색이란 다른 것에서 빛을 받아서 나타내는 색을 말한다. 흰 종이에 빛을 비추면 빛을 전부 반사하여 희게 보이고 파란종이에 빛을 비추면 파란 종이는 파란색 이외의 색의 빛을 흡수하기 때문에 파랗게 보인다.

2) 색의 3요소

색을 나타내는 것에 색상(hue), 명도(value), 채도(chroma)의 3요소로 생각할 수 있다.

- 색상은 빨강에서 보라색까지 여러 가지가 있고 빨강이라도 붉은 빨강에서 파란색을 띤 빨강 등의 색의 종류를 말하며
- 명도는 같은 빨간색이라도 밝은 빨강에서 어두운 빨강까지 있으며 색의 느낌이 달라지는 명암의 정도에 대한 속성을 명도라고 하고
- 채도는 같은 빨강이라도 짙은 빨강에서 옅은 빨강까지 나누는데 이러한 색의

조 명

3) 빛의 3원색

빛의 3원색은 적색(700.0nm), 녹색(546.1nm), 청색(435.8nm)이며 이 3가지색을 합성해서 어떠한 색도 만들 수 있는 기본 색이다.

4) 색의 합성

복수의 색을 스크린에 투영했을 때에 각각의 색에 겹쳐져서 가산되어 다른 색으로 변화한다. 이와 같이 색을 혼합하는 방법을 가색법 이라 말하며 조명에서는 이 가색법을 이용 색을 만든다.

5) 연색성(演色性 : color Rendering)

어떤 광원으로 조명했을 때 물체가 어떻게 보이느냐하는 것을 그 광원의 연색성이라 한다. 즉 광원이 어떤 분광 분포를 갖고 있느냐를 말한다. 광원이 무엇이냐에 따라 같은 물체라도 보이는 색이 달라진다.

연색성이 좋은 광원이란 얼마나 태양광과 흡사한가를 말하는 것이다.

6) 색온도(color temperature)

광원의 색을 정의하는 가장 편리한 방법으로 색을 온도(Degrees Kelvin)로 표시(섭씨온도+273°) 한 것이다. 광원의 색온도는 광원의 색과 흑체가 가열될 때 내는 색이 같을 때의 흑체의 온도이다. 물체의 온도를 높여나가면 먼저 적외선으로부터 빨강, 노랑, 초록 등으로 차례차례 발광 스펙트럼이 넓어진다.

또한 물체에 비추는 적. 록. 청 등의 가시광선의 혼합의 비율을 표시하는 단위라고도 할 수 있다 (3000°K = R가 46, G가 35, B가 18일 때).

(3200°K = R가 44, G가 36, B가 20일 때)

광원의 색온도 비교표

광 원	색 온 도
맑고 푸른 하늘	10,000 ~ 20,000 °K
흐리고 푸른 하늘	8000 ~ 10100 °K
흐린 하늘	7000 °K
구름을 통과한 햇빛(정오)	6500 °K
여름의 평균 태양(10시 ~ 3시)	5500 °K
아침과 오후 늦은 시간의 햇빛	4000 ~ 5000 °K
일출, 일몰	1,000 ~ 3,000 °K
스트로브전등	7,000 °K
주광색 형광등	6,500 °K
백색형광등	4,500 °K
할로겐전등	3,200 °K
백열전등	2,800 ~ 3,050 °K

9.4.3 색과 감정의 관계

사람은 색을 보고 여러 가지를 연상한다. 예로서 따뜻한 색인 붉은(red) 색을 보면 정열적이고 뜨거운 감정을 느끼게 되고 중간색인 녹(green) 색을 보면 편안하고 행복함을 느끼게 되고 찬색인 청(blue) 색을 보면 비애, 침정함을 느끼게 된다.

9.5 조명 기술의 요소

- 스튜디오 내의 조명은 눈으로 보아 아름답게 느껴져도 카메라로 촬영하여 수상기에 재현되었을 때 눈으로 본 것과 똑같이 아름답고 만족한 영상으로 재현되어야 하고
- 여러 방향에서 여러 대의 카메라로 촬영할 때 피사체와 카메라의 이동에 대하여도 계속적으로 아름답게, 효과적으로 영상을 비추도록 되는 조명 계획과 광원의 특성, 빛의 성질을 알아야 한다.
- 스튜디오의 조명은 인공 광에 의해 자연을 재현해야 하기 때문에 인공광의

배분이라 할 수 있고, 인공 광을 사용하는 것은 어디까지나 허구의 세계를 보는 사람에게 사실처럼 보여지게 해야 하는 것이다.

9.5.1 기술적인 요소

동영상 조명은 사람의 눈에 해당하는 camera에 잘 보이게 해야 한다. camera가 요구하는 최소한의 여건을 충족시키지 않으면 안 된다. 즉 카메라의 성능, 전송 계통의 제반 특성, 시청 조건, 영상의 재 현상 제반조건 등에 적합한 조명기술을 확립해야한다.

9.5.2 미술적, 심리적, 예술적 요소

기술적 요소가 완벽한 상황에 프로그램의 의도, 내용, 성격과 밤, 낮, 계절 분위기 등을 조명으로 표현해야하고, color의 배합 음악에 맞는 조명 연출을 해야 한다. 즉 프로그램 제작의도, 내용 등을 충분히 표현하는 조명기법을 확립해야 한다.

9.5.3 기술적 제약(制約)

- 카메라 촬상소자의 특성에 의한 제약이 있다. 인간의 눈에 비교하면 콘트라스트의 범위가 인간의 눈은 100 : 1 이나, 카메라에서는 30 : 1 이내로 밝은 쪽이나 어두운 쪽에도 대단히 좁다.
- 동영상 촬영은 또한 연속성, 동시성이 있다. 조명을 수정하는 시간적 여유가 없다.

9.6 조명의 기본적인 조건

9.6.1 조 도(照度)

밝기를 말하며 세트, 의상, 소도구 등과 더불어 시대, 환경의 설명, 계절, 밤낮의 구별, 맑음, 비등의 정경(情景), 달밤의 정서(情緒)를 묘사해야 한다.
조도의 기준을 정하는 경우 일반적으로 주요 피사체에 대한 조도를 정하고, 피사체의 최대 조도를 2000 lux로 정하고 있다.

9.6.2 그림자(음영 : 陰影)

빛을 없애는 부분이 있어야 한다. 이것이 그림자로서 물체에 입체감을 주며 명암(明暗)의 미적(美的) 계조(階調)를 만들어내야 한다.

9.6.3 빛의 방향

조도와 더불어 계절, 시간 등 자연 광선의 효과를 암시하고, 얼굴의 표정도 명료도를 올리고 심리적 표현을 가능케 해야 한다.

9.6.4 빛의 배분(配分)

빛의 분포상태로 밝은 부분과 어두운 부분의 콘트라스트 있는 영상을 얻을 수 있도록 해야 한다.
빛의 배분이라고 하는 것은 빛의 구성이라 해도 좋다.

- 주축이 되는 빛 key light
- 피사체를 배경에서 떠오르게 하기 위한 back light
- key light에 의해 생기는 그림자를 없애는 fill light
- 화면 전체의 톤을 부드럽게 만들기 위한 base light 등으로 이루어지며

어떠한 조명 기구를 사용하고 어떠한 각도에서 어떠한 광량으로 조명하는가를 계산하는 것이다.

9.6.5 화면의 톤 분류(tone : 명암의 대비)

tone이란 화면중의 밝은 부분과 어두운 부분과의 대비, 그 구성 상태이다.

1) 로우 키(어두운 상태) low key

화면의 대부분을 어둡게 한 형태
신비성, 사색의 깊이 등과 같은 느낌을 준다.

Low Key

2) 미디엄 키(평균적인 상태) medium key

하이키와 로우 키의 중간 형태,
30 : 1의 밝기의 비가 화면 전역에 걸쳐 볼 수 있는 견실한 화면

Medium key

3) 플랫 키(평평안 상태) flat key

밝은 부분과 어두운 부분의 대비가 약하고 그림자가 적으며 밝은 형태,
고전 무용 같은 호화로운 의상, 분장인물을 돋보이게 하는 조명

Flat Key

4) 하이 키(밝은 상태) high key

화면 전체에 밝은 부분이 많은 형태,
밝고 행복한 홈드라마, 대낮의 정숙 등에 사용되는 기법

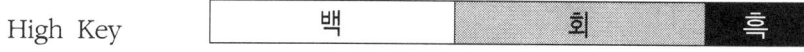
High Key

5) 소프트 키(연안 상태) soft key

중간부가 많고 밝은 부분과 어두운 부분의 경계가 부드러운 형태,
그림자와 그림자가 없는 부분이 자연스럽게 녹아 없어진 것 같은 조명

Soft Key　| 백 | 회 | 흑 |

6) 하드 키(딱딱안 상태) hard key

중간부가 적고 밝은 부분과 어두운 부분이 확실한 형태,
발레의 군무, 여름 대낮의 햇빛 느낌을 주는 기법

Hard Key　| 백 | 회 | 흑 |

9.6.6 색채(色彩)

청색 계통의 색광은 찬 느낌을 주고, 적색 계통의 색광은 온난한 기분을 준다.

9.7 광선의 특성

9.7.1 광선의 질

광선의 질은 주로 광원의 성격에 의해 좌우된다. 그림자를 나타내는 강한 광선과 그림자를 나타내지 않는 부드러운 광선이 있다.

1) 강안 광선

광선이 방출되는 면적이 작으면 작을수록 그 광원은 강해진다.

- 윤곽이 뚜렷하고 짙은 그림자를 나타나게 한다.
- 방향성이 강하다.
- 피사체 표면의 윤곽과 질감을 드러나게 한다.
- 점광원이다(태양광, spot light).

이런 광선은 주로 주 광(key light)으로 사용한다.

2) 부드러운 광선

광선이 방출되는 면적이 넓어야만 산광이 되어 광원이 부드러워진다.
- 윤곽이 약하고 그림자가 부드럽다.
- 방향성이 약하다.
- 피사체의 표면이 부드럽다.

9.7.2 광선의 방향

1) 정면 조명

불필요한 그림자를 없애주는 동시에 주름살과 굴곡을 없애 얼굴을 젊고 평평하고 부드럽게 보이게 하는 장점이 있는 반면 인물에 입체감이 살아나지 않고 촉감이 없어지는 단점이 있다.

2) 측면 조명

굴곡이 있는 물체는 광선을 직각으로 받는 튀어나온 부분만 매우 밝게 조명된다. 단순한 피사체라면 측면광의 방향과 관계없이 항상 일정한 모습으로 보이겠지만 얼굴과 같이 복잡하게 생긴 피사체의 경우에는 피사체의 어떤 방향이 강조되었을 경우 전체적인 모양이 변형될 수도 있다.

3) 역광 조명

light가 물체의 바로 뒤에 위치하게 되어 물체는 보이지 않게 되고 조명의 효과는 거의 없게 된다. 그러나 light를 피사체보다 약간 위나 약간 옆으로 옮기면 피사체의 측면 가장자리를 비추게 되어 윤곽을 강조하게 된다.

9.8 조명 설비

프로그램제작에서 조명 설비는 카메라에 기술적으로 적절한 밝기를 주어 시청자의 눈에 받아들여지는 화면을 제공하는 것과 시청자에게 공간과 시간, 사건

의 분위기를 전달하는 것이 목적이다.

◈ 조명설비 구성

① 광원(조명 구)
② 조명기구
③ 기구부착 설비(hanger batten)
④ 조광 설비(dimmer system)로 나누어진다.

9.8.1 광원

1) 동영상 조명에 적당한 광원으로서의 필요한 조건

① 색 온도가 일정하고 변화가 없을 것
② 연색성이 좋고 색 재현을 방해하지 않을 것
③ 고효율, 고휘도 광 출력으로 변화가 없을 것
④ 순시점등, 순시 재 점등이 될 것
⑤ 조광(調光)이 색 온도, 연색성에 변화를 주지 않을 것
⑥ 충격에 강할 것

2) 광원의 종류

(1) 백열전구(Tungsten lamp)

특징 • 색 온도 : 2800~3050°K
- yellow, orange, red 쪽이 강하다.
- 조광에 따라 색 온도가 변한다.
- 발열량이 크다.

(2) 할로겐전구(Halogen lamp)

할로겐램프는 텔레비전 조명용 광원으로서 소형, 고효율, 장 수명으로 가장 많이 사용되고 있고 램프관 내에 미량의 할로겐 물질이 봉입되어 있고 글래스 관은 고온, 고압에 견딜 수 있는 석영 글래스가 사용되고 점등시의 가스압은 백열

전구보다 높게 설계되어 필라멘트 텅스텐의 증발을 억제할 수 있다.

특징
- 색온도 : 3050~3200°K
- 고효율, 장 수명,
- 수명이 유지되는 동안 최초의 밝기 유지
- 백열전구 보다 2배 수명, 소형
- 조광에 따라 색 온도가 변한다, 발열량이 크다.

(3) 방전등(gas discharge lamp)

특징
- 백열전구에 비해 고효율이지만
- 조광이 곤란하고
- 연색성 색 온도, 플리커, 순시점 등에 문제가 있다

(가) 형광 램프

냉광원으로서 열이 적고 효율이 높으며 빛이 부드럽고 수명이 길다.
색 온도는 백열전구에 맞춘 3050°K의 것이 사용되고
방전등의 플리커는 3상 점등, 전자점등으로 막고 있다.

(나) 메탈 핼라이드 램프(metal halide lamp)

수은 램프의 일종으로 관내에 수은 외에 미량의 할로겐화 물질이 봉입되어 있고 수은 램프의 연색성과 발광 효율을 개선 한 것으로 할로겐램프의 3~4배의 효율을 갖고 주로 로케이션용 광원으로 사용된다.
색 온도는 통상 5,600~6000°K이나 3200°K의 스튜디오용이 개발되어있다.

(다) HMI(halogen metal iodide)

- 소형, 경량
- 광량이 우수(3~5배)
- 저 전력 소모, 저 발열
- 색 재현성, 연색성 우수
- 색 온도 : 5,600°K

9.8.2 조명기구

- 집광을 위한 spot light
- 산광을 위한 flood light
- 배경막을 위한 horizont light
- 투영을 위한 effect light로 나누어진다.

1) spot light(스포트라이트)

광원에서 나온 빛을 반사경과 렌즈로 모아서 한 방향으로 강한 빛의 빔을 비추는 조명기구로서 등기구 본체, 반사경, 렌즈, 밴도어로 구성되며 투광 빔의 폭을 변화하는 포커스 기능, 팬(pan)과 틸트(tilt) 기능, 색 필터 탈착, 차광판(barndoor)에 의한 빔 모양 만드는 기능이 있다.

- 용도 : 입체적 표현에 액센트를 붙이기 위해 사용한다.
- solar spot light(태양광)
- ellipsoidal spot light(타원체)가 있다.

2) flood light(flat) (플랏 라이트)

그림자가 생기지 않도록 확산광을 주는 균일하고 부드러운 빛의 질을 갖는 조명기구로서 다수의 전구를 배치하며 큰 확산 반사경을 사용 2차광을 이용한다.

- 용도 : spot light에 의해 생기는 그림자 부분에 적당한 밝기를 주어 화면의 전반적인 밝기, 콘트라스트를 살리기 위해 사용한다(base light).
  (하늘이나 벽에서 확산하는 빛과 같이 그림자가 생기지 않는 간접조명)
- soft light(broad light): lens 사용 대신 긴 tube 모양 lamp 움푹 들어간 반사판 사용
- scoop light
- par light(parabolic aluminized reflector)
- strip light(전구를 옆으로 4~12개정도 연결한 flat light용 기구) 등

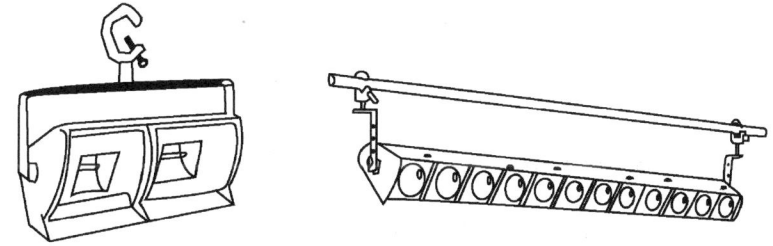

3) horizont light

스튜디오의 호리존트를 조명하기 위해서 설비된 고정 조명기구로 피사체 뒤의 배경에 풍경이나 어떤 형태를 비추기도 하고 색 필터로 효과를 낸다.

- upper horizont light와
- lower horizont light가 있다.

4) 이펙트 라이트(effect light)

빛을 이용하여 미술 세트대신 상징적인 모양, 구름, 오로라, 눈, 물결 등의 각종 모양을 만들어내는 효과조명 기구

9.8.3 등기구 부착 설비(hanger system)

스튜디오 내의 임의의 장소에도 조명기구를 매 달수 있는 목적으로 한 설비로 공간의 위치를 자유로이 선택할 수 있고 미조정이나 수정이 용이해야 한다.

1) 개별 부착식(one point hanger)

- 텔레스코프에 기구를 매다는 방식.

(1) 그리드 방식

천장에 고정 설비된 그리드에 직접 조명기구를 매다는 방식으로 조명기구의 이동에 어려운 점이 있다.

(2) 레일상의 수동 이동식

이동이 가능한 레일을 천장에 고정설치 하고 조명기구를 레일에 매다는 방식이며 그리드 방식의 결점을 개선한 방식이다.

(3) 1점 걸이 방식

매달아 놓은 장치마다 조명기구를 한 대씩 매다는 방식으로 매다는 조명 기구는 전동 권상기로 승강 한다. 매다는 장치의 수평 이동이 가능한 방식과 이동할 수 없는 고정식이 있다. 극히 세밀한 조명을 하는데 적당한 방식이다.

2) 바턴(batten) 방식

4~6m 바턴과 승강 장치(elevation motor)로 구성하여 바턴에 조명기구를 부착하여 수동 또는 전동 권상기로 승강하여 조명기구의 위치를 상, 하로 원격 조정한다.

9.8.4 조광(調光) 설비(dimmer system)

조명기구의 밝기를 조정 제어하는 시스템으로 조광 기능, 회로 접속기능, 조광 조작기능으로 구성된다.

1) 조광 기능

조광 소자 (S.C.R : silicon controlled rectifier, TRIAC : triode for AC)를 사용한 전자 위상 제어에 의해 조광이 행해진다.

조광 소자는 부도체이지만 적당한 트리거 작용으로 도통하며 트리거 펄스의 위상을 바꾸는 것에 의해 연속적으로 출력 전압을 변화시킬 수 있다.

2) 외로접속기능

조명기구 수가 많아 하나하나 조광하는 것이 곤란하므로 목적에 따라 회로를 모아 조광하는 기능으로

- 접속에는 핀 보드 방식, 릴레이 방식 등이 있고
- 최근에는 컴퓨터제어 무접점 방식이 있어 유닛 수와 회로 수를 1:1로 설계하여 회로 접속과정이 생략되는 것도 있다.

3) 조광(調光) 조작기능

여러 개의 조명 기구를 조합시켜 조광하여 연출의도에 합치된 효과적인 화면을 만들어내기 위한 기능

- 종래에는 페이더를 다단으로 배열하여 조작하는 방식이 취해졌지만 장면을 전환하는 수에 한계가 있었다.
- 최근에는 컴퓨터 메모리 조광 방식이 도입되어 미니컴퓨터를 이용한 조광 시스템으로 채널 수, 장면 수, 데이트 보존기능, 편집기능, 표시정보량 등 조작을 키보드로 한다.

9.9 조명의 분류

9.9.1 광원에 의한 조명의 분류

1) spot 조명

피사체를 강조하기 위한 주 광원(그림자가 생기는 빛을 비추는 것)

2) flat(flood) 조명

화면전체를 밝게 하기 위한 광원

(그림자가 나오기 힘들고 전체를 부드럽게 빛을 비추는 것)

9.9.2 입사 방향에 의한 조명의 분류(빛의 방향성)

1) 순광(順光)

카메라와 같은 방향 즉 인물의 정면으로부터의 빛으로 가장 효율적인 밝기를 구할 수 있다. 얼굴의 음영이 적고 아름답게 하기 위해서 부드러운 빛을 순광으로 사용한다.(피사체의 중앙 부분이 밝고 주위는 어둡게 된다)

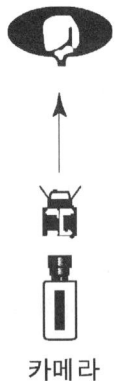

2) 렘브란트 라이트

키 라이트의 방향으로서 사용되며 사람 얼굴의 특징을 가장 좋게 표현하여 아름답게 보이게 할 수 있다. 인물 조명에서는 중요한 빛의 방향이다.

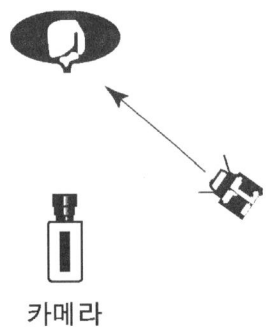

3) 측광(側光)

카메라의 광축과 90°각도에서 오는 빛으로 인물의 입체감을 강조할 수 있으나 음영이 강하게 나타나고 강한 콘트라스트로 강렬한 인상을 얻을 수 있다. 인물의 개성적인 표정, 이지적인 표정이 얻어질 수 있다(광원이 있는 쪽이 밝고 중앙부로 감에 따라 차차로 어둡고 반대쪽에서는 아주 어둡게 된다).

4) 림 라이트

반 역광적인 방향에서 그림자 부분이 많게 되며 명암이 적게 된다. 입체감을 나타내기 쉬운 반면 피사체 전체의 성격을 표현하기는 어렵다. 입체감의 강조나 머리카락의 디테일을 나타내기 위하여 사용되고 있다.

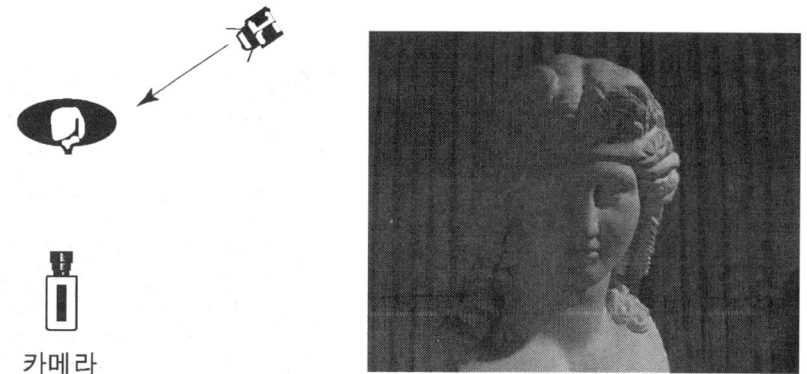

5) 역광(逆光)

후방으로부터의 빛이기 때문에 그림자 부분이 대부분을 차지하게 되며 인물의 윤곽을 부상시키기 위한 실루엣 효과를 만들어낼 때 환상적 효과를 낸다. 또한 인물의 머리카락 등을 뒷면에서 비춰서 입체감을 강조하기도 한다.

6) 톱라이트(top light)

피사체의 정상에서 비춰주는 조명으로 그림자가 위쪽에서 아래쪽으로 흘러 인물을 아름답게 보이게 할 수 없으며 반대로 이상함을 느끼게 한다. 무엇인가 특별한 목적을 갖고 사용하는 것이 보통이다(음영이 강해 피사체의 인상이 환상적으로 표현된다).

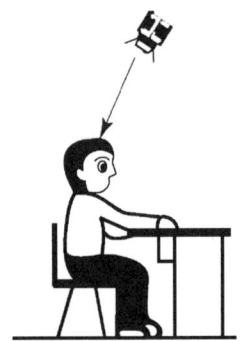 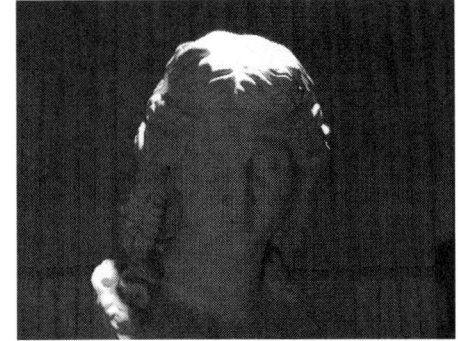

7) 플로어라이트(floor light)

피사체의 전방 아래쪽에서 비춰주는 조명으로 이상함을 느끼게 하고 기이한 인상을 표현하는 경우가 많다. 그러나 인물의 턱 아래 그림자를 부드럽게 할 목적으로 간혹 사용되고 있다.(인물의 공포 분위기 장면 표현)

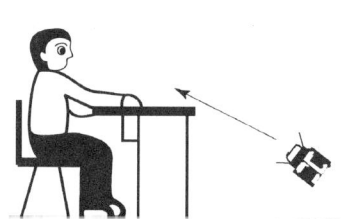

9.9.3 용도에 따른 조명의 분류(라이팅 기법에 의한 분류)

1) 베이스라이트(base light)

장면 전체를 균일하게 조도를 주어 전체화면 톤을 결정한다.
그림자가 생기지 않도록 확산하는 조명으로 키 라이트 보다 낮게 설치한다.

2) 키 라이트(key light)

피사체에의 주광선으로 주요 피사체의 밝기를 얻는 동시에 피사체 표현의 중요한 역할을 한다. 피사체 눈의 위치에서 30~40° 앙각에 설치한다.

주의　① 그림자를 고려한 광원의 높이와 위치 선택
　　　② 입체감을 고려한 광원의 위치와 카메라위치와의 관계
　　　③ 인물의 얼굴에서 벗어나지 않게
　　　④ 밴도어(barndoor)로 주위 물체의 그림자 처리(마이크 붐 그림자)

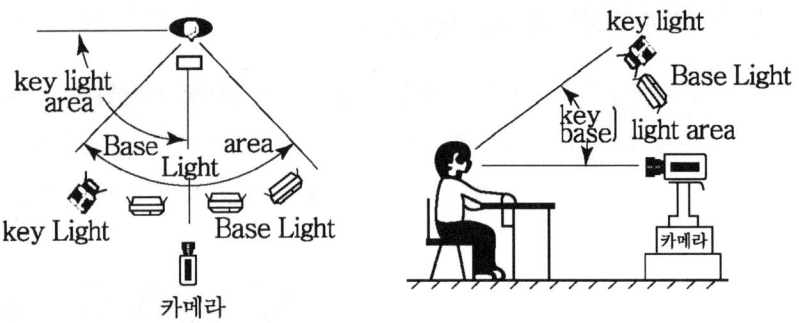

base light와 key light의 위치

3) 필 라이트(fill light)

키 라이트에 의해 생기는 강한 그림자를 부드럽게 하는 조명으로 키 라이트 보다 약간 낮게 설치한다.

4) 백라이트(back light)

키 라이트의 반대 방향(역광)에서 비추는 조명으로 인물의 윤곽을 살리고 입체감이 돋아나게 피사체를 배경에 부상시킨다든지 머리털의 디테일을 강조하기 위해 사용하는 조명으로 인물의 뒤에서 50~70°의 높이로 조명한다.

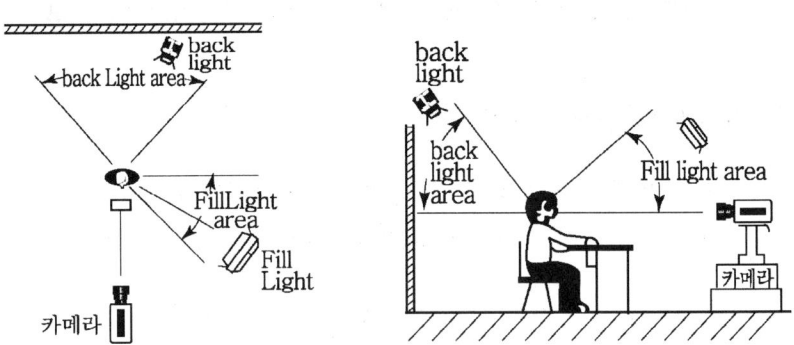

fill light와 back light의 위치

5) 셋트라이트(set light)

인물 조명과 아무런 관계가 없고 배경, 전경, 점경 등의 세트만 비춰주는 조명으로

① 세트 막(幕)라이트,
② 터치 라이트(touch light),
③ 이펙트 라이트(effect light) 등이 있다.

6) 오리존라이트

upper horizont light와 lower horizont light가 있다.
호리존트를 조명하는 빛으로 색광 조명이 되는 경우가 많다.

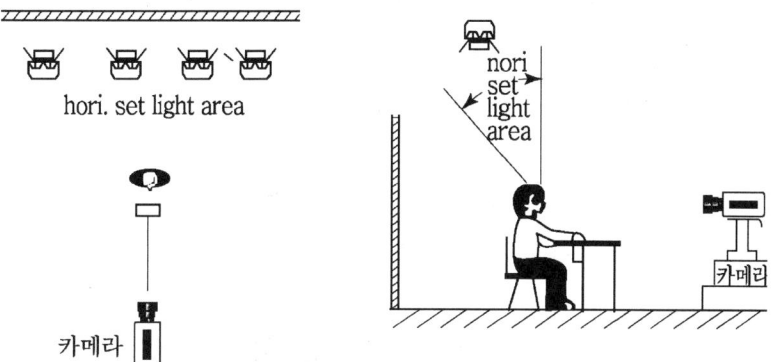

hori light와 set light의 위치

9.10 인물 조명의 실제

9.10.1 인물 1인의 조명

조명의 기본으로 인물 조명은 키 조명(key light), 베이스 조명(base light), 필 조명(fill light), 백 조명(back light)으로 구성된다.

　이중에서 key light, back light는 조명 위치가 높고,
　　　　base light, fill light는 낮은 위치에 설치한다.

　그리고　key light, back light는 spot light를 사용하고,
　　　　base light, fill light,는 flat light를 사용한다.

또한 back light를 낮게 설치하면 빛이 직접 카메라의 렌즈에 들어오므로 주의해야 한다. light의 위치는 라이팅 에리어(lighting area) 범위 내에 있으면 상관없으나 위치에 따라 얼굴과 머리 등에서 미묘하게 달라진다.
배경은 인물보다 어둡게 하고 전체 tone은 미디엄 tone으로 한다.

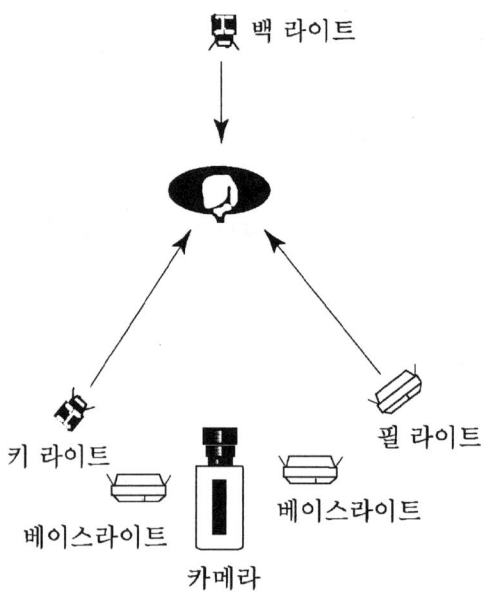

9.10.2 인물 2인 이상의 조명

조명 기법은 1인 조명의 연장으로 생각하면 되나 인물 2인 이상으로 많아지면 인물의 반사율이 다른 경우 두 사람의 얼굴 밝기를 어느 정도 균일하게 할 필요가 있다.

사람 수가 늘어날수록 사용하는 조명의 수가 많아지고 복잡해지지만 가능한 한 심플한 조명에 주의를 기울인다.

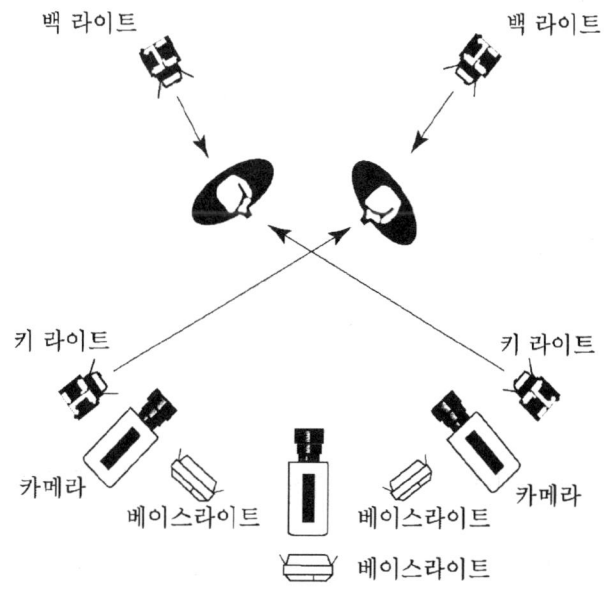

9.11 컬러 조명

9.11.1 컬러 조명의 특징

컬러 조명이 흑백의 경우와 본질적으로 다를 것이 없지만 컬러의 경우 색의 요소가 가해져 정보량이 많고, 기술적 제약도 많이 받고, 조명에 의해 색채의 변화가 확실히 나타나 화질에 크게 영향을 주므로 색채 적으로 만족한 화질을 얻기 위해서 색채를 올바르게 재현하도록 조정된 조광이 필요하다.

9.11.2 광원과 색 온도

컬러에서 장면내의 색을 올바르게 재현하기 위해서는 광원의 색온도를 통일되게 조명하여야 한다. TV 스튜디오에서는 3200°K인 할로겐램프를 많이 사용하고 있다. 실제로 스튜디오 조명 세팅의 경우 중요한 것은 전구 상호간의 색온도 차를 적게 유지하도록 하여야 한다.

9.11.3 색 온도 변환 필터

광원에는 여러 가지의 색 온도가 있어서 광원의 색이 다르다. 태양의 빛은 6500°K이며 스포트라이트는 3200°K이므로 배 정도의 차이가 발생한다.
이러한 색 온도를 수정하는 방법으로 색 온도 변환필터를 사용하게 된다.

◆ 필터의 종류

① 유리 필터
② 젤라틴 필터
③ 플라스틱 필터가 있고

플라스틱 필터에는 아세테이트 필름과 폴리에스텔 필름이 있다.

◆ 색 온도 변환 필터에 의한 색 온도의 변환

색 온도가 낮은 빛의 색 성분은 적색을 띄고 색 온도가 높을 때의 빛은 청색을 띈다. 이러한 색 온도를 수정하기 위해서 색 온도를 내려야할 경우에는 엠버(amber) 계통의 필터를 사용하고 색 온도를 올려야할 경우에는 블루(blue) 계통의 필터를 사용한다.

◈ 필터의 선택 방법

① 색 온도를 내리는 필터(amber)

A1 3400°K → 3200°K
A2 3650°K → 3200°K
A3 4200°K → 3200°K
A4 4700°K → 3200°K
A5 5500°K → 3200°K
A6 6500°K → 3200°K

② 색 온도를 높이는 필터(blue)

B1 3200°K → 3300°K
B2 3200°K → 3500°K
B3 3200°K → 3700°K
B4 3200°K → 4000°K
B5 3200°K → 4300°K
B6 3200°K → 4900°K
B7 3200°K → 5500°K
B8 3200°K → 6500°K

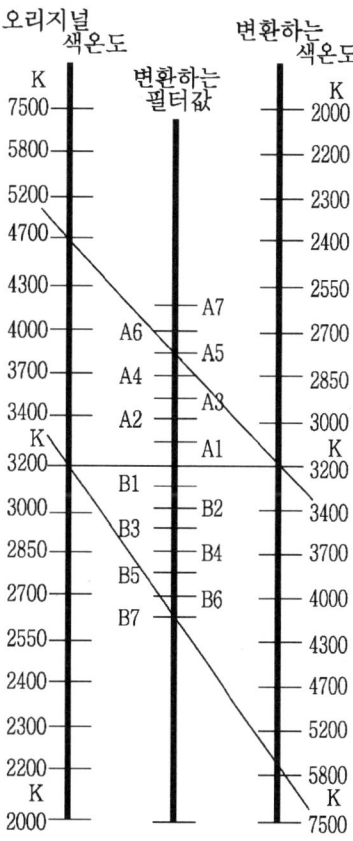

제4편

동영상 편집

제10장 편집 기술 • 377

CHAPTER 10
편집 기술

10.1 편집의 개요

프로그램을 제작할 때는 일정한 형식의 제작법이 필요하다. 동영상의 경우도 이와 마찬가지로 모든 컷을 일정한 규칙에 따라서 촬영, 편집해야 한다. 영상제작법을 지키지 않고 무턱대고 카메라를 들이대거나 촬영된 컷을 마음대로 편집하면 시청자들이 스토리의 구성과 영상의 흐름을 이해하는데 큰 혼란을 불러일으키게 된다.

10.1.1 편집의 의미

동영상 편집은 영상과 음향의 소재를 잘 조합시켜 감정, 관념. 사상까지를 전달할 수 있도록 본래 소재 이상의 가치를 발휘하게 하는 것으로 편집을 하기 위해서는 필요 없는 부분을 버리고 사용힐 부분을 골라내는 신택, 포인트로 되는 부분을 빼내서 제3자가 이해할 수 있도록 순서대로 배열하는 정리와 표현하고자하는 컷의 길이를 작품의 성격에 적합하도록 조정을 하는 것이다.

10.1.2 편집의 필요성

제작하는 프로그램은 다음과 같은 경우 편집을 하게 된다.

- 촬영된 소재를 프로그램 의도에 따라 구성할 때
- 미리 촬영 해둔 부분에 필요한 영상을 인서트 하기 위해
- 촬영시의 잘못된 부분을 처리할 때
- 촬영 소재를 시간에 맞도록 조정하기 위하여
- 소재의 정리 등으로 편집이 필요하다.

10.1.3 편집의 목적과 효과

1) 목적

동영상 분야에서의 영상은 편집에 의해서 궁극적으로 완성된다. 편집이 이루어지지 않은 촬영 원본은 하나의 사건을 보여줄 수는 있어도 시간의 흐름에 따라 스토리를 완벽하게 전개하기는 어렵다. 제작하고자하는 영상물의 주제와 내용을 시청자들에게 설득력 있게 설명하기 위해서는 편집이 반드시 필요하다.

2) 효과

순서의 교체, 다른 소재와의 결합이나 합성을 함으로써 다음과 같은 효과를 보는 사람에게 줄 수 있다.

- 시간이나 공간의 흐름을 조정한다.
- 설명한다.
- 강한 인상을 준다.
- 이야기를 한다.
- 호소한다.
- 감정을 불러일으킨다.
- 흩어진 사건을 관련시킨다.

10.1.4 편집의 4요소

편집은 다음과 같은 요소로 이루어진다.

1) 선 택

촬영 원본에서 사용할 소재만 선택하는 작업이다. 불필요한 부분을 제거한다는 의미이며, 수많은 컷(cut)중에서 꼭 필요한 것이 아니라면 버리는 용기가 필요하다. 동영상에서는 영상표현기법에 따라 소재를 적절히 선택하면 몇 년에 걸쳐서 일어난 사건을 불과 몇 초의 시간으로도 압축 표현할 수 있다. 동영상에서는 소재의 적절한 선택에 의해서 작품의 주제를 시청자들에게 확실하게 전달할 수 있는 것이 가능하다.

2) 정 리

이미 선택된 컷을 제 3자가 이해할 수 있도록 순서대로 배열하는 작업을 말한다. 줄거리의 흐름은 바로 정리에 의해서 이루어지는데, 적절한 영상표현으로 컷을 잘 정리하면 과거, 현재, 미래의 공간을 자유롭게 넘나들 수 있다. 하지만 컷을 잘못 정리하면 영상의 흐름이 끊어져 작품성이 떨어지게 된다.

3) 조 정

표현하고자 하는 컷의 시간 길이를 작품의 성격에 적합하도록 변화시키는 작업을 조정이라고 한다. 일반적으로 서정적인 영상물의 컷의 길이는 길게, 긴박감 넘치는 영상물의 컷의 길이는 짧게 조정하는 것이 바람직하다. 컷의 길이가 너무 길거나 짧으면 시청자로 하여금 짜증을 불러일으키지만, 적절한 컷의 길이는 작품을 순조롭게 이끌어 가는 원동력이 된다.

4) 효 과

선택, 정리, 조정된 동영상 소재를 다른 소재와 결합 또는 합성하는 것을 효과라고 한다. 여기에는 자막, 크로마키, DVE를 이용한 특수 영상효과, 음향효과

등이 있다. 각종 영상/음향효과의 삽입은 간단하게 이루어지며, 이와 같은 효과를 넣어야만 돋보이는 경우가 많지만 도가 지나치면 오히려 작품의 질이 나빠질 수 있으므로 주의를 요한다.

10.1.5 shot의 배열 방법과 스토리

사람은 제시된 shot을 앞의 shot과 연결하여 해석하려고 한다. 이것은 shot의 연결에 스토리를 부여하는 것이 기도 하다. 사용되는 shot의 연결 방법에는 3가지가 있다.

1) 연속(continuity) 연결

이야기 흐름에 따른 shot의 연결로서 shot의 연결이 사고의 흐름과 같기 때문에 보는 사람은 진행되는 스토리에 자연히 빠져든다.

2) 동적(dynamic) 연결

이야기 흐름에 일시적으로 따르지 않는 shot의 연결로서 보는 사람에게 그 해석을 강제로 시킴으로써 빠져드는 효과를 갖는 것으로 무엇인가를 기대하여 흥분하고 있는 경우나 불안감을 느끼고 있는 경우 등의 연상을 일으키는 듯 한 영상의 제시 등으로 영상으로 직접 표현하기 어려운 추상 개념을 전달할 수 있다.

3) 병렬(parallel) 연결 또는 상관적(relational) 연결

2개의 다른 신(scene)에서 빼낸 shot의 연결로서 제시된 shot의 연결에 관계가 없는 shot의 접속이라도 그 중에서 공통성을 찾아내려고 한다. 따라서 2개의 shot에 공통점을 만들거나 느끼도록 하면 관계없는 사건을 연관해서 사건으로 해석시킬 수가 있다.

10.1.6 연결의 기본원칙

shot과 shot을 연결할 때, 즉 샷 간 몽타주를 만들 때 알아두어야 할 사항은 다음과 같다.

1) 점프 컷(jump cut) 연결을 피한다.

- 연결하는 두 shot 내에 같은 피사체가 같은 사이즈로 다른 위치에 들어오는 shot을 연결하면 연결결과 그 피사체는 화면 내를 순간적으로 이동(점프)해 버린다.
- 두 shot의 피사체가 달라도 같은 위치에 같은 사이즈로 들어오는 shot을 연결할 때도 역시 혼란을 준다. 이것이 극단적인 경우에는 변신으로 생각된다. 이것을 피하기 위한 방법으로는 점프 컷을 그대로 편집해야만 할 때는 화면과 관련이 있는 영상을 인서트 하여 화면이 튀지 않도록 유의한다.

2) 대화 선(imaginary Line)을 지킨다.

- 마주보고 있는 A. B두 사람의 인물이 있는 경우 두 사람의 눈을 연결한 선을 회화 축이라고 한다. 이 선의 어느 쪽이든 한 방향의 선 안에서 촬영한 shot을 연결하면 카메라 위치가 변하여도 서로 방향성은 혼동되지 않는다. 회화 축을 넘어서 촬영한 샷을 연결하면 화면상에서 목선 방향이 반대로 되어 방향에 혼란이 일어난다.
- 정면에 있는 청중을 향해 이야기하고 있는 인물이 한사람인 경우도 인물과 정면의 관객을 연결하는 선을 정한다. 그 선의 어느 한쪽에서 촬영한 다면 목선 방향은 일정하다. 그 선을 넘어서 촬영한 샷을 연결하면 동일인물의 목선 방향이 좌우가 뒤바뀌게 된다.

3) 움직임의 방향성과 연속성을 유지한다.

shot 내의 움직임의 방향이 연결에 의해 돌연 변화하면 혼란을 일으킨다.

- 피사체의 움직임이 다른 shot을 연결하면 이질감이 생긴다.

- 움직이고 있는 피사체에 대해서는 동일 포지션, 동일 앵글의 shot은 연결하면 점퍼 현상이 생긴다.

4) 피사체의 동일성을 유지한다.

같은 피사체의 경우는 그 동일성이 전제조건이 된다. 따라서 상황의 변화가 보여지지 않는 한 색조, 조리개, 방향성(목선이나 움직임의 방향) 의복, 갖고 있는 도구, 장소 등의 변화가 없어야 한다. 그러나 상황설명 샷을 인서트 하는 등 조건의 변화를 명시하고 있는 경우는 제한되지 않는다.

10.2 접속 방법과 효과

10.2.1 접속방법에 따른 효과와 표현의도

1) 커트(cut) 연결

하나의 장면에서 다른 장면으로 순간적으로 바꾸는 기법으로 시간의 경과가 없는 것을 의미하며 목적은 설명적인 것을 표현하거나 동일 피사체를 다른 각도에서 크기를 변화시켜 나타내어 감정의 고조를 표현하는 등의 연기자의 반응을 표현한다.

새로운 shot의 제시가 순간적으로 이루어진다. 가장 단순하면서 강력하며, 효과적으로 편집의 기본이 되는 접속법이다.

변화가 돌연히 일어나기 때문에 새로 제시된 shot에 강한 임팩트를 준다.

- 강조를 위해
- 피사체의 또 다른 관점에 주의를 향하게 하기 위해
- 주체와 그 이외의 것과의 관계를 나타내기 위해 사용한다.

두 영상의 중간적인 불필요한 것을 생략하여 순간적으로 전환하기 때문에 이야기의 전개를 빠르게 하는 이점이 있고 발랄한 느낌을 주어 빠른 템포로 스토리를 전개해 나가는데 적합하다.

편집 기술

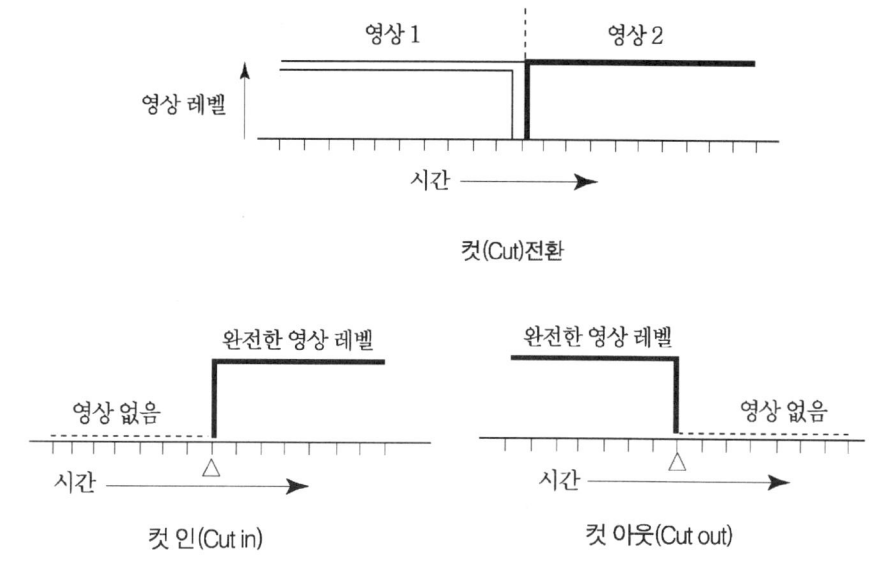

컷(Cut)전환

컷 인(Cut in)   컷 아웃(Cut out)

2) 페이드(fade)

영상이 차츰차츰 화면에 나타나고, 또는 차츰차츰 화면에서 사라지는 기법으로 영상이 없는 상태에서 피사체가 차츰차츰 화면에 나타나는 페이드인(fade in) 과 피사체가 차츰차츰 화면에 사라지는 페이드아웃(fade out)이 있으며 주로 시작과 끝의 의미를 내포하고 있다.

(1) 페이드인(fade in)

FI(fade in)는 영상이 없는 상태에서 영상을 서서히 나타나게 하는 기법으로 스토리의 시작에 사용되며 무대의 막이 열리는 것과 같은 이야기의 시작을 의미하고, 스토리의 개시를 나타내지만 잔잔한 개시이며 그 이전의 스토리의 존재나 그때까지 말해진 스토리에 무언가 연관이 있는 것을 암시한다.

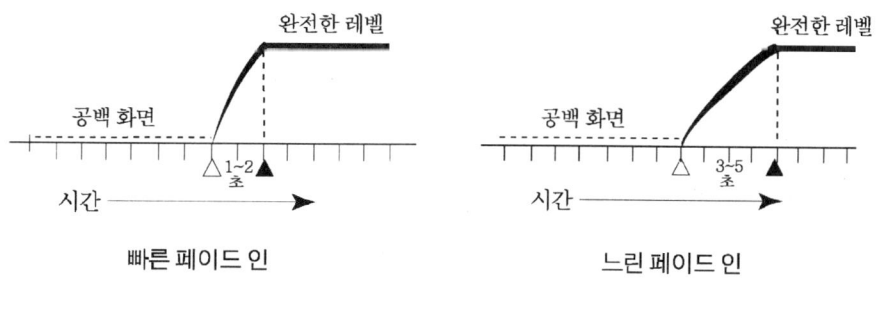

빠른 페이드 인   느린 페이드 인

· 제4편 · 동영상 편집   383

(2) 페이드 아웃(fade out)

FO(fade out)는 영상을 서서히 없애 가는 기법으로 이야기의 일단락 표시로 사용되며 무대의 막을 내리는 것과 같이 스토리의 끝이나 시퀀스의 끝, 프로그램의 끝에 사용된다. 일반적으로 스토리의 종료를 나타낸다.

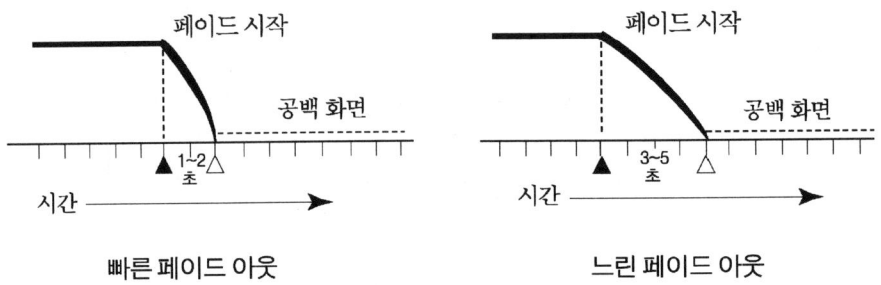

빠른 페이드 아웃   느린 페이드 아웃

(3) FO(fade out)-FI(fade in)

FO와 FI를 연속 실시하는 기법으로 FO와 FI 사이의 공백 길이가 변화의 의미를 다르게 한다.

- "그로부터 1년 후" 라고 하는 것과 같이 시간의 경과
- 또는 장소의 변화 표현에 사용된다.

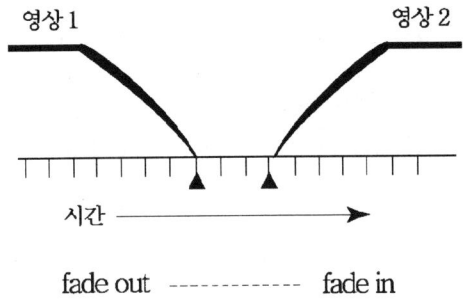

fade out ------------ fade in

페이드의 속도는 그 프로그램의 내용과 분위기에 따라 결정한다.

3) 디졸브(dissolve)

디졸브(dissolve)는 하나의 화면이 서서히 사라지면서 다른 화면이 서서히 나타

나는 화면전환 기법으로서, 제1의 영상을 FO 하는 동안에 제2의 영상을 FI하는 기법으로 1의 영상이 완전히 FO 될 때까지 2의 영상이 혼합되면서 2의 영상으로 서서히 바뀌는 기법이며, 두 개의 컷이 부드럽게 접속되기 때문에 새로운 샷을 해석하는 힘은 약한 반면, 온화하고 안정된 스토리 전개가 가능하다. 일반적으로 시간의 경과 또는 추억을 떠올릴 때 많이 사용된다.

연관이 없는 shot의 접속이라도 연관이 있는 것으로 인식시킬 수가 있다.(추억, 과거, 장소의 변화)

디졸브의 속도는 프로그램의 내용 scene의 분위기에 맞추어 결정한다.

- 동작, 말의 생략
- 짧은 시간 경과
- 같은 시각에서의 장소의 변화
- 현실과 환상과의 전환 등을 의미가 있다.

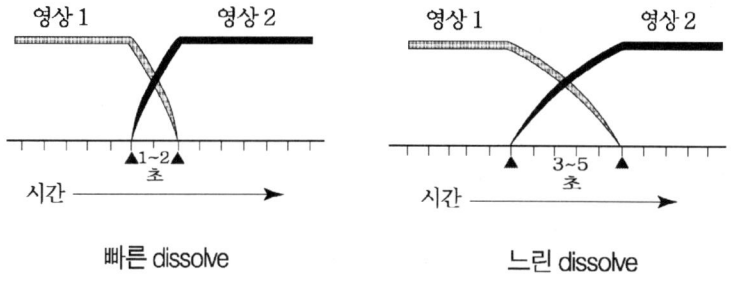

빠른 dissolve   느린 dissolve

4) 와이프(wipe)

와이프(wipe)는 하나의 영상이 빗자루로 들리듯이 감춰지면서 그 자리를 다른 영상이 차고 들어오는 화면전환 기법이다. 서로 다른 뉴스 아이템을 전환하거나, 화면을 중간으로 자른 상태에서 2가지 사물을 비교하거나, 전화를 주고받는 등의 용도로 널리 사용되고 있다. 와이프 패턴은 수없이 많은 종류가 있으며, 영상의 성격에 따라서 적합한 것을 선택해야 한다.

와이프는 장면이 바뀌거나 시간이 경과한 것을 명확히 알리기 위해, 또는 하나의 스토리를 끝내고 다른 스토리를 전개하는 것을 명확히 나타낼 때 쓰인다.

- 디졸브와 같은 의미로 사용되지만 디졸브와 다른 유동성과 시각, 리듬, 등의 심리 효과를 준다.
- 와이프의 전환 도형이 움직이기 때문에 와이프 움직임의 방향은 사전에 지정해야 한다.

5) 슈퍼임포즈(super impose)

비디오의 영상에 영상이나 문자를 합성하는 것을 슈퍼임포즈라고 한다.

(1) 영상과 영상의 슈퍼

2개 이상의 영상을 중첩시켜 하나의 화면을 만드는 기법으로 2개 이상의 영상을 슈퍼 하여 환상이나 유령 같은 효과나 노래하는 장면에서 동일 가수를 동시에 다른 사이즈로 슈퍼 하여 표정 등을 설명할 수 있다.

영상 슈퍼 시의 주의 할 점은 2개의 영상이 잘못 합성되면 마이너스 효과나 주시점이 산만해질 수 있으므로 구도를 잘 정리해야 한다.

영상과 영상의 슈퍼

(2) 영상과 문자의 슈퍼

타이틀, 인물 이름, 설명문자 등 화면에 문자를 슈퍼 하는 기법으로 소개, 설명, 일시, 장소, 인명, 상품명, 소제목 등을 화면 중에 문자로 보충하는 것에 의해 상세하고 이해하기 쉬운 친절한 영상을 표현할 수 있다.

 +  =

영상과 문자의 슈퍼

◆ 문자 수퍼임포즈 시의 주의

① 문자의 크기

화면에 문자가 나타날 때 작은 문자인 경우 읽기가 어렵게 된다. 따라서 기본적인 문자 배열의 경우 가로 20자, 세로 10행 이하가 잘 보인다. 그리고 문자는 기본적으로 굵은 고딕체를 사용하는 것이 좋다.

② 문자 삽입의 위치

배경 영상의 색, 형, 움직임에 따라 문자는 읽기 쉽기도 하고 어렵기도 하다. 따라서 제일 읽기 쉬운 위치에 문자를 삽입하여야 한다.

③ 슈퍼(문자 삽입)의 길이

슈퍼 넣는 시간의 길이가 너무 짧지 않게 주의하여야 한다. 문자를 자신이 읽으면서 슈퍼 하면 충분한 길이를 알 수가 있다.

6) 화면과 음양과의 표연

영상을 더욱 중요시하는 프로그램도 있고, 음이 주가 되고 영상은 프로그램 내용을 보조하는 프로그램도 있다. 영상과 음과는 조화되어야 한다.

10.2.2 화면 전환의 리듬

일반적으로 화면 전환은 눈에 거슬리지 않도록 자연스럽게 전환되어야 하지만 때로는 충격을 주거나 강조하거나 눈에 띄게 하기 위해서 의도적으로 변화된 리듬으로 전환하기도 한다.

차분한 강연 등은 전환도 차분하게 하고 빠른 템포의 프로그램에서는 빠른 리듬에 맞는 전환이 행해지는 것이 보통이다.

프로그램에 따라 각각 독자적인 리듬이 있으므로 전환을 행하는 전환자는 재빨리 프로그램의 성격을 파악하여 시청자가 기분 좋게 화면을 볼 수 있도록 리듬을 적용하는 것이 중요하다.

전환의 기능이나 테크닉만 발휘하는 화면 전환은 시청자에게 쓸데없이 혼란만 줄 뿐이다.

10.2.3 화면 전환 타이밍(timing)과 길이

1) 전완 타이밍(timing)

좋은 전환도 나쁜 전환도 타이밍에 달려있다. 아무리 좋은 화면이라도 전환 타이밍이 나쁘기 때문에 의미 없는 화면이 된다든지 오히려 시청자를 혼란시키게 만든다든지 한다. 좋은 타이밍을 잡는 기본은 항상 프리뷰 모니터에서 눈을 떼지 않는 것이다. 프리뷰 모니터에서 눈을 떼지 않고 시청자의 기분 이 되어 또는 모니터 속의 역할에 자신이 되어 보면 타이밍은 자연히 잡을 수 있다.

(1) 컷(cut) 전환

전환의 기본은 컷 교체이다. 컷 교체는 모든 면에서 사용되며 좋은 타이밍으로 교체하게 된다면 모든 카메라 샷을 컷으로 교체해도 좋다.

그러나 전환에 의해 변화를 주며 영상표현을 명확히 하기 위해 컷 이외의 모드를 사용한다. 이것은 프로그램 내용을 보다 좋게 하기 위해 사용할 수 있지만 컷 이외의 모드에는 각각 시각 효과가 다르므로 그 의미를 붙여주는 것을 충분히 이해해둘 필요가 있다.

전환에는 그 내용에 따라 대사 컷(dialogue cut), 액션 컷(action cut), 리액션 컷(reaction cut)의 세 종류로 나눌 수 있다.

컷 전환 타이밍은 대략 늦은 감보다 빠른 감이 좋고 교체해 가는 화면이 시청자에게 쇼크를 느끼지 않게 하여 언제 교체되었는지를 알 수 없도록 스무스 한 전환이 좋다.

(가) 대사 컷(dialogue cut)

대사의 매듭에서 컷하는 것으로 드라마의 대사나 대담, 좌담회 등의 회화의 찬스에 교체하는 수법이므로 회화의 어미 또는 도중에서 다음 화면으로 전환한다. 일반적으로 회화의 어미에서 전환하는 경우 어미를 자신의 귀로 들어 끝나고 나서는 타이밍으로서는 늦다. 어미의 직전 근방이 좋다. 대사가 끝난 순간에서는 늦다 약간 앞에서 컷해야 자연스럽게 된다.

이유는 회화의 주고받음에서 지금 말하는 사람을 화면에 내고 있는 경우 말하는 사람의 말에 듣는 사람이 어떠한 반응을 나타내는 가 빨리 보고 싶은 것이다. 따라서 회화의 내용이 말해진 점에서 전환하여 어미는 다음 화면 중에서 처리한다. 특히 말다툼과 같은 빠르고 격렬한 템포의 회화에서는 상대가 말이 끝나지 않은 동안에 자기가 말을 하므로 이런 경우에서 대사 컷으로는 어미를 잘라도 회화의 모두는 자르지 않는 것이 원칙이다.

(나) 액션 컷(action cut)

인물이 움직이는 순간에 전환하는 것으로 화면 중에 주요 피사체의 움직임에 의해 전환하는 수법이므로 찬스는 움직임의 직전, 도중, 끝의 3종류로 대별된다. 어느 것이 좋은 가는 스토리의 내용, 동작의 종류, 다음 화면과 주요피사체의 위치 관계 등에 의해 정해진다. 특히 위치관계에 대해서는 그 액션이 다음 화면으로 연속되며 또한 진행해야 한다.

(다) 액션 후 컷

다른 대상으로의 전환에서 액션 후 한 박자 뒤에 전환을 한다.

(라) 리액션 컷(reaction cut)

말을 듣고 있는 쪽 사람의 반응, 표정을 잡아서 컷하는 것으로 액션에 대한 반

응을 보이는 컷이므로 그 chance는 대단히 어렵다.

찬스를 잡는 좋은 방법은 내용을 이해하여 그 내용에 대하는 상대의 마음의 움직임을 읽는 것과 전환의 예민한 반사신경 밖에 없다. 따라서 리액션이 시작하기 직전에 전환하는 것이 이상적이다.

(마) 화면 중 인물 액션의 대상의 컷

화면 밖을 보는 액션, 지적하는 액션 직후에 그 대상자를 컷인 한다.

(2) 음악 컷

음악의 소절 끝이 전환의 찬스이고 타이밍은 매듭 약간 앞에서 컷한다.

음악의 전환은 소절이 끝나는데서 리듬을 타고 전환 하지만 리듬의 머리가 잘라지지 않도록 한다.

발레나 움직임이 큰 가수의 노래 프로그램에서는 움직임과 리듬을 잘 조화시켜 전환하는 것이 중요하다.

2) 화면 전환의 길이

fade로서의 교체기법은 교체에 요하는 길이에 의해 뉘앙스가 변하므로 주의해야 한다. 일반적으로 fade에 의한 화면 교체에는 부드럽고 순조로운 감을 주는 반면 템포를 잃으면 타이밍을 잃으므로 사전에 내용을 잘 검토하여 효과적인 교체가 무난하다.

fade로 하는 교체는 fade 레버로 간단히 되기 때문에 빈번히 사용되며 특히 교체 타이밍을 잡기 어려울 때에 많이 사용되지만 교체의 타이밍을 확실히 잡는 노력을 하는 것이 중요하다.

가장 사용빈도가 높은 디졸브는 동작이나 회화 등의 생략, 시간경과, 장면전환, 현실과 회상(환상)의 교체에 사용되므로 길이(속도)는 프로그램 내용, 그 장면의 분위기에 맞추어 정한다.

음악에서는 멜러딕한 곡에 잘 사용되며 부드러운 분위기가 순조로운 화면전환에 효과적이며 템포가 잘 맞아야 한다.

10.3 영상 음향 모니터링

편집 작업 중에는 항상 영상과 음향의 상태를 모니터 해야 하며 이상이 발견되면 즉시 조정해야한다. 영상 신호나 음향 신호의 확인은 전기 신호만으로 되는 것이 아니고 인간의 오감에 따른 빛이나 음파에 의한 상태로 최종 확인을 할 필요가 있다

10.3.1 영상 모니터

영상 신호의 감시는 항상 마스터 모니터, 파형 모니터, 백터 스코프 등 3개의 측정기를 써서 종합적으로 감시하는 것이 중요하다.
영상의 기준 신호로 컬러 바 신호를 많이 사용한다.

1) 마스터 모니터는

정밀용 모니터로서 프로그램 제작 시에 영상모니터의 기준이 되어 카메라나 VTR 등의 출력신호 정밀 확인에 사용한다.
따라서 마스터 모니터는 영상 신호를 감시하는 측정기이므로 올바르게 조정되어 있을 필요가 있다.

2) 파형 모니터와 백터 스코프

영상 신호를 감시하는 마스터 모니터도 인간의 눈이 주위의 환경 또는 생리적인 조건에서 인식에 영향을 주거나 모니터의 조정이 불충분 할 때 화질 평가에 오류를 일으키게 된다.
영상 신호 자체는 전기 신호로 규격이 결정되어 있기 때문에 그 규격을 지킨 영상을 만들어야 한다. 따라서 전기 신호로 영상을 감시하여 모니터를 체크할 필요가 있다.

① 파형 모니터로 영상 신호의 휘도 레벨이나 파형, 크로미넌스 레벨, 동기신호를 감시해야한다.
② 백터 스코프는 색상(Hue)이나 색도(chrominance) 레벨을 감시해야하며

DG(differential gain), DP(differential phase) 등도 감시해야 한다.

10.3.2 음향 모니터

음향 제작을 별도로 하여 나중에 영상과 동기 시켜 완성시키는 경우나 영상과 음향을 동시에 편집하여 프로그램을 완성시키는 경우 등으로 편집실에서의 음향 모니터의 역할도 중요하다.

음향신호의 감시는 음향모니터(스피커), VU mater 등의 측정기를 써서 종합 감시가 필요하다.

1) 음향 모니터(스피커)

원음의 음질이나, 밸런스, 노이즈, 험 등을 감시하며 완성된 프로그램의 영상과 음향의 밸런스를 최종 확인하는 목적으로 사용한다.

편집실에서 사용하기 위해 필요한 조건

- 장시간 듣고 있어도 피로감이 적고
- 지향성이 좋고, 음장 정위와 해상도 감이 있어야 하며
- 특성이 좋고 왜곡이 없어야 한다.
- 고역대의 내 입력도 커야 한다.
  (특히 탐색 모드로 동작 시켰을 때 큰 부하가 걸린다)

2) VU미터와 피크미터의 역알

음향의 감시에는 음향 모니터를 사용하지만 인간의 귀는 주위의 환경, 생리 조건에 따라서 다르다.

음향 신호의 레벨도 전기 신호로 결정되어 있으므로 이것을 지킬 필요가 있어 이를 위해 일반적으로 VU 미터와 피크미터가 사용되고 있다.

10.4 편집의 종류와 방법

10.4.1 편집의 종류

1) 어셈블 편집 (Assemble Editing)

(1) 어셈블 편집 방식

어셈블 편집(assemble editing)이란 산만하게 분산·촬영된 영상/음향을 편집대본의 순서대로 잘라 붙이면서 컷과 컷을 하나씩 이어나가는 기본적인 편집기법이다. 화면, 음향, 컨트롤 3가지의 신호를 동시에 수록하면서 진행하는 방식으로 VTR편집의 경우 필히 첫 머리부터 순서적으로 편집해야 하며 어셈블 편집으로 시작된 것은 반드시 어셈블로 마무리해야 한다.
그리고 화면과 음향을 분리해서 별도로 편집하는 것이 불가능하다.

(2) 어셈블 편집의 장점

어셈블 편집은 촬영된 샷을 내용에 따라 시간 배열이 가능하여 연출의도에 따른 자연스런 흐름을 만들 수 있고 전체 영상을 분석하여 길이의 조정과 강약의 조정이 가능하므로 풍부한 표현이 가능하고 또한 시각의 다양성을 확보할 수 있다.

- 각 샷을 충실하게 표현하는 것이 가능하다.
- 화질이 우수하다.
- 기자재의 준비량이 적어도 된다.
- 제작시간을 단축시킬 수 있다.
- 제작단가가 저렴하다.

(3) 어셈블 편집의 문제점

어셈블이 갖고 있는 장점을 충분히 활용하면 훌륭한 편집이 가능하나 이 편집방법에는 다음과 같은 문제점이 있으므로 이를 충분히 숙지하고 편집 작업에 임해야 한다.

- 먼저 순서구성을 해야 한다.
- 각 샷마다 음향을 조정해야 한다.

- 편집점이 정밀해야 한다.
- 동시 평행 축 묘사가 불가능하며 예비 샷의 준비가 불필요하다.
- 화면과 음향을 분리해서 별도로 편집하는 것이 불가능하다는 제약이 있다.

2) 인서트 편집(insert Editing)

(1) 인서트 편집 방식

인서트 편집(insert editing)은 편집대본에 따라 어셈블 편집을 완전히 종료한 후, 일부분의 영상 또는 음향트랙에 다른 영상 또는 음향소재를 삽입하는 편집 기법이다.

인서트편집에서는 편집자가 원하는 트랙(영상 또는 음향)의 정보만 바뀌고 그 이외의 트랙에는 아무런 변화가 일어나지 않는다.

인서트 편집에는 음향만 삽입하는 오디오 인서트(audio insert) 영상만 삽입하는 비디오 인서트(video insert)가 있다.

이 방식은 어셈블 편집이 필히 첫 머리부터 순서 적으로 편집해야하며 화면과 음향을 분리해서 별도로 편집하는 것이 불가능하다는 제약을 해결할 수 있는 편리한 편집방법이다.

(2) 인서트 편집의 장점

- 편집개시, 종료 점에서의 영상의 연결이 흔들림 없이 정밀하다
- 편집순서는 프로그램의 구성순서와는 무관하므로 임의의 부분을 편집할 수 있다.
- 화면과 음향을 별도로 편집할 수 있다.

(3) 인서트 편집의 주의 점

인서트 편집은 말 그대로 편집자가 원하는 영상과 음향을 원하는 곳에 삽입이 가능한 편집이다.

그러나

- 인서트 편집할 부분에 컨트롤 신호가 사전에 깔려있어야 한다. 따라서 인서

트 편집 시점에 화면, 음향, 컨트롤의 3가지 신호가 기록된 부분에 한하여 화면이나 음향 또는 화면과 음향의 일부를 같이 삽입하거나 갈아 넣을 수 있는 방법이다.
- 편집해야 할 shot의 길이가 짧거나 길게 되면 필요 없는 화면이 남든지 필요 있는 화면이 잘리게 되므로 정확한 길이가 요구된다.

3) VOS (Video On Sound) 편집

인서트 편집을 응용한 제작법으로 VOS(Video On Sound) 편집이 있다. VOS편집은 프로그램에 사용하는 음향을 사전기록(Pre-recording)하는 것이 특징이다. 사후 녹음(after recording)의 반대 개념으로도 사용된다.
뮤직비디오와 같은 음악프로그램 제작에 꼭 필요한 편집 방법이다.

이 방법의 제작 과정은
- 어셈블에 의한 영상, 음향, 컨트롤 신호의 기록에
- 음악효과(music effect) 등 음향을 1채널을 추가한 다음에
- 화면을 삽입 또는 일부를 교체하는

3가지의 스텝으로 이루어지므로 효과적으로 프로그램을 제작 해나갈 수 있는 방법이다.

(1) 제작 방법
- 어셈블에 의한 화면, 음향, 컨트롤 신호를 기록한다.
- 음향의 인서트 예를 들면 나레이션을 2채널에 넣었다면 음악은 1채널에 기록하여 인서트 편집을 행한다.
- 음향 내용에 맞추어 영상을 삽입 또는 편집한다.

(2) VOS편집의 장점

최소한의 기자재로 최대의 효과를 올릴 수 있으며 제작 작업을 3 단계로 분리하여 순차적으로 행하므로 제작이 편안하며 긴장이 적어지고 편집된 영상과 음향의 내용을 꼭 맞출 수가 있다.

- 제작 속도가 빠르다
- 시각의 다양성을 확보할 수 있다.
- 내용적인 충실이 가능하다.
- 한 컷 한 컷에 전념할 수 있다
- 나레이션에 의한 논리체계 및 소요시간이 사전에 명시되기 때문에 편집이 편하다.

(3) VOS편집의 유의점

우선 나레이션을 녹음하고 인서트 부분을 구분하며 처음 기록 부분의 목적에 주의를 기울여야 한다. 영상 또한 인서트 될 사진, 타이틀, 도표, VTR 등의 소재를 정확히 준비해야 한다.

- 편집전의 기획이 중요하다.
- 마스터의 음향 비중이 높다
- 본래 기록 부분이 마스터를 좌우한다.
- 시간축도 마스터에 의해 규정된다.

10.5 VTR 편집

10.5.1 VTR 기술의 기초

1) 비디오신호 녹화포맷

비디오 신호를 녹화하는 방법에는 콤포지트, 콤포넌트, Y/C 등 몇 가지 포맷이 있다.

(1) 콤포지트 기록방식

비디오 신호의 luminance신호와 chrominance신호를 합성 전송된 콤포지트 신호를 기록하는 방식이다.

◆ 콤포지트 영상신호

가정용 비디오에서 일반적으로 사용하는 영상 입·출력 신호를 콤포지트 신호 (composite signal)라고 부르는데, 이것은 휘도신호 Y와 색신호 C, 그리고 동기 신호(Sync)가 하나의 출력에 혼합된 것이다.

콤포지트 신호는 입력 또는 출력단자가 하나로 되어 있어서 경제성이 높고 사용에 편리하지만, 화질은 다음에 설명할 S-Vdeo 방식보다 떨어진다.

따라서 콤포지트 단자를 통하여 비디오테이프를 여러 번 복사하다 보면 화질이 쉽게 저하되어 버린다.

아날로그 비디오에서 콤포지트 입, 출력단자를 이용하여 영상물을 복사할 때, 복사과정을 한번 거칠 때마다 약 20%정도 화질이 저하된다. 3~4번의 연속 복사에서는 물체의 윤곽(detail)을 확인할 수 없을 만큼 화질 열화가 심각하게 나타난다. 여기서 연속 복사란 복사된 테이프를 다시 원본으로 삼아서 새로운 테이프에 또 복사하는 것을 의미한다.

(2) Y/C 기록방식

루미넌스와 크로미넌스 신호를 따로 분리해 처리함으로서 이 두 신호는 재생 시에 영상신호를 정확히 재현할 수 있도록 해준다.

◆ S-Video 신호

S-Video는 가정 업무용 비디오 분야에서 보다 나은 화질을 구현하기 위해서 고안된 신호방식으로서, 여기서 S는 분리(Separate)를 의미한다. 전 항에서 설명한 콤포지트 신호가 휘도신호 Y와 색신호 C를 하나의 케이블로 전송할 수 있도록 혼합하여 전송하는 반면 S-Vdeo는 이들을 각각 분리하여 독립적으로 사용한다. 이러한 의미에서 S-Video를 Y/C 신호라고 하며, 그림과 같이 4개의 핀으로 구성된다.

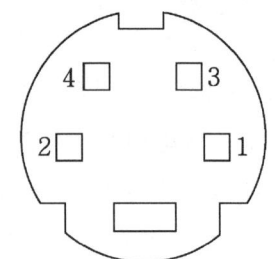

4. C signal
   (3.58MHz
   75Ω unbalanced
   burst 0.286V)

2. C GND

3. Y signal
   (VS 1.0V$_{p-p}$,
   75Ω unbalanced
   negative sync)

1. Y GND

S-Video 단자의 핀 배치도

S-Video, 즉 Y/C분리 방식은 앞에서 설명한 콤포지트 영상신호에 비해서 다소 복잡하지만, 복사·전송화질이 비교적 우수하기 때문에 가정용뿐만 아니라 업무용 영상 기기에서도 많이 사용되고 있다. 실제로 콤포지트 단자와 S-Video 단자를 이용하여 다단계의 복사화질을 비교해 보면 S-Vdeo 쪽이 더 우수하다. S-VHS, Hi-8, DV, Digital-8, DVD 플레이어와 같은 고화질 영상기기, 그리고 고급형 TV수상기에 부착되어 있다.

(3) 콤포넌트 기록

비디오 신호성분을 루미넌스(Y), 적신호에서 루미넌스를 뺀 신호(R-Y)와 청신호에서 루미넌스를 뺀 신호(B-Y)로 세 부분으로 나누어 전송하는데 3개의 전송선로가 필요하고 기록은 luminance신호와 chrominance신호를 따로 기록한다.

따라서 콤포넌트 컬러신호는 composite 신호와는 달리 루미넌스 신호에 색성분이 실리지 않기 때문에 콤포넌트 신호를 사용한 녹화 신호가 composite를 사용했을 때보다 화질이 우수하다.

그러나 스위처나 다른 장비로 전송하는데 3개의 전송선로가 필요하며 장비구입 및 설치비용이 많이 든다.

◆ 콤포넌트 신호

콤포지트 및 Y/C 신호의 결점을 보완하기 위한 신호규격으로 콤포넌트(component) 영상신호가 있다.

이것은 하나의 영상이 3개의 단자(Y/Cb/Cr 또는 R/G/B)를 통하여 입·출력되는데, 고품위의 전송·복사품질이 보장된다. 우리 주위에서 쉽게 접할 수 있는 컴퓨터의 모니터 신호(VGA카드에서 모니터로 공급)도 R/G/B 3개로 구성된 콤포넌트 신호의 하나이며, 이 때문에 컴퓨터의 해상도가 TV의 화질에 비해서 크게 높다. 방송용 신호규격으로도 널리 사용되고 있다.

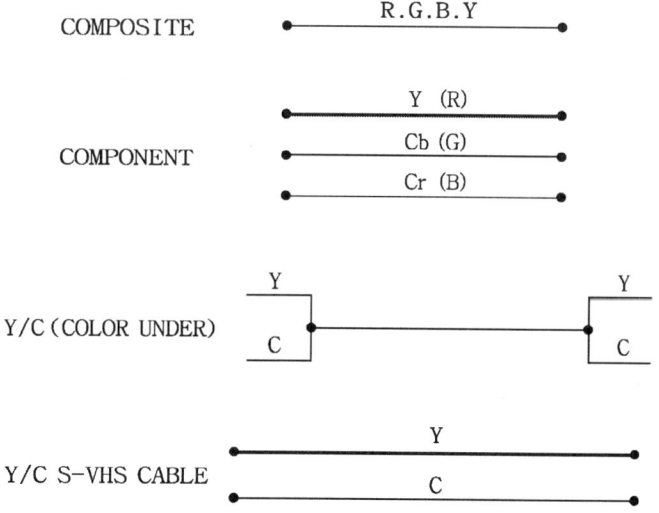

(4) DV신호

지금까지는 아날로그 비디오에서 사용되는 아날로그 영상 입·출력신호에 대해서 알아보았다. 이에 비해서 DV, Digital-8, D-VHS, 디스크 레코더와 같은 디지털 영상 기기에서는 아날로그 콤포지트, S-Video, 콤포넌트 단자를 포함해서 디지털 전용의 DV단자가 부착되어 있다.

가정용 디지털 영상 기기에서 사용되는 디지털 입·출력 인터페이스로는 DV신호가 표준화되어 있다. 이것은 4:1:1의 디지털 콤포넌트 영상신호, 2(또는 4)채널의 디지털 음향신호, 그리고 각종 부가 데이터를 하나의 케이블을 통해서 전송 가능하도록 고안된 양방향의 디지털 직렬신호이다.

여기서 4:1:1이란 휘도신호 Y에 대해서는 13.5MHz, 2개의 색 신호 Pb/Pr에 대해서는 각각 3.375 MHz로 샘플링 하는 것을 의미하는데, 기존의 아날로그 신호에 비해서 전송·기록 화질이 매우 우수하다. 따라서 디지털 영상기기를 DV단자로 결선하면 10여 회의 연속복사에서도 화질/음질이 거의 열화되지 않는다. 아날로그 비디오에서는 입력과 출력단자가 각각 분리되어 있는 반면, DV 신호는 하나의 단자를 통해서 입·출력을 겸할 수 있도록 설계되어 있어서 케이블 접속도 간편하다.

DV신호를 공학적으로는 IEEE-1394 또는 fire wire라고 한다. 최근에는 소니가 붙인 명칭에 따라서 i.Link로도 불리고 있다. DV신호는 전송속도가 매우 빠르고, PC 없이도 신호전달이 가능해서 앞으로 가전제품 및 PC의 주요 입·출력 인터페이스로 자리 잡게 될 것으로 예상되고 있다. 최근에는 가정용 비디오뿐만 아니라 DVCAM, DVCPRO 등의 가정·업무용 디지털 VTR에서도 사용되고 있다.

Chapter 10 편집 기술

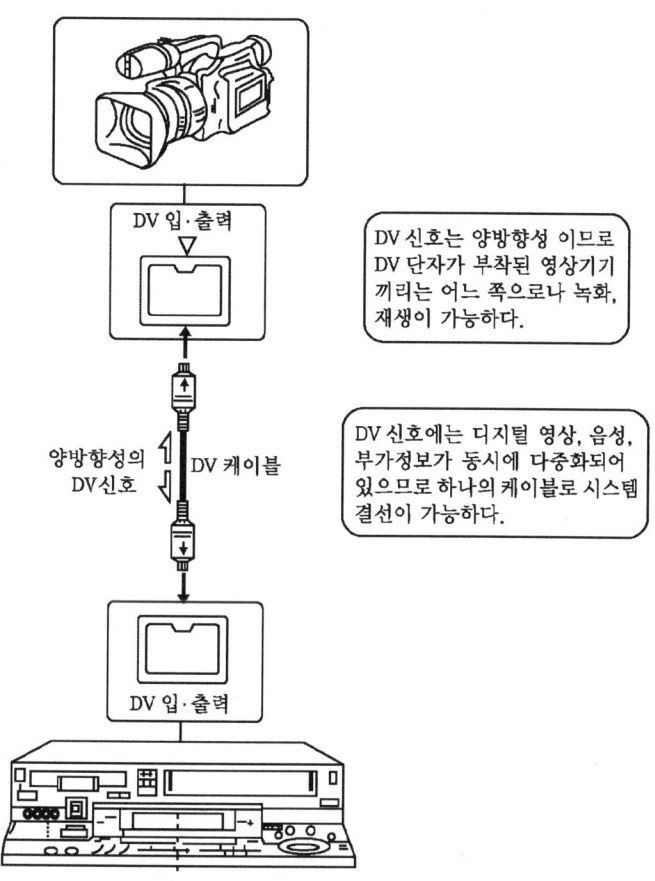

DV 단자를 이용한 영상기기의 연결

2) T.B.C (time base collector)

T.B.C는 V.T.R의 재생시 테이프 주행 및 헤드 주행 과정에서 빚어지는 여러 가지 오차, 테이프 자체의 결함, 기타 제반 기계적, 전기적 문제들로 인해 발생하는 불안정 요소들을 제거하여 안정된 동기를 유지하도록 해주는 기능을 갖는다. 그밖에도 Drop out의 보정, velocity error의 보정, 영상레벨 및 위상의 조정기능도 포함되어 있다.

VTR 재생 신호는 테이프와 헤드의 상대 속도가 항상 변동하고 있기 때문에 시간 축이 변동한 영상 신호로 된다. 이 영상 신호를 복조 한 경우 버스트 신호와 컬러 신호의 위상 관계가 변동하고 있기 때문에 컬러 영상으로서 안정되지 못한다. 이것을 시간 축 오차라고 부른다.

T.B.C는 재생한 비디오 신호의 수평 동기 신호와 버스트에서 A/D 변환용의 샘플링 클록을 만들어 속도와는 관계없이 똑같은 양의 메모리에 영상 신호를 기록하고 기준 신호에 동기 한 클록으로 읽어냄으로서 시간축 오차가 보정되어 올바른 신호가 된다.

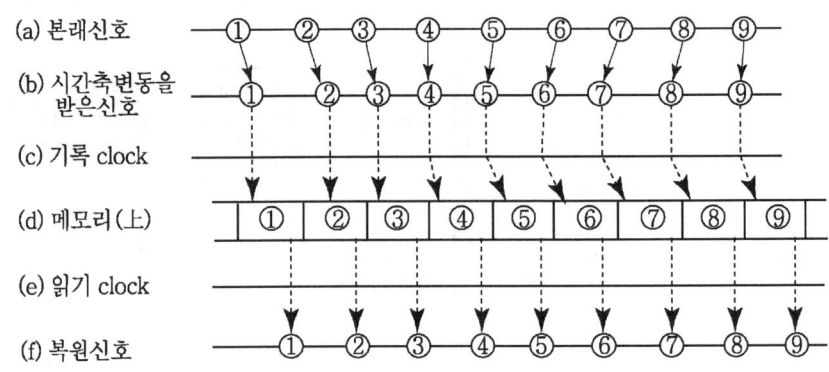

TBC에서 시간축 변동 보정의 흐름

T.B.C의 기능으로서 D.O.C(drop out compensator)가 있다. 이것은 테이프에 험집 등이 있어 재생 영상이 누락된 부분이 생긴 경우 1H 라인 전의 신호로 치환하여 신호의 누락을 보완하는 기능이다. 치환하는 부분은 재생 헤드 출력 레벨이 어느 정도 이하로 되면 drop out이 있다고 판정하여 drop out 보정용 메모리에서 근사 값의 영상 신호가 읽어내어지게 되어 있다.

3) 테이프의 위치 정보

소재 테이프의 어디에서 어디까지를 수록 테이프의 어디에 수록할 것인가를 결정해야 한다. 이를 위해 테이프의 위치(어드레스)를 수치적으로 나타내는 것이 필요하다.

(1) 컨트롤 타이머

카운터에는 ① time roller 회전수를 계수하여 테이프상의 신호 위치를 결정하는 tape time(mechanical timer) 방식, ② control track 신호를 카운트하는 CTL time 방식이 있지만 양쪽 모두 roll 마다 reset가 가능한 상대적인 방식이고 오차를 수반하게 된다. 또 CTL 신호는 자기 신호이므로 테이프가 어느 정도의 속도로 움직이고 있지 않으면 검출되지 않는다.

◆ 컨트롤 트랙의 pulse는

녹화헤드 회전 시 균일한 간격으로 기록되기 때문에 재생 시 재생장비가 같은 간격으로 신호를 바르게 재생시켜 그림이 흐른다거나 동기가 벗어나지 않게 테이프 속도와 드럼의 회전수를 조정하여 일정하게 해준다.

모든 비디오 포맷은 약간 다르기는 하지만 거의 유사한 컨트롤 트랙 신호를 사용하고 있다.

> **❖ 컨트롤 트랙(control track)**
> 컨트롤 트랙은 비디오 테이프에서 frame pulse의 기록, 재생에 사용되는 트랙을 말한다.
>
> **❖ 프레임 펄스(frame pulse)**
> 이 pulse 는 드럼(drum) 이 한 회전 할 때마다 발생하고 각 frame 의 시작 부분에서 생기며 재생 시 비디오 신호의 가이드 역할을 한다.

(2) 타임코드(time code)

편집 조작에 있어서 정밀한 편집을 목적으로 한 경우, 테이프의 상대적 위치뿐만 아니라 절대적 위치가 필요하게 된다. 그 목적으로 개발된 것이 타임 코드이다. 타임 코드는 영상의 한 커트마다 개별의 번호를 붙여 영상과 동시에 테이프에 기록하는 것이다. 타임코드는 24시간을 기준으로 하여 각 비디오 프레임은 03: 13: 18: 23과 같이 시, 분, 초 프레임의 8 자리 숫자로 구분된다. 타임코드는 편집 시 프레임의 위치를 구분해 주고 기준으로도 사용한다. 타임코드는 디지털로 부호화되어 비디오테이프에 일정부분을 차지하고 있는데 타임코드의 사용으로 프레임 단위로 정확도가 향상되었고 영상의 반복 편집이 가능해 졌다.

◈ 타임코드는 일반적으로

① 음향트랙의 하나를 사용(longitudinal time code : LTC)하기도 하고,
② 영상신호의 수직 귀선 기간을 사용(vertical interval time code : VITC)할 때도 있다.

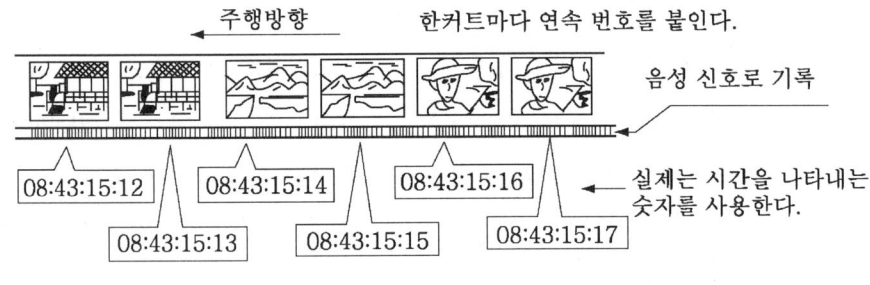

타임 코드의 도입

(가) 타임코드 기록 방식

타임코드의 기록에는 세 가지 종류가 있는데 모두 타임코드 발생기에서 나온다. 이세가지는 • 선형 타임코드, • 어드레스 트랙 타임코드, • 수직 귀선 기간 타임코드이다.

① 선형 타임코드(longitudinal time code)

타임코드 발생기에서 디지털로 부호화하여 테이프의 오디오 트랙에 싣는다. 재생 속도가 1/2~1/3 정도의 테이프 속도에서 100배속도 정도까지 data의 판독이 가능하다.

② 어드레스 트랙 타임코드(address track time code)

3/4 인치 포맷에서만 사용하고 있다. 이 타임코드는 어드레스 트랙을 읽고 기록할 수 있도록 설계된 특별한 장비에 의해서만 기록할 수 있다. 비디오 트랙에 기록된다.

③ 수직 귀선 기간 타임코드(vertical interval time code)

수직 귀선 기간 내(일반적으로 12H와 14H에 삽입)에 기록하는 것으로 이것은 LTC 타임코드나 어드레스 트랙 타임코드와는 달리 수직 블랭킹이 재생되고 있으면 슬로 재생이나 테이프가 정지하고 있을 때도 읽을 수 있다.

(나) 타임코드의 종류

① **드롭프레임 타임코드(drop frame time code)**

드롭프레임 타임코드는 재생모드에서 테이프의 주행시간과 타임코드의 주행 시간이 정확히 일치하는 것이다.

이것은 NTSC 컬러텔레비전 신호가 1초에 30 frame이 아니라 29.97 frame 이기 때문에 1초당 0.03 frame 만큼의 오차가 생겨 한 시간 후에는 3.6초가 된다. 이 오차를 보상하는 방법은 10분 단위의 표시 즉 10분, 20분, 30분 등을 제외한 매분 마다 :00 과 :01 프레임을 drop 하는 것이다. 이를 모두 합하면 108 frame (3.6초)이 되므로 이만큼을 제외하면 시간이 정확히 맞게 된다. 따라서 드롭프레임 타임코드는 정확한 시간을 필요로 하는 TV 프로그램에서 사용된다.(이러한 프로그램은 시간이 중요한 편집에 사용한다.)

② **난 드롭 프레임 타임코드(non drop frame time code)**

난 드롭 프레임 타임코드는 1초당 0.03 frame만큼의 오차가 생겨 한 시간 후에는 3.6초만큼의 시간이 더 경과한 것이다. 이것은 초 단위의 시간에 구애 받지 않고 내용과 분위기에 따라 편집하는 광고나 프로모션 테이프를 편집할 때 사용한다.

10.5.2 VTR의 편집 방법

1) 테이프 대 테이프 편집

편집용 VTR 2 대를 각각 제어할 수 있는 리모트 컨트롤러에 의해서 재생용 VTR로부터 재생되는 화면 중에 필요한 신호를 기록 측(Recorder) VTR에 이전시키는 편집 방법을 테이프 대 테이프 편집이라 한다.

(1) 테이프 대 테이프 편집의 장점

- 소재 테이프의 필요부분을 녹화테이프에서 하나로 합치는 것이 가능하다.
- 복수의 소재 테이프에서 필요한 샷을 임의로 추출하고 자유로이 구성하는 것이 가능하다.
- 편집시점에서는 어셈블, 인서트의 테크닉을 자유로이 구사하는 것이 가능하다.

(2) 테이프 대 테이프 편집의 제약 점

- 소재의 완전 준비가 전제된다.
- 제작 공정이 증가한다.
- 편집비용이 높아진다.
- 복사편집이 되므로 화질이 어느 정도 떨어진다.

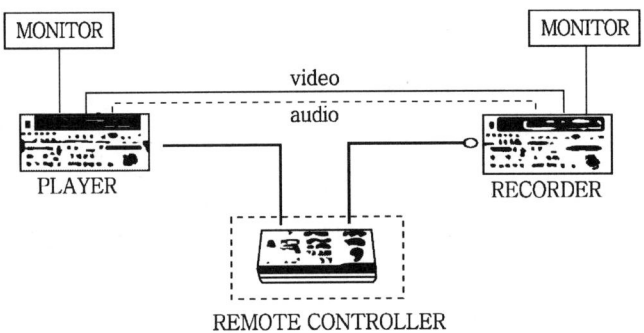

테이프 대 테이프 편집시스템의 구성

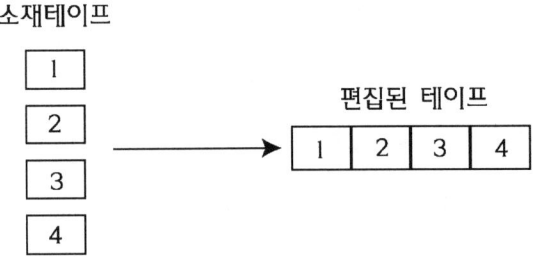

2) A/B롤(Roll) 편집

A/B롤 편집은 2대의 재생기로부터 선택된 샷을 기수와 우수 순으로 나누어 편집하는 방법으로 편집은 다음 그림과 같이 연결 편집된다.

편집 기술

Chapter 10

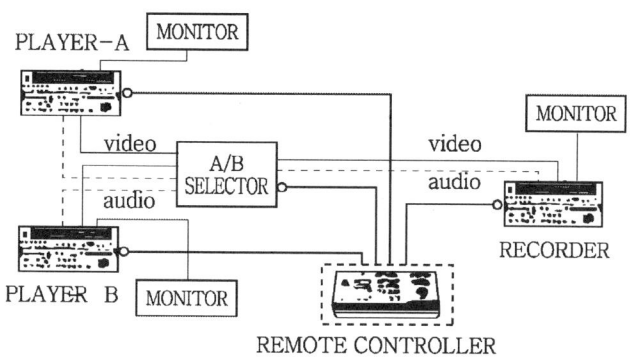

A/B롤 편집 시스템의 구성

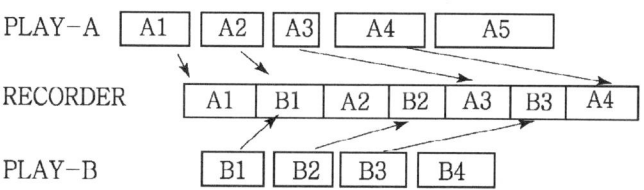

(1) A/B롤 편집의 장점

- 편집의 시간을 단축시킬 수 있다.
- 편집의 비용을 경감시킬 수 있다.
- 2대의 병용에 의해 편집 점의 모드가 다채로울 수 있다.

(2) A/B롤 편집의 단점

- 소재정리를 위해 연구와 많은 시간이 걸린다.
- 통상은 마스터 테이프를 복사하여 편집소재를 만들기 때문에 마스터가 3번째 복제 테이프가 된다.
- 따라서 화질이 좋지 않을 수 있다.

10.5.3 VTR의 편집모드

- VTR 편집은 필요한 부분을 재생하여 그것을 수록 측 VTR에 안전하게 수록 함으로써 행해진다. 그러나 연결점에서 신호가 흐트러지지 않도록 하려면

수록을 개시할 때 제멋대로 수록을 시작하는 것이 아니라 먼저 수록된 신호의 상태를 조사하여 그것에 연속되는 동작 상태로 한 다음에 수록을 개시해야 된다. 이와 같은 기능이 VTR의 편집 모드이다.

- 편집 작업을 하는 데는 어셈블 수록 모드와 인서트 수록 모드 두 가지 방법이 있다. 첫째 방법은 아무 것도 수록되어 있지 않은 테이프에 새롭게 신호(음향, 영상, 컨트롤)를 수록하여 연결해 가는 것이며 그 다음의 방법은 그와 같이하여 기록된 신호의 일부를 새로운 신호(음향이나 영상)와 바꾸어 넣는 것이다.

1) 어셈블 모드 (assemble mode)

맨 처음의 신호를 기본으로 하여 차례차례로 신호를 계속 연결해 가는 모드이다. control track 신호를 포함한 모든 신호가 편집 점에서부터 새로이 기록되는 형태로써 어셈블 편집으로 시작한 것은 반드시 어셈블 편집으로 마무리해야 연결이 된다.

편집에 앞서서 필히 테이프 첫머리에 적당한 길이의 신호를 수록해 두어야 만 한다. 일단 편집이 시작되면 그 점 이후의 테이프에 기록되어 있던 신호를 모두 소거하면서 새롭게 신호를 기록해 간다. 이전 신호와의 접속이 흐트러지지 않는 조건으로 모든 신호들이 기록 될 수 있도록 약간의 여분(사용할 내용보다 길게)있게 수록한다.

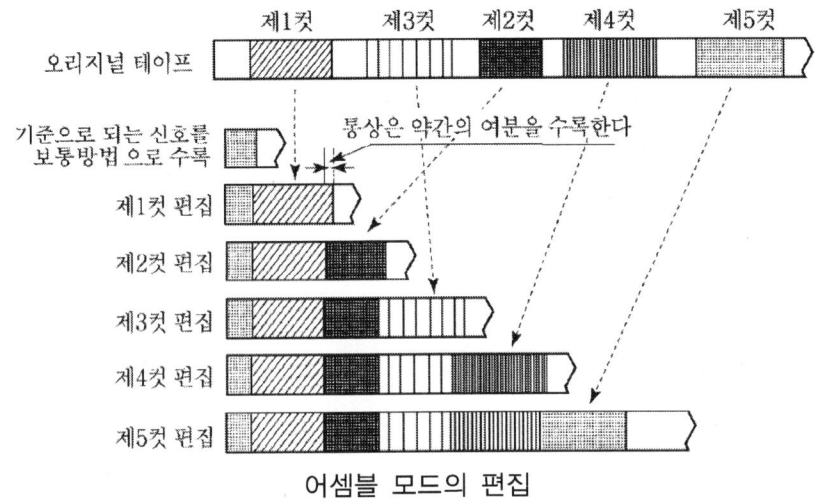

어셈블 모드의 편집

(1) 어셈블 편집의 조작순서

비디오편집은 기록된 영상의 컨트롤 신호와 다음에 편집할 영상의 컨트롤 신호를 동기 시켜 2개의 영상을 연결하는 것이다. 그러므로 새로운 테이프의 첫 부분에 영상신호를 기록한 뒤 편집을 개시해야 한다.

(가) 통상 수록용 공 테이프의 첫머리에 일반적으로 컬러 바(color bar)를 컨트롤 신호용으로 사용량보다 여유 있게 수록한다.

(나) 어셈블 모드를 선택한다.(어셈블 모드 점등된다)

(다) 편집 점을 찾는다.

편집 종료 점이 필요한 경우에는 편집 IN 점을 정하기 전에 재생 측이나 녹화 측 중에 한쪽에만 OUT점을 먼저 정한다.

① **재생측의 편집 종료 점 설정**(재생측에 OUT점을 정하는 방법)
- 재생측 모드를 선택한다.
- 서치 다이얼로 재생 측 VTR 편집 종료점을 정하고 포즈상태로 두고 재생 측 카운터를 리셋 하면 카운터 00 : 00 : 00이 된다.
- OUT 버튼을 누르면 재생 측 OUT점이 결정되고 OUT 램프가 켜진다.

② **재생 측의 편집 시작점의 설정**
- 재생측 모드에서 서치 다이얼로 재생 측 VTR의 재생 시작 포인트를 정하고 포즈 상태로 한다.
- IN버튼을 누르면 재생 측 IN점이 결정되고 IN 램프가 켜진다.

③ **녹화 측의 편집 시작점 설정**
- 녹화 측 모드를 선택한다.
- 서치 다이얼로 녹화 측 VTR도 녹화 시작 포인터를 정하고 포즈상태로 하여 녹화 측 카운터를 리셋 하면 카운터 00 : 00 : 00이 된다.
- IN 버튼을 누르면 녹화 측 IN점이 결정되고 IN 램프가 켜진다.

(라) 편집

① **에디팅 시작 버튼을 누른다.**

편집 포인트로부터 5초 되감아서 포즈상태가 된 후 play가 되면서 녹화측 카운터 00 : 00 : 00에서 편집이 시작되고 재생측 카운터 00 : 00 : 00에서 편집이 종료된다.

② **종료 점을 지정하지 않았을 경우 필요한 영상보다 약간의 여분을 두고 편집 정지 버튼을 누른다.**

정지 버튼을 누르면 그 장소에서 재생기, 녹화기 모두 포즈상태가 되고 편집이 정지된다.

어셈블 편집의 경우에는 컷의 필요부분 종료 후 5초 이상의 여유 화면을 녹화해 두어야 다음 편집이 훌륭히 연결된다.

(마) **다음 편집 점을 찾는다.**

이하 같은 방식으로 조작한다.(③번)

(바) **편집 한다.**

이하 같은 방식으로 조작한다.(④번)

2) 인서트 모드(insert mode)

미리 수록되어 있는 부분을 지우고 새롭게 영상이나 음향을 기록하는 삽입 모드로서 컨트롤 신호가 없거나 불연속적으로 연결되었을 때는 편집이 안된다. 새로 수록되는 신호는 수록 개시 점에서 그 테이프에 이미 수록되어 있던 신호와는 흐트러짐 없이 접속되어야 하며 또한 수록이 종료되는 점에서도 이미 수록되어 있던 신호에 대해서 흐트러짐 없이 접속되어 종료되어야 하므로 편집 후 확인을 하여야 한다. 이 모드에서는 모두 새로운 신호로 다시 수록하는 것이 아니라 컨트롤 신호는 반드시 남기고 편집하고자하는 새로운 영상(음향) 신호만을 수록함으로서 새로운 영상(음향)신호는 앞의 영상(음향)신호와 똑같은 위치에 기록된다. 인서트 모드는 부분적으로 수정하는 것이 목적이므로 영상과 음향을 각각 따로따로 수록하는 것이 가능하다.

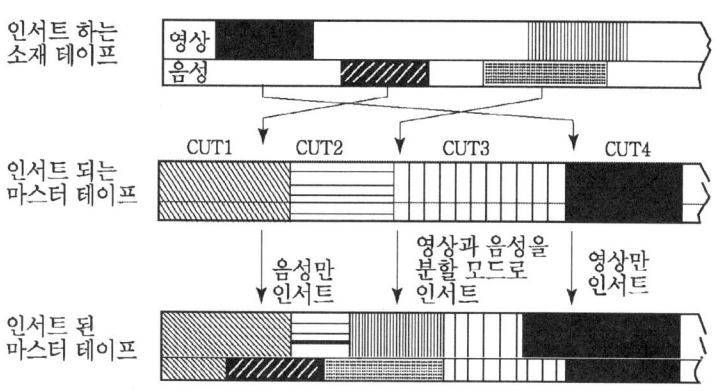

인서트 모드의 편집

(1) video only, audio only와 video, audio split 편집

인서트 편집에서는 CTL신호를 제외한 신호는 각각 별도수록이 가능하다.

(가) video only

영상만을 편집하는 것을 video only 편집이라 하며,

(나) audio only

음향만 편집하는 것을 audio only 편집이라 하고

(다) split edit

한번 편집 동작으로 영상과 음향의 편집 점의 개시와 종료 타이밍이 다른 편집을 말한다.

(2) 인서트 편집의 조작 순서

인서트 편집의 특징은 전제조건으로 비디오테이프에 음향, 영상, 컨트롤 신호가 기록되어 있어야 한다.

일반적인 편집 순서는 어셈블 편집과 동일하다.

(가) 인서트 모드를 선택한다.(인서트 모드 점등된다)

(나) 인서트 편집을 하고 싶은 신호에 해당되는 모드를 선택한다.

- 음향만 편집하고 싶을 때는 audio 선택
- 영상만 편집하고 싶을 때는 video 선택
- 음향, 영상 모두 편집하고 싶을 때는 audio, video 모두 선택한다.

(다) 편집 점의 설정(어셈블 편집의 조작순서와 동일한 방법으로 행한다)
- 재생 측의 편집 종료점을 찾아 마크아웃 한다.
- 재생 측의 편집 시작점을 찾아 마크인 한다.
- 녹화 측의 편집 시작점을 찾아 마크인 한다.

(라) 편집 버튼을 누른다.

재생 측의 마크인 지점에서 마크아웃 지점까지의 내용이 녹화 측의 테이프에 인서트 녹화된다.

◈ 주의

어셈블 편집 시는 편집종료 점의 지정이 없어도 되지만 인서트 편집은 반드시 재생 측이나 녹화 측 중 한쪽에는 편집종료점이 지정되어야만 된다.

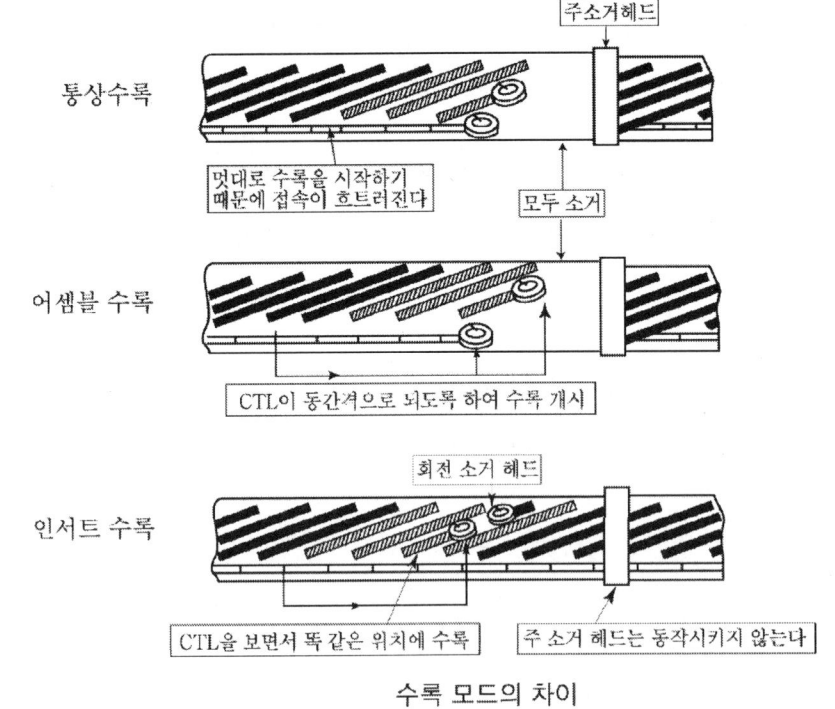

수록 모드의 차이

10.5.4 편집 점의 지정과 모드

◈ 편집 점의 필요 조건

영상, 음향의 연속성 유지
프레임 또는 컬러 프레임 단위 접합
동기신호, 컨트롤 신호의 연속성 유지

◈ 재생, 수록 편집기의 호칭

재생 측은 source(original) 또는 play
수록 측은 master 또는 recorder

1) 편집 점의 지정

타임코드에 의한 편집 점의 지정이 주류로 되어 있다.

(1) 마크 실행 방법

- 전용 버튼에 의해 실행되며 편집하고 싶은 곳에서 전용 버튼을 누름으로서 입력된다.
- 편집 개시 점은 mark-in, 종료 점은 mark-out버튼을 누른다.
- 마크를 정확하게 결정하기 위해 VTR을 스틸이나 슬로 재생 상태로 하여 버튼을 누른다.

(2) set 방법

- 숫자 입력용 버튼을 사용하여 타이머 수치를 입력한다.
- 오프라인 편집에 의해 데이터를 미리 알고 있는 경우나 한번 행해진 편집을 수정할 경우에 편리한 방법이다.

(3) key-in 방법

편집 개시 버튼을 눌리는 순간 편집을 시작하는 방법으로 뉴스나 스포츠 편집에서 적합하며 신속성이 요구되는 편집에 사용한다.

2) 편집 점의 수정

한번 마크나 키 인한 편집데이터를 수정하는 경우 재차 마크나 키인 하는 방법보다.

(1) 수정하고 싶은 데이터를 지정하여 + 또는 - 의 버튼을 눌러 1 frame씩 값을 가산, 또는 감산 처리하는 방법과
(2) 텐키 또는 키보드로 수치를 입력하여 기억하고 있는 편집 데이터와 가산 또는 감산 처리하는 방법이 있다.

3) 편집 점의 미조정

엔트리를 지정한 후 편집 점을 1프레임(1/30초)단위에서 미조정할 수 있다.

(1) 재생 측의 in 점을 수정하고 싶을 때

- 재생 측의 in을 누르면 타임카운터에 in 점의 숫자가 표시된다. 숫자가 표시되면 in/out램프가 점등한다.
- 1 프레임 진행하고 싶은 경우는 in 버튼을 누르면서 trim 버튼을 누른다.

(2) 녹화 측의 out점을 수정하고 싶을 때

- 녹화 측의 out점 버튼을 누른다. out점이 표시된다.
- 1프레임 진행하고 싶을 때는 out 버튼을 누르면서 trim 버튼을 누른다.

4) 편집 점의 지정 수

(1) assemble mode

어셈블 모드의 편집 점은 수록 테이프의 개시 점과 소재 테이프의 개시점인 두 점의 지정이 필요하다. 편집 종료는 필요 부분보다. 조금 더 여유를 두고 정지 또는 편집 종료 버튼을 누름으로서 종료한다.

편집 기술

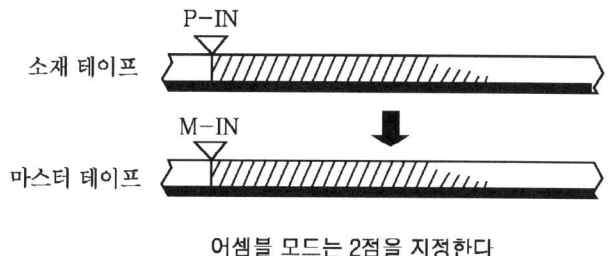

어셈블 모드는 2점을 지정한다

(2) insert mode

인서트 모드의 편집 점은 소재 테이프의 개시 점과 종료 점, 수록 테이프의 개시 점과 종료 점 의 4점이 있으나 재생되는 시간과 수록되는 시간은 똑 같으므로 종료 점 하나는 생략하고 3점을 지정하면 된다.

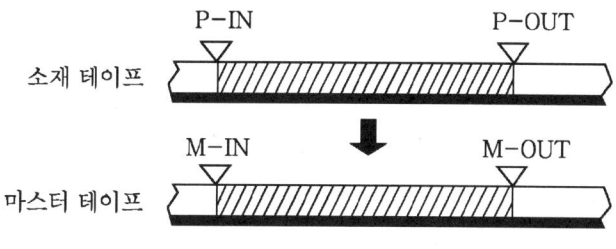

인서트 모드는 4점 중 3점을 지정한다.

참고

- 소재 테이프의 음향이나 영상의 필요량만큼을 수록 테이프에 인서트하고 싶을 때는 소재 테이프에 종료점과 개시점 2곳을 지정하고 수록 테이프에는 개시점만 지정한다.
- 수록 테이프의 필요량만큼은 소재 테이프에서 가져와 인서트할 때는 소재 테이프에는 개시점만 지정하고 수록테이프에는 종료점과 개시점 2곳을 지정해야 한다.

(3) Split edit(분할 편집)

인서트 모드에서는 영상과 음향이 편집을 독립하여 할 수 있다. 편집 실행에 앞서 video, audio 어느 쪽의 only mode의 편집인가를 지정해 준다.

따라서 한 번의 편집으로 영상과 음향의 편집 개시 타이밍에 시차를 두고 편집하는 것이 가능하다.

분할 편집 점의 지정은 소재와 수록의 개시 점의 2점이 아니라 영상의 수록 개시 점, 음향의 수록 개시 점, 영상과 음향의 수록 종료 점 그리고 소재 측의 편집 개시점과 종료 점, 전부 6점이 필요하나 그중 4점의 지정으로 가능하다.

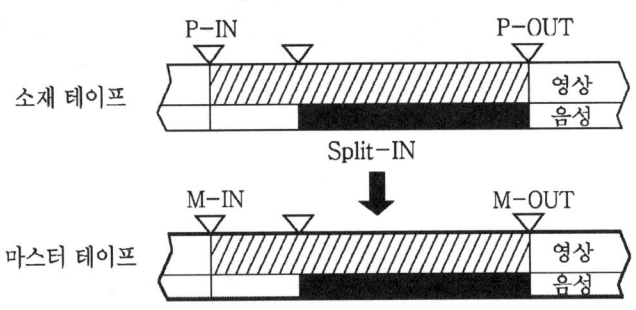

분할 모드는 6점 중 4점을 지정한다.

(4) Open end edit

긴 장면을 인서트하거나 인서트 장면이 연속되는 등 인서트 모드로 어셈블과 마찬가지로 맨 앞부분부터 순차 편집할 경우와 같이 인서트 모드이지만 종료점을 지정하지 않는 모드를 말하며 편집 종료는 편집종료 버튼을 눌러서 한다.

(5) A/B roll 편집

두 대의 소재 VTR 테이프로 마스터에 편집할 경우 2개(소재, 마스트)의 편집 개시 점과 첫 번째의 재생 테이프의 종료 점, 두 번째 테이프의 개시 점과 편집 종료 점 마스터 테이프의 종료 점 전부 6점 중 5점 지정이 필요하다.

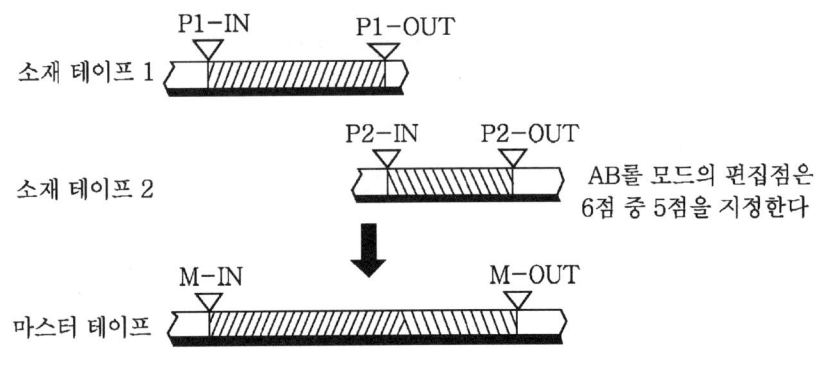

AB롤 편집의 편집점 지정

10.5.5 편집의 동작

1) 편집 동작의 흐름

(1) 프리롤(pre roll)

수록, 재생 Tape가 편집 동작 개시 시에 편집 개시 점에서 3~10초 되감기는 것을 프리롤이라 한다.

◆ 동작

- 프리롤로 되감은 후 재생, 수록 VTR은 함께 재생 상태로 된다. 재생 상태에서 편집 점 위치 맞춤을 위해 주행 속도를 미묘하게 조정한다.
  (가) 편집 점까지 거리를 계산 비교하여 거리가 일치할 때까지 제어한다.
  (나) 그 후 편집 점 바로 앞에서 또 한 번 일치를 확인한다.
  (다) 일치하지 않으면 편집 동작을 중지하고 정지한다.
  (라) 속도 조정은 재생 측 VTR이 한다.
  　　이유는 신호의 겹쳐 쓰기나 공백이 생기지 않도록 타이밍을 취해 소거, 기록 헤드의 동작을 제어(gating)한다.
  　　(편집 기능을 가진 VTR은 ±15% 정도의 속도 조정 기능을 가지고 있다.)

◆ 목적

- 수록 개시 점에서 VTR이 안정된 상태로 되기 위한 시간 확보와
- 수록 개시 순간에 수록하고 싶은 재생 영상이 오도록 재생과 수록 Tape의 Timing을 맞추기 위함과
- 편집하는 영상의 연결 상태를 확인하기 위해 사용된다.

(2) 포스트롤(post roll)

편집동작이 끝나더라도 VTR은 즉시 정지하지 않고 수초 동안 진행 동작하는 것을 포스트롤이라 한다.

◈ 목적
- 인서트 모드 편집에서 편집종료 점의 영상, 음향의 흐름을 확인하기 위함과
- 종료 점 데이터를 처리하기 위해서.

2) 음향 처리

음향 편집의 경우 편집 점에서 음향이 급격히 생기거나 없어지면 "폭" 이라는 노이즈로 나타나는데 접속되는 음향 신호가 순조롭게 close, fade in 되도록 10~50ms 동안 소거헤드와 기록헤드의 전류를 완만하게 처리한다.

10.5.6 워크 카피(work copy) 작업

오리지널 소재를 검색용으로 카피하여 작업 테이프를 만드는 공정을 워크 카피(work copy)라고 한다.

- 워크 카피의 목적은 오프라인 편집용의 유사 소재를 준비하는 것인데 수록소재의 내용 재확인이나 화질, 음질의 체크, time skip등 다양한 요소를 지니고 있다.
- 워크 카피 작업은 비디오 편집의 출발점으로서 이 작업에서의 불량은 이후의 모든 작업에 영향을 미친다.
- 카피 작업 중에 수록시의 트러블을 발견하는 일도 있다

1) 오리지널 소재와 워크 테이프

- 워크 카피에 의해 얻어진 워크 테이프와 소재 테이프는 화질의 차이는 있어도 프레임 단위로 완전히 같아야 한다.
- 워크 테이프를 사용하여 오프라인 편집을 하기 위해서는 오리지널 테이프에 기록되어 있던 모든 영상과 음향이 정확해야 만 한다.
- 오프라인 편집에 의해 얻어진 편집 점의 데이터(타임 코드 값)가 온라인 편집의 근거가 되므로 오리지널 테이프에 기록 되어있는 타임코드도 워크 테이프에 카피하는 것이 중요하다.

2) 타임 코드의 취급

워크 카피를 할 때 오리지널 소재의 수록과 동시에 기록된 타임코드를 그대로 워크 테이프에도 카피할 것인가, 새로운 타임 코드를 다시 기록할 것인가 신중하게 결정하여야 한다.

(1) 기존 타임 코드를 그대로 카피하는 경우

- 뒤의 편집 작업 단계에서 키 합성하기 위해 소재 수록과 동시에 타임코드를 일치시켜 별도의 VTR로 크로마키 신호등이 수록되어 있는 경우
- CG의 커트 촬영 등에서 한 개의 테이프 상에 타임 코드의 수치에 관련지어 소재의 여러 가지 레이어(layer)나 키 신호가 기록되어 있는 경우
- 녹화 시에 VTR과는 별도로 음향이 멀티 트랙 레코드 등에 분배된 타임코드와 함께 녹음되고, 그 타임 코드가 이후의 작업에서 영상과 음향의 동기 재생을 위해서도 이용되는 경우

(2) 새로운 타임 코드로 카피하는 경우

- 재빠르게 테이프의 내용을 파악하기 위해서 어떤 장면이 테이프의 어디쯤에 있는지 용이하게 짐작할 수 있게 할 때.
- 테이프 앞머리의 타임 코드를 "0시 0분" 등 기준으로 되는 값으로 약속해 두면 타임코드의 값이 테이프 앞머리에서의 시간 위치를 나타내게 되어 타임 스킵 된 장면을 찾을 때는 대단히 편리하다.

3) 워크 카피 작업에서의 신호 관리

- 테이프 포맷의 일원화 등을 목적으로 워크 카피 작업 시에 원 소재의 화질, 음질의 퀄리티(quality)를 유지하는 것이 중요하다.
- 클립(clip) 레벨 이하의 흑 레벨 성분, 화이트(white) 클립 레벨을 넘는 백레벨성분 등은 이후의 온라인 편집에서 복원할 수 없다.
- 카피 작업 시에 생긴 신호 열화는 이후 연연히 인계되어가므로 단순한 카피 작업으로 받아들이는 것이 아니라 화질, 음질 관리의 출발점이라는 인식이 필요하다.

- 이를 위해서는 잘 조정된 영상 모니터, 파형 모니터, 벡터스코프 등의 측정기가 필요하다.

(1) 소재의 통일

소재 수록의 단계에서 수록하는 VTR의 기종이 다를 경우가 있다. 복수의 다른 재생기를 준비할 필요가 있거나 비교적 짧은 카세트를 빈번하게 다시 끼워 넣는 조작이 잦으면 작업 효율을 떨어뜨리는 요인이 된다.

해결 방법으로 새롭게 소재를 카피하여 오프라인 편집용의 오리지널 소재 테이프를 통일한다.

(2) 워크 테이프

일반적으로 워크 테이프는 V.H.S, β멕스, 3/4 U매틱, DV 등의 카세트테이프가 쓰인다. 이 테이프는 편집 중에 이따금 카세트의 바꿔 넣기나 장시간의 스틸, 재생 등 매우 가혹한 환경에서 사용되며, 일상적으로 거칠게 취급되는 테이프이므로 워크 테이프의 품질관리에는 충분히 주의할 필요가 있다.

10.5.7 오프라인 편집

최종 완제품을 만들기 전에 행해지는 일차적인 편집과정으로 목적은 EDL(edit decision list)을 만들고 편집된 작업 본을 만드는 것이다.

오프라인 편집은 연출자 또는 편집자가 프로그램의 의도를 최대한으로 끌어내기 위한 구성과 영상 효과를 추구할 수 있도록 고안된 편집 공정이며 일반적으로 프로그램이 대단히 복잡하거나 많은 편집을 해야 할 때 고려한다.

- 스튜디오 수록이나 로케이션 취재 등에 의한 프리 프로덕션에서 얻어진 많은 비디오 소재를 가공하여 부가 가치를 주어 프로그램으로까지 완성시키는 공정중의 주요한 작업이다. 여기서의 작업이 프로그램 완성도를 어디까지 높일 수 있는가가 결정된다.
- 오프라인 마스트는 온라인 편집시 무엇을 만들 것인가에 대한 기준을 삼는 것이므로 기술적인 품질보다는 프로그램의 편집 방향에 초점을 두어야 한다.
- 오프라인 편집의 결과는 편집 데이터(E.D.L : edit decision list)라는 형태로

Chapter 10 편집 기술

온라인 편집에 이어진다.

1) 오프라인 편집 기기의 특징

- 영상 기술자가 아닌 편집자가 조작하는 일이 많으므로 시스템은 될 수 있는 한 조작이 간편한 것이 바람직하다.
- 시행착오가 되풀이되는 작업은 장시간 편집 설비를 점유하게 되므로 값이 싸면서 운용 코스트가 적은 기기 구성이 요구된다(3/4인치, 1/2인치나, DV 카세트 VTR 등).
- 편집 시스템은 고급 스위처가 부속되는 것은 적고 일반적으로 커트 연결만의 기능이 있는 것이 많다.

2) 가장 간편한(간이) 오프라인 편집 작업

- 오프라인 편집 작업은 워크 카피로 제작된 워크 카세트테이프와 재생 카세트 VTR과 수록 카세트 VTR을 조합한 간편한(간이) 편집장치에 의해 이루어진다.
- 편집작업은 소재용 워크 카세트를 재생하여 수록 VTR의 카세트에 순차 편집해간다 소재용 재생 카세트는 필요한 커트가 들어 있는 카세트를 골라 번갈아 가며 다시 꽂아야 한다.
- 편집자는 워크 마스터 카세트를 재생하면서, 모든 편집 개소의 앞뒤를 포즈시켜서 찾고, 편집 점 직전과 편집 점 직후의 프레임의 타임 코드를 기록하여 편집 점 데이터의 리스트를 작성한다.
- 이렇게 해서 모든 편집 개소의 데이터가 기록되었을 때 온라인 편집을 위한 EDL이 완성되는 것이다.

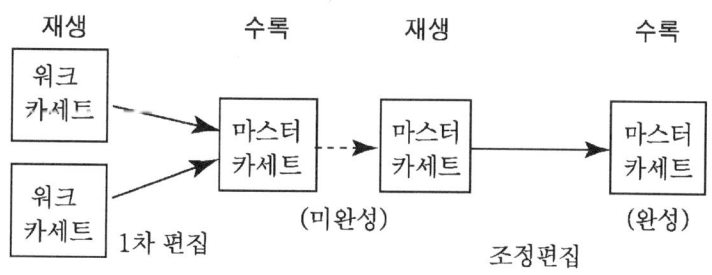

간이 오프라인 편집과정

3) 블록마다의 편집

구성이 복잡한 프로그램에서는 대량의 소재, 많은 워크 카세트에서, 의도하는 내용에 따라 프로그램을 몇 개의 블록으로 나누어 블록마다의 편집을 실시하고 완성된 블록 마스터를 재생하여 이들을 완전한 워크 마스터로 편집해 간다.

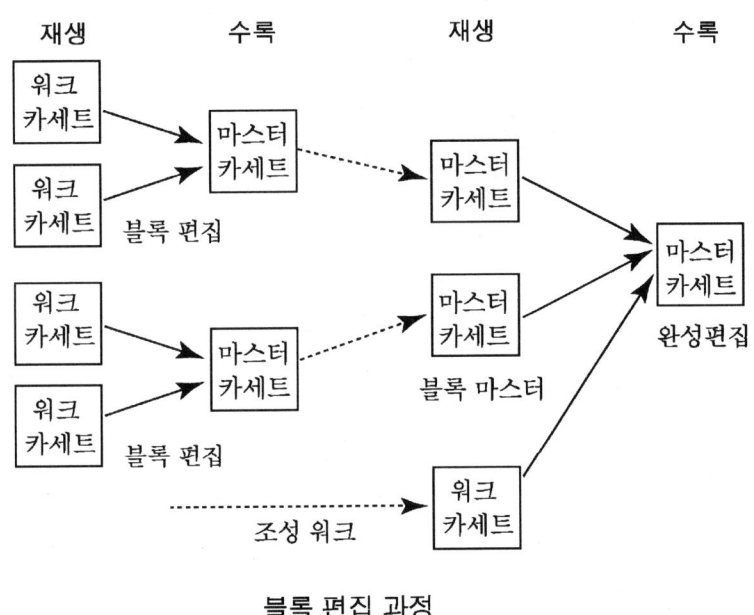

블록 편집 과정

4) 간이 편집 마스터 카세트에서의 편집 정보 수집

간이 오프라인 편집으로 완성된 워크 마스터 카세트에서 편집 점 데이터를 읽어 내어 편집 리스트를 작성하고 이 데이터를 온라인 편집기에 입력하는 것으로 오프라인 작업 결과가 온라인 편집에 인계된다.

이때 화면에서의 판독 미스, 편집 리스트에의 써넣기 미스, 온라인 편집기에의 입력미스 등이 일어나기 쉽다. 이를 해소 하고자 편집된 워크 마스터에서 직접 사람의 눈, 손을 번잡하게 하는 일 없이 기계에 의해 자동적으로 편집 점 정보를 추출하는 방법이 고안되어 실용화되고 있다.

5) 정밀도가 높은 오프라인 편집 시스템

온라인 편집 시스템과 동등한 정밀도를 가진 설비를 사용하여 워크 카세트를 재생하여 나타난 장면의 번호를 지정하고, 장면의 개시에서 in 점을, 종료에서 out 점을 마크해 모든 장면의 마크 작업이 끝나면 실제로 편집 카피 작업을 하지 않더라도 편집 데이터가 작성된다.

편집 장치의 편집 데이터 파일을 조작하여 커트 길이나 전체 시간도 계산할 수 있어, 목표로 하는 내용, 시간과의 차도 알 수 있으므로 미묘한 시간 조정도 마크 작업에서 수정하는 것만으로 충분하다.

필요하다면 작성된 편집 데이터를 사용하여 워크 카세트를 자동 편집하면 워크 마스터를 편집할 수도 있어 완전한 내용도 확인할 수 있다.

10.5.8 온라인 편집

off line 편집이 종료된 뒤에 각종 이펙트와 그래픽 장비를 이용하여 최종적인 완제품을 만들어 나가는 편집 과정이다.

- 온라인 편집에서는 오프라인 편집의 결과를 오리지널 소재를 사용하여 충실하게 재현할 뿐만 아니라 프로그램의 완성도를 높이기 위해 영상 처리의 설계나 색 보정이 정밀하게 이루어져야 한다.
- 복잡한 프로그램의 경우에는 최종 온라인 편집 전에 사전 온라인 처리도 한다. 목적은 복잡한 영상효과를 만들거나 스튜디오 녹화 시 재생할 부분을 편집하기 위한 것이다.

1) 온라인 편집 작업의 흐름

- 온라인 편집은 오프라인 편집 결과의 데이터를 기본으로 오리지널 테이프를 소재로 하여 각 장면의 시퀀스를 충실하게 재현해 가는 작업이며, 동시에 타이틀이나 출연자의 슈퍼 부가 등이 행해져 프로그램이 마무리된다.
- 이 작업에서 내용에 어울리는 영상 설계가 이루어지고, 장면마다의 영상 보정, 색 보정, 커트간의 오버랩이나 와이프 처리, DVE 등의 특수 효과가 가해진다.

- 비디오 편집에서 소홀하기 쉬운 것이 음향의 처리이다. 음향 편집도 충분히 고려한 영상 편집이 요망된다. 그런 까닭으로 오프라인 편집에서는 애매했던 음향 편집의 타이밍, 레벨, 정음 등을 세세한 마음 씀씀이로 처리해야 한다.
- 마지막으로 지명이나 연출자의 슈퍼 처리 프로그램 앞머리, 끝 부분의 마무리 설정 등이 이루어진다.

2) 연출 의도의 파악

연출의 의도나 표현하고 싶은 사항이 무엇인가를 작업 개시 전에 생각해 둠으로써 작업의 흐름을 원활하게 추진시켜 나갈 수가 있다. 그러기 위해서도 오프라인 편집이 어떠한 의도로 행해져 왔는가를 충분히 파악해 두는 것이 중요하다.

3) 온라인 편집 기술가의 역량

- 온라인 편집 리스트를 검토하여 그것을 토대로 작업 순서를 정하고 필요한 기자재를 준비한다.
- 보통은 프로그램 전체를 슈퍼 없음의 상태로 편집을 마친다. 그 후 완성된 테이프를 소재로 하여 슈퍼를 덧 붙여 패키지화한다.
  간단한 구성의 경우에는 편집과 동시에 슈퍼도 덧붙여 가는 경우도 있다.

4) 음향의 편집

온라인 편집실에서는 영상의 편집과 동시에 음향의 편집도 하고 있음을 잊어서는 안 된다.

- 필요에 따라서 분할 편집을 하는 등으로 음향이 깨끗하고 곱게 연결되어 가도록 주의해야 한다.
- 복수 채널의 음향 트랙을 적절히 잘 사용하면 커트 전후의 소리를 서로 선행시키거나 남기거나 효과음을 영상의 타이밍에 맞추어 별도의 채널에 녹음해 둘 수도 있다.
- 음향 레벨이나 이퀄라이징에 배려를 하면 장면의 흐름도 자연스럽게 된다. 영상의 편집에 대해서 창조적인 눈이 필요함과 동시에 음향을 듣고 평가할

편집 기술

수 있는 귀를 기르는 일도 중요하다.

5) 편집 작업 환경

온라인 편집실의 기능으로서 마스터 모니터의 완전한 것이 필요하다.

- 화면 관리를 충분하기 위해서는 파형 모니터나 벡터 스코프도 필요하며, 올바른 사용법의 마스터도 온라인 편집자의 필수 기술 요건이다.
- 색 보정 등 이미지를 창조해 가는 작업과 동시에 만들어낸 영상 신호가 기술상의 규격을 만족시키고 있는지의 감시도 중요하다.
- 음향 모니터도 똑같지만 스테레오 위상의 관리에 스테레오 스코프, 서라운드 스코프 및 시청각 환경 등이 중요해지고 있다.

6) 사후 작업

모든 편집이 끝난 후에는 항상 프로그램을 시사해야한다. 편집자는 편집 작업 시의 긴장으로 내용상의 오류나 기술적인 문제들을 놓치기 쉽다. 잘못 편집된 마스터를 복사하게 되는 것은 모두의 시간 낭비이므로 항상 복사를 시작하기 전에 테이프를 체크해야 한다.

10.6 비선형(넌 리니어 : NON LINEAR) 편집

비디오 편집을 VTR을 사용하지 않고 영상, 음향을 디지털화하여 하드디스크와 같이 랜덤 액세스 가능한 기억장치에 기록하여 컴퓨터 프로그램에 의해 편집하는 방식을 말한다.

특징은 비디오 소재를 랜덤하게 고속 액세스, 고속 서치 할 수 있고 소재를 화면상에서 필름 편집(잘라서 이어붙임)과 같이 할 수 있다.

또한 테이프로는 할 수 없는

- 편집하고자하는 장면을 즉시 불러내어 사용할 수 있다.
- 편집은 길이에 관계없이 즉시 된다.

- 편집 소재가 같은 저장매체에 있어도 편집이 가능하다.

10.6.1 편집 시스템의 사양

소프트웨어와 하드웨어는 범용성이 뛰어나고, 경제적이고, 만족할 만한 성능과 기능을 갖춘 어도비의 프리미어와 비록 기종이 다르더라도 환경설정 항목 이외에는 시스템 구성이 거의 유사하므로, 각종 하드웨어의 셋업은 제조회사에서 제공하는 사용설명서를 잘 읽고 그대로 따라 하면 된다.

모든 작업이 마찬가지겠지만 동영상 편집 작업 역시 시스템 사양이 높을수록 빠르고 쾌적한 작업이 보장된다.

1) 하드웨어와 소프트웨어

- Intel Pentium IV 2.6Ghz 또는 그 이상의 CPU
- 윈도우 2000 XP
- 512MB 이상의 메모리(1GB 이상 권장)
- 시스템용 30G 이상의 하드디스크 여유 공간
- 풀사이즈 오버레이를 지원하는 그래픽카드
- 사운드카드
- 동영상 작업을 위한 초당 전송률 5MB 이상의 대용량 7200RPM 하드디스크
- 마이크로소프트 DirectX 호환 IEEE-1394 인터페이스

2) 하드디스크와 운영체제

동영상 편집을 위한 시스템 사양에 있어서 특별히 유념해야 할 것은 하드디스크와 운영체제 및 파일 시스템이다.

동영상 편집 작업은 대용량 데이터를 다루는 것이며 디지털 비디오 캡처 시에는 많은 양의 data가 빠른 속도로 전송이 되기 때문에 하드디스크의 용량이 충분해야 함은 물론, 속도도 뒷받침되어야 한다. 하드디스크의 속도가 데이터의 전송량을 따라가지 못하면 동영상의 특정 부분을 놓치는 현상, 드롭(Drop)이 발생하여 정상적인 영상을 얻을 수 없다. 가급적이면 동영상 데이터 작업용으

로 별도의 하드디스크를 장착하여 사용하는 것이 바람직하며, 종종 하드디스크를 정리해주는 것이 좋다.

또한 일반 EIDE 하드디스크가 장착되어 있는 경우, DMA(Direct Memory Access) 옵션을 활성화 시켜주는 것이 좋다. 이렇게 함으로서 CPU 자원의 소모를 최소화하여 보다 안정적인 캡처 및 동영상 작업이 가능해지기 때문이다.

10.6.2 프리미어의 실행

어도비의 프리미어로 비선형 편집을 위한 A/V 캡처, 컷 연결, 화면전환, 영상 및 음향효과 부가, 자막삽입, 테이프로의 송출과 같은 사항을 수행할 수 있도록 가장 기초적인 작업에 대해서 알아본다.

프리미어의 설치를 마치고 시스템을 재 시작하여 프로그램 → Adobe → Premiere x.x → Adobe Premiere x.x의 순으로 클릭하여 프리미어를 실행한다. 물론 바탕화면에 단축 아이콘을 만들어주면 편리하게 프리미어를 실행할 수 있다.

1) 작업 영역의 초기화

프로그램의 실행을 위하여 필요한 파일들을 읽어 들인 후 Initial Workspace 대화상자가 나타난다. Initial Workspace 대화상자는 프리미어를 설치한 후 최초 실행 시 한번만 나타나며 이것은 작업 영역의 형태를 초기화한다. ① A/B Editing은 비디오 클립과 트랜지션을 각각 별도의 트랙으로 편집하는 형태를, ② Single-Track Editing은 비디오 클립과 트랜지션을 동일한 트랙에서 편집하는 형태를 가리킨다. 좌측 하단의 Select A/B Editing 버튼을 클릭한다. 트랜지션(Transition)이란 장면 전환 효과를 가리킨다.

프리미어 프로를 설치한 후 생성된 바탕화면의 프리미어 아이콘을 더블클릭해 실행하고 아래와 같은 첫 화면에서 New Project를 클릭한다.

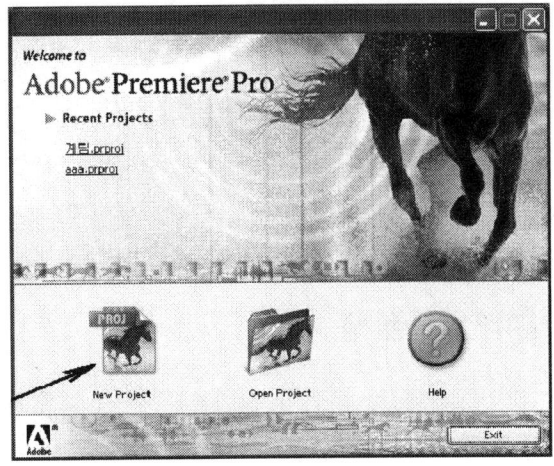

10.6.3 기본적인 환경설정(Project Settings)

작업 영역을 선택하고 나면 프로젝트 선택대화상자가 나타난다. 시스템에 장착된 편집카드나 또는 작업하고자 하는 형태에 따라 선택할 수 있다.

1) 기본 설정

미리 설정된 프리셋 작업설정 값을 편리하게 선택할 수 있는 곳으로서 DV-NTSC Real-time Preview의 Standard 48khz 항목을 선택하고 아래항목의 Location과 Name을 입력하고 OK 버튼을 클릭한다.

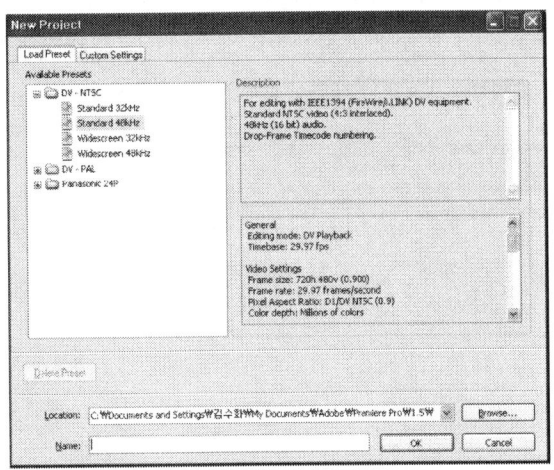

2) Custom 설정

Custom 버튼을 클릭하면 각 부분별로 옵션 설정을 할 수 있는 프로젝트 대화 상자에서 설정한 값을 새로운 프리셋으로 저장할 수 있다.

설정항목에는 다음의 4개가 있다.

(1) General

Custom 버튼을 클릭하면 처음으로 나타나는 설정 화면으로서 프로젝트에 대한 전반적인 설정을 한다.

편집에 요구되는 가장 보편적인

Editing Mode,
Time Base,
Time Display 항목을 설정하기 위한 창이다.

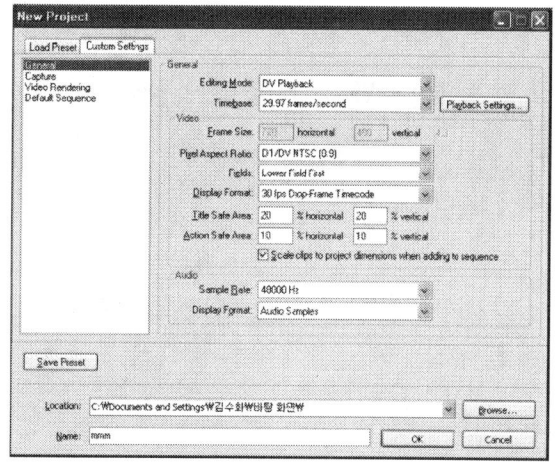

- **Editing Mode**는

  DV Playback, Video for Windows(AVI), 또는 QuickTime 형식 중에서 선택할 수 있으며

- **Time Base**는

  Video for Windows (AVI)로 선택한 경우, 컬러 NTSC TV신호의 수직 프레임 주파수가 29.97Hz임으로 29.97Hz를 선택한다.

- **Time Display**는

  드롭 프레임 상태는 편집시간과 실제의 시간이 정확히 일치하기 때문에 30fps drop frame time code를 선택한다.

(가) **Video Settings**

Compressor(영상 데이터 압축방식),
Frame Size(화소 수),
Frame Rate(프레임 수) 등

영상과 관련된 기술적 항목을 선택하기 위한 창으로서, 화소 수는 일반적으로 720×480으로, 프레임 수는 29.97을 권고한다. 이렇게 해야만 컴퓨터에서 편집한 결과를 TV모니터에서 풀 스크린으로 재생할 수 있으며, 캠코더 VTR로 송출(export)해도 VTR을 사용하여 편집한 것과 동일한 결과를 얻을 수 있다. 압축 효율을 보다 높이려면 Recompress를 체크한다.

(나) **Audio Settings**

Rate(샘플링 주파수),
Format(양자화 비트 수, 모노/스테레오의 여부),
Type(압축 방식) 등 오디오 관련 항목이다.

최상의 음질로 녹음·편집하려면 샘플링 주파수를 48kHz, 양자화 비트 수를 16비트, 압축방식은 비압축(Uncompressed), 그리고 Interleave는 Non을 선택한다.

(2) Capture Settings

    Capture Format
    Capture Video
    Device Control
    Capture Limit
    Capture Audio 등

DV/IEEE 1394 Capture를 선택한다.

DV 비디오 편집 카드를 사용하는 경우는 Video for Window(avi)를 선택하면 된다. 그러나 아날로그 비디오 편집카드를 사용한다면 캡처에 필요한 각종 요소를 체크 또는 선택해야 한다.

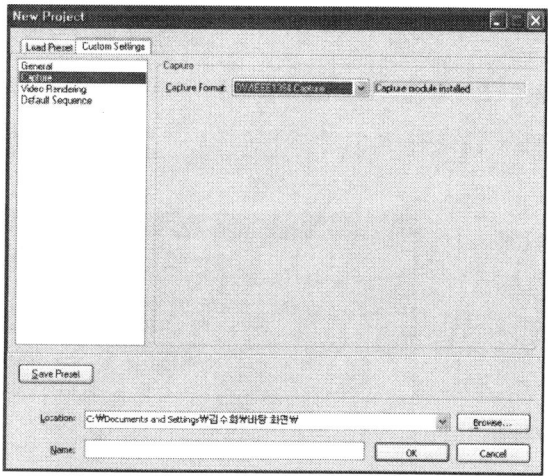

(3) Video Rendering

렌더링에 관한 항목으로써, Optimize Still을 제외한 항목은 체크하지 않는 것이 바람직하다.

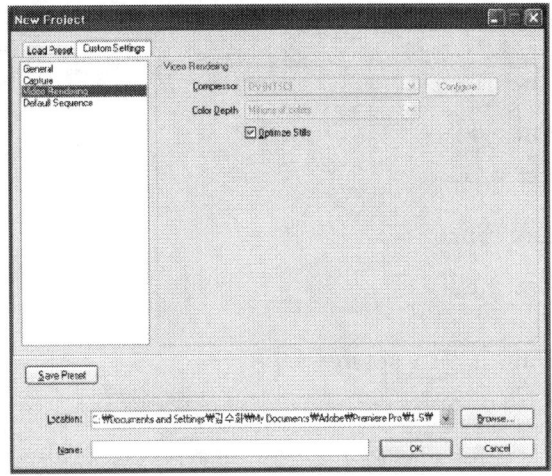

(4) Default Sequence

생성될 타임라인을 하나의 시퀀스라고 하는데, Default Sequence는 타임라인에 형성될 Video와 Audio의 트랙 수를 설정하는 곳이다.

프리미어 프로는 하나의 프로젝트 내에 여러 개의 시퀀스를 운영할 수 있다.

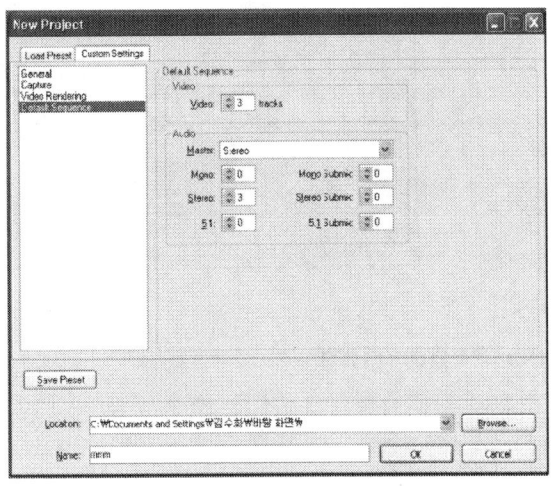

지금까지 디지털 편집을 시작하기 위한 각종 환경설정에 대해서 언급했는데, 자신이 설정한 내용은 Save 버튼을 눌러서 저장할 수 있다. 그리고 필요하다면 Load 버튼으로 얼마든지 다시 불러올 수 있다.

편집 기술

비디오 편집카드 메이커에서는 사용자들의 편이를 위해서 최적의 설정치를 프리미어에 플러그 인 형식으로 제공하고 있는데, Load 버튼을 누르면 그에 해당하는 설정치를 쉽게 선택할 수 있다.

10.6.4 편집에 필요한 작업창과 기능

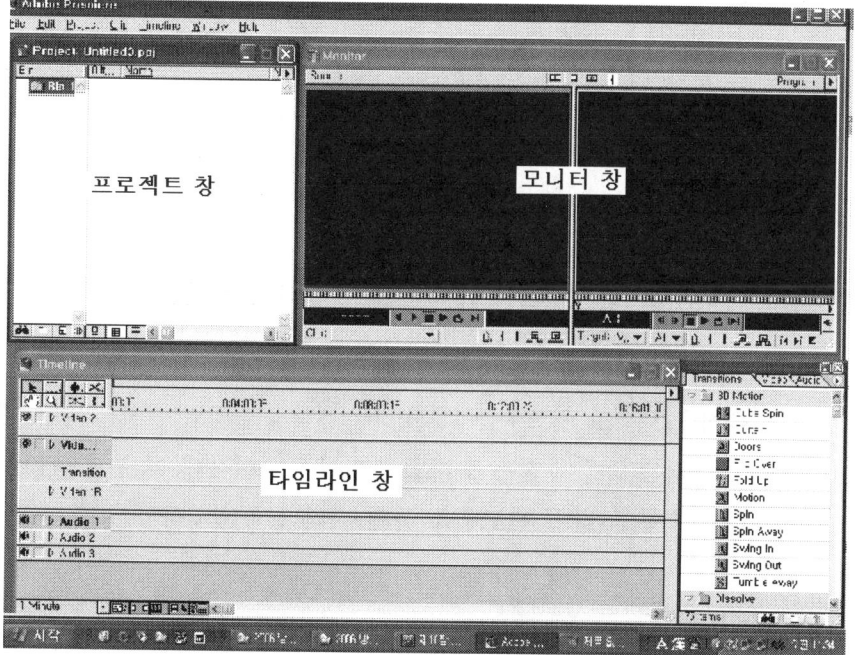

1) 프로젝트 창

현재 진행되고 있는 프로젝트의 상황을 보여주는 창이다. Open 또는 Import를 통해 불러온 비디오, 오디오, 정지화(사진), 자막의 소스에 대한 각종 정보(파일의 종류, 화소의 크기. 재생시간 등)들이 일목요연하게 나타난다.

(1) 클립을 프로젝트에 추가하기(File〉 Import)
(2) 프로젝트 저장하기(File〉 Save)
(3) 클립의 정보 보기와 프리뷰
(4) 새로운 Bin을 추가하고 저장하기 등의 작업할 수 있다

2) 이펙트 창

프로젝트 창의 상단에 있는 Effect를 클릭하면 나타나는데, 화면전환(transition), 특수효과(effect)의 종류를 선택하기 위한 창이다. 여기에는 디졸브, 와이프 이외에 밴드 슬라이드, 페이지 턴, 스핀, 푸쉬 등의 수많은 종류가 있다.

3) 클립 창

클립 윈도우는 독립된 창을 통하여 클립을 열고 인/아웃점 등을 설정하거나 재생할 수 있는 곳으로 다음과 같은 방법으로 열 수 있다.

- File〉Open 메뉴를 통해 클립을 불러온 경우
- 프로젝트 윈도우에 등록된 클립을 더블클릭한 경우
- 타임라인 윈도우에 등록된 클립에 대하여 팝업 메뉴에서 Open Clip을 선택한 경우

특히 프로젝트 윈도우를 Thumbnail View 형태로 설정한 경우, 오디오가 포함된 클립은 하단에 작은 오디오 파형이 나타나는데 이 부분을 더블클릭 하면 오디오 부분만 클립 윈도우를 통해 나타나게 됩니다.

4) 모니터 창

Import를 통해 불러 온 동영상을 미리 보며 편집하는 프리뷰(preview, 또는 source) 모니터, 그리고 편집 결과를 최종적으로 확인하는 프로그램(PGM) 모니터로 구성되어 있다.

또한 프로그램 뷰(Program View)만 나타나는 싱글 뷰, 소스 뷰(Source View)와 프로그램 뷰(Program View)등 두 개의 뷰(View)로 나타나는 듀얼 뷰의 형태를 갖는다.
모니터 윈도우를 듀얼 뷰의 형태로 나타나게 하려면 모니터 윈도우 상단의 듀얼 뷰 버튼을 클릭 한다.

각 모니터의 하단의 PLAY, FF, REW, STOP 버튼을 눌리면 VTR과 동일한 동작

이 이루어진다. 프리뷰 모니터에서 마크 인 ┤(mark in)과 마크 아웃 ├(mark out) 버튼을 사용하면 불러온 소스를 타임라인으로 보내기 전에 미리 편집 할 수 도 있다.

5) 타임라인 창

각종 동영상. 정지화, 자막, 여러 채널의 음향 소스를 적절한 트랙에 불러와서 시간의 흐름에 맞춰 편집을 진행하기 위한 작업 틀이다.

타임라인의 트랙에는 여러 개의 Video와 Audio의 트랙을 생성할 수 있다.

좌측 하단의 트리밍(trimming) 창에서 시간을 길게 또는 짧게 설정하면 시간 축(time line ruler)이 늘어나거나 줄어들어서 작업구간 전체를 본다든지, 프레임 단위로 정밀 편집을 할 수 있게 된다.

(1) Video 트랙은

동영상을 편집하면서 스토리를 전개해 나가기 위한 트랙으로서. Video 트랙은 추가할 수가 있다. 컷 편집만 할 경우에는 Video 트랙은 하나만 필요하고. 두 개의 영상소스로 디졸브와 같은 화면전환 효과를 사용할 경우에는 여러 개의 트랙이 동시에 필요하다.

화면전환이 필요할 때 Video 1 트랙의 ▷버튼을 누르면 Video 1 트랙이 분리되면서 transition 트랙이 나타난다. Video 2와 transition 트랙의 비디오 클립을 원하는 화면전환 시간만큼 겹치게 한 후, 이 트랙에 화면전환 창(transition window)의 수많은 효과 중에서 하나를 선택하여 드래그 &드롭 하면 영상이 겹친 길이만큼 두 영상이 선택된 효과로 전환된다. 즉, VTR에서의 A/B를 편집과 동일한 효과가 얻어진다.

(2) Audio 트랙은

동영상과 함께 불러온 음향신호, 그리고 CD 등에서 캡처한 오디오 소스를 편집 할 때 사용된다. 오디오 트랙도 추가할 수가 있다.

5) 도구상자

도구상자(tool pallet)는 편집에 필요한 각종 도구를 모아놓은 곳으로서, 이들을 적절히 이용하면 편집을 효율적으로 진행할 수 있다.

10.6.5 프로젝트의 수행

프리미어에서 동영상을 캡처하여 하나의 영상물을 편집 완성하기 위한 일련의 작업과정을 프로젝트(project)라고 한다. 프로젝트의 시작에서 종료하기까지의 절차는 다음과 같다.

1) New Project의 시작

프리미어가 처음 실행되는 도중, 또는 실행이 종료된 상태에서 File의 메뉴바 → New Project를 선택하면 New Project Settings라는 환경설정 창이 나타난다. 이것은 기술적인 기준을 입력하기 위한 것으로서, 모든 파라미터를 설정해야 한다.

2) 비디오 캡처(첫 번째 단계)

윈도우가 프리미어에서 각종 기본환경 설정을 마무리하면 본격적인 영상편집에 돌입할 수 있는 준비가 완료 된다. 디지털 편집의 첫 번째 순서는 테이프에 녹화되어 있는 영상/음향을 PC의 HDD로 복사하는 "캡처"에서 시작된다.

캡처를 하기 위해서는 먼저 비디오 편집카드의 DV단자와 캠코더 VTR의 DV단자를 서로 연결한다. 아날로그 방식과 달리 DV방식의 비디오 편집보드를 사용할 때는 PC에 전원을 넣기 전에 반드시 PC와 캠코더 또는 VTR사이를 DV케이블로 결선하고, 캠코더나 VTR의 전원을 켜서 재생모드로 만들어야 한다. 즉 IEEE-1394 드라이버는 윈도우가 부팅되는 시점부터 인식되어야 한다. 만약 이 작업이 이루어지지 않으면 캡처가 불가능하게 된다.

프리미어의 캡처 모드에는 Batch, Movie, Stop Motion, Audio 의 4종류가 있는데, 가장 손쉬운 것은 Movie 캡처이다. File의 메뉴바를 풀 다운하여 Capture

→Movie capture를 선택하면 Movie Capture 창이 나타나는데, 마우스로 RECORD 버튼을 클릭하기만 하면 오디오/비디오 캡처가 동시에 이루어진다. 캡처를 중단하려면 ESC 키를 클릭하면 된다.

HDD의 용량을 최대한 살리고, 편집의 효율성을 높이기 위해서는 촬영한 그림을 한꺼번에 캡처하는 것보다 여러 개의 컷으로 나누는 것이 바람직하다. 저장 파일형식은 .avi가 가장 무난하다. .avi 파일은 비디오뿐만 아니라 오디오도 동시에 포함하므로 캡처는 물론 테이프로 출력 (export)할 때도 매우 편리하다.

3) 오디오 캡처

일반적인 영상편집에서는 반드시 촬영과 함께 녹음된 현장 음 만이 요구되는 것은 아니다. 경우에 따라서는 현장 음을 지우고 CD에 녹음된 음악을 타임라인의 오디오 트랙에 불러와야 한다. 이 때 필요한 기능이 오디오 캡처이다. CD 오디오를 간단히 캡처 하려면 PC의 CD-ROM 드라이브에 오디오 CD를 넣고, File → Capture → Audio Capture를 선택하면 된다. 이렇게 하면 윈도우에서 제공하는 "녹음기"라는 보조 프로그램이 나타나는데, 녹음 버튼을 누르면 CD-ROM의 오디오가 .wav 파일로 변환된다.

CD 그대로의 고품위 사운드를 시간제한 없이 녹음하기 위해서는 특별한 소프트웨어가 필요하다. 또한 사운드 카드의 마이크/라인 입력단자에 마이크나 녹음기를 연결하면 해설이나 음향 효과를 훌륭하게 .wav 파일로 변환시킬 수 있다.

4) DV소스를 프로젝트 창으로 불러오기(두 번째 단계)

디지털 영상편집의 두 번째 단계는 이미 캡처가 끝나 저장되어 있는 .avi 파일을 프로젝트 창이나 프리뷰 모니터로 불러오는 것에서부터 출발한다.
프로젝트 창에 A/V소스를 불러오려면 마우스를 움직여서 커서를 프로젝트 창 안에 집어넣고, 마우스의 오른쪽 버튼을 Import → File 메뉴가 차례로 나타난다. 캡처 받은 폴더를 찾아가서 해당 파일을 클릭하면 프로젝트 창으로 그 파일이 들어오게 된다. 물론 File 메뉴를 풀다운하여 File → Import를 해도 마찬가

지의 결과가 얻어진다. 컨트롤키를 누른 상태에서 파일들을 마우스의 왼쪽 버튼으로 선택하면 한꺼번에 많은 파일을 불러올 수 있다.

바로 이 파일들을 마우스로 드래그 하여 타임라인 위에 얹어 놓으면 디지털 영상편집이 가능하게 되는 것이다. 프리미어에서는 동영상뿐만 아니라 포토샵과 같은 그래픽 소프트웨어로 작성한 psd, bmp, jpg, tif, tga 정지화 파일도 지원하므로 이 방법을 사용하면 영상의 다양화를 꽤 할 수 있다.

캡처한 파일들을 프로젝트 창으로 불러들이는 또 하나의 방법은 불러오기(Open)를 이용하는 것이다. File → Open을 누르면 "파일 열기" 창이 나타나는데, 폴더 중에서 자신이 캡처한 동영상 파일을 찾아서 클릭하면 해당되는 영상이 프리뷰 모니터에 나타남과 동시에 프로젝트 창에도 그 파일이 자동적으로 표시된다. 불러오는 순서에 따라서 모니터 하단의 소스 메뉴 창에 해당 파일이 하나씩 누적되며, 모니터의 하단에 있는 ▶버튼을 누르거나 로케이션 바(location bar)를 마우스로 끌면 불러온 동영상과 음향이 재생된다.

5) 타임라인으로 A/V소스 불러오기(세 번째 단계)

디지털 영상편집의 세 번째 단계는 프로젝트 창 또는 프리뷰 모니터에 불러 온 각종 DV소스를 타임라인으로 가져오는 것이다. 프로젝트 창의 필름 스트립 아이콘 또는 프리뷰 모니터의 화면에 커서를 갖다 대면 손 모양의 표시가 나타나는데, 이 상태에서 마우스의 왼쪽 버튼을 누른 채 타임라인의 Video 1 또는 Video 2 트랙으로 끌어다 놓으면 비디오 클립이 만들어진다.

비디오 클립이 있는 타임라인의 시간축에 커서를 옮기고 재생하고자 하는 그림의 시작점 부분에서 마우스의 왼쪽 버튼을 누르면 포인터가 그 부분으로 이동한다. 여기서 키보드의 스페이스 바를 누르면 포인터가 스스로 이동하면서 해당되는 영상이 프로그램 모니터에서 재생된다. 재생을 정지하기 위해서는 다시 한 번 스페이스 바를 누르면 된다.

여기까지의 조작에 의하여 비로소 디지털 편집을 시작할 수 있는 기본적인 준비가 되었다고 할 수 있다. 즉, 타임라인 위에 불러온 여러 가지 DV소스를 편집용 도구를 사용하여 가공함으로써 디지털 영상편집이 이루어지는 것이다.

10.6.6 타임라인의 툴 팔레트의 이해

효율적인 디지털 편집을 위해 타임라인 상에서 제공되는 각종 도구모음을 툴 팔레트(Tool Pallet)라고 한다. 툴 팔레트는 타임라인의 좌측에 위치해 있는데, 일반적인 영상편집에 꼭 필요한 도구의 종류와 기능은 다음과 같다.

1) ↖ : 선택도구(selection tool)

A/V 클립 중에서 하나를 선택하여 활성화하거나 클립의 길이 또는 순서를 변경할 때 선택한다. 디지털 편집에서 빈번히 사용되는 도구 중의 하나이다. 클립을 활성화하려면 마우스의 왼쪽 버튼을 클립의 위에 대고 한번 누르면 된다. 이렇게 하면 클립의 테두리가 점선(ripple)으로 바뀌면서 활성화되었다는 것을 알려준다. 이 상태에서 마우스의 오른쪽 버튼을 누르면 메뉴상자가 나타나면서 클립에 대한 편집(자르기, 복사, 붙이기 등)은 물론 각종 영상효과(필터, 재생속도 변화 등)의 적용이 가능하게 된다.

선택 도구를 사용하면 컷의 길이를 간단히 늘이거나 줄일 수 있다. 커서를 클립의 첫머리 또는 끝에 갖다 대면 되는데, 이 때 클립에는 ↔ 표시가 나타난다. 이 상태에서 마우스의 왼쪽 버튼을 누른 채로 드래그 하면 컷의 길이가 늘어나거나 줄어든다. 편집할 클립의 시작점(in point)과 끝점(out point)을 결정 할 때 효과적이다.

그리고 마우스의 왼쪽 버튼을 누른 채 클립을 드래그 하면 타임라인 상에서 클립의 순서를 자유롭게 바꿀 수도 있다. 이동시키고자하는 비디오 클립에 커서를 갖다 대고 마우스의 왼쪽 버튼을 누른 상태에서 클립을 끌기 시작하면, 커서의 모양이 ✋로 변화되는데, 원히는 지점에 도달했을 때 드롭 하면 클립의 위치가 변경된다. 오디오가 포함된 비디오 클립이라면 오디오 클립도 동일하게 이동된다.

2) Track Select Tool ⊞ (트랙선택)

선택도구 ▶는 단 하나의 클립에만 적용되지만, 이것은 같은 트랙에 있는 여러 개의 클립을 한꺼번에 활성화할 수 있다. 비디오와 오디오 클립을 동시에 삭제하거나 이동할 수 있다.

3) : 면도날(Razor)

타임라인 상에서 각종 클립을 원하는 길이만큼 잘라내기 위한 도구이다. 프레임 단위로 정밀하게 잘라낼 수 있으므로 컷 길이의 "조정"에 매우 효율적이다. 클립의 일부분에만 필터 효과를 적용하고자 할 때도 사용할 수 있다 클립을 잘라내어 트랙을 편집하는 과정은 다음과 같다.

(1) 면도날을 선택하여 잘라내고자 하는 영상 또는 음향 클립에 커서를 갖다 댄다.
(2) 커서를 비디오 또는 오디오 클립 위에 올려놓으면 커서가 면도날 모양으로 변화되는데, 마우스의 왼쪽 버튼을 누르면 클립이 2개로 분할된다.
(3) 커서를 툴 팔레트로 옮겨 ▶을 선택한 후, 버리고자 하는 클립을 활성화 한다.
(4) 키보드의 delete키를 누르거나, 마우스의 오른쪽 버튼을 눌러 Cut, Clear를 선택한다.
(5) 클립이 제거된 후에 빈 공간이 남아 있다면 그것을 활성화시켜 붙이면 된다.
(6) 만약 전후의 클립이 서로 연결되지 않을 경우에는 오디오 클립도 위의 과정을 통해서 삭제한다.

컷을 보다 정밀하게 자르려면 타임라인의 좌측하단에 있는 트리밍 창에서 타임베이스(8분에서 1프레임)를 낮춰야 한다. 이렇게 하면 편집 점을 1 프레임 단위로 설정할 수 있기 때문에 특수한 영상편집에도 손쉽게 대응할 수 있다.

4) Pen Tool

영상 클립의 불 투명도나 음성 클립의 볼륨을 조절할 수 있는 도구이다.

10.6.7 컷 편집

디지털 편집 시스템에서의 컷 편집은 아주 간단하다. 캡처 받은 수많은 컷을 타임라인의 Video 트랙에 불러와서 순서대로 나열하기만 하면 되기 때문이다. 컷을 나열하는 순서와 A/V처리는 촬영 또는 편집대본에 따르기만 하면 된다. 그러나 캡처 받은 모든 비디오 클립은 실제의 편집에 요구되는 컷의 길이보다 훨씬 길다. 편집의 기본은 필요한 부분만 취하는 것이므로 타임라인 상에서 불필요한 부분을 잘라내야 한다. 모든 비디오 클립을 타임라인 상으로 순서대로 불러오는 것은 어려우므로 컷의 순서도 자유자재로 바꿀 수 있다.

또한 편집이 마음에 들지 않으면 원래의 상태로 되돌릴 수 있다(이 기능을 Undo라고 한다). 디지털 편집의 강점은 바로 컷의 길이와 순서를 아무런 제약 없이 간단하게 수정할 수 있다는데 있다. 이것은 기록, 저장매체로 HDD 또는 광디스크가 사용되기 때문이며, 이러한 속성 때문에 디지털 편집은 비선형 편집 (non linear editing)이라고 불리고 있다.

비록 컴퓨터를 잘 알지 못하는 사람이라도 마우스만 정확히 조작할 수 있다면 디지털 편집이 얼마든지 가능하다.

10.6.8 A/B롤 편집

A/B롤 편집이란 A화면에서 B 화면으로 전환될 때 여러 가지 영상효과를 가하면서 전환할 수 있는 편집 방법을 말한다. 디지털 편집 시스템에서도 Video 1 트랙과 Video 2, 그리고 Transition 트랙을 사용하면 매우 다양한 영상효과를 얻을 수 있다

프리미어에서 A/B롤 편집을 하려면 Video 1 트랙의 우측에 있는 ▷버튼을 눌러 Video 1을 Transition 트랙으로 확장한다. Video 1과 Video 2 트랙에 각각 다른 비디오 소스를 트랜지션 창에서 화면전환 효과 중 하나를 선택하여 Transition트랙에 불러온다. 두 개의 소스화면은 화면전환 효과가 이루어지는 시간만큼 겹쳐야 한다.

1) 전환(트랜지션 : Transition) 효과 사용하기

현재 진행되고 있는 내용에서 분위기가 다른 색다른 내용으로 넘어가고자 할 때 사용하는 것으로 주로 시간의 변화나 장소의 변화, 내용상의 반전 등과 같이 완전한 변화가 일어나는 곳에 사용한다.

◈ **Effects 탭 열기**

프로젝트 윈도우 상단에 있는 이펙트 탭을 클릭하면, 오디오와 비디오 클립에 쓸 수 있는 이펙트와 트랜지션 폴더가 있다. 이중 트랜지션 폴더를 열면 여러 가지 트랜지션 폴더들이 보이게 된다. 원하는 트랜지션을 드래그 하여 클립에 적용시킨 후 재생해 보면 적용된 트랜지션 효과를 볼 수 있다.

2) 트랜지션을 사용하여 Fade In, Fade Out 하기

저녁에 잠자리에 드는 장면에서 아침에 기상하는 장면으로 진행되는 화면이 있다고 가정 한다면 잠자리에 드는 얼굴 표정에서 점점 어두워졌다가 잠시 후 다시 서서히 밝아지면서 일어나는 모습으로 전개되는 전환 방법을 연상할 수 있을 것이다. 이렇게 진행되던 화면이 점점 어두워지는 것을 Fade Out 이라하고 서서히 밝아지면서 진행되는 것을 Fade In 이라 한다.

(1) Video의 이펙트 팔레트에서

Video Transition〉Dissolve 빈에 있는 Cross Dissolve 트랜지션을 페이드인 할 때는 비디오 클립의 시작 지점에 페이드아웃 할 때는 비디오 클립의 끝 지점으로 드래그 한다.

(2) Audio도 이펙트 팔레트에서

Audio Transitions〉Crossfade 빈에 있는 Constant Power 트랜지션을 페이드인 할 때는 오디오 클립의 시작 지점에 페이드아웃 할 때는 오디오 클립의 끝 지점으로 드래그 한다.

Chapter 10

편집 기술

10.6.9 오디오 작업

여러 개의 영상을 컷으로 연결하다보면 화면이 바뀌는 지점에서 오디오 레벨이 서로 맞지 않아서 소리가 튀거나 잡음이 들리는 경우가 있다.

1) 타임라인 윈도우에서 오디오 조절하기

오디오 트랙의 좌측에 있는 ▷버튼을 눌러 ▽으로 만들면 오디오 트랙이 확장되면서 파형과 레벨 상태를 조정할 수 있다.

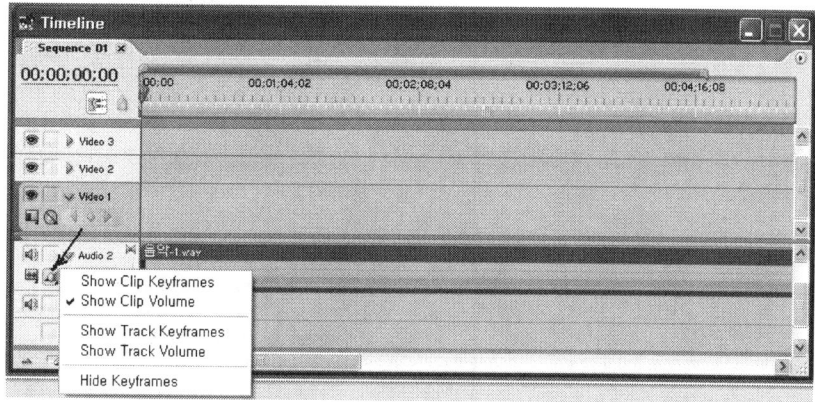

◆ 볼륨 조절과 Pade in, Fade out 시키기

(1) Show Track Volume을 선택하여 오디오의 Clip Volume이 보이도록 설정한다.

(2) 툴 박스에서 펜툴( )을 선택하고, 오디오의 Clip volume 선으로 가져간다.

(3) 커서가 모양일 때 마우스의 왼쪽 키를 눌러서 선택된 오디오의 전체적인 볼륨을 조절할 수 있다.

(4) 또한 커서가 모양일 때 ctrl키를 누르면 모양의 펜툴로 바뀐다. 그 때 마우스의 왼쪽 키를 클릭하면 볼륨을 조절할 수 있는 키프레임이 생긴다.

(5) 이런 식으로 키프레임을 하나 더 만든다.

(6) 처음 만든 키프레임을 선택하고 맨 아래로 내린다. 내리면 소리가 줄어들고 올리면 소리가 커진다.

이 기능을 이용하면 오디오의 페이드인/페이드아웃은 물론, 크로스 페이드(Cross fade)도 가능하다.

2) Audio Mixer 윈도우에서 오디오 조절하기

상단의 Window 메뉴에서 Audio → Mixer를 선택하여 오디오 믹서 윈도우를 열어 각 트랙에 놓인 볼륨 페이더로 오디오의 음량을 실시간 트랙별로 마음대로 조정할 수 있다.

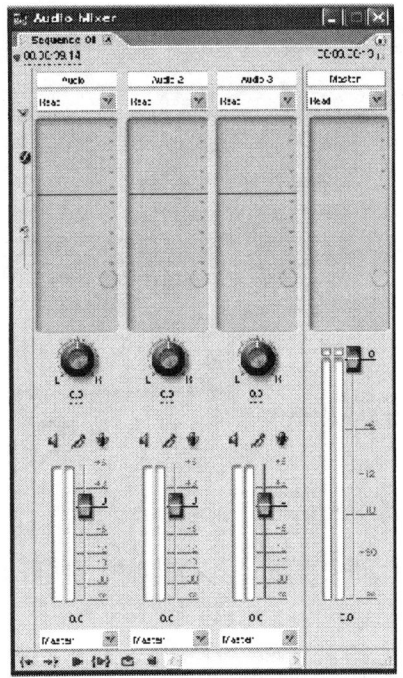

혹시 다음 그림과 같이 생성되면 우측 상단에 있는 삼각형을 클릭해 Audio Mixer를 선택해 주면 된다.

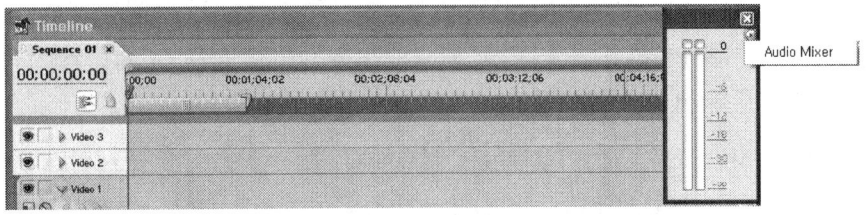

10.6.10 특수효과에 의한 영상효과

프로젝트 윈도우의 이펙트 탭을 클릭하면 비디오 이펙트 폴더를 열 수 있고 다양한 이펙트 종류를 확인할 수 있다.

이펙트는 클립에 특수한 효과를 적용함으로써 클립의 내용을 다양한 모양으로 변화를 줄 수 있는 것을 말한다. 예를 들어 모자이크 처리를 하거나 수채화 모양으로 보이게 하거나 화면을 볼록하게 만들거나 호수에 돌을 던지면 물결이 퍼지는 것과 같은 효과, 또는 영상의 밝기와 명암의 대비를 조절할 수 있고, RGB 색상의 변화 효과를 주는 등의 이펙트를 들 수 있다. 적용된 이펙트는 클립의 처음 부분부터 끝까지 변화가 일어나지 않은 채 동일 값의 효과가 재생된다. 그러나 여기에 키 프레임을 추가하고 각 키 프레임마다 다른 값을 설정해 주면 이펙트는 재생되면서 변화가 일어나 조금 더 색다른 느낌을 줄 수 있다.

키 프레임이란 시간의 경과에 따라서 비디오/오디오 클립에 가해지는 영상/음향효과를 순차적으로 변화시키기 위한 작업이다. 예를 들면, 컬러 영상을 일정한 순간부터 갑자기 흑백으로 처리하는 것보다 시간의 흐름에 따라서 컬러가 서서히 빠지면서 흑백으로 변화하는 시각적 효과를 만들기 위해서는 키 프레임이 필요하다. 화면의 변화에 대응하는 포인트를 시간의 흐름에 맞추어 하나씩 찍어 나가면 키 프레임의 설정이 이루어진다.

10.6.11 영상의 재생속도 변화

VTR에서는 그림을 빠르게, 또는 늦게 재생하기가 힘들고, 가능하다고 해도 노이즈가 끼거나 화질이 저하되기 쉽다. 그러나 비선형 편집에서는 슬로모션(slow motion)은 물론 역 슬로모션(reverse slow motion), 그리고 수십 배속의 고속 재생도 아주 쉽게 이루어진다. 물론 노이즈와 화질은 전혀 염려할 필요가 없다.

재생속도를 변화시키려면 해당되는 비디오 클립을 활성화시킨 후, 클립에서 마우스 오른쪽 버튼을 클릭하여 팝업창에서 Speed/Duration을 선택하고, 대화상자에서 원하는 만큼 숫자를 입력한다. 50%는 1/2배속의 슬로모션이며, 숫자 앞에 -를 붙이면 역 슬로모션이 된다. 재생속도의 변화는 극적인 장면을 슬로모션으로 처리하거나, 빠르게 재생하거나, 긴 시간에 걸쳐서 변화하는 구름의 이

동 같은 것을 매우 자연스럽게 표현할 때 꼭 필요한 기능이다.

10.6.12 자막 넣기

영상, 음향의 연결처리가 끝나면 최종적으로 자막(title)을 넣어야 한다.

1) 정지 자막 만들기

(1) 편집된 영상 클립을 타임라인 윈도우의 Video 1 트랙에 등록한다.
(2) File 메뉴를 풀다운 하여 New → Title을 누르면 타이틀 만들기 창이 나타난다. 창의 상단에 있는 Title Type에서 still을 선택한다.
(3) 좌측의 T를 선택한 후, 타이틀 창 우측에서 원하는 폰트를 선택하고 문자를 타이프 하면 자막이 만들어진다.
(4) 이 창의 좌, 우측에 있는 각종 도구를 사용하면 문자의 속성(크기, 스타일, 컬러, 그림자 등)을 변경할 수 있다.
(5) 자막 작업이 끝나면 파일을 저장(파일 형식은 .ptl)한 다음, File 메뉴의 Import → File에서 방금 저장한 .ptl 파일을 프로젝트 창에 불러온다. 프로젝트 창에서 이 타이틀 클립을 드래그하여 Video 2 트랙에 드롭하면 자막을 영상에 중첩시키기 위한 준비가 완료된다.
(6) 자막을 넣는 장소는 Video 1 의 흐름에 맞추어 결정하며, 자막의 지속 시간은 자막 클립의 왼쪽 또는 오른쪽을 마우스의 왼쪽버튼을 눌러서 가감할 수 있다.
(7) 자막을 페이드인/아웃으로 처리하려면 Video 2트랙의 ▷ 버튼을 눌러 트랙을 확장한 후, 트랜지션을 적용하면 된다.

2) 가로로 스크롤되는 크롤(Crawl) 자막 만들기

이번에는 가로 방향으로 스크롤 되는 크롤 타이틀을 만들어 본다. 흔히 TV방송에서 화면 하단에 프로그램 안내 자막을 보여주는 형태로서 타이틀 디자이너를 사용하여 쉽게 만들 수 있다.

(1) 편집된 영상 클립을 타임라인 윈도우의 Video 1 트랙에 등록한다.
(2) File〉New〉Title을 선택하여 새 타이틀 디자이너를 열고 타이틀 디자이너의 Title Type에서 Crawl을 선택한다.
(3) 타입 툴을 선택하고 작업 창의 하단을 클릭하여 커서가 나타나면 작업 창에 문자를 입력한다. 물론 한글로 입력할 경우 한글 폰트를 선택하고 적절히 크기나 기타 효과도 적용한다. 문자를 입력할 때는 다른 타이틀과는 달리 Enter 키를 누르지 않고 한 행에 계속 입력한다.
(4) Crawl 타입의 작업 창은 가로 방향의 스크롤바가 나타나게 되며 문자가 작업창 영역을 벗어나더라도 스크롤바가 이동되며 계속 입력할 수 있다.
(5) 문자가 화면 밖에서부터 나타나고 화면 밖으로 사라지게 하려면 메뉴 바에서 Title〉Roll/Crawl Option을 선택하여 옵션 대화상자가 나타나면 Start Off Screen과 End Off Screen 옵션을 체크하고 OK 버튼을 클릭한다.
(6) Ctrl+S 키를 눌러 작업한 타이틀을 저장한다. 프로젝트 윈도우를 보면 작업한 타이틀 클립이 .prtl로 저장되어 있는 것을 볼 수 있다.
(7) 프로젝트 윈도우에 등록된 타이틀 클립을 타임라인 윈도우의 Video 2 트랙으로 드래그하고 길이를 조절한다. 롤링 타이틀의 스크롤 속도가 빠르지 않게 적절히 길이를 늘려주는 것이 좋다.
(8) 프리뷰하면 작업 결과를 확인할 수 있다. 문자가 가로로 스크롤 되어 지나가는 것을 볼 수 있다. 특히 타이틀 옵션 설정으로 첫 문자부터 나타나면서 시작되고 끝 문자가 완전히 사라질 때까지 재생되는 것을 볼 수 있다.

3) 롤링 자막 만들기

영화의 끝 부분에 제작진의 이름이 올라가는 것처럼 문자가 위로 흘러가는 기법을 말한다.
프리미어의 타이틀 디자이너를 사용하면 롤링 크레디트 타이틀을 쉽게 만들 수 있다.

(1) 편집된 영상 클립을 타임라인 윈도우의 Video 1 트랙에 등록한다.
(2) File〉New〉Title을 선택하여 새로운 타이틀 디자이너를 열고 좌측 상단의

    Title Type 메뉴에서 Roll을 선택한다.

(3) 타입 툴을 선택하고 작업 창을 클릭하여 커서가 나타나면 적절히 폰트와 각종 옵션들을 지정한다.

(4) 문자를 입력한다. 한 행에 표시될 문자의 끝에서 Enter 키를 눌러 계속 행을 바꿔가며 입력한다.

(5) 툴박스에서 선택 툴을 클릭하여 문자 입력을 마치고 오브젝트 스타일 섹션의 Properties>Leading 옵션을 조절하여 행간의 간격을 조절한다. 문자가 스크롤 되면서 재생될 것이기 때문에 행 사이의 간격이 좁으면 알아보기 힘 든다.

  참고

❖ 롤링 타이틀의 미리보기

타이틀 타입이 Roll로 선택되면 작업 창 우측에 스크롤바가 나타나며 입력된 문자가 작업 창의 높이를 초과하면 스크롤바를 드래그 하여 보이지 않는 문자들을 모두 볼 수 있다. 따라서 스크롤바를 드래그 하여 문자 전체를 다시 살펴보고 잘못된 부분이 없는지 확인하도록 한다.

(6) 문자가 화면 밖 아래서부터 나타나고 화면 밖 위로 사라지게 하려면 Roll/Crawl Options>Start Off Screen과 End Off Screen를 체크해 주고 저장한다. 작성한 타이틀은 폴더에 롤링 타이틀 .prtl로 수록된다.

(7) 프로젝트 윈도우를 보면 작업한 타이틀 클립이 등록되어 있는 것을 볼 수 있다. 이것을 타임라인 윈도우의 Video 2 트랙으로 드래그하고 Video 1 트랙의 클립과 동일한 길이로 맞추어 준다.

(8) 타이틀 클립이 수퍼임포우즈 트랙에 등록되면 자동으로 알파 키 타입이 적용되어 합성된다.

(9) 앞에서는 합성될 클립과 동일한 길이를 갖도록 조절해주었지만 길이를 변경하면 이에 따라 롤링되는 타이틀의 속도를 변경할 수 있다.

(10) 다시 프리뷰나 익스포트를 통해 변경된 결과를 확인한다.

4) 배경을 밀어놓고 타이틀 올리기

(1) 편집된 영상 클립을 타임라인 윈도우의 Video 1 트랙에 등록한다.

(2) File〉New〉Title을 선택하여 롤링 타이틀을 작성한 다음 저장한다.

(3) 무비 클립(.avi)은 타임라인 윈도우의 Video 1 트랙에, 타이틀 클립(.prtl)은 Video 2 트랙에 각각 등록한다.

(4) Video Effects〉Distort 빈에 있는 Corner Pin 이펙트를 Video 1 트랙의 클립으로 드래그 하고 이펙트 컨트롤 팔레트에서 Corner Pin 이펙트 옵션을 연다.

(5) 시간 지시자를 타이틀이 들어가는 지점 1초 앞에 두고 모니터 윈도우 에서 Effect Controls을 열어 Motion의 삼각형 버튼을 클릭하여 Upper Right와 Lower Right 옵션에 키프레임을 생성한다.

(6) 시간 지시자를 타이틀이 들어가는 지점에 두고 Corner Pin 이펙트 항목 ( )을 클릭하여 모니터 윈도우에서 우측 상단과 우측 하단의 핸들을 드래그하여 필요한 형태로 만들면 Upper Right와 Lower Right에 키프레임이 생성된다.

(7) 모니터 윈도우에서 Effect Controls 아래의 타임룰러를 확장하면 (5)항과 (6)항의 키프레임을 구별할 수 있다.

(8) 시간 지시자를 타이틀이 끝나는 지점으로 이동시키고 Ctrl을 눌린 상태에서 뒤 지점의 Upper Right 키프레임을 선택하고 Ctrl+C 키를 눌러 복사하여 Ctrl+V로 붙여넣기 하면 키프레임이 생성된다.

마찬가지로 Lower Right 키프레임도 선택하고 Ctrl+C 키를 눌러 복사 Ctrl+V로 붙여넣기 한다.

(9) 시간 지시자를 약간 뒤 지점으로 이동시키고 모니터 윈도우의 프로그램 뷰에서 우측 상단과 우측 하단의 핸들을 드래그하여 축소 전의 형태로 만들면 키프레임이 생성된다.

(10) 프리뷰하면 작업 결과를 확인할 수 있다. 영상 클립이 밀려들어가고 문자가 위로 지나가는 것을 볼 수 있다. 특히 타이틀 옵션 설정으로 첫 문자부터 나타나면서 시작되고 끝 문자가 완전히 사라질 때까지 재생되는 것을 볼 수 있다.

◆ 클립의 여백 색상 변경하기

Corner Pin 이펙트를 적용함으로 인하여 클립이 한쪽으로 젖혀 질 때 발생하는 여백은 기본적으로 검정색으로 나타난다. 하지만 이 부분을 다른 색상으로 나타나게 하려면 가장 하위 트랙에 원하는 색상의 컬러 매트를 등록해 주면 된다. 즉, 다른 클립을 각각 상위 트랙으로 이동 시켜준 다음, Video 1 트랙에 컬러 매트 클립을 등록하면 여백이 해당 컬러 매트 클립의 색상으로 나타난다.

10.6.13 영상물 출력

프리미어에서 동영상을 편집한 결과물 파일은 여러 가지 형태로 출력할 수 있다.

1) 영상물을 파일로 출력하기

작업결과를 테이프에 복사할 수도 있지만 파일의 형태로 컴퓨터용 기록매체에 저장할 수도 있다. 이렇게 하면 캡처 과정 없이 손쉽게 A/V 데이터를 PC로 불러올 수 있으며, 내용을 수정하기도 용이하다.

파일형태로 A/V 데이터를 저장하려면 File 메뉴에서 Export → Movie를 클릭한다. 대화 창이 나오면, Microsoft AVI 파일이나 Microsoft DV AVI 파일을 지정한 후, 반드시 settings 항목으로 들어간다. 각 항목은 프로젝트를 시작할 때와 동일한 규격으로 비디오 및 오디오 기술규격을 적용하면 된다. 예를 들어 파일 형식은 .avi, 작업범위는 전체 프로젝트, 화소 수는 720×480으로 선택한다. 만약 프로젝트 세팅보다 낮은 수치로 기준을 설정하면 영상물의 품질은 그만큼 떨어진다.

모든 설정이 끝나고 Export Movie의 저장을 클릭하면, 파일처리에 소요되는 시간을 알려준다. 익스포트로 완성된 .avi 파일은 Media Player, Active Movie와 같은 소프트웨어에서 자유롭게 재생되며, 프리미어로 다시 불러올 수 있다.

(1) Microsoft DV AVI 파일

디지털영상을 캡처할 때 사용되는 DV코덱을 이용해 Exporting한 결과물로 캡처된 영상 클립과 같은 특성을 가지므로 원본 영상과 다름없는 화질을 보장함은 물론 언제든지 다양한 매체로 재가공이 가능하다. 그러나 이 마스터 파일은 DV영상을 캡처해서 편집한 경우에 한해 Export할 수 있다는 것을 기억하도록 한다.

(2) Microsoft AVI 파일

Microsoft DV AVI 파일과는 달리 편집자가 원하는 코덱을 사용할 수 있고 원하는 화면 사이즈와 프레임으로 압축할 수 있다, 또한 경우에 따라서 화질과 음질을 낮추어 파일 용량을 줄일 수도 있다, 따라서 이 AVI 파일은 데이터 CD를 제작하는데 용의하고 차후 웹용 파일이나 VCD 파일로 변환하는데 주로 사용된다.

2) 영상물을 테이프로 출력아기

프리미어에 동영상을 편집한 결과물 파일은 다시 녹화기로 전송하여 녹화 할 수 있다.

하나의 프로젝트가 완성되면. 이 영상물은 HDD를 기록매체로 하고 있기 때문에 자신의 컴퓨터에서는 얼마든지 감상할 수 있지만, TV 모니터를 통해서 다른 사람에게 보여준다거나 자유롭게 이동하기는 곤란하다. 따라서 이러한 문제를 가장 간단히 실현할 수 있는 방법은 비디오테이프로 출력하는 것이다.

그러나 프로젝트 설정이 DV Playback 상태로 설정된 상태에서 DV 영상을 캡처해 편집한 경우라야 한다. 아날로그 영상의 경우에는 아날로그 영상신호의 입, 출력을 지원하는 편집보드를 장착해야 하고 그 편집보드에서 제공하는 코덱을 이용해 Export 해야 한다.

(1) 녹화준비

프리미어 프로에서 편집된 영상을 Tape에 출력받기 위해서는 먼저 녹화 장비

가 컴퓨터에 연결되어야 한다. IEEE1394 단자에 VCR을 연결하거나 또는 캠코더를 연결해 녹화 기능을 이용해도 무방하다. 프로젝트 설정과 캡처에서 자세히 설명되어 있으므로 참고하기 바라며 이번에는 캡처가 아니라 반대로 출력을 받는 녹화 이므로 공 Tape가 준비되어야 한다.

(2) Export to Tape 선택

녹화장비가 준비되면 File〉Export〉Export to Tape을 선택한다.

(3) Activate Recording Device 체크

Export to Tape 창이 생성되면 컴퓨터가 녹화 장비를 컨트롤할 수 있도록 Activate Recording Device를 체크해야 한다.

(4) Record 클릭

위 (3) 항을 실행하고 난 후 Record 버튼을 클릭하면 프리뷰 작업이 진행된다. 프리뷰 작업이란 타임라인에서 트랜지션, 이펙트, 타이틀 등에 의해 변화가 일어난 부분을 하드디스크에 새로운 파일로 저장해주는 작업으로 이 프리뷰 작업이 끝나고 나면 컴퓨터는 녹화 장비를 컨트롤해 스스로 녹화를 진행해 준다.

Work Area Bar가 생성되어 있을 때는 Work Area Bar 공간만 프리뷰 된다. 따라서 전체를 프리뷰 하기 위해서는 진회색 공간을 더블 클릭해 편집된 전체 영역에 Work Area Bar가 생성되도록 해야 한다.

3) 웹용 파일 생성하기

프리미어에는 웹용 스트리밍 파일을 프리미어 내부에서 직접 생성할 수 있게 되어있다.

(1) Windows Media로 파일 생성하기

File〉Export〉Adove Media Encode를 선택하면 윈도우 미디어 스트리밍 동영상

파일을 생성할 수 있는 대화상자가 나타난다.

대화상자의 포맷에서 Windows Media 선택하면, 좌측의 Profiles 목록에는 다양한 네트워크 환경에 대응할 수 있도록 전송 율에 따른 여러 항목이 준비되어 있다. 선택한 항목에 대한 설정 값은 하단의 Details 박스에 나타나며, Custom 버튼을 클릭하여 사용자가 직접 원하는 값을 설정하여 목록에 추가할 수도 있다.

우측의 Properties 항목에서는 동영상에 대한 제목(Title), 저자(Author), 저작권(Copyright), 설명(Description) 등을 입력할 수 있으며 입력 값은 미디어 플레이어를 통해 나타난다.

각종 옵션을 지정한 다음, Destination항목에서 생성될 파일의 경로와 이름을 지정한 다음 OK 버튼을 클릭하면 wma 확장자를 갖는 윈도우 미디어 포맷의 스트리밍 파일이 생성된다.

(2) RealMedia로 파일 생성하기

File〉Export〉Adove Media Encode를 선택하면 윈도우 미디어 스트리밍 동영상 파일을 생성할 수 있는 대화상자가 나타난다. 대화상자의 포맷에서 RealMedia 선택하고, 오디오 포맷, 비디오의 화질 및 전송률과 클립의 정보, 그리고 파일이 생성될 위치와 파일명을 지정하고 OK 버튼을 클릭한다. Export Range 메뉴에서는 타임라인에 놓여있는 클립에 대하여 리얼 미디어 파일로 생성될 범위를 선택하며 Width와 Height를 통해 생성될 파일의 크기를 지정할 수도 있다. 리얼 시스템사의 스트리밍 파일인 rm 파일을 생성할 수 있다

4) Export to DVD로 DVD 제작하기

프리미어 프로는 편집된 영상을 별도의 프로그램 없이 곧바로 DVD로 만들 수 있다. 물론 컴퓨터에 DVD 라이터가 장착되어 있어야 한다. DVD는 한 면에 4.7G를 기록할 수 있는 대용량 기록매체이기 때문에 장시간의 영상물을 기록하는데 용의하다. 또한 MPEG2 방식의 압축파일을 사용하기 때문에 화질과 음

질이 우수하다.

타임라인에 편집된 영상을 곧바로 공 DVD에 Export하는 방법이다. 이 방법을 이용하면 별도의 프로그램 없이 DVD를 제작할 수 있는데, 원하는 영상과 더빙된 언어, 자막 등을 선택해야 하는 대화형 DVD가 아닌 전체가 하나의 동영상으로 만들어지는 DVD로 플레이어나 컴퓨터의 DVD라이터에 넣으면 곧바로 영상이 재생된다.

DVD 라이터에 공 DVD를 넣은 후 File〉Export〉Expert To DVD를 선택하여 General Setting, Encoding Setting 등의 내용을 설정한 후 Record 버튼을 클릭하면 타임라인에 편집되어 있는 영상이 MPEG2 파일로 Export되면서 동시에 DVD에 기록된다.

5) 대화영 DVD 파일, 또는 Video CD 파일 제작

(1) 대화형 DVD 파일 제작하기

대화형 DVD를 제작하기 위해서는 타임라인에 편집된 영상을 하드디스크에 MPEG2 방식으로 Exporting 한 후 Adobe Encoder DVD와 같은 별도의 DVD 기록용 프로그램을 이용해 공 DVD에 저장해야 한다.

MPEG2 파일을 Export하기 위해서는 File〉Export〉Adobe Media Encoder를 선택하고, Trans code Setting 창에서 Format을 클릭해 MPEG2-DVD를 선택해 준다.

(2) Video CD 파일 제작하기

Video CD 파일 제작하기 위해서는 MPEG1 파일을 Export 해야 하기 때문에 File〉Export〉Adobe Media Encoder를 선택하고, Trans code Setting 창에서 Format을 클릭해 MPEG1-VCD를 선택해 준다.

10.7 프로그램 종류별 편집의 특징

10.7.1 뉴스의 편집

- 뉴스 편집에서는 대부분이 커트 편집이며 편집기는 복잡한 보조 기능이 없는 간단한 것으로서 편집 계통도 단순한 것을 사용하는 것이 보통이다.
- 정밀한 타이밍의 편집을 요하는 일이 적기 때문에 타임코드가 대부분 사용되지 않는다.
- 제작 시간 길이가 짧은 것과 속보성에서 보통은 오프라인 편집이 사용되지 않고 온라인 편집의 처리가 중심이 된다.
- 뉴스의 코멘트에 맞는 적절한 부분을 선정하여 편집한다. 이 경우 편집에 의해 생기는 모든 몽타주 효과에 의해 사실과 다른 이미지가 생기지 않도록 주의해야 한다.
- 뉴스에서의 영상은 뉴스 코멘트를 보좌하는 것으로 말로는 전달할 수 없는 것을 전달해야 한다.
- 영상의 존재는 언어로 전달할 수 없는 것을 전달하는 동시에 그 사건이 사실이라는 것을 은연중에 보증한다. 정보의 중요성이 화질에 우선하는 일이 있는 것도 뉴스의 특징이나 화질의 유지에도 충분히 유의해야 한다.
- 뉴스 특징으로서 사실 영상뿐만 아니고 그래픽의 사용과 합성 등 고도의 몽타주 기법이 이용된다.
- 뉴스의 사명은 사실을 정확하게 동시에 조속히 전달하는 것이다. 따라서 편집도 신속함이 우선한다. 뉴스의 성격상 소재의 양은 적은 것이 보통으로 1항목 당 5분 이하로 제작 시간이 짧다.
- 1항목 당의 완성 시간 길이가 결정되어도 방송시간이 짧게 되는 경우, 길게 되는 경우를 미리 예상해 두는 것도 뉴스 편집의 특징이다.

10.7.2 드라마 프로그램의 편집

- 드라마에서는 편집점이 수록되기 전부터 결정되어 있다고 해도 좋고, 편집 작업에서는 기본적으로 수록된 소재 신(scene)을 대본에 따라 하면 된다.
- 대본은 이미지에 의해 만들어진다. 실제의 수록에서 이미지를 변경하는 쪽이

좋다고 생각되는 일이 일어날 수 있다. 이때 약간 변경한 신(scene)이나 새로운 신(scene)을 몇 개 수록하게 된다.

- 드라마의 수록은 비록 연속된 신(scene)이라도 다른 일시, 다른 장소에서 수록되는 일이 많다. 실내는 스튜디오에서 수록하고 스튜디오에서 나와서 수록하는 경우 시간의 경과 등으로 태양의 빛이 다르고 기후도 변해 스튜디오 세트에서 수록 한 신(scene)과 톤의 차이가 생긴다. 이들을 온라인 편집할 때 컬러 컬렉트 등의 장치를 사용하여 처리해야 한다.

- 실재로 편집을 해보면 신(scene)마다 미세한 시간 차이가 겹쳐서 무시할 수 없는 양의 오차가 되는 일이 있다. 시간을 오버하고 있는 경우 그 양이 많으면 신(scene)이나 커트를 줄이는 것이 빠른 방법이나 무리한 삭제를 하면 흐름이 어색해지는 결과를 초래하므로 적절히 처리해야한다.

10.7.3 다큐멘터리 프로그램의 편집

- 기록 프로그램으로 현실을 정리해서 정확하게 전달하며 새로운 관점에서 시청자에게 호소하는 것을 목적으로 하고 있다.

- 다큐멘터리 프로그램에서는 제작을 개시할 때에 호소하고 싶은 사항, 전달하고 싶은 사항은 결정되어 있지만 그곳에 사용하는 영상이나 음성에 대해서는 사전에 어느 정도 이미지로서의 묘사는 해도 실제로 수록될 때까지 어떤 소재를 입수할 수 있는지 모르는 것이 보통이다.

- 또 취재 대상은 재차 취재가 허용되지 않거나 프로그램에서 필요로 하는 shot 이미지가 명확하지 않을 때는 여러 가지 경우를 가정해서 취재해야 한다. 따라서 취재의 양이 상당히 많게 되는 특징이 있다.

- 다큐멘터리에서는 화질이나 톤의 차이는 드라마 등과는 다른 관점에서 보아야 한다.

- 구성방법에 따라서 같은 소재를 사용하면서 전혀 인상이 다른 프로그램을 만들 수 있다. 다큐멘터리와 같은 프로그램에서는 구성이 전부라고 해도 좋을 정도다.

- 편집은 테마별로 블록 화하여 그 블록별로 검토하고 이 블록을 단위로 하여 전체를 구성하는 등을 반복하여 소재를 압축해 간다. 구성을 확정할 때까지

의 작업은 이와 같이 오프라인 편집으로 하는 것이 일반적이다.

10.7.4 예능 프로그램의 편집

음악, 연극, 쇼, 연예, 버라이어티 등 다채롭다.
- 애드립이 난무하는 버라이어티 등에서는 출연자의 흥이 프로그램의 분위기 고조에 빠뜨릴 수가 없으므로 시간 조정 때문에 편집해야할 때 흐름을 깨뜨리지 않도록 영상의 단락과 음성이 잘 연결되도록 편집 점을 결정하고 조금씩 정리해 가야한다.

1) 멀티 카메라, 멀티 VTR 방식

버라이어티나 라이브 콘서트 같은 애드립 성이 높은 것, 또 1회로 끝나는 이벤트 등에서는 카메라 워크나 스위치 타이밍의 지연으로 미묘한 액션이나 중요한 움직임을 놓치는 일이 있다. 이와 같은 때에 여러 대의 카메라와 여러 대의 VTR을 사용하여 1대의 카메라에 1대의 VTR을 접속해서 소재를 수록하는 기법이다.

- 수록 시에 스위칭도 하는 완성품으로 수록하여 두고 불완전한 부분을 각 카메라가 촬영한 테이프를 사용한 편집에서 그 부분만 수정하여 보충하는 것과 처음부터 편집제작을 예정하여 편집 시에 스위칭을 하여 완성품을 만드는 방식이 있다.
- 카메라 출력을 수록하는 각 VTR에는 같은 타임 코드를 배치하여 수록하고, 편집 시에 각 재생 테이프의 타임코드를 일치시켜 동시에 재생함으로써 똑같은 상태를 몇 번이고 재현 할 수 있어 만족할 때까지 반복해서 스위처 타이밍이나 효과의 수정을 할 수 있다.

2) 싱크롤 편집

- 복수의 테이프에서 재생된 영상이 항상 같은 순간을 재생하도록 동기 제어하면서 실행하는 재생 또는 편집을 싱크롤(sync roll) 모드라 부른다.

- 싱크롤 모드의 편집은 수록 테이프도 동기 제어되기 때문에 영상과 음향은 마치 중단이 없었던 것처럼 접속되며 작업이 진행된다.

10.7.5 스포츠 프로그램의 편집

- 스포츠 매력 중에서 동시성을 필요로 하지 않는 것(파인 플레이, 진기한 플레이)을 응축하여 동시성을 잃는 것의 마이너스를 충분히 보상한 작품을 만드는 것이다.
- 또한 압축이다. 다음에 무엇이 일어날지 모르는 것이 스포츠의 매력이라 하더라도 아무 것도 일어나지 않는 경우가 있다. 생방송이 아니라고 알고 있으면 감질나는 경우가 있다. 이것을 정리하면 프로그램으로서의 매력을 향상할 수가 있다.
- 편집을 하는 가장 큰 요인이라고 할 수 있는 것으로서 방송 시간의 제약이다. 게임 전부를 생중계 할 만큼의 시간의 여백이 없는 경우이다.
    - 시간의 조속함이 빠른 편집을 요구하나 편집의 기본에서 벗어나지 않도록 보는 사람에게 혼동을 주지 않는 구성, 흐름을 유지해야한다.
- 생방송 이외의 스포츠 방송에서 수록 시각과 방송 시각과의 차에 따라 제작 기법에 차이가 난다.

    ① 방송이 시작되어도 게임이 계속되고 있다.
    ② 게임이 끝나고 나서 방송이 시작된다.
    ③ 게임 시간 길이와 방송 시간 길이가 같아서 편집할 필요가 없다.
    ④ 편집을 필요로 한다.

뒤쫓는(시간차) 재생방송과 편집을 수반하는 뒤쫓는 방송이 있다.

10.7.6 CM(commercial message)의 편집

- CM이 갖는 의미와 영향력은 광고주가 희망하는 방향으로 시청자를 유도하여 설득하는 것을 목적으로 하고 있다. 이와 같은 목적을 달성하기 위해서는 실제로 CM을 보거나 듣는 시청자를 어떻게 설득시킬 수가 있는가하는 것이며

중요한 역할은 ① 시청자의 주목(attention)을 모아서 ② 홍미(interest)를 가지도록 하여 ③ 원한다고 하는 욕망(desire)을 품도록 하고 ④ 명칭 등을 기억(memory)시켜 자연히 ⑤ 시청자와의 사이에 신뢰 관계(reliability)를 만들어 ⑥ 구매 행동(action)을 유도하는 것이다.

- 광고주가 그 CM(영상, 음향)을 통해 무엇을 호소하고 싶은가를 가능한 한 정확히 시청자에게 전달할 수 있는 가가 연출가의 사명이고 그 연출가의 의도를 충분히 이해하여 편집효과, 특수합성효과 등의 기술면을 서포트 하는 것이 제작 스태프의 업무라고 할 수 있을 것이다.

- 이렇게 시청자에게 커다란 영향을 주는 CM도 방송 시간은 스폿 CM, 프로그램 CM을 불구하고 거의가 15초, 20초, 30초로 짧다. 그렇지만 15초 CM이라 해도 프레임 수로 450프레임, 필드로는 900필드의 정지화로 구성되는 것이다. 900필드의 연출의도에 의한 정지화의 의도적인 조합에 의해 성립되는 것이다.

참고 문헌

1. 방송기술의 이해　　　　　이일로, 우진출판사, 1992
2. 텔레비전 카메라와　　　　정재순, 한국번역출판사, 1996
   영상신호의 기초　　　　　홍석진 외 편저
3. 뉴 미디어의 최신기술　　　정병호 지음, 세화, 1994
4. 텔레비전 방송장치　　　　倉石源三郎, 기전연구사 1995
   　　　　　　　　　　　　荒木唐夫
   　　　　　　　　　　　　近藤昭治 共著
5. 방송안테나와 전파전파　　김정기 편저, 우신, 1994
6. 위성과 뉴 미디어　　　　　영상통신시스템연구회, 우신, 1994
7. 영상제작기법　　　　　　　황인선, 한인규 공저, 기다리, 1997
8. TV영상제작 이론과 실무　　강상욱, 문종환, 차송, 2001
   　　　　　　　　　　　　김문욱외 공저
9. 디지털 방송기술　　　　　정갑판, 문종환, 차송, 2001
   　　　　　　　　　　　　안세영 공저
10. 텔레비전 제작실무　　　　안병율 역, 나남, 1989
11. 방송과 기술　　　　　　　한국방송기술인연합회, 한벗문화사, 전권
12. 방송용어사전　　　　　　한국방송기술인연합회, 한국방송개발원, 1990

New Tech 21C

방송기술 실무

1판10쇄 발행 : 2023년01월17일	
저 자 : 김 수 화	
발행인 : 유 의 자	
발행처 **도서출판 삼보**	
서울시 영등포구 국회대로37길22.106-1602호	
전화 (010) 2529-4352 팩스 (02) 2635-4352	
등록번호 : 22-1014 / 등록날짜 : 1996년 6월 7일	
값25,000원	
▶ 잘못 인쇄된 책은 서점이나 본사에서 바꿔 드립니다 ISBN 978-89-92842-12-9	